攀西野生果树

PANXI YESHENG GUOSHU

》 潘天春　罗强　主编

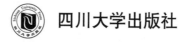

四川大学出版社

项目策划：梁　平
责任编辑：梁　平
责任校对：傅　奕
封面设计：璞信文化
责任印制：王　炜

图书在版编目（CIP）数据

攀西野生果树 / 潘天春，罗强主编 . — 2 版 . — 成
都：四川大学出版社，2020.1
ISBN 978-7-5690-4265-8

Ⅰ . ①攀… Ⅱ . ①潘… ②罗… Ⅲ . ①野生果树—研
究—四川 Ⅳ . ① S660.192.71

中国版本图书馆 CIP 数据核字（2021）第 012579 号

书　名	攀西野生果树
主　编	潘天春　罗　强
出　版	四川大学出版社
地　址	成都市一环路南一段 24 号（610065）
发　行	四川大学出版社
书　号	ISBN 978-7-5690-4265-8
印前制作	四川胜翔数码印务设计有限公司
印　刷	郫县犀浦印刷厂
成品尺寸	170mm×240mm
印　张	23.25
字　数	478 千字
版　次	2021 年 3 月第 2 版
印　次	2021 年 3 月第 1 次印刷
定　价	76.00 元

◆ 读者邮购本书，请与本社发行科联系。
　 电话：(028)85408408/(028)85401670/
　 (028)86408023　邮政编码：610065
◆ 本社图书如有印装质量问题，请寄回出版社调换。
◆ 网址：http://press.scu.edu.cn

四川大学出版社
微信公众号

编 者 分 工

潘天春：第二章苏铁属、银杏属、松属、三尖杉属、红豆杉属、锥属、青冈属、栗属、水青冈属、柯属、栎属、地锦属、葡萄属、木通属、猫儿屎属、八月瓜属、串果藤属、野木瓜属、落葵属、南五味子属、五味子属、番木瓜属、仙人掌属、茅瓜属、杨梅属、胡桃属、枫杨属、榛属、虎榛子属、榕属、桑属、水东哥属、枳椇属、鼠李属、枣属、车桑子属、番石榴属、野牡丹属、忍冬属、荚蒾属、越橘属、柿属、小檗属、柑橘属、枳属、花椒属、茶藨子属、胡颓子属、蔷薇属、苹果属

罗　强：第一章总论，第二章蔷薇科各属（扁核木属、桃属、樱属、杏属、梨属、李属、枸子属、木瓜属、山楂属、栘棱属、草莓属、蛇莓属、小石积属、火棘属、稠李属、石楠属、悬钩子属、花楸属、红果树属）

李佩华：第三章野生果树栽培技术

姚　昕：第四章野生果实的加工技术，第二章沙棘属、菱属、构属、柘属、山桐子属

杨　红：第二章猕猴桃属、木姜子属

王同军：第二章决明属、皂荚属、酸豆属、木豆属、鬓豆属、槐属、水麻属、梧桐属

梁　剑：第二章重阳木属、叶下珠属、七叶树属、莲属、马桑属

刘建林：第二章芭蕉属、楝木属、灯台树属、四照花属

罗支铁：第二章南酸枣属、黄连木属、盐肤木属、勾儿茶属

袁　颖：第二章山茶属、茄属、枸杞属、酸浆属、假酸浆属

李晓芳：第二章甘蔗属、慈姑属、樟属、山胡椒属

总　序

　　为深入贯彻落实党中央和国务院关于高等教育要全面坚持科学发展观，切实把重点放在提高质量上的战略部署，经国务院批准，教育部和财政部于2007年1月正式启动"高等学校本科教学质量与教学改革工程"（简称"质量工程"）。2007年2月，教育部又出台了《关于进一步深化本科教学改革　全面提高教学质量的若干意见》。自此，中国高等教育拉开了"提高质量，办出特色"的序幕，从扩大规模正式向"适当控制招生增长的幅度，切实提高教学质量"的方向转变。这是继"211工程"和"985工程"之后，高等教育领域实施的又一重大工程。

　　在党的十八大精神的指引下，西昌学院在"质量工程"建设过程中，全面落实科学发展观，全面贯彻党的教育方针，全面推进素质教育；坚持"巩固、深化、提高、发展"的方针，遵循高等教育的基本规律，牢固树立人才培养是学校的根本任务，质量是学校的生命线，教学是学校的中心工作的理念；按照分类指导、注重特色的原则，推行"本科学历（学位）＋职业技能素养"的人才培养模式，加大教学投入，强化教学管理，深化教学改革，把提高应用型人才培养质量视为学校的永恒主题。学校先后实施了提高人才培养质量的"十四大举措"和"应用型人才培养质量提升计划20条"，确保本科人才培养质量。

　　通过7年的努力，学校"质量工程"建设取得了丰硕成果，已建成1个国家级特色专业，6个省级特色专业，2个省级教学示范中心，2个卓越工程师人才培养专业，3个省级高等教育"质量工程"专业综合改革建设项目，16门省级精品课程，2门省级精品资源共享课程，2个省级重点实验室，1个省级人文社会科学重点研究基地，2个省级实践教学建设项目，1个省级大学生校外农科教合作人才培养实践基地，4个省级优秀教学团队，等等。

　　为搭建"质量工程"建设项目交流和展示的良好平台，使之在更大范围内发挥作用，取得明显实效，促进青年教师尽快健康成长，建立一支高素质的教学科研队伍，提升学校教学科研整体水平，学校决定借建院十周年之机，利用

2013 年的"质量工程建设资金"资助实施"百书工程"，即出版优秀教材 80 本，优秀专著 40 本。"百书工程"原则上支持和鼓励学校副高职称的在职教学和科研人员，以及成果极为突出的中级职称和获得博士学位的教师出版具有本土化、特色化、实用性、创新性的专著，结合"本科学历（学位）＋职业技能素养人才培养模式"的实践成果，编写实验、实习、实训等实践类的教材。

在"百书工程"实施过程中，教师们积极响应，热情参与，踊跃申报：一大批青年教师更希望借此机会促进和提升自身的教学科研能力；一批教授甘于奉献，淡泊名利，精心指导青年教师；各二级学院、教务处、科技处、院学术委员会等部门的同志在选题、审稿、修改等方面做了大量的工作。北京理工大学出版社和四川大学出版社给予了大力支持。借此机会，向为实施"百书工程"付出艰辛劳动的广大教师、相关职能部门和出版社的同志等表示衷心的感谢！

我们衷心祝愿此次出版的教材和专著能为提升西昌学院整体办学实力增光添彩，更期待今后有更多、更好的代表学校教学科研实力和水平的佳作源源不断地问世，殷切希望同行专家提出宝贵的意见和建议，以利于西昌学院在新的起点上继续前进，为实现第三步发展战略目标而努力！

西昌学院校长　夏明忠

2013 年 6 月

前　言

　　攀西地区位于四川省西南部，横断山脉东北部，地理位置介于东经 100°3′～103°52′、北纬 26°03′～29°18′之间，由攀枝花市（含米易、盐边 2 县）和凉山彝族自治州（西昌市，以及普格、宁南、会东、会理、德昌、盐源、木里、冕宁、喜德、越西、甘洛、昭觉、美姑、雷波、布托、金阳 16 个县）共计 2 市 18 个县组成。攀西地区地处长江上游，大西南的腹心地带，是国家资源综合开发的重要区域。攀西地区处于青藏高原、云贵高原向四川盆地的过渡带，西跨横断山系，地形崎岖，地貌复杂多样，山高谷深。主要河流有金沙江、雅砻江、大渡河和安宁河等，由北向南深嵌在山地之中。由于地形的巨大起伏和山脉、水系的不同走向，境内气候呈现出了显著的地域和垂直分布的多层次立体差异。日照充足、雨量充沛、干湿季分明、年温差小、日温差大等是攀西地区主要的气候特点。攀西地区是以亚热带气候为基带、南亚热带气候型为主的区域，同时拥有我国北方的光照和南方的热量条件。特殊的地质构造和地理位置，复杂多变的地形和地貌，优越的气候和光热条件，多样的生态类型和环境，赋予了攀西地区十分丰富的生物物种资源，是一个得天独厚、举世罕见的"聚宝盆"。攀西地区植物种类繁多，据不完全统计（至 2010 年 10 月），攀西地区种子植物有 197 科 6894 种（包括亚种、变种和变型），除去常见栽培或引进栽培的植物，仅原生种子植物的种类就达 6000 种以上。野生植物资源极为丰富，其中包括果树类、花卉类、药材类、鞣料类、芳香类、油脂类、纤维类、生物碱类、树脂类、橡胶类、饲草类等。

　　攀西地区野生果树资源极为丰富，该文收录的野生果树包括以下三类：一是自然分布的、结有可供人类直接食用的果实（或种子），或其果实或种子经加工后适宜于人类食用、饮用，或作为食品加工原料但尚未被人类进行规模化栽培的木本植物和多年生草本植物。二是另外一类木本植物和多年生草本植物，虽然它们过去已经被人类规模化栽培，但人类过去的栽培的目的不是食其果实和种子，而是作为其他原材料，这类植物在自然界也有一定分布，同样结有可供人类直接食用或经加工后适宜于人类食用或饮用的果实和种子，因此也被视为野生果树范畴。三是适合于做果树砧木的野生木本植物。

　　本书收录攀西地区野生果树种类来源主要有以下渠道：①编著者多年野外调

查鉴定的类群；②采访当地居民，获知可采食的类群；③查阅野生果树相关资料收录的相关类群；④查阅国内部分标本馆标本，获知攀西地区有分布的野生果树类群。

《攀西野生果树》是编著者多年长期立足攀西野生植物资源调查鉴定，并在参阅了大量参考文献和查阅大量标本的基础上完成的。该书共收录了四川攀西地区野生果树资源 524 种（含亚种、变种和变型），记载了每个种的中文名、别名、学名、物候期、生态习性、分布、果实的食用价值或在嫁接、培育新品种方面的应用，同时也记载了其在保健药用、绿化观赏、蜜源、香料等方面的价值。为了便于读者使用识别攀西野生果树资源，根据作者的观察记录或参阅《中国植物志》《四川植物志》等文献，该书对所记载的部分种类的植物形态特征进行了描述，并对均为野生果树资源的属（其具有两种以上）编制了种的识别检索表。第三章和第四章撰写了攀西地区具有较大开发价值的物种的繁殖栽培及野果加工技术方面的知识，为当地居民或开发部门综合开发利用野生果树资源提供参考。

攀西地区的山区具有丰富的野生植物资源，但居民经济收入渠道普遍单一，生活水平低下，往往依靠掠夺式的资源采集而生存，从而引起了当地生态环境的恶化，水土流失严重，洪水泛滥、山体滑坡、泥石流等地质资源灾害频发。因此，《攀西野生果树》对于当地政府和人们认识、研究和合理开发利用攀西野生果树资源，增加山区居民经济收入，提高生活水平，同时保护攀西地区植物资源，维护长江上游的生态平衡，促进地区经济走长期持续发展道路，具有重大的生态、经济和社会意义。

鉴于时间等方面的原因，有些种类还未被收录记载，有待于今后继续补充完善。另外，由于编著者水平有限，本书不免有许多缺点和不足之处，敬请读者批评指正！

编　者

目　录

第一章 总 论

　　近年来，人们根据水果栽培历史和开发利用程度，习惯将水果分为第一代、第二代和第三代。第一代水果是指大量人工栽培的传统水果，如樱桃、苹果、葡萄、桃、杏、芒果、梨、橙、橘等。第二代水果泛指近几十年来开发的人工栽培已具规模的野生山果，如猕猴桃、草莓、山楂等水果。第三代水果是指大量分布于荒山野岭，尚未被广泛开发利用的野生水果和一些新开发出的优特水果，如沙棘、刺梨、野葡萄、悬钩子、酸枣、刺莓等。第三代水果在自然界中分布广、种类多、适应性强、产量较高，由于多生长在自然的山坡、山林，无污染，无公害，富含营养物质，其果实被誉为"健康食品"和"天然绿色食品"。由于某些野生果树果实富含维生素、蛋白质、糖类、脂类、矿质元素、粗纤维、有机酸等，其营养价值高于第一、二代水果，具有很高的保健和药用价值。随着人们生活水平的提高，国际市场对第三代水果需求量越来越大，种植和开发野生山果已成为 21 世纪果品发展的一种新趋势。四川攀西地区具有极为丰富的野生果树资源，了解该地区野生果树资源种类，如何合理开发利用野生果树资源，对维护长江中上游生态平衡，提高贫困山区人们的生活水平具有重要意义。

一、野生果树的主要特点

（一）纯天然、无污染

　　野生果树目前大多数处于荒山野岭和深林中，远离工矿企业、城市和频繁的交通运输线等污染源，环境清洁，加之不施用化肥、不喷施农药，其果实是理想的绿色食品。由于近年来栽培水果污染严重，随着人们生活水平的提高，野生果实越来越受到人们的青睐。

（二）口味独特、营养丰富

　　与栽培的近缘果树相比，野生果实个头相对较小，产量较低、口感总体较差，而被人们看作小果、杂果、野果。部分野果都有突出的酸、涩、苦、甘甜的独特口感而难以鲜食，但某些野果在某方面的营养价值往往具有明显的优势，且野果口感远超栽培品种，如：刺梨果实含有 18 种氨基酸、10 多种微量元素（如钙、铁、碘等）、多种维生素和多种活性物质。悬钩子属大部分果实含水量高达80％左右，肉质多浆，酸甜可口、芳香美味、营养丰富，富含糖分，且以果糖和葡萄糖两种还原糖为主，易被人体吸收利用；果实中的氨基酸种类至少有 17 种，其中包括人体必需的 8 种氨基酸以及婴幼儿必需的组氨酸，且所占的比例甚高，维生素 C 含量也远远高于一些常见的传统水果；此外，果实中还含有丰富的有机酸、蛋白质、矿质元素等营养成分等，特别是悬钩子果实中的锌含量高于一般的浆果，铁的含量也很高，可以认为悬钩子果实属于富铁富锌类。野生猕猴桃果实中富含葡萄糖、柠檬酸、蛋白质及钾、钙、磷、铁、镁等矿质营养元素和多种维生素，与栽培的猕猴桃果实相比香气十足，口感酸甜味浓，很适于直接食用。

（三）药食同源

野生果实既是人类新食物资源，同时也是生产保健品和药品的重要资源。经现代科学测定：余甘子的营养成分极为丰富，其中维生素 C（Vc）含量 200～1500 mg/100 g，比柑橘高 10～23 倍，是苹果的 60～134 倍，而且加工时具有高度稳定性；含有人体必需的 8 种氨基酸以及多种微量元素，如锰、锌、铜、硒等。在传统的药物体系中，余甘子有悠久的使用历史，在 17 个国家及民族传统药物体系中，余甘子与 35 种治疗功效有关。《本草拾遗》谓余甘子"主补益，强气力"，《本草纲目》也述其"延年长生"。随着现代医药学的进一步研究和印证，余甘子在医药学上有更大范围的应用。刺梨含有 18 种氨基酸、10 多种微量元素（如钙、铁、碘等）、多种维生素和多种活性物质，被广泛应用于医疗保健诸方面。据测定，其 100 g 鲜果中含 Vc 2000 mg 以上，被誉为"Vc 之王"。刺梨汁中的 Vc 对致癌物质 N-亚硝基乙基脲在生物体内的合成具有明显的阻断作用，能降低癌的发生率。据北京医科大学宋圃菊等有关专家通过人体实验证明：摄入 10 mL 刺梨汁（半个鲜果，含 Vc 75 mg），能完全阻断人体内亚硝化合物，比当今世界上先进的防癌方法（每天服用 Vc 片 75 mg）有效率高 17％。尤其引人注目的是刺梨的另一种成分——超氧化物歧化酶，无毒、无抗原性，具有美容美颜、抗衰老、抗炎、抗病毒感染、抗癌保健、防辐射等作用。

（四）种类繁多、种内变异多样

人类对野生果树的驯化栽培已有数千年的历史，但种类仅有 300 种左右，而据日本田中三郎博士统计（1951 年），全球的野生果树种类有 2792 种，分属于134 科、659 属，据刘孟军统计和考证（至 1994 年底），我国可归入果树的植物（果实或种子可食或加工后适于食用的木本和多年生宿根性草本植物）共计 1282种，161 亚种、变种和变型。按 Engler 植物分类系统，它们隶属于两个植物门、6 个纲、38 个目、81 个科、223 个属。近年来大量文献还收录了其他很多野生果树资源，这使我国野生果树资源的量超过 1500 余种。野生果树不仅种类丰富，并且由于同一种类长期生长在不同的自然环境中，适应环境及变异的结果，种类遗传多样性极为丰富，往往在同种中出现性状的多样性、连续的变异性和性状的交叉性。

（五）抗逆性强、分布广

野生果树由于长期生长在自然环境中，在漫长的进化过程中经历了各种恶劣的环境和严重病虫害，通过自然选择而顽强地生存下来，从而其具有了很强的抗逆性，对自然环境具有了很好的适应能力。

（六）用途广泛，综合利用效益显著

许多野生果树资源除了可开发利用果实用于食用以外，在其他方面也具有重要的开发利用价值，如悬钩子属植物除了果实可以食用外，花还是山区重要的蜜源，有些种类还具有重要的药用价值。周毛悬钩子全株入药，有活血、治风湿之效。插田泡果、根入药，果主治补肾固精，用于阳痿、遗精、遗尿、白带；根、不定根主治调经活血，止血止痛，用于跌打损伤、骨折、月经不调，外用治外伤出血。栽秧泡全株药用，清火解毒，消肿止痛，收敛止泻，利胆退黄。红毛悬钩子根叶入药：根主治风湿关节痛、刀伤、吐血、颈淋巴结结核；叶主治黄水疮及狗咬伤。高粱泡根入药，主治活血调经，消肿解毒，用于产后腹痛、血崩、产褥热、痛经、坐骨神经痛、风湿关节痛、偏瘫；叶外用治创伤出血。目前现代医学还在对悬钩子属植物的药理进行进一步的研究。蔷薇属多种植物花香宜人，许多种可供提炼珍贵芳香油，是制造高级香水、香精和香皂的香料，其中玫瑰在我国栽培广泛。攀西地区有许多野生种富含芳香油，如山刺玫、野蔷薇、悬钩子叶蔷薇、美蔷薇、黄刺玫、峨眉蔷薇等，有很大的开发潜力。

二、攀西地区野生果树资源特点

（一）种类繁多、资源丰富

攀西地区地处横断山脉东端，是我国乃至世界上生物多样性极高的地方之一，其中蕴藏着大量的野生果树资源。据作者考证和统计，至2012年10月，在攀西地区发现野生果树资源共计463种61亚种、变种和变型（表1-1）。按Engler植物系统分类，其分属于49科107属。攀西野生果树在不同的植物类群中分布很不均匀。其中裸子植物10种2变种，被子植物453种59变种，被子植物类群占该地区野生果树总资源的97.7%。在被子植物中，双子叶植物种类507种（含变种、亚种和变型），占总被子植物资源的99%，单子叶植物仅4种1变种。在各科中，野生果树资源种类具10种以上的科有11科，分别是蔷薇科209种19变种，壳斗科32种1变种，桑科18种2变种，五味子科16种4变种，猕猴桃科15种6变种，虎耳草科15种5变种，胡颓子科12种3变种，芸香科11

种 2 变种，山茱萸科 10 种 2 变种，忍冬科 10 种 2 变种，葡萄科 10 种。其中蔷薇科类群数量最多，占攀西野生果树资源的 43.4%，单属种的科有 10 科。在各属中，20 种以上的属有悬钩子属（55 种 11 变种）、蔷薇属（40 种 5 变种）、栒子属（33 种）等 3 属，该 3 属均属于蔷薇科；10～19 种的属有樱属（16 种）、花楸属（16 种）、茶藨子属（15 种 5 变种）、猕猴桃属（14 种 6 变种）、五味子属（12 种 4 变种）、胡颓子属（11 种 2 变种）、栎属（11 种 1 变种）和苹果属（11 种 1 变种）等 8 属；2～9 种的属有桑属、山楂属等 47 属；单种属有银杏属、构属等 50 属。

表 1-1　攀西地区野生果树种质资源

科名	属名	种	亚种、变种或变型
苏铁科 CYCADACEA	苏铁属 Cycas Linn.	1	
银杏科 GINKGOACEAE	银杏属 Ginkgo Linn.	1	
松科 PINACEAE	松属 Pinus Linn.	4	
三尖杉科 CEPHALOTAXACEAE	三尖杉属 Cephalotaxus Sieb. et Zucc. ex Endl.	2	1
红豆杉科 TAXACEAE	红豆杉属 Taxus Linn.	2	1
杨梅科 MYRICACEAE	杨梅属 Myrica L.	3	
胡桃科 JUGLANDACEAE	胡桃属 Juglans L.	2	
	枫杨属 Pterocarya Kunth	4	
桦木科 BETULACEAE	榛属 Corylus L.	4	2
	虎榛子属 Ostryopsis Decne.	1	
壳斗科 FAGACEAE	锥属 Castanopsis (D. Don) Spach	7	
	青冈属 Cyclobalanopsis Oerst.	4	
	栗属 Castanea Mill.	1	
	水青冈属 Fagus L.	1	
	柯属 Lithocarpus Bl.	7	
	栎属 Quercus L.	11	1
桑科 MORACEAE	构属 Broussonetia L.	1	
	拓属 Cudrania Trec.	2	
	榕属 Ficus Linn.	7	
	桑属 Morus L.	8	2

续表1—1

科名	属名	种	亚种、变种或变型
荨麻科 URTICACEAE	水麻属 Debregeasia Gaud.	2	
睡莲科 NYMPHAEACEAE	莲属 Nelumbo Adans.	1	
木通科 LARDIZABALACEAE	木通属 Akebia Decne.	2	1
	猫儿屎属 Decaisnea Hook. f. et Thoms.	1	
	八月瓜属 Holboellia Wall.	4	
	串果藤属 Sinofranchetia (Diels) Hemsl.	1	
	野木瓜属 Stauntonia DC.	1	
落葵科 BASELLACEAE	落葵属 Basella L.	1	
小檗科 BERBERIDACEAE	小檗属 Berberis L.	6	
五味子科 SCHISANDRACEAE	南五味子属 Kadsura Kaempf. ex Juss.	4	
	五味子属 Schisandra Michx.	12	4
樟科 LAURACEAE	樟属 Cinnamomum Trew	1	
	木姜子属 Litsea Lam.	5	
	山胡椒属 Lindera Thunb.	1	
虎耳草科 SAXIFRAGACEAE	茶藨子属 Ribes L.	15	5
蔷薇科 ROSACEAE	木瓜属 Chaenomeles Lindl.	4	
	枸子属 Cotoneaster B. Ehrhart.	33	
	山楂属 Crataegus L.	4	1
	栘栜属 Docynia Dcne.	3	
	草莓属 Fragaria L.	4	1
	蛇莓属 Duchesnea J. E. Smith	1	
	苹果属 Malus Mill.	11	1
	小石积属 Osteomeles Lindl.	1	
	稠李属 Padus Mill.	2	
	石楠属 Photinia Lindl.	1	

科名	属名	种	亚种、变种或变型
	扁核木属 Prinsepia Royle	2	
	桃属 Amygdalus L.	2	
	樱属 Cerasus Mill.	16	
	杏属 Armeniaca Mill.	2	1
	火棘属 Pyracantha Roem.	4	
	梨属 Pyrus L.	6	1
	李属 Prunus L.	1	
	蔷薇属 Rosy L.	40	5
	悬钩子属 Rubus L.	55	11
	花楸属 Sorbus L.	16	
	红果树属 Stranvaesia Lindl.	1	
蝶形花科 FABACEAE	木豆属 Cajanus DC.	1	
	鳘豆属 Mucuna Adans.	1	
	槐属 Sophora L.	1	
苏木科 CAESALPINIACEAE	决明属 Cassia Linn.	1	
	皂荚属 Gleditsia Linn.	1	1
	酸豆属 Tamarindus Linn.	1	
大戟科 EUPHORBIACEAE	秋枫属 Bischofia Bl.	1	
	叶下珠属 Phyllanthus Linn.	1	
芸香科 RUTACEAE	柑橘属 Citrus L.	4	1
	枳属 Poncirus Raf.	1	
	花椒属 Zanthoxylum L.	6	1
马桑科 CORIARIACEAE	马桑属 Coriaria L.	1	
漆树科 ANACARDIACEAE	南酸枣属 Choerospondias Burtt et Hill	1	
	黄连木属 Pistacia L.	2	
	盐肤木属 Rhus（Tourn.）L. emend. Moench	1	
七叶树科 HIPPOCASTANACEAE	七叶树属 Aesculus Linn.	2	
无患子科 SAPINDACEAE	车桑子属 Dodonaea Miller	1	

续表1-1

科名	属名	种	亚种、变种或变型
鼠李科 RHAMNACEAE	勾儿茶属 Berchemia Neck.	1	
	枳椇属 Hovenia Thunb.	1	
	鼠李属 Rhamnus L.	1	
	枣属 Ziziphus Mill.	2	2
葡萄科 VITACEAE	地锦属 Parthenocissus Planch.	1	
	葡萄属 Vitis L.	9	
梧桐科 STERCULIACEAE	梧桐属 Firmiana Marsili	2	
猕猴桃科 ACTINIDIACEAE	猕猴桃属 Actinidia Lindl	14	6
	水东哥属 Saurauia Willd.	1	
山茶科 THEACEAE	山茶属 Camellia L.	1	
大风子科 FLACOURTIACEAE	山桐子属 Idesia Maxim.	1	1
番木瓜科 CARICACEAE	番木瓜属 Carica L.	1	
仙人掌科 CACTACEAE	仙人掌属 Opuntia Mill.	3	
胡颓子科 ELAEAGNACEAE	沙棘属 Hippophae Linn.	1	1
	胡颓子属 Elaeagnus L.	11	2
桃金娘科 MYRTACEAE	番石榴属 Psidium Linn.	1	
野牡丹科 MELASTOMATACEAE	野牡丹属 Melastoma Linn.	1	
菱科 TRAPACEAE	菱属 Trapa L.	2	2
山茱萸科 CORNACEAE	梾木属 Swida Opiz	5	
	灯台树属 Bothrocaryum（Koehne）Pojark.	1	
	四照花属 Dendrobenthamia Hutch.	4	2
杜鹃花科 ERICACEAE	越橘属 Vaccinium Linn.	7	
柿科 EBENACEAE	柿属 Diospyros Linn.	4	1
木犀科 OLEACEAE	木犀榄属 Olea Linn.	2	
茄科 SOLANACEAE	茄属 Solanum Linn.	2	
	枸杞属 Lycium L.	1	
	酸浆属 Physalis L.	1	
	假酸浆属 Nicandra Adans.	1	

续表1—1

科名	属名	种	亚种、变种或变型
忍冬科 CAPRIFOLIACEAE	忍冬属 Lonicerag Linn.	1	
	荚蒾属 Viburnum Linn.	9	2
葫芦科 CUCURBITACEAE	茅瓜属 Solena Lour.	1	
禾本科 GRAMINEAE	甘蔗属 Saccharum Linn.	1	
泽泻科 ALISMATACEAE	慈姑属 Sagittaria Linn.	1	
芭蕉科 MUSACEAE	芭蕉属 Musa L.	2	1

（二）攀西地区野生果树资源科属地理分布类型

攀西地区是以亚热带气候为基带、南亚热带气候型为主的区域，该地区由于地形的巨大起伏和山脉、水系的不同走向，境内气候呈现出了显著的地域和垂直分布的多层次立体差异。区系的地理分布复杂。吴征镒的研究成果将我国种子植物分布分为 15 个类型 31 个变型，根据其划分标准，攀西地区野生果树植物107 属划分为 14 个类型、5 个变型（见表 1—2）。其中属于世界性分布的属有 5属，热带性的属有 34 属，占总属数的 31.8%，温带性的属 48 属，占总属数的44.9%，东亚分布及我国特有属 20 属，占总属数的 18.7%。从属的组成成分看，攀西地区野生果树植物以温带起源的区系成分稍多，而热带起源和东亚、我国特有的类型也不少，这与攀西地区亚热带气候为主及该地区复杂的地形地势所具有特殊的立体气候相适应。

表 1—2　攀西地区野生果树植物属的地理分布

分布区类型	总属数	占总属百分比%
1. 世界性分布 Cosmopolitan	5	4.7
2. 泛热带分布 Pantropic	11	10.3
2—1 热带亚洲、大洋洲和南美洲间断分布 Trop. Asia, Australasia（to N. Zeal.）& C. to S. Amer.（or Mexico）	1	0.9
3. 热带亚洲和热带南美洲间断分布 Trop. Asia & Trop. Amer. disjuncted	5	4.7
4. 旧世界热带 Old World Tropics	3	2.8
5. 热带亚洲至热带大洋洲分布 Trop. Asia to Trop. Australasia	4	3.7
6. 热带亚洲至热带非洲分布 Trop. Asia to Trop. Africa	1	0.9

续表1-2

分布区类型	总属数	占总属百分比%
7. 热带亚洲分布 Trop. Asia (Indo-Malaysia)	8	7.5
7-1 热带印度至华南 Trop. India to S. China (esp. S. Yunnan)	1	0.9
8. 北温带分布 North Temperate	25	23.4
8-4 北温带和南温带间断分布 N. Temp. & S. Temp. disjuncted ("Pan-temperate")	5	4.7
8-6 地中海、东亚、新西兰和墨西哥智利间断 Mediterranea , E. Asia , New Zealandand Mexico-Chile disjuncted	1	0.9
9. 东亚和北美洲间断分布 E. Asia & N. Amer. disjuncted	8	7.5
10. 旧世界温带分布 Old World Temperate	4	3.7
10-1 地中海、西亚和东亚间断 Mediterranea , W. Asia (or C. Asia) & E. Asia disjuncted	2	1.8
11. 温带亚洲分布 Temp. Asia	1	0.9
12-3 地中海至温带、热带亚洲、大洋洲和南美间断分布 Mediterranea to Temp. -Trop. Asia , Australasia & S. Amer. disjuncted	2	1.8
14. 东亚分布 E. Asia	16	14.9
15. 中国特有 Endemic to China	4	3.7
总属	107	

（三）资源性状特点

收录的 524 种（含亚种、变种和变型）野生果树资源中，木本植物有 499 种，其中乔木类 208 种，灌木类 228 种，木质藤本类 63 种，以上三类占总资源的 95.2%，而草本及水生植物类 25 种，仅占资源的 4.8%，可见木本植物具有明显的优势。木本植物中，灌木类略多于乔木类，这主要是蔷薇科的栒子属、蔷薇属及悬钩子属 3 属灌木的种类就达 146 种。木质藤本类群中，猕猴桃属 20 种，五味子属 16 种，两者占到该类型资源的 57.1%。

（四）资源利用特点

攀西地区野生果树资源的利用类型主要有以下 3 类：

①果实或种子富含各类维生素、蛋白质、脂类、糖类、矿质元素等营养物质，可直接食用或加工后食用或饮用，如悬钩子类、猕猴桃类、榛类、胡颓子类、草莓类、茶藨子类、四照花类等大量的果实或种子。

②果实不宜食用，或食用价值不高，但植株可作为嫁接的砧木或培育其他优

良果树品种的类群，如胡桃属、枫杨属、樱属、枸子属、花楸属、苹果属、芭蕉属等大量的植物类群。

③茎或根含有大量营养物质，也可食用的类群，如野慈姑、油麻藤、苏铁类等。

在以上 3 类群中，果实或种子食用类所占的比例最高，而茎根食用的类群数量相对较少。

（五）果实类型特点

野生果树果实的类型可分为三大类：单果、聚合果和聚花果。

①单果：由一朵花的单雌蕊或复雌蕊子房所形成的果实。单果的果实根据成熟后是否肉质化分为肉质果和干果。干果的果实成熟后干燥，含水量少。干果的果实成熟时果皮干燥，根据果皮开裂与否，可分为裂果和闭果。裂果的果实成熟后果皮开裂，根据心皮数目和开裂方式不同，可分为蓇葖果、荚果、角果和蒴果等。闭果的果实成熟后果皮不开裂，主要类型有瘦果、颖果、坚果、翅果和分果等。肉质果的果实成熟后果皮肉质多浆，主要类群有浆果、柑果、核果、梨果、瓠果等。

②聚合果：由一朵花中多数生离心皮雌蕊的子房发育而来，每雌蕊都形成一独立的小果，集生在膨大的花托上，根据小果的不同，可分为聚合瘦果、聚合核果和聚合浆果等。

③聚花果：由整个花序发育形成的果实，花序中的每朵花形成独立的小果，聚集在花序轴上，外形似一果实。裸子植物没有真正的果实，种子一般描述为：A. 种子核果状，如苏铁属、银杏属、三尖杉属、红豆杉属；B. 种子坚果状，如松属 Pinus。被子植物有子房发育形成真正的果实。

攀西野生果树资源中各类群的果实类型丰富，从表 1-3 可以看出，攀西地区野生果实以肉质多浆（含单果的肉质果、聚花果和聚合果）的果实类型居多，有 67 属，占总属数的 65.7%。在干果类型中，沙棘属、胡颓子属为多汁的核果状坚果；水麻属为浆果状瘦果；叶下珠属为核果状蒴果；木通属、猫儿屎属、八月瓜属等为肉质的蓇葖果；落葵属为肉质的胞果。肉质的果实肉质多浆，富含各类维生素、糖类等多种营养元素，多可直接食用，也可加工成果汁、果酱、果酒等饮品。典型坚果类的比例也较高，有 12 属，其中主要集中在胡桃科、桦木科和壳斗科 3 科中，坚果类种子含有大量的淀粉和其他的营养物质，可直接食用或加工后食用。

表1-3　攀西地区野生果树（种子植物）果实类型

果实类型	分类型	所含属
单果	核果	稠李属、扁核木属、桃属、樱属、杏属、李属、南酸枣属、黄连木属、盐肤木属、勾儿茶属、枣属、楝木属、灯台树属、木犀榄属、荚蒾属、杨梅属、山胡椒属、木姜子属、枳椇属、鼠李属、马桑属、樟属
	梨果	木瓜属、枸子属、山楂属、移核属、苹果属、小石积属、石楠属、火棘属、梨属、花楸属、红果树属
	浆果	串果藤属、野木瓜属、小檗属、茶藨子属、重阳木属、地锦属、葡萄属、猕猴桃属、水东哥属、山桐子属、木瓜属、仙人掌属、番石榴属、越橘属、柿属、茄属、枸杞属、酸浆属、假酸浆属、忍冬属、芭蕉属
	柑果	柑橘属、枳属
	瓠果	茅瓜属
	坚果	胡桃属、枫杨属、榛属、虎榛子属、锥属、青冈属、栗属、水青冈属、柯属、栎属、莲属、菱属、沙棘属、胡颓子属
	瘦果	蔷薇属、慈姑属、水麻属
	荚果	木豆属、黧豆属、槐、决明属、皂荚属、酸豆属
	蓇葖果	花椒属、梧桐属、木通属、猫儿屎属、八月瓜属
	胞果	落葵属
	蒴果	七叶树属、车桑子属、山茶属、野牡丹属、叶下珠属
	颖果	甘蔗属
聚合果	聚合瘦果	草莓属、蛇莓属、悬钩子属
	聚合核果	四照花属
	聚合浆果	南五味子属、五味子属
聚花果	聚花瘦果	榕属、桑属
	聚花核果	构属、柘属

三、攀西地区野生果树开发利用现状

攀西地区野生果树种类多、分布广，但并没有引起当地人们及地方政府的足够重视，开发利用资源的情况不尽如人意，仅少数种类得到了较好的开发利用，大多数种类仍在山野中自生自灭。目前具有一定开发利用的类群有以下几种。

（一）野核桃

攀西地区有着极为丰富的野生核桃资源（J. cathayensis Dode., J. sigillata

Dode.)，但野生核桃产量低、品质差，果子的市场价位低。针对这一现状，从20世纪90年代初开始，盐源县农业科技工作者通过十多年的探索试验，目前运用"鸭舌嫁接法"对低质、低产野核桃进行高位换种嫁接，使核桃产量大幅度提高，品种性状得到极大的改善。经过长时间的试验、探索，该技术形成了较为成熟稳定的新技术，目前已在攀西地区的会理、会东、德昌、金阳、冕宁、木里、西昌、甘洛、普格、米易等县市大面积推广，并取得了较好的经济效益和社会效益。

（二）余甘子

余甘子又名橄榄，在攀西的干热地区广泛分布。目前用余甘子开发的产品有：攀枝花市宇森酒业有限责任公司开发的野橄榄酒，西昌运吉食品厂开发的野生橄榄茶，盐源县百灵山经营部开发的余甘子果干、余甘子果粉、余甘子原汁、余甘子果核，等等。

（三）番石榴

德昌、西昌、会理、攀枝花等县市有个体或企业加工番石榴干或采购番石榴叶，开发利用其药用价值。

（四）刺梨

西昌及冕宁部分地区已发展起了以刺梨饮品果汁及刺梨酒为主的地方特色企业，如冕宁县农庄酒业有限责任公司采用野生或栽培的刺梨鲜果原汁开发刺梨果酒、刺梨干红、刺梨柔红等产品。由于刺梨果具有丰富的营养价值和独特的风味，当地村民利用荒山荒坡人工栽培刺梨，除采集果实直接食用或泡水、泡酒饮用外，还采集鲜果到本地的市场上出售。

（五）桑

过去对桑的栽培主要利用其叶饲养蚕，现在德昌元坤绿色果业有限公司在德昌建立了大规模的桑栽培基地，除了利用叶饲蚕外还利用果实研发出了产品——浓缩桑葚清汁。该产品受到消费者的青睐，企业获得了较好的经济效益。

（六）其他资源的利用

1. 栽培繁殖利用

攀西部分县市村民栽培梅、杨梅，其果在市场上销售；栽培火棘和枳作为绿篱；繁殖樱属植物实生苗作樱桃的嫁接砧木；盐源县广泛运用丽江山荆子作为砧木嫁接苹果，嫁接后的植株苗木具有矮化、抗虫、抗旱、耐低温等优良性状；西昌、雷波等县市有村民繁殖野生猕猴桃作为嫁接中华猕猴桃的砧木；冕宁等县林业部门已鼓励村民利用山地大量种植银杏，准备规模化开发利用其果和叶。

2. 采集野生果实销售

在凉山各县常有村民采集野生猕猴桃、胡颓子、无花果、仙人掌、厚叶梅、移栎等的果实到集市上销售，但量往往不大，难获较高的经济效益。

四、攀西地区野生果树资源开发利用存在的问题

攀西地区虽有丰富的野生果树资源，但由于多方面的约束，导致现能开发利用的种类稀少，且开发的力度远远不够，这些限制因素主要有以下几点。

（一）资源蕴藏量不清

攀西地区地域广阔，地形地势复杂多变，物种多样性极高，作者虽然通过多年的考证和查阅，但只能相对地了解攀西地区野生果树资源种类及大致的分布或数量，而对于该地区的各个物种资源的具体分布及可开发的资源蕴藏量还缺乏较为全面的了解。

（二）资源分布分散采收困难

要充分利用野生果树资源，产生经济效益，则要求果实成熟以后能足量、新鲜的到达销售市场，而以下因素限制了野生果实的采收和运输。

①野生果树分布零星，很少成片分布，同时很多高大乔木类及藤本类的植物挂果高（如壳斗科），而灌木类的植株多具茎刺或叶刺且果实小（如悬钩子属、蔷薇属、火棘属、小檗属、花椒属及胡颓子属等类群），同时由于攀西山区立体气候差异明显，同一山中不同海拔的同种果树不同植株物候期也有一定的差异，这些因素导致了野生果实采集困难。

②野生果树多生于无人居住的荒野山林，交通十分不便，即使果实采集后也需要较长的时间才能运输到销售市场或食品加工企业的手中，易导致果实的变质，这严重影响其食用价值和经济价值。

（三）资源利用价值不清

攀西地区具有极为丰富的野生果树资源，在果实方面除了少数种类的营养成分已被分析过，大部分的其他种类的果实还没有进行过分析。只有弄清了野生果实的营养成分才容易被消费者接受。同时，很多野生果树还具有如保健药用、蜜源、鞣质、观赏、砧木等其他方面的用途，作为开发者只有清楚认识了资源各方面的利用价值，才能很好地综合开发利用资源，获得较高的经济效益。

（四）部分资源匮乏

①攀西地区野生果树资源多分布在海拔 600~2900 m 之间，该范围内是当地村民农耕活动频繁区域，特别是 20 世纪八九十年代大量荒山、荒坡、荒滩的开垦，导致了该区域的野生果树资源日益匮乏。

②攀西地区山区村民的生活水平普遍低下，在很多偏远地区村民日常的生活能源主要依靠砍伐林木获得，这导致了部分地区森林生态环境受到严重的破坏，导致了野生果树资源的减少。

③20 世纪 80 年代以来外来生物杂草——紫茎泽兰入侵攀西地区，因其具有极强的繁殖能力，所到之处往往形成单优势群落，导致了在海拔 2400 m 以下地区的很多草本类野生果树资源不能生存，也严重地影响到该区域内如悬钩子属、胡颓子属、蔷薇属等灌木或其他乔木类群的繁殖更新。可以说目前紫茎泽兰的入侵扩张是引起攀西野生果实资源及其他生物资源严重匮乏的最主要原因。

五、攀西地区野生果树资源开发利用的建议

（一）进一步清查攀西野生果树资源

虽然目前基本摸清了攀西野生果树资源的种类、性状和分布，但很多种类生长在偏远的山区且分布零散，对野生果树资源还缺乏全面的了解，特别是野生果树的储蓄量、数量、利用状况、营养成分等都需要进一步的调查研究和分析。

（二）深入分析野果的营养成分或其他成分，进一步挖掘其他方面的利用价值

在攀西地区野生果树资源中，只有少数在国内被开发的种类的果实的营养成分或药用成分被分析过，大部分果实虽然可食，但其营养成分没有被分析过。要很好的开发利用必须了解野果的营养成分含量或其他价值，这样才可能让消费者相信并放心地接受产品。野生果树的范畴并不仅仅指果实或种子可食的类群，有很多类群可以作为培育优良品种的砧木，如在攀西地区做嫁接砧木的资源有野胡桃、西南樱桃、丽江山荆子、君迁子、棠梨等，特别是攀西地区利用分布广泛的野胡桃嫁接核桃已经取得了明显的效果，为当地人们获得了不菲的经济效益。攀西地区能做砧木的类群还很多，研究人员可以进行不断地探索，相信能发掘更多的优良砧木。在其他方面的价值如保健药用等方面的价值也值得进一步挖掘。攀西地区是我国最大的彝族聚居区域，少数民族在野生果树资源的利用方面也有不少自己的特色，可通过了解他们是如何利用某些野生果树资源来开发民族特色商品，不仅可以延续、发扬民族特色食品、文化，也可以使贫困的山区村民获得较好的经济效益。

（三）加强野生果树就地保护和异地保护工作

近几十年来，人口不断增加、开垦荒山荒坡、砍伐林木及外来物种的入侵等人为或自然因素使攀西地区的野生果树资源日益匮乏，必须通过在野生果树遗传多样性地区建立自然保护区或进行封山育林，防止人为的干扰或破坏，同时科研部门应积极地开展野生果树的品种收集工作，建立野生果树种质资源圃，进行异地保护。

（四）加强种质资源评价，开展野生果树引种驯化和良种选育工作

野生果树普遍存在果实相对较小、品质差异较大、分布分散、不易采收和规

模化开发利用等缺点，所以攀西地区的野生果树资源绝大多数仍处于自生自灭状态，开发利用种类相对很少，因此，应加强种质资源评价，因地制宜选择果大丰产、适口性好、营养价值高的优良类型和植株，并通过嫁接和仿生境栽培，实现规模化和优种化。攀西地区具有大规模的荒山坡和多种气候或土壤类型的生境条件，这为野生果树引种驯化和良种选育工作提供了优良的自然条件。

（五）开展鲜果储藏、果品加工和综合利用研究

攀西地区具有很多直接生食的野果，如悬钩子、胡颓子、沙棘、荚蒾等类群，由于其肉质多浆往往容易变质，开展这些野生果实简易的储藏、运输技术的研究对保证产品的质量具有重要的意义。

攀西的许多野生野果，不但有丰富的营养成分，可鲜食或加工成果汁、果酱、果酒、罐头等，而且具有保健、药用的功效。应当在开展果品深加工的同时，积极开展野果的综合利用研究，开拓新的产品，同时可在山区配套进行养蜂、养蚕等产业，综合开发野生果树资源的其他利用价值，促进地区经济发展，增加当地居民的收入。

第二章　各　论

裸子植物 GYMNOSPERMAE

一、苏铁科 CYCADACEA

苏铁属（Cycas Linn.）

常绿棕榈状木本植物。茎干圆柱形。叶羽状，螺旋状排列，长达 0.5~2.4 m，厚革质而坚硬，羽片条形，长达 18 cm，边缘多反卷。花顶生，雌雄异株，雄球花长圆柱形，雌球花略呈扁球形。种子卵形微扁，多为红色，长 2~4 cm。该属植物主要可作庭园树及盆栽观赏树；干髓有淀粉，可供食用；嫩叶及种子的外种皮可食；大孢子叶和种子供药用。

本属已知我国有 10 余种，攀西地区有 4 种，其中攀枝花苏铁为原产，其他 3 种为观赏引进栽培。

攀枝花苏铁

别名：铁树、鹅公包、棕苞菜。

学名：Cycas panzhihuaensis L. Zhou et S. Y. Yang.

形态特征：棕榈状常绿乔木，高可达 2.5 m，粗 40 cm。多为单干。叶片集生于顶，长 60~160 cm，叶片羽状深裂，裂片通常 70~105 对，长披针形，厚革质，长 9~20 cm，宽 0.5~0.7 cm，先端渐尖，基部两侧不对称，裂片背面中脉较表面隆起，干后边缘微卷，叶轴上紧靠小裂片下方有数对短刺尖。雌雄异株，雄球花生于株顶，生长常偏斜，后逐渐下垂，长纺锤形或长椭圆状圆柱形；小孢子叶密排列，通常长 4~7 cm，宽 1.8~2.8 cm，顶部两侧呈三角状至坪圆形，先端具凸起的三角状尖头，表面黄棕色，无毛，具光泽，露出部分通常无横脊，或具有一明显的条状横脊，宽 1.1~1.4 mm，深红褐色，干后不皱，距顶部边缘可达 1 cm，或具脊与不具脊的小孢子叶同居于一小孢子叶球上；小孢子叶背面密生锈色绒毛，小孢子囊 2~5 个集生。大孢子叶呈球形或近球形密集着生于干顶，密被锈褐色绒毛，中上部具疏齿状深裂，有裂齿 30~40 枚，下部不裂，楔形，柄状部分中上部着生 1~5 枚近方形或矩圆形的胚珠，橘黄色，光滑无毛。成熟种子橘红色，有光泽，近球形或倒卵状球形，微扁，径 2.1~2.6 cm。

物候期：花期 3~5 月，种子成熟期 8~9 月。

生态特性：攀枝花苏铁分布区地处金沙江中段，地势陡峭，河谷深切，山体相对高度大，地形封闭，受干热河谷气候效应的影响，喜热，喜光，抗火烧，不耐低温及荫蔽，耐旱，耐贫瘠（具有珊瑚状菌根），生长地年均温度 19~21 ℃，年降水量 700~900 mm，干燥度 0.9~3.5；土壤为石灰岩、砂页岩母岩发育而成的山地碳酸岩红褐土和山地黄褐土，呈微酸性至中性（偶有碱性）反应。

分布：该种首先在金沙江河谷攀枝花市的民政、平江两地发现有大片林子。相继在该市米易、盐边和雅砻江河谷的德昌顺河、盐源干塘坝、宁南碧鸡河畔的铁厂坪、红岩脚以及雷波西宁河谷也发现有分布。从现有发现看，雷波西宁是迄今为止的最北界，为北纬 28°30′。垂直分布为宁南海拔 900~1100 m，攀枝花市海拔在 1100~2100 m。在云南元谋普渡河、华坪及贵州南盘江河谷也有该种分布。目前在攀枝花及凉山彝族自治州（以下简称为"凉山州"）部分县市有栽培。

用途：攀枝花苏铁定为国家二级保护植物。苏铁林在进行植物地理、古气候等研究方面具有重要的意义，其树形优雅美观，多作庭园观赏栽培。叶供配插花。民间流传其可药用及食用，但应宣传教育群众不宜采用，以利其得到完善的保护和发展。

二、银杏科 GINKGOACEAE

银杏属（Ginkgo Linn.）

落叶大乔木；叶扇形，螺旋状散生于长枝上或 3~5 枚聚生于短侧枝之顶，二叉状脉序；单性异株，球花小，生于短侧枝上。雄球花呈倒垂的短葇荑花序状；雌雄花具长梗，梗端常 2 叉（或不分叉，或 3~5 叉），叉顶为珠座（大孢子叶），各具一直立胚珠，但通常仅一颗发育成熟；种子核果状，有肉质外种皮，中种皮骨质，内种皮膜质。

本科仅 1 属 1 种，我国特有，攀西广有栽培。

银杏

别名：公孙树、白果。

学名：Ginkgo biloba Linn.

形态特征：落叶高大乔木。枝分长枝与短枝，长枝有细纵裂纹；短枝密被叶痕。叶互生于长枝而簇生于短枝上（3~8 叶），叶片折扇形，淡绿色（落叶前变黄），无毛，先端波状或具缺刻，2 叉脉，基部阔楔形或楔形，有长柄。雌雄异株，球花单性，生于短枝顶端的叶腋或苞腋；雄球花 4~6 朵，无花被，长圆形，下垂如葇荑花序，雄蕊多数，螺旋排列；雌球花也无花被，具长柄。种子核果状，椭圆形、倒卵形或近球形，长 2.0～3.5 cm，径约 2 cm，熟时淡黄色或橙黄色，被白粉；肉质外种皮，具臭味，中种皮白色，骨质，具 2～3 棱（雌的头圆，多 2 棱，雄的头尖，常 3 棱），内种皮黄褐色，膜质。

物候期：花期 4～5 月，种子成熟期 9～10 月。

生态特性：喜光阳性树种，不耐蔽荫，不宜种于阴坡；深根性，抗旱力较强，但怕水涝。喜温暖湿润气候，在年均气温 10～18 ℃、年降水量 600～1500 mm 的地方，生长良好。对大气污染有一定抗性，若常受氯、氯化氢和二氧化硫等气体毒害，会引起落叶。它对酸性、石灰性土壤有较强适应性；在土层深厚、肥沃、湿润，不积水的微酸性沙壤土，生长最好。

分布：攀枝花市凉山州各县市有引种作为观赏植物栽培。目前在凉山州部分县市已鼓励村民在低矮的荒山坡大量栽植。

用途：银杏果，又名"白果"，种仁含淀粉、蛋白、脂肪、蔗糖等养分，可食用，但生白果有微毒，不宜多吃。白果是营养丰富的高级滋补品。种子"白果"药用，具有益肺气、治咳喘、止带虫、缩小便、平皱皮、护血管、增加血流量等食疗作用和医用效果。叶供药用，可治疗心血管系统疾病，亦可做肥料及杀虫剂。银杏为中生代孑遗的稀有用材树种，为国家一级保护植物；银杏树形雄伟，姿态优美，叶形独特，广泛在庭院、街道、公园、道路旁等种植或盆景栽培，供观赏；木材优良为建筑、家具、雕刻、图板及文化用品和工艺品用材。

三、松科 PINACEAE

松属（Pinus Linn.）

常绿乔木，枝轮生。芽鳞、鳞叶（原生叶）、雄蕊、苞鳞、珠鳞及种鳞均螺旋状排列。叶两型：鳞叶单生，幼时线形；针叶 1～8 针一束，簇生于不发育的短枝上，每束针叶的基部为膜质叶鞘所包围，叶内具树脂道。雌雄同株，球花单性；雄球花单生新枝下部苞腋，多数聚生，雄蕊多数；雌球花 1～4 个（稀更多）生于新枝近顶端，具多数珠鳞及苞鳞，每珠鳞的腹面基部着生 2 枚倒生胚珠。球果种鳞木质，宿存，背部上方具鳞盾（即外露部分）和鳞脐；苞鳞极短小。

本属约 80 余种，我国有 22 种。攀西地区产松属植物 7 种，其中 4 种种子可食用。

1. 华山松

别名：嗑松、五须松、青松、吃松、果松、特色（美姑彝名）。

学名：Pinus armandii Franch.

形态特征：常绿乔木，高可达 35 m，胸径 1～1.5 m；幼枝绿色或灰绿色，平滑，老枝皮裂成方块状，固着或脱落；冬芽近圆柱形或椭圆状，褐色，微具树脂，芽鳞排列疏松。针叶五针一束，稀 4 或 6～7 针一束，长 8～18 cm，径 1～

1.5 mm；横切面三角形，树脂道通常 3，叶鞘早落。雄球花黄色，卵形或圆柱形，长 1.2~1.5 cm，基部有近 10 枚卵状匙形的鳞片包围。松球果圆锥状长卵圆形，长 10~20 cm；径 5~8 cm，幼时绿色，成熟时（种鳞张开）淡黄褐黄色，梗长 2~5 cm，微下垂；种鳞无毛，鳞片近斜方形，长 3~4.5 cm，宽 2.5~3 cm，先端圆钝或短尖，不反曲或微反曲；种子褐色至黑褐色，扁椭球形或倒卵球形，长 1~1.5 cm，径 5~10 mm，无翅或有棱脊。

物候期：花期 5~6 月，球果次年 9~10 月成熟。

生态习性：华山松为较喜光树种，在全光照条件下生长良好，幼树稍耐阴；不耐严寒和湿热，但在湿润地方也可在全光下生长。在攀西地区海拔 1800~2900 m 的地带可成为纯林。对土壤要求不严格，但以在深厚、湿润、疏松、微酸性的森林棕壤及草甸土上生长最好，不耐盐碱土。

分布：攀枝花市及凉山州各县市均有分布。生于海拔 1400~3300 m 的山林中。

用途：种子生、炒、煮均可食用。松子的营养价值很高，常食松子，可以强身健体，特别对老年体弱、腰痛、便秘、眩晕、小儿生长发育迟缓均有补肾益气、养血润肠、滋补健身的作用。

2. 华南五针松

学名：Pinus kwangtungensis Chun ex Tsiang.

形态特征：常绿高大乔木；一年生枝淡褐色，无毛；冬芽茶褐色。针叶 5 针一束，较粗短，长 3.5~7 cm，宽约 1.5 mm；树脂管 2~3 个，背面 2 个边生，腹面 1 个中生或缺；叶鞘早落。球果长卵圆形，通常单生，长 5~14（17）cm，直径 3~6（7）cm，有短柄，熟时红褐色；种鳞的鳞盾扁菱形，边缘微内曲，鳞脐顶生；种子椭圆形或倒卵形，长 8~12 mm，种翅长 1~2 cm。

物候期：花期 4~5 月，球果次年 10 月成熟。

分布：宁南等县。

生态习性：喜生于气候温湿、雨量多、土壤深厚、排水良好的酸性土及多岩石的山坡与山脊上，常与阔叶树及针叶树混生。

用途：种子生、炒、煮均可食用。华南五针松干材端直，材质优良、坚实，为中亚热带至北热带中山地区的优良造林树种，亦可提取树脂。

3. 马尾松

别名：松树、爬山松。

学名：Pinus massoniana Lamb.

形态特征：高大常绿乔木；树皮红褐色，下部灰褐色，裂成不规则的鳞状块片；大枝斜展，小枝稍下垂，淡黄褐色，无毛；冬芽褐色，近圆柱形，顶端尖。针叶 2 针 1 束，偶 3 针 1 束，细柔，长 10~20 cm，叶缘有细锯齿；树脂脂道 4~

8个，边生；叶鞘宿存。雄球花多数，淡红褐色，穗状，生于新稍近顶端；雌球花单生或2~5个聚生于新枝近顶端，淡紫红色；球果卵形或卵状圆锥形，长4~7 cm，径2.5~4 cm，成熟时栗褐色，种鳞近矩圆状倒卵形，或近长方形，长约3 cm；鳞盾菱形，微具横脊，鳞脐微凹，常无刺；种子卵球形，长4~6（7）mm，带翅长可达2.7 cm。

物候期：花期3~4月，果期次年10~11月。

生态特性：马尾松是亚热带阳性树种。幼年稍耐荫蔽，适生于温暖湿润的气候。年均温13~22 ℃，年降水量800~1800 mm的地区生长良好。根系发达，主根明显，有根菌。对土壤要求不严格，喜微酸性土壤，耐干旱贫瘠，但怕水涝，不耐盐碱，在石砾土、沙质土、黏土、山脊和阳坡的冲刷薄地上，以及陡峭的石山岩缝里都能生长。

分布：凉山州越西、甘洛、雷波等县海拔1500 m以下的地段有分布。

用途：种子生、炒、煮均可食用。马尾松是重要的用材树种，也是荒山造林的先锋树种。

4. 云南松

别名：长毛松、飞松、青松。

学名：Pinus yunnanensis Franch.

形态特征：常绿乔木；树皮褐灰色，裂成不规则鳞块状脱落；一年生枝淡红褐色，无毛，二三年生枝上的鳞叶常脱落；冬芽红褐色。针叶通常3针（稀2针）一束，柔软，长10~30 cm，径1~1.5 mm；树脂管4~5个，边生与中生并存；叶鞘宿存，被绢毛。球果圆锥状卵球形，长5~11 cm，径3~7 cm，成熟时张开，基部宽，有短柄；鳞盾肥厚，稍平或隆起，间或反曲；鳞脐微凹或微凸，有短刺；种子褐色或黑褐色，近卵球形或倒卵球形，微扁，长4~6 mm，种翅薄，淡黄色或黄褐色。

物候期：花期3~4月，球果成熟期为次年11月。

生态特性：云南松适应性强，耐干旱气候及瘠薄土壤。喜光、耐旱。适生区年均温度12~17 ℃，年降雨量900~1300 mm。对土壤的基本要求是：酸碱度以4.0~6.0为宜，肥力中等，在排水良好的沙壤土、壤土、轻壤土、中壤土上生长快速。

分布：凉山州及攀枝花各县市均有大面积分布，多为飞播林，在海拔900~3000 m的广大地区，常形成大面积纯林。

用途：种子食用。其松子虽然稍小，但种子壳薄肉实，种仁味美，具有很高的营养价值和保健价值。云南松耐干旱、贫瘠，是攀西地区主要的荒山荒坡绿化树种之一。云南松树干通直，木质轻软细密，是良好的建筑用材。富含松脂，松香含量占65%~70%，松节油含量15%~25%。树根可培养茯苓；树皮可提取栲胶；针叶可提取松针油及加工成松针粉，作饲料添加剂；花粉又可作药用，是美容护肤佳品。云南松木材是优质造纸、人造板原料，并供建筑、家具等用材。

四、三尖杉科 CEPHALOTAXACEAE

三尖杉属（Cephalotaxus Sieb. et Zucc. ex Endl.）

常绿乔木或灌木，髓心中部具树脂道；小枝对生或不对生，基部具宿存芽鳞。叶条形或披针状条形，稀披针形，交叉对生或近对生，在侧枝上基部扭转排列成两列，上面中脉隆起，下面有两条宽气孔带，在横切面上维管束的下方有一树脂道。

本属有 8 种，攀西地区产 2 种，假种皮可食。

三尖杉属分种检索表

1. 叶长 4~13 cm，先端渐尖成长尖头，叶下面的气孔带被白粉。雄球花有明显的总梗，梗通常长 6~8 mm。 …………………………………… 1. 三尖杉

1. 叶较短，长 1.5~5 cm，先端微急尖、急尖或渐尖。

2. 小枝较细，叶较窄，边缘不向下反曲，先端渐尖或微急尖。……………
…………………………………………………………………… 2a. 粗榧

2. 小枝粗壮，叶较宽厚，边缘向下反曲，先端急尖。……… 2b. 宽叶粗榧

1. 三尖杉

别名：藏杉、桃杉、狗尾松、铁甲松、鱼骨松、长叶圆头杉、水竹、山榧树、罗汉杉。

学名：Cephalotaxus fortunei Hook. f.

物候期：花期 4 月，种子 8~10 月成熟。

生态习性：三尖杉对气候条件具有较强的适应性。常生于海拔 2500~3200 m 的冷杉疏林或阔叶林中。生境中土壤多系由砂页岩、玄武岩、板岩、变质岩等碎屑岩发育的山地黄壤、黄棕壤，部分海拔较低处也有黄红壤分布，土壤质地较粗，常含坡积石砾，土表的枯枝落叶凋落物较为丰富，pH 值多在 6~5.5 以下。在部分坡度较陡地段，水土流失较为严重，使三尖杉生长在土层瘠薄的生境中。三尖杉多分布于亚热带常绿阔叶林中，因此三尖杉能适应林下光照强度较差的环境条件，并能正常生长和更新。

分布：凉山州甘洛、普格、美姑、冕宁、雷波、宁南、会东及攀枝花米易等县有分布。

用途：假种皮味甜可食。木材黄褐色，纹理细致，材质坚实，韧性强，有弹性，可供建筑、桥梁、舟车、农具、家具及器具等用材。三尖杉是我国亚热带特有植物，是我国特产的重要药原植物，经研究发现，三尖杉的根、茎、皮、叶内

含多种生物碱，对治疗血癌（白血病）和淋巴肉瘤有特殊的疗效，故近年来，在医学界备受关注。

2a. 粗榧

学名：Cephalotaxus sinensis Li.

生态习性：喜温凉湿润气候，多生于海拔 800～2700 m 的花岗岩、砂岩及石灰岩山地。

分布：会东、普格、冕宁、西昌、雷波等县市。

用途：假种皮可食。木材坚实，可作农具及工艺等用。叶、枝、种子、根可提取多种植物碱，对治疗白血病及淋巴肉瘤等有一定疗效。可作庭园树种。

2b. 宽叶粗榧

学名：Cephalotaxus sinensis (Rehder & E. H. Wilson) H. L. Li var. latifolia Cheng & L. K. Fu.

形态特征：本变种与粗榧的主要区别在于小枝粗壮，叶较宽厚（宽达 5～6 mm），先端常急尖，叶干后边缘向下反曲。

生态习性：生于海拔 900～1900 m 林地。

分布：美姑等县。

用途：与粗榧相同。

五、红豆杉科 TAXACEAE

红豆杉属（Taxus Linn.）

乔木或灌木；树皮鳞片状，褐红色；冬芽有覆瓦状排列的鳞片；叶线形，2 列，背面淡绿色或淡黄色，无树脂管；球花小，单生于叶腋内；雄球花为具柄、基部有鳞片的头状花序，有雄蕊 6～14 枚，盾状，每一雄蕊有花药 4～9 个；雌球花有一个顶生的胚珠，基部托以盘状珠托，下部托有苞片数枚；花后珠托发育成杯状、肉质的假种皮，半包围着种子或为盘状膜质的种托承托着种子；种子坚果状。

本属约 11 种，分布于北半球。我国有 4 种 1 变种。攀西地区产 2 种 1 变种。

红豆杉属分种检索表

1. 叶质地薄，披针叶条形或条状披针形，常弯镰状，中上部渐窄，先端渐尖，干后边缘向下卷曲或微卷曲，下面中脉带上有密生均匀而微小的圆形角质乳头状突起点。……………………………………… 1. 云南红豆杉

1. 叶质地厚，边缘不卷曲或微卷曲。

2. 叶较短，条形，宽 2～4 cm，先端具微急尖或急尖头，边缘微卷曲或不卷曲，下面中脉带上密生均匀而微小圆形角质乳头状突起点，其色泽与气孔带相

同；种子多呈卵圆形，稀倒卵形。 ………………………………… 2a. 红豆杉

2. 叶较宽长，宽 3～4.5 cm，先端通常渐尖，边缘不卷曲，下面中脉带的色泽与气孔带不同，其上无角质乳头状突起点，或与气孔带相邻的中脉带两边有1至数行或成片状分布的角质乳头状突起点；种子多成倒卵圆形，稀柱状矩圆形。 …………………………………………………… 2b. 南方红豆杉

1. 云南红豆杉

别名：西南红豆杉、紫杉、神木。

学名：Taxus yunnanensis Cheng et L. K. Fu.

物候期：花期 3～4 月，果期翌年 8～10 月。

生态习性：生境在荫坡、半荫坡的中山、亚高山缓坡、沟谷、溪流两岸暗针叶林、中山针阔叶混交林、常绿阔叶林中散生或块状生长，常成为下层乔木。

分布：凉山州木里、盐源、西昌等县市。在木里见于海拔 3100～3450 m 处，在盐源碧基见于海拔 3350 m 处，在西昌螺髻山可分布至海拔 2700 m，常散生于山谷、沟边或与针阔叶树混生。

用途：肉质假种皮味甜可食。云南红豆杉材质优良，可用于建筑、家具、器具等，其提取物紫杉醇有抗癌作用。

2a. 红豆杉

别名：紫柏、血柏、观音杉、榧子木、红杉、红豆树、格姑楚明列（彝名）。

学名：Taxus chinensis（Pilger）Rehd.

物候期：花期 4～5 月，种熟期 10～11 月。

生态习性：喜生海拔 2200～2700 m 左右的针、阔叶树混交林下或针叶树混交林下。性耐荫蔽，喜湿润多雨的温凉气候，在湿润而富含有机质的森林黄棕壤及灰化黄棕壤上生长良好，在多岩石的瘠薄土上也能生长。要求土壤 pH 值在5.5～7.0。

分布：凉山州美姑、雷波等县。

用途：肉质假种皮味甜可食，常食能增强肌体免疫力。南方红豆杉为世界珍稀濒危树种，国家一级保护植物，其综合利用价值高，被人们誉为"植物黄金"。科学家研究发现：从红豆杉中提取的紫杉醇可以作为抗癌药物。

2b. 南方红豆杉

别名：美丽红豆杉、南方紫杉、杉公子、杉巴公、红叶水杉。

学名：Taxus chinensis（Pilger）Rehd. var. mairei（Lemée et Lévl.）Cheng et L. K. Fu.

物候期：花期 3～6 月，果期 9～11 月。

生态习性：常分布于海拔 1000～1800 m 以下山林中。南方红豆杉是我国亚热带至暖温带特有成分之一，耐荫树种，喜温暖湿润的气候及排水良好的酸性

土，在阔叶林中常有分布。对气候适应力较强，年均温 11～16 ℃，最低极值可达−11 ℃。不耐干旱瘠薄，不耐低洼积水，要求肥力较高的黄壤、黄棕壤（酸性、微酸性土壤）。南方红豆杉具有较强的萌芽能力，树干上多见萌芽小枝，但生长比较缓慢。很少有病虫害，生长缓慢，寿命长。

分布：凉山州的西昌、美姑、会理、米易等县市。

用途：假种皮味甜可食，种子含油量高，可供制肥皂及润滑油，也入药。国家一级保护植物，为优良珍贵树种。树皮中含的紫杉醇有抗癌性。边材黄白色，心材赤红，质坚硬，纹理致密，形象美观，不翘不裂，耐腐力强。可供建筑、高级家具、室内装修、车辆、铅笔杆等用。

被子植物 ANGIOSPERMAE

双子叶植物 DICOTYLEDONEAE

六、杨梅科 MYRICACEAE

杨梅属（Myrica L.）

常绿灌木或乔木；叶互生，单叶，全缘、有齿缺或分裂，无托叶；花通常单性异株，无花被，但承托以小苞片；雄花排成圆柱状的荑黄花序；雄蕊 4～6（2～16）；雌花排成卵状或球状的荑黄花序；子房 1 室，下承托以 2～4 个小苞片，有直立的胚珠 1 颗；柱头 2；果为一卵状或球形的核果，外果皮干燥或肉质，常有具树脂的颗粒或蜡被。

本属约 50 种，广泛分布于两半球热带、亚热带及温带。我国产 4 种 1 变种，分布于长江以南各省区。攀西地区产 3 种。

杨梅属分种检索表

1. 小枝及叶柄被毡毛；核果椭圆状；当年 9～11 月开花，次年 2～5 月果成熟；雄花无小苞片，雌花具 2 小苞片。……………………………… 1. 毛杨梅

1. 小枝及叶柄无毛或仅有稀疏柔毛；核果球状；当年 2～4 月开花，6～7 月果成熟；花序为单一穗状花序或仅基部具不明显分枝。

2. 乔木，高达 4～15 m 以上；叶较大，长 6～16 cm；雄花具 2～4 枚苞片，雌花具 4 枚苞片。……………………………………………… 2. 杨梅

2. 灌木，高 0.5～2 m；叶较小，长 2.5～8 cm；雄花无小苞片，雌花具 2 小苞片。……………………………………………………… 3. 矮杨梅

1. 毛杨梅

别名：大树杨梅、毛杨梅。

学名：Myrica esculenta Buch. —Ham.

物候期：9~10 月开花，次年 3~4 月果实成熟。

生态习性：常生于海拔 1100~1800 m 的稀疏杂木林内或干燥的山坡上。

分布：凉山州德昌、会理等县。

用途：果实可食，可生津止渴。本种为绿化造林树种。根、树皮、果实供药用，根、树皮治跌打损伤、骨折、痢疾、胃病、十二指肠溃疡、牙痛、创伤出血、烧伤。

2. 杨梅

别名：山杨梅、朱红、珠蓉、树梅、山梅子。

学名：Myrica rubra（Lour.）Sied. et Zucc.

物候期：花期 3~4 月，果期 6~7 月。

生态习性：喜温暖湿润气候，耐荫、不耐强日照和寒冷，喜微酸性的山地土壤。常生于海拔 1000~2000 m 低山河谷、排水良好的酸性沙壤土上。

分布：凉山州西昌、普格等县市低山河谷。

用途：果实味酸甜可生食及作蜜饯、果酱、果酒、罐头、果汁等。杨梅果实、核、根、皮均可入药，性平、无毒。果核可治脚气，根可止血理气；树皮泡酒可治跌打损伤、红肿疼痛等。其根系与放线菌共生形成根瘤，吸收利用天然氮素，耐旱耐瘠，省工省肥，是一种非常适合山地退耕还林、保持生态的理想树种。

3. 矮杨梅

别名：云南杨梅、杨梅。

学名：Myrica nama Cheval.

物候期：花期 2~3 月，果期 7~8 月。

生态习性：耐荫蔽，常生于海拔 1500~2700 m 的山坡、云南松林缘及次生灌木丛中。

分布：凉山州西昌、德昌、会理、会东、普格、冕宁及攀枝花米易等县市。

用途：外果皮肉质，多汁液及腺体，成熟时紫红色，味酸可生食或加工为饮料。矮杨梅果药用，涩肠止泻，收敛止血，通络止痛。

七、胡桃科 JUGLANDACEAE

（一）胡桃属（Juglans L.）

落叶乔木；枝有片状髓心；奇数羽状复叶，揉之有香味；雄花为菜黄花序；萼 3~6 裂；雄蕊 8~40；雌花数朵排成顶生的总状花序；萼 4 裂；总苞 2~5 裂，与子房合生；子房下位，1 室，有胚珠 1 颗；果为一大核果，有一厚而不开裂的硬壳；坚果有不规则的槽纹，基部 2~4 室，不开裂或最后分裂为 2。

本属约 20 种，分布于两半球温、热带区域。我国产 5 种 1 变种，南北普遍分布。攀西地区具野生资源 2 种。

胡桃属分种检索表

1. 叶具 7～25 枚小叶；小叶有锯齿，下面有毛或成长后变近无毛；花药有毛；雌花序具 5～10 雌花；小叶长成后下面密被短柔毛及星芒状毛；果序长而下垂，通常具 6～10 个果实。……………………………………………… 1. 野核桃

1. 叶通常具 5～11 枚小叶；小叶全缘，除下面侧脉腋内具簇毛外其余近于无毛；花药无毛；雌花序具 1～4 雌花；小叶通常 9～11 枚，卵状披针形或椭圆状披针形，顶端渐尖，侧脉 17～23 对。……………………………………… 2. 泡核桃

1. 野核桃

别名：野胡桃、巴核桃。

学名：Juglans cathayensis Dode.

物候期：花期 4～5 月，果期 8～10 月。

生态习性：常生长于海拔 1000～3300 m 的山谷中。喜光，根深，喜生于山谷的坡积物形成的深厚肥沃土壤上，在湿润肥厚之地的杂灌木林中，常与樟科、栎类、桤木、榆混生，组成次生林，有时也掺杂在铁核桃林中。

分布：攀枝花及凉山州各县市。

用途：坚果营养丰富，是一种优质健脑食品。木材坚硬细致，可作雕刻、工艺品、高档家具、军工等的良材。攀西地区各县市山区具有大量的野核桃，野核桃生长快，耐干旱贫瘠，抗病虫害较强，但由于核硬，难以获得种仁，所以经济价值不高。盐源县核桃产业化技术协会运用"鸭舌嫁接法"对低质、低产野核桃进行高位换种嫁接，使核桃产量大幅度提高，品种性状得到极大的改善，并改变了核桃的大小。目前，在凉山州会理、会东、德昌、金阳、冕宁、木里、西昌、甘洛都有大面积推广，在攀枝花的米易及云南的宁蒗也有大面积的改良。经该技术嫁接后的核桃树第二年结果，第三、四年开始丰产，取得了较好的经济效益和社会效益，推广地区的农民群众经济收入有了大幅提高。

2. 泡核桃

别名：漾濞核桃、铁核桃、夹绵核桃、茶核桃。

学名：Juglans sigillata Dode.

物候期：花期 3～4 月，果期 9～10 月。

生态习性：该树种为北亚热带树种，具有耐湿热性能，怕干冷；适生于年平均气温在 11.4～18.2 ℃，绝对最低温－5.8 ℃，年平均降水量 700～1100 mm 的地区，常与云南松、华山松、蒙自桤、山茶科等树种组成混交林，在海拔 1200～2700 m 之间的空旷地也常有分布。

分布：攀枝花市及凉山州各县市。

用途：种仁供食用，泡核桃仁营养丰富，泡核桃油不饱和脂肪酸高达83％，对人体具有特殊的保健功能。泡核桃木材色泽和纹理特殊，密度适中，耐冲击力强，是世界性的优良材种，主要用于乐器、体育器械、文具、仪器和高级家具等。泡核桃也可作为砧木嫁接核桃优良品种。

（二）枫杨属（Pterocarya Kunth）

落叶乔木，羽状复叶互生，无托叶；小叶近无柄，有锯齿；花单性同株，与叶同时开放，为下垂的葇荑花序；雄花生于苞腋内；萼片1～4；雄蕊6～18枚；雌花有苞片1和小苞片2；子房1室，包藏于一个4齿裂的总苞内，花柱2裂；胚珠1颗；果为一坚果，有翅2。

本属约8种，其中1种产苏联高加索，1种产日本和我国山东，1种产越南北部和我国云南东南部，其余5种为我国特有。攀西地区产5种，资料记载4种可作培育优良核桃的砧木。

枫杨属分种检索表

1. 芽无芽鳞而裸出，常数个重叠生；雄性葇荑花序由去年生枝条顶端的叶痕腋内发出；雌花的苞片长不到2 mm，无毛或近无毛。

2. 果翅宽阔，椭圆状卵形，伸向果实两侧；叶为奇数羽状复叶，叶轴无翅。……………………………………………………………………… 1. 湖北枫杨

2. 果翅狭，条形、阔条形或矩圆状条形，伸向果实斜上方，因而两翅之间构成一夹角；叶由于顶生小叶不育多为偶数羽状复叶，叶轴显著有翅或无翅；小叶矩圆形或卵状矩圆形，长达6～10 cm，宽2～3 cm，顶端圆钝至急尖。…………………………………………………………………………… 2. 枫杨

1. 芽具2～4枚脱落性大芽鳞，单独生；雄性葇荑花序生于当年生新枝的基部；雌花的苞片长达3 mm，密被毡毛。

3. 花序轴被稀疏细柔的簇生星芒状毛及单柔毛；果序轴有稀疏毛或近无毛；果实无毛或仅有稀疏毛。叶通常具7～11（稀5或13）枚小叶；小叶较大，复叶上部者长达14～20 cm，宽达4～7 cm；果实包括果翅宽达3～4 cm。…………………………………………………………………………… 3. 华西枫杨

3. 花序轴密生短柔毛；果序轴密被毡毛；果实及果翅多少有毛，果翅歪斜，圆盘状卵形至椭圆形，长1～2.5 cm，宽1～1.3 cm。…………… 4. 云南枫杨

1. 湖北枫杨

别名：山柳树。

学名：Pterocarya hupehensis Skan.

生态习性：常生于河溪岸边、湿润的森林中。

分布：凉山州喜德、昭觉、甘洛、美姑、雷波等县。

用途：可作嫁接胡桃的砧木。本种为绿化造林树种，木材供家具、农具、建筑等用材，亦可作火柴杆等原料。

2. 枫杨

别名：水麻柳、麻柳树。

学名：Pterocarya stenoptera DC.

物候期：花期4~5月，果熟期8~9月。

生态习性：喜光性树种，不耐庇荫，但耐水湿、耐寒、耐旱。深根性，主、侧根均发达，以深厚肥沃的河床两岸生长良好。速生性，萌蘖能力强，对二氧化硫、氯气等抗性强。常生于海拔1300~2300 m的河边、路旁、空旷地。

分布：攀枝花市及凉山州德昌、西昌、冕宁、普格、雷波、美姑等县市。

用途：枫杨作胡桃的砧木，目前湖南省山区综合技术开发公司成功地研究出枫杨高位嫁接核桃的技术，并申请了专利。枫杨作为胡桃的砧木由于单宁含量少，有嫁接成活率高、耐湿润、移栽易成活等优点。枫杨树冠广展，枝叶茂密，生长快速，根系发达，为河床两岸低洼湿地的良好绿化树种，既可以作为行道树，也可成片种植或孤植于草坪及坡地，均可形成一定景观；木材轻软，纹理细，供家具、建筑、农具、茶叶箱、木屐、假肢、火柴等用材；茎皮可作造纸原料；种子含油量约28.8%。树皮可提制栲胶。为紫胶虫寄主树之一；枝、叶药用可主治皮炎、疥癣、牙痛、急性黄疸型肝炎、关节肿痛、钩端螺旋体病、阴道滴虫、皮肤湿疹、创伤、化脓性溃疡。

3. 华西枫杨

别名：瓦山枫杨、瓦山水胡桃、水麻柳。

学名：Pterocarya insignis Rehd. et Wils.

物候期：花期4~5月，果期8~9月。

生态习性：幼苗在适度荫蔽环境中生长良好，成长后喜光照。深根性，耐贫瘠和水湿，海拔在1600~2700 m之间的沟谷、山坡、房前屋后、漫滩处生长良好。

分布：凉山州主产于冕宁、越西、雷波、美姑、金阳等县。

用途：可作胡桃砧木；木材可作家具、农具及室内装修和包装等用；树皮、枝皮可代麻搓绳；叶和树皮可制农药，煎汁能杀蚜虫及其他软体害虫。

4. 云南枫杨

学名：Pterocarya delavayi Franch.

物候期：花期4~6月，果期7~8月。

生态习性：生于海拔1900~2800 m的山坡或沟旁的疏林或密林中。

分布：凉山州冕宁、喜德、昭觉、美姑等及攀枝花盐边等县。

用途：可作胡桃砧木。本种为绿化造林树种。木材供家具、农具、建筑等用材，亦可作火柴杆等原料；树皮可做纤维材料。

八、桦木科 BETULACEAE

（一）榛属（Corylus L.）

落叶灌木或小乔木；叶互生，有不规则重锯齿或缺裂；花单性同株，无花瓣，先叶开放；雄花序为圆柱状、下垂的柔荑花序，具多数、覆瓦状排列的苞片，每一苞片内有 2 叉状的雄蕊 4~8 枚；雌花包藏于一总苞内，仅花柱突出；子房室有胚珠 1 颗，很少 2 颗；果单生或簇生成头状，坚果包藏于钟状或管状的总苞内，总苞上部裂片为针刺状、叶状或连成管状。本属植物的种子含油丰富，东北、华北地区用作油料植物；坚果为北方常见的干果之一，供食用。

本属约 20 种，分布于亚洲、欧洲及北美洲；我国有 7 种 3 变种，分布于东北、华北、西北及西南。攀西地区产 4 种 2 变种。

榛属分种检索表

1. 果苞钟状，其裂片全部硬化为分叉的针刺状，花药紫红色。
2. 叶矩圆形、倒卵状矩圆形，果苞背面无或偶有刺状腺体。…… 1a. 刺榛
2. 叶宽倒卵形或宽椭圆形，果苞背面具或疏或密的刺状腺体。……………
…………………………………………………………………… 1b. 藏刺榛
1. 果苞钟状或管状，裂片不硬化；花药黄色或红色。
3. 果苞管状，长于果 1~3 倍，果苞外面疏被短柔毛或无毛，有多数明显的纵肋，密生刺状腺体，裂片披针形，较少为三角形。……………… 2. 华榛
3. 果苞钟状，与果径等长或稍长于果，但长不超过果的 1 倍。
4. 小枝、叶柄、叶片背面、果苞均密被黄色的绒毛；叶近圆形或宽卵形，边缘具不规则的锯齿；叶柄粗壮，长 7~12 mm；果苞通常与果等长或稍短于果。
…………………………………………………………………… 3. 滇榛
4. 小枝、叶柄、叶片背面、果苞均无毛或疏被长柔毛；叶卵形、矩圆形、椭圆形、宽倒卵形，很少近圆形，边缘的中部以上具浅裂或缺刻；叶柄长 1~3 cm；果苞长于果，极少稍短于果。
5. 叶的顶端凹缺或截形、中央具突尖；花药黄色；果苞裂片的边缘全缘，很少有锯齿。…………………………………………………… 4a. 榛
5. 叶的顶端尾状；花药红色；果苞裂片的边缘有锯齿，很少全缘。………
…………………………………………………………………… 4b. 川榛

1a. 刺榛
别名：滇刺榛、山板栗、刺栗。

学名：Corylus ferox Wall.

物候期：花期 5 月，果熟期 9～10 月。

生态习性：适应性强，耐干旱，抗火，幼苗稍耐荫，成长后喜光。常生于海拔 1400～3000 m 的阔叶林中及稀疏的针叶林下。

分布：攀枝花市及凉山州内的西昌、德昌、会理、会东、宁南、盐源、木里、普格、美姑等县市。

用途：种子可作干果食用，又可榨油，供制肥皂、蜡烛及化妆品，也可食用；树皮、果苞、叶等可提取栲胶；还可作观赏植物栽培。

1b. 藏刺榛

别名：西藏榛树、猴板栗、腺毛刺榛。

学名：Corylus ferox Wall. var. thibetica（Batal.）Franch.

形态特征：与原变种区别为叶为宽椭圆形、倒卵形或阔倒卵形，很少矩圆形；果苞背面具或疏或密刺状腺体，针刺状裂片疏被毛至几无毛。

物候期：先叶开花，果熟期 9～10 月。

生态习性：幼苗耐荫，长大后喜光，也见于林荫下，并耐干旱贫瘠，抗火。在湿润山地森林黄棕壤上生长良好。常生于海拔 1400～2800 m 阔叶林中。

分布：攀枝花市及凉山州西昌、德昌、宁南、盐源、木里、昭觉、布拖、美姑等县市。

用途：种子可作干果食用，又可榨油，供制肥皂、蜡烛及化妆品，也可食用。木材坚韧细致，为优良用材，可作果、材兼用树种栽培，也可作杂交育种材料。

2. 华榛

别名：山白果、鸡栗子、榛树、榛子树。

学名：Corylus chinensis Franch.

物候期：花期 4～5 月，果期 9～10 月。

生态习性：温带性物种，阳性树种，也有一定的耐寒和耐荫性，喜湿润。

分布：攀枝花市及凉山州的冕宁、德昌、木里、美姑等县。

用途：种仁味美可食，含油率达 50%。树干可作建筑、家具、地板胶合板等用，树皮可提取栲胶。华榛为我国特有的稀有珍贵树种，是榛属中罕见的大乔木，其材质优良，生长较快，为产区重要造林与干果树种。

3. 滇榛

别名：猴核桃。

学名：Corylus yunnanensis A. Camus.

物候期：坚果成熟期为 8～9 月。

生态习性：常生于海拔 1700～3050 m 的山坡、灌木中。滇榛喜冬天不冷、夏天不热和湿润的气候条件，在年降水量为 1000 mm 左右、土壤微酸性的条件下，生长发育良好。滇榛有发生根蘖的习性，自然生长为丛状或连片生长。

分布：攀枝花市及凉山州西昌、德昌、美姑、冕宁、木里、盐源等县市。

用途：坚果食用或作为食品工业的原料。树皮、果苞、叶可提取栲胶，植株保持水土能力强，可进行优选，扩大栽培，在攀西为有发展前途的木本粮油树种。

4a. 榛

别名：榛子。

学名：Corylus heterophylla Fisch. ex Trautv.

物候期：花期 3~4 月，过期 8~9 月。

生态特性：喜光，阳性，生于海拔 1800~3000 m 之间的山地、丛林间。

分布：凉山州及攀枝花各县市均有分布。

用途：榛树是果材兼用的优良树种。坚果果仁肥白而圆，有香气，含油脂量很大，吃起来特别香美，余味绵绵，因此成为最受人们欢迎的坚果类食品之一，并可榨油。

4b. 川榛

别名：榛子、榛树。

学名：Corylus heterophylla Fisch. var. sutchuenensis Franch.

形态特征：与原变种榛子的主要区别特征为叶片先端短尾尖，雄花序 3~7 排列成总状，果苞裂片的边缘具疏齿，很少全缘；花药红色。

物候期：花期 3~4 月，果熟期 9~10 月。

生态习性：多生于海拔 1100~2500 m 之间的溪边、林缘、灌丛中。川榛可产生根蘖，自然丛状生长。喜温暖、湿润气候，在年平均气温为 11.5~17.1 ℃、年降水量为 922~1328 mm、土壤中性或微酸性、腐殖质丰富的条件下，生长发育良好。

分布：凉山州金阳、美姑、宁南、昭觉等县。

用途：种仁可供食用。榛子本身富含油脂（大多为不饱和脂肪酸），其含量为 50%~77%，使所含的脂溶性维生素更易为人体所吸收，对体弱、病后虚羸、易饥饿的人都有很好的补养作用；榛子本身有一种天然的香气，具有开胃的功效，丰富的纤维素还有助消化和防治便秘的作用；叶和树皮可提取栲胶。川榛在树形和生态适应性上与广为栽培的欧洲榛子相近，是培育理想树形的良好亲本材料。

（二）虎榛子属（Ostryopsis Decne.）

落叶灌木。叶有重锯齿。花先叶开放；雄花无花被，排成倒垂的荑黄花序，每一苞片内有雄蕊 4~6 枚；雌花包藏于一个 3 裂的总苞内，排成为极短的荑黄花序，每一苞片内有花 2 朵；萼与子房合生；子房下位，2 室，每室有下垂的胚珠 1 颗，花柱 2 裂。小坚果包藏于一个管状、顶端 3 裂的总苞内。

为我国特有属，共 3 种，分布于北方及西南，攀西地区产 2 种，四川虎榛子种子可榨油。

四川虎榛子

别名：虎榛子。

学名：Ostryopsis mianningensis T. Hong.

形态特征：落叶灌木；幼枝密被黄褐色微弯粗毛；二年生枝无毛，皮孔显著。单叶互生，叶倒椭圆状卵形或圆形，长 2~5 cm，顶端锐尖，基部心形、斜心形，羽状脉，叶下面沿叶脉被毛及半透明，黄褐色腺点，边缘具不规则重锯齿，中部以上具浅缺刻；叶柄长 3~8 mm，密被粗毛。花单性，雌雄同株，雄花序单生于小枝的叶腋，倾斜至下垂，顶端有毛；雌花序短，春季花叶同放。果 6~8 集生，果序柄密被粗毛；果苞密被淡褐黄色粗毛，杂有褐黄色树脂点；小坚果宽卵圆形或几球形，暗褐色，有光泽，疏被短柔毛。

物候期：果熟期 5~6 月。

生态习性：喜光树种，耐干旱贫瘠，根系发达，萌芽性强。生于海拔 2100~2500 m 的阳坡油杉中。

分布：凉山州的冕宁县。

用途：种子可榨油供食用、皂用，树皮、叶可提取栲胶，枝条可编织筐。

九、壳斗科 FAGACEAE

（一）锥属 [Castanopsis（D. Don）Spach]

常绿乔木或稀为灌木；芽有多数鳞片；叶互生，全缘，羽状脉；花单性同株，排成直立的穗状花序；雄花通常 3 朵聚生；花被 5~6 裂；雄蕊 10~12 枚或更多；雌花常单生，包藏于一有鳞片的总苞内；花被 6 裂；子房下位，3 室，每室有胚珠 2 颗，花柱 3；果于第二年成熟，坚果 1~4 个包藏于一有刺的总苞内。

本属约 120 种，产亚洲热带及亚热带地区。我国约有 63 种 2 变种，产长江以南各地，主产西南及南部。攀西地区产 11 种，其中 6 种 1 变种被收录为野生果树资源。

1. 元江栲

别名：毛果栲、猪栗。

学名：Castanopsis orthacanthus Franch.

形态特征：常绿乔木，高可达 25 m。树皮暗灰色，浅纵裂，枝有皮孔，无毛。单叶互生，叶片革质，卵状椭圆形或卵状披针形，长 5~12（14）cm，宽 2~6 cm，先端渐尖，微弯，基部楔形或近圆形，稍偏斜，背面微带灰色，稀全缘或中部以上有疏锯齿，上面绿色发亮，背面稍淡不亮，无毛。花单性，雌雄同株，雄花序圆锥状或穗状；雌花 3 朵生于总苞内，稀单花。果序轴略粗，长 6~15 cm，无毛；壳斗球形，连刺径 2.5~3.5 cm，瓣裂，刺长 4~8 mm，下部合生成刺环，或鸡冠状，果圆锥形，1~2 粒成熟，径 1~1.5 cm，果脐较大。

物候期：花期 4~5 月，果熟期次年 9~10 月。

生态习性：分布在海拔 1200~2500 m 的山林地带。喜温暖，耐旱性强，在安宁河流域及金沙江河谷干旱的坡地生长较差，树形较矮。

分布：凉山州及攀枝花市的安宁河流域和金沙江流域。

用途：坚果富含淀粉，可食用，常用于发酵、纺织、食品、酿酒等工业。木材黄褐色，纹理直，结构细，硬度中等；树皮和壳斗含单宁，可提取栲胶。

2. 扁刺锥

别名：石栗、猴栗，丝栗、白丝栗、黑铲栗、扁刺栲、峨眉栲。

学名：Castanopsis platyacantha Rehd. et Wils.

形态特征：常绿乔木。叶革质，卵形，长椭圆形，常兼有倒卵状椭圆形的叶，长 10~15 cm，宽 3~6.5 cm，顶端渐尖或尾尖，基部近圆形，常略偏斜，叶缘中部以上有锯齿状裂齿，侧脉 8~14 对，支脉通常不显，嫩叶叶背有红棕色细片状易抹落的蜡鳞层，老时为黄灰或银灰色；叶柄长 8~14 mm。花序自叶腋抽出，雄花序穗状或为圆锥花序，花被裂片内面被短柔毛。果序长 8~15 cm，壳斗近圆球形或椭圆形，连刺径 30~40 mm，不规则 2~5 瓣开裂，刺长 4~8 mm，下部合生成刺束，有时连生成鸡冠状刺环，壳壁及刺被灰棕色微柔毛，每壳斗有坚果 1~3 个。

物候期：花期 5~6 月，果熟期 9~11 月。

生态习性：喜暖热、湿润树种，在年均温 12 ℃左右，一月温均 1 ℃左右、年降雨量超过 1000 mm、土壤为山地黄壤、pH 5~5.5 的地方，常与木荷、石栎等组成常绿阔叶林。林下灌木以常绿成分为主，如山茶科、杜鹃花科种类最多，箭竹也普遍。

分布：凉山州的雷波县黄茅埂以东的山棱岗、西宁、黄琅等地，面积广。

用途：果富含淀粉可食，也可酿酒。木材淡褐色，纹理直，结构粗，较坚韧，易开裂，抗弯能力强，可供建筑、枕木、车辆、桥梁、工具、薪炭等用；树皮可取鞣料。

3. 银叶锥

别名：银叶栲。

学名：Castanopsis argyrophylla King ex Hook. f.

形态特征：常绿乔木。叶厚纸质，椭圆形、卵形或卵状披针形，长 8~20 cm，宽 3.5~7 cm，顶部渐尖或尾尖，基部楔尖，全缘，叶面干后常带黄绿色，叶背带苍灰色或淡灰白色，中脉在叶面凸起，侧脉每边 9～13 条，网状叶脉在叶两面均明显；叶柄长 1～2.5 cm。雄花序通常为圆锥花序，花序轴、花被片外面、花柱外部及果序轴均被灰黄或淡灰棕色甚短的毡状柔毛；雄花序长 10～15 cm，雄蕊 10 枚；雌花的花柱 3 枚，斜展，长约 1 mm。果序长 10～25 cm，壳斗有坚果 1 个，圆球形，连刺径 25～35 mm，壳壁厚 1～1.5 mm，刺长 3～6 mm，基部离生或基部稍稍连生并常排列成圆形或螺旋形不连续的刺环，壳斗外壁明显可见，近轴面无刺，壳斗幼嫩时壳壁及刺多少被微柔毛，壳斗成熟时，毛全部脱落，干后暗褐黑色或暗褐色；坚果近圆球形，径 1.5～1.8 cm，密被纤细黄褐色伏毛。

物候期：花期 5～6 月，果当年 10～12 月成熟。

生态习性：生于海拔约 1000～1500 m 山地疏或密林中干燥或湿润地方。

分布：攀枝花市米易等县。

用途：坚果在本地集市上出售并食用。根治肠炎、腹泻，果实治心跳胸闷。

4. 甜槠

别名：甜锥、小黄橼、锥子、曹槠、槠柴、酸橼槠。

学名：Castanopsis eyrei（Champ.）Tutch.

形态特征：常绿乔木。叶革质，卵形，披针形或长椭圆形，长 5～13 cm，宽 1.5～5.5 cm，先端渐尖或尾尖，基部常偏斜，全缘或在顶部有少数浅裂齿，中脉在叶面至少下半段稍凸起，其余平坦，很少裂缝状浅凹陷，侧脉每边 8～13 条，甚纤细，当年生叶两面同色，二年生叶的叶背常带淡薄的银灰色；叶柄长 7～13 mm。雄花序穗状或圆锥花序，花序轴无毛，花被片内面被疏柔毛；雌花的花柱 3 或 2 枚。果序轴横切面径 2～5 mm；壳斗有 1 坚果，阔卵形，顶狭尖或钝，连刺径长 20～30 mm，2～4 瓣开裂，壳壁厚约 1 mm，刺长 6～10 mm，壳斗顶部的刺密集而较短，通常完全遮蔽壳斗外壁，刺及壳壁被灰白色或灰黄色微柔毛，若壳斗近圆球形，则刺较疏少，近轴面无刺；坚果阔圆锥形，顶部锥尖，宽 10～14 mm，无毛，果脐位于坚果的底部。

物候期：花期 4～6 月，果次年 9～11 月成熟。

生态习性：见于海拔 300～1700 m 丘陵或山地疏或密林中。

分布：凉山州雷波山棱岗老林口。

用途：坚果富含淀粉，可生食，但味微苦，炒熟后香甜，也可酿酒。木材淡棕黄色或黄白色，环孔材，年轮近圆形，仅有细木射线，为优良的家具和建筑用材。根皮药用能止泻，种仁具健胃燥湿之效。

5. 栲

别名：丝栗栲、丝栗树、红栲、红叶栲、红背槠。

学名：Castanopsis fargesii Franch.

形态特征：常绿乔木。叶披针形至长椭圆形，长 10~13 cm，宽 2.5~5.5 cm，先端渐尖，基部楔形或圆形，全缘或顶端具 1~3 对浅钝齿，无毛，下面密生红棕色至黄棕色鳞粃，侧脉 10~15 对；叶柄长 1~1.3 cm。雄花序圆锥状，轴生红锈色粉状鳞粃，有时光滑。雌花单生于总苞内。壳斗近球形，顶端破裂，连刺直径 1.5~2.5 cm；苞片刺形，长 0.6~1 cm，下部合生成束，排成间断的 4~6 环，壳斗壁明显可见；坚果球形，直径 0.6~1 cm，幼时略有毛，后无毛；果脐和基部等大。

生态习性：生于海拔 2100 m 左右的山地、沟谷、林地。中等喜光，幼年耐荫，成年喜光。深根性，萌芽性强，林冠下更新良好。喜生于温暖湿润的地区，适宜在肥沃湿润、排水良好的酸性红壤或黄壤土上生长，适应性较强，也能在土层较薄的山地生长。

分布：凉山州美姑、雷波等县。

用途：坚果味甜可食，可磨粉制面发馒头，做煎饼等，是有开发前途的绿色食品。是一种速生用材树种，木材纹理通直，结构略粗，加工容易，刨面光滑具光泽，油漆胶黏性能好，钉着力中等，可作家具、农具、建筑用材等，也是栽培香菇的好材料。树皮可提取栲胶。

6. 高山锥

别名：刺栗、毛栗、白栗、滇锥栗、高山栲。

学名：Castanopsis delacayi Franch.

形态特征：常绿乔木。叶革质，卵形或长卵形，长 5~13 cm，顶端渐尖，基部近于圆形或阔楔形，常偏斜，常有齿，中脉在叶面微凹陷，侧脉每边 6~11 条，叶背密被蜡鳞，叶柄长 0.8~1.5 cm。雄花序穗状或圆锥花序，雌雄花序轴均无毛，雄蕊 12 或 10 枚；雌花的花柱 3 枚，稀 2 枚，长不及 1/2 mm。果序长 7~20 cm。壳斗圆球形，基部有时突狭窄呈极短的柄状，连刺径 15~22 mm，偶开裂，刺粗而短，长 0.8~4 mm，被灰黄色微柔毛，每壳斗具 1 坚果；坚果近圆球形或圆锥形，顶部狭尖，径 9~14 mm，无毛或顶部疏被毛，果脐小，在坚果底部。

物候期：花期 4~5 月，果次年 8~10 月成熟。

生态习性：喜生于海拔 1400~2800 m 温暖湿润的阴坡半阴坡或阳坡地带。在凉山州偏干性地区的较为湿润的小环境、年均气温 13 ℃左右、年降水量 1000 mm 左右、土壤为山地红壤和红棕壤的立地条件下生长良好；常与云南松、云南油杉滇青冈等混交，或单独形成小片纯林。

分布：攀枝花市及凉山州会理、西昌、德昌、冕宁、布拖、美姑、金阳、普格等县市。

用途：种仁富含淀粉可食，也可酿酒。木材黄褐色或栗褐色，纹理直或稍偏斜，材质坚韧，强度大，能耐腐，供建筑、矿柱、枕木、桥梁、船舶、车辆、器械、工具、农具等用；壳斗、树皮可提取栲胶，树丫材是很好的薪炭材。根、茎皮药用，具收敛，止泻，解毒之效，用于泄泻；果实用于心悸，耳鸣，腰痛。

7. 短刺米槠

别名：小叶槠、刺苞米槠、西南米槠。

学名：Castanopsis carlesii（Hemsl.）HayaTa var. spinulosa Cheng et C. S. Chao.

形态特征：常绿乔木。叶革质，叶卵状或长椭圆状披针形，长 4～13 cm，宽 1.2～3.5 cm，顶端尾尖或渐尖，微弯，基部楔形至近圆形，全缘或中部以上有锯齿，表面亮绿色，背面淡褐色，被松散棕黄色鳞秕或紧贴白色蜡鳞，侧脉 9～12 对；叶柄长 0.5～1.2 cm。每 1 总苞内有 1 朵雌花。果序长 5～10 cm。总苞近球形或椭圆形，连刺直径 0.8～1.5 cm，常 3 裂；苞片为分枝短刺，刺长 1～3 mm。坚果卵形，径 0.5～0.7 cm，果脐比坚果基部小。

物候期：花期 4～6 月，果熟期翌年 9～10 月。

生态习性：生于海拔 1100～1300 m，喜温暖湿润的气候，在亚热带地区山地黄壤上生长良好。在林冠荫蔽下天然更新，出苗较多。在环境适宜的条件下可形成小片纯林，也可与樟、楠、麻栎等构成混交林。

分布：凉山州雷波县西宁。

用途：坚果富含淀粉可食或酿酒。木材淡黄色，纹理直或稍斜，结构粗，不均匀，质较软，可制作家具、农具等，树皮可提取栲胶。

（二）青冈属（Cyclobalanopsis Oerst.）

常绿乔木，稀灌木，树皮通常平滑，稀深裂。叶互生。花单性，雌雄同株；雄花序为下垂柔荑花序，雄花单朵散生或数朵簇生于花序轴，花被通常 5～6 深裂，雄蕊与花被裂片同数，有时较少；雌花单生或排成穗状，雌花单生于总苞内。果实成熟时发育的总苞称为壳斗，壳斗呈碟形、杯形、碗形、钟形，包着坚果一部分至大部分，稀全包，壳斗上的小苞片轮状排列，愈合成为同心环带，环带全缘或具裂齿，每一壳斗内通常只有一个坚果。

本属有 150 种，主要分布在亚洲热带、亚热带，我国有 77 种 3 变种，分布于秦岭、淮河流域以南各省区，为组成常绿阔叶林的主要树种之一。攀西地区产 10 种，其中 4 种坚果富含淀粉可供作饲料、酿酒和工业用淀粉。

1. 云山青冈

别名：云山槠。

学名：Cyclobalanopsis sessilifolia（Blume）Schott.

形态特征：常绿乔木。叶片革质，长椭圆形至长椭圆状披针形，长 6～13 cm，宽 1.5～4.5 cm，顶端急尖或短渐尖，基部楔形，全缘或顶端具疏锯齿，侧脉不明显，每边 10~14 条，两面近同色，无毛；叶柄长 0.5~1.2 cm，无毛。雄花序长 4~5.5 cm，花序轴被苍黄色绒毛；雌花序长约 1.5 cm，花柱 3 裂。壳斗杯形，包着坚果约 1/3，直径 1~1.5 cm，高 0.5~1 cm，被灰褐色绒毛，具 5~7 条同心环带，除下面 2~3 环有裂齿外，其余近全缘。坚果倒卵形至长椭圆状倒卵形，直径 0.8~1.5 cm，高 1.7~2.4 cm，柱座凸起，基部有几条环纹；果脐微凸起，直径 5~7 mm。

物候期：花期 4~5 月，果期 10~11 月。

生态习性：生于海拔 1000~1700 m 的山地杂木林中。本种在我国为青冈属中东西广布种之一，分布于长江以南各省区，在分布范围内的低海拔地带与青冈、小叶青冈和桢楠等组成常绿阔叶混交林。

分布：凉山州雷波等县。

用途：种子含淀粉，可酿酒或作饲料。

2. 青冈

别名：青刚栎、槠、青栲、铁栎。

学名：Cyclobalanopsis glauca (Thunb.) Oerst.

形态特征：常绿乔木。叶片革质，倒卵状椭圆形或长椭圆形，长 6~13 cm，宽 2~5.5 cm，顶端渐尖或短尾尖，基部近圆形或阔楔形，叶缘中部以上有疏锯齿，侧脉 9~13 对，叶背支脉明显，叶面无毛，叶背有整齐平伏白色单绒毛，老时渐脱落，常有白色鳞秕；叶柄长 0.8~3 cm。雄花序长 5~6 cm，花序轴被苍色绒毛，果序长 1.5~3 cm，着生果 2~3 个。壳斗碗形，包着坚果 1/3~1/2，坚果卵形或短椭圆形，直径 0.9~1.4 cm，高 0.6~0.8 cm，被薄毛；小苞片合生成 5~6 条同心环带，环带全缘或有细缺刻，排列紧密。

物候期：花期 4~5 月，果期 10 月。

生态习性：深根系树种，幼树较耐荫蔽，长大后喜光，对土壤要求不严，在酸性、弱酸性与石灰土壤上都能生长。在深厚、肥沃、湿润的地方生长旺盛；在土层薄而贫瘠的地方生长不良。富于萌蘖性，虽经多次砍伐，也能萌生成林。

分布：凉山州的雷波、盐源等县。

用途：种仁富含淀粉，供饲料、酿酒用，去涩味后还可制豆腐。木材纹理直，结构细而均匀，甚重而硬，干燥后不易加工，耐磨、耐腐蚀、耐冲击、弹性好，在纺织、土木工程、运动器械方面广为使用；原木作枕木、矿柱、木桩、桥梁、房架等；板材供船舶、车辆、家具、农具等制造。树皮与壳斗含单宁，可提取栲胶。

3. 黄毛青冈

别名：黄栎、黄青冈、黄胖红栎、黄稠。

学名：Cyclobalanopsis delavayi (Franch.) Schott.

形态特征：常绿乔木。叶互生，革质；叶片长椭圆形或卵状长椭圆形，长8~12 cm，宽2.5~5 cm，先端渐尖或短渐尖，基部楔形或近圆形，稍斜，边缘中部以上有疏锯齿，上面无毛，下面密生灰黄色绒毛，侧脉10~13对；叶柄长1~2 cm，有绒毛。花单性，雌雄同株；雄花为柔荑花序，黄色；雌花序粗壮，花5~8朵，花柱分离。壳斗深盘形，包围坚果1/2，宽1.4~1.9 cm，高0.5~1 cm，内面有黄色绒毛，外面有灰色短绒毛；苞片合生成6~7条同心环带，环带具浅齿；坚果近球形、椭圆形或宽卵形，直径1.2~1.6 cm，长1.2~1.8 cm，有微柔毛；果脐略隆起，直径约8 mm。

物候期：花期4~5月，果熟期次年9~10月。

生态习性：喜生于海拔1800~2700 m的山林。喜光强，较耐干旱，又能生于沟谷湿润条件下。在较低海拔地区可生于常绿阔叶林中，在中高山上，可与云南松组成针阔混交林。

分布：攀枝花市及凉山州内的冕宁、普格、宁南、盐源、木里等县市。

用途：坚果富含淀粉，可作饲料、酿酒。木材纹理直，结构细匀，重而硬，加工困难，不易干燥，沿木射线易出现裂纹，并有翘曲现象，但天然耐久性强，较一般青冈更适宜作土木建筑及需高强度的运动器械与汽锤垫木等材料，造船用作龙骨、船壳等，电业上用作电杆横担，木工上用作手工刨床以及各种农具手柄等；树皮具单宁，可提取栲胶；枝干又是培养黑木耳、银耳、菌灵芝、天麻的菌枝菌材。

4. 滇青冈

别名：铁栎、苦池。

学名：*Cyclobalanopsis glaucoides* Schott.

形态特征：乔木。叶革质，长椭圆形或倒卵状披针形，长5~12 cm，宽1.5~5 cm，顶端渐尖或尾尖，基部楔形或近圆形，边缘中上部有锯齿，齿端有短尖头，幼叶背面密被弯曲黄褐色绒毛，后渐脱落，表面中脉凹下，背面显著凸起，侧脉8~12对；叶柄长约0.8~2.2 cm，上面有沟槽。壳斗碗形，包围坚果1/3~1/2，直径0.7~1.2 cm，高6~8 mm，外壁被灰黄色绒毛；苞片合生成6~8条同心环带，环带近全缘。坚果椭圆形或卵形，直径0.7~1 cm，高1~1.4 cm，初被毛，后脱落，果脐凸起，直径5~6 mm。

物候期：花期4月，果熟期10月。

生态习性：半湿润常绿阔叶树种，具有较强的耐阴性，常与云南松、云南油杉及其他阔叶树混生，也可形成小片纯林；在中山陡坡或石灰岩地区也可生长。萌蘖力强，又较耐阴，遭砍伐后，能形成次层林。常生于海拔1100~3000 m山地森林中。

分布：凉山州安宁河谷坡二半山及金沙江流域以及木里、盐源有分布。

用途：干种仁含淀粉 55.51%、蛋白质 4.50%、脂肪 3.30%、纤维素 1.13%、鞣质 15.75%，种子供食用、酿酒或饲料。木材性质与青冈略同，但比青冈更重而硬，利用上与青冈基本一致。

（三）栗属（Castanea Mill.）

落叶乔木或灌木，小枝无顶芽。叶缘有锯齿状裂齿。花单性同株；雄花排成直立、腋生、圆柱形的穗状花序；花被 6 裂；雄蕊 10～20 枚，花丝比花被长 4～6 倍；雌花 2～3 朵聚生于一有刺的总苞内，生于上部花序的基部；花被 6 裂；子房下位，6 室，每室有胚珠 2 颗，花柱 6；坚果褐色，圆形或扁圆形，1～3 个聚生于一有刺、4 裂的总苞内。

本属约 17 种，我国有 4 种及 1 变种，其中有 1 种为引进栽培，攀西地区分布 2 种，除栽培的板栗外，另有锥栗 1 种。

锥栗

别名：尖栗、箭栗、旋栗、棒栗。

学名：Castanea henryi (Skan) Rehd. et Wils.

形态特征：高大乔木。叶长圆形或披针形，长 10～25 cm，宽 3～7.5 cm，先端长渐尖至尾尖，新生叶的基部狭楔尖，两侧对称，成长叶的基部近圆形或阔楔形，偏斜，叶缘的裂齿有长 2～4 mm 的线状长尖，叶背无毛，但嫩叶有黄色鳞腺且在叶脉两侧有疏长毛；叶柄长 1～2.3 cm。雄花序长 5～15 cm，花簇有花 1～4 朵；每壳斗有雌花 1（偶有 2 或 3）朵，仅 1 花（稀 2 或 3）发育结实，花柱无毛，稀在下部有疏毛。成熟壳斗近圆球形，连刺径 2.5～4.5 cm，刺或密或稍疏生，长 4～10 mm；坚果近卵形，长约 12 mm，顶部有伏毛。

物候期：花期 5～7 月，果期 9～10 月。

生态习性：生于海拔 1000～2450 m 的丘陵与山地灌丛，常见于落叶或常绿的混交林中。

分布：攀枝花市盐边、米易及凉山州会东、金阳、普格、盐源等县。

用途：我国重要木本粮食植物之一。果均含淀粉和糖，可生食、熟食或制干粉。本种是高大乔木，树干挺直，生长迅速，属优良绿化速生树种。木材坚实，属优质材。花蜜和花粉丰富，是重要蜜粉源植物。

（四）水青冈属（Fagus L.）

乔木或灌木。芽有鳞片，长形而尖。叶互生，有锯齿。花先叶开放；雄花排成具柄、下垂的头状花序；花被钟状，5～7 裂；雄蕊 8～16；雌花通常成对，生于腋生、具柄的总苞内；花被 5～6 裂而与子房合生；子房下位，3 室，花柱 3，果有坚果 2 个，包藏于一木质、具刺或具瘤凸的总苞内，成熟时整齐的 4 瓣（很少 3 瓣）开裂。坚果卵状三角形，栗褐色，有 3 条脊状棱，顶端尖；种仁含油。

本属约 10 种，分布于北半球温带及亚热带高山。我国 5 种，攀西地区产 3 种，其中水青冈种子可食或榨油。

水青冈

别名：长柄山毛榉、山毛榉。

学名：Fagus longipetiolata Seem.

形态特征：高大落叶乔木。叶卵形或卵状披针形，长 6～15 cm，宽 3～6.5 cm，先端渐尖或短渐尖，基部阔楔形或近圆形，略偏斜，边缘疏有锯齿，上面无毛，下面幼时有近伏贴的绒毛，老时几无毛，侧脉 9～14 对，直达齿端；叶柄长 1～2.5 cm。雄花序头状，下垂。壳斗 4 瓣裂，长 1.8～3 cm，密被褐色绒毛；苞片钻形，长 4～7 mm，下弯或呈 S 形；总梗细，长 1.5～7 cm，无毛；坚果具 3 棱，有黄褐色微柔毛。

物候期：花期 4～5 月，果期 8～10 月。

生态习性：耐阴湿，喜生于阴湿的沟内或阴坡，在酸性黄壤与黄棕壤上生长良好。常生于海拔 450～2600 m 左右的偏荫湿性林区。

分布：主产于凉山州雷波、美姑等县。

用途：种子含油量 40%～46%，可供食用或榨油。木材纹理直，结构细，材质较坚重，但干燥后易开裂，供农具、家具用材或木地板；壳斗可提取栲胶。

（五）柯属（Lithocarpus Bl.）

常绿乔木；叶互生，侧脉直达齿尖；托叶在上部的宿存；花单性同株，排成直立的穗状花序；雄花 3～7 朵聚生；花被 4～6 裂；雄蕊约 10～12 枚；雌花 3～7 朵簇生，生于雄花序之下或生于另外一花序上；子房下位，3 室，每室有胚珠 2 颗，花柱 3；坚果一部或几乎全部为木质、有鳞片的壳斗（即总苞）所包围，壳斗 3～5（7）个聚生成一小簇，每簇仅 1 个（很少 2 个）结果，其余不育的均附着于壳斗外壁的下半部或基部；壳斗的鳞片分离或覆瓦状合生而成一同心环。

本属 300 余种，主要分布于亚洲，我国已知有 122 种 1 亚种 14 变种，攀西地区产 17 种，其中 7 种坚果大，富含淀粉。种仁（子叶）煮熟后无涩味，可食用、酿酒或作淀粉原料。

1. 包石栎

别名：包槲柯、包果石栎、包栎树、铁青冈。

学名：Lithocarpus cleistocarpus（Seemen）Rehd. et Wils.

形态特征：常绿乔木。叶互生，叶片革质，卵状椭圆形或长椭圆形，长 9～25 cm，宽 3～8 cm，萌生枝上的叶更大，先端渐尖，基部渐狭，全缘，侧脉 7～13 对，叶背密被蜡鳞；叶柄长 1～2 cm。雄穗状花序单穗或数穗集中成圆锥花序，花序轴被细片状蜡鳞；雌花 3 或 5 朵一簇散生于花序轴上，花序轴的顶部有时有少数雄花。花柱 3 枚，长 0.7～1.2 mm。壳斗近圆球形，顶部平坦，宽 18～

24 mm，包着坚果绝大部分，小苞片近顶部的为三角形，紧贴壳壁，稍下以至基部的则与壳壁融合而仅有痕迹，被淡黄灰色细片状蜡鳞，壳壁上薄下厚，中部厚约 1.5 mm；坚果球形或扁球形，与壳斗不易分离，顶部微凹陷，近于平坦，或稍呈圆弧状隆起，被稀疏微伏毛；果脐占坚果面积的 1/2~3/4。

物候期：花期 6~10 月，果次年秋冬成熟。

生态习性：包石栎对气候适应范围宽，具有一定耐寒性，生长于攀西地区年均温 11 ℃左右、年降雨量 1000 mm 以上、平均相对湿度 75% 以上的山地黄壤地带。生于海拔 2000~2600 m 的山坡、林地、沟谷，能与常绿阔叶林和落叶阔叶林形成混交林。

分布：凉山州的雷波、金阳、越西、美姑、布拖等县。

用途：种子富含淀粉，可掺入面粉和玉米粉内作各种食品，并可酿酒，也可炒熟食用。心材可供建筑、家具、农具等用。

2. 多变柯

别名：多变石栎。

学名：Lithocarpus variolosus (Franch.) Chun.

形态特征：常绿乔木。叶近革质或厚纸质，阔卵形、卵状椭圆形或卵状披针形，长 6~20 cm，宽 2~7 cm，顶部常呈镰刀状弯斜的长渐尖，基部近于圆或阔楔形，全缘，侧脉每边 6~12 条；叶柄长 1~2 cm。雄穗状花序单穗腋生或多穗排成圆锥花序；雌花序通常多穗聚生于枝顶部，长 3~6（10）cm，花序轴粗壮，常弯扭，枝黄棕色糠秕状鳞秕，无毛，雌花每 3 朵一簇，花柱 3，长约 1 mm。壳斗碗状，通常最宽处在中部稍上，高 6~14 mm，宽 15~23 mm，包着坚果1/3 至绝大部分，顶端口部边缘甚薄，紧贴坚果；坚果近球形或锥状陀螺形，直径 1.2~2 cm，长 1~2 cm，顶端圆形，无毛，和壳斗愈合部分为果长的 1/3~2/3。

物候期：花期 5~7 月，果次年 7~9 月成熟。

生态习性：偏干性亚热带林区树种，特别在高、中山的斜坡或沟谷两侧，气候温凉，年均温 10 ℃左右，年降雨量 800~1000 mm，土壤为花岗岩、板岩、黄色沙叶岩等发育成的红棕色土壤上生长良好。在较高海拔地区成为矮林或灌丛。也常与冷、云杉、高山栎混生，或与云南松、高山松及其他栎类组成混交林。

分布：攀枝花市及凉山州螺髻山、龙肘山、磨盘山、牦牛山、太阳山、小高山等地。

用途：种子可食用、酿酒，木材可供建筑、家具、农具等用，树皮和壳斗可提取栲胶。

3. 白柯

别名：白皮柯、滇石栎、猪栎、白皮石栎。

学名：Lithocarpus dealbatus Rehd.

形态特征：常绿乔木。叶革质，长卵形或卵状披针形，长 4～14 cm，宽 1.5～5 cm，先端长或短渐尖，基部楔形，全缘，稀上部叶缘浅波浪状，中脉在叶面微凸起，通常被稀疏短毛，侧脉每边 9～14 条，在叶面常稍凹陷，支脉纤细，两面同色或叶背带灰色，有蜡鳞层；叶柄长 0.8～2 cm。雄穗状花序聚生于枝的顶部，长 9～15 cm；雌花序长可达 20 cm，有时雌雄同序；雌花每 3 朵（很少 5 朵）一簇，果序通常长 5～8 cm；壳斗碗状，包着坚果一半至大部分（壳斗发育至中期时仍全包坚果），高 8～14 mm，宽 10～18 mm，小苞片三角形，贴生或很少有部分稍扩展，覆瓦状排列，坚果扁圆形或近圆球形，比壳斗略小，果脐凸起，约占坚果面积的 1/3。

物候期：花期 8～10 月，果次年同期成熟。

生态习性：耐阴性较强，常与栲属、栎属及其他石栎属等植物组成常绿阔叶林，在微酸性黄壤上生长良好。常生于海拔 1100～3100 m 的湿润林地。

分布：攀枝花市及凉山州内的各县市。

用途：种子可作饲料、酿酒，木材可用作建筑、枕木、运动器械等，树皮可提取栲胶，花序药用可消食、杀虫。

4. 茸果柯

别名：茸毛柯。

学名：Lithocarpus bacgiangensis (Hick. et A. Camus) A. Camus.

形态特征：乔木。叶坚纸质，椭圆形、卵状椭圆形，长 10～13 cm，宽 3～5.5 cm，顶端长渐尖或短急尖，基部阔楔形，全缘，中脉在叶面甚凸起，侧脉 10～16 对，叶背有紧实的蜡鳞层，干后苍灰色或带灰白色；叶柄长 0.5～1 cm。雄穗状花序单穗腋生或 3～5 穗排成圆锥花序，花序轴密被糠秕状鳞秕；雌花序的上段常着生雄花及雌花中兼有 2～4 枚雄蕊，雌花常 3 朵一簇，花簇基部初时无柄，花后不久长出与幼嫩壳斗约等长的壳斗柄，花柱 3 枚，彼此靠合且挺直，被疏毛，长约 1 mm，果序长 8～18 cm，果序粗 6～8 mm；壳斗浅碗状，基部有短柄，柄长 3～5 mm，高 5～10 mm，宽 12～20 mm，包着坚果很少达 1/2，上部边缘甚薄，向下明显增厚，木质，小苞片细三角形，通常仅顶端钻尖部分明显，密被灰黄色糠秕状鳞秕；坚果扁圆形或高过于宽的圆锥形，高 10～20 mm，宽 15～25 mm，顶部圆或锥尖，密被黄灰色细毛，果脐凹陷，深 1～1.5 mm，口径 8～12 mm。

物候期：花期 12～3 月，果翌年同期或 10～12 月成熟。

生态习性：生于海拔 1700 m 山地常绿阔叶林中。

分布：凉山州德昌、冕宁等县。

用途：种子富含淀粉，可酿酒。本种为造林绿化树种。树皮暗褐黑色，较厚，内皮淡红褐色，槽棱明显，散孔材，木质部的管孔在扩大镜下尚可见，宽木射线少而窄，年轮呈菊花心状，木材淡红棕色，尚坚实，可供建筑、家具、农具等用。树皮可提取栲胶。

5. 硬壳柯

别名：硬斗柯。

学名：Lithocarpus hancei（Benth）Rehd.

形态特征：常绿乔木。叶革质，长卵形、倒卵形、长椭圆形，长 5～15 cm，宽 3～6 cm，顶端渐尖或短尾尖，基部楔形，沿叶柄下延，全缘，无毛，中脉两面凸起，叶面侧脉平坦，背面稍凸起，12～17 对；叶柄长 1～3 cm，无毛。果序长约 10 cm，3 个总苞簇生、壳斗碟形，包坚果基部，直径 0.8～1.4 cm，高 3～5 mm；苞片三角形，与壳斗壁愈合，微被灰色短绒毛。坚果卵形或扁球形，直径 1～2 cm，高 1.2～1.8 cm，淡黄色，无毛，顶端有短尖或平圆，基部平截，果脐内凹，径约 0.5 cm。

物候期：花期 4～5 月，果熟期 10～11 月。

生态习性：耐阴性树种，生于海拔 1000～2000 m 左右的山坡、林地、沟谷，可在林冠下更新；喜肥沃湿润的土壤耐荫蔽，在背风山坡、沟谷地带和多云雾的山脊，生长旺盛；要求疏松，富含有机质的山地黄壤、红壤。常与丝栗、木荷等构成混交林而居于第二层。

分布：攀枝花市米易及凉山州雷波、冕宁、德昌、会东等县。

用途：种子淀粉做各种食品，酿酒。心材淡红褐色，边材色更淡，略坚重，致密，干后易裂、坚韧，富弹性，心材可供建筑、家具、农具等用；树皮含单宁 12% 左右，可提取栲胶。

6. 耳叶柯

别名：川西石栎、粗穗柯。

学名：Lithocarpus spicatus Rehd. et Wils.

形态特征：常绿乔木。叶革质，长椭圆形，长椭圆状披针形或倒卵状披针形，长 10～30（40）cm，宽 9～12 cm，顶端短尖或钝渐尖，基部楔形，有时呈耳形，全缘，两面无毛，侧脉 13～20 对；叶柄长 5～22 mm，无毛。雄花序圆锥状；雌花序每 3～5（7）朵雌花簇生。果序长 10～15 cm，轴粗壮，径 7～9 mm，果密集。壳斗盘形或碗形，壁厚，无柄或近无柄，直径 2～3.5 cm，高 1.2～1.5 cm；苞片扁宽三角形，贴生于壳斗。坚果扁圆形、近球形或宽卵形，直径 1.8～2.8 cm，高 1.6～2.5 cm，无毛，顶部圆形，基部和壳斗愈合，果脐内凹，几与坚果基部等大。

物候期：花期 9～10 月，果熟期翌年 10～12 月。

生态习性：喜荫蔽，能在林冠下更新。是一适应温暖湿润气候的树种。在肥沃、湿润的森林黄壤上生长良好。生于海拔 1200～2500 m 的山坡、沟谷、林地，为组成西南高山地区硬叶常绿栎林重要树种之一。

分布：攀枝花市的米易及凉山州的雷波、德昌、会东等县。

用途：种子含淀粉 66%、单糖 2.3%、双糖 2.32%，可食用或酿酒。心材可供建筑、家具、农具等用；树皮和壳斗可提取栲胶。

7. 木姜叶柯

别名：甜茶、甜叶子树、胖橱。

学名：Lithocarpus litseifolius （Hance） Chun.

形态特征：乔木。叶纸质至近革质，椭圆形、倒卵状椭圆形或卵形，长 7～20 cm，宽 3～9 cm，顶部渐尖或短突尖，基部楔形至阔楔形，全缘，侧脉每边 8～12 条；叶柄长 1.5～3 cm。雄穗状花序多穗排成圆锥花序，少有单穗腋生，花序长达 25 cm；雌花序长达 35 cm，有时雌雄同序，通常 2～6 穗聚生于枝顶部，花序轴常被稀疏短毛；雌花每 3～5 朵一簇，花柱比花被裂片稍长，干后常油润有光泽。果序长达 30 cm，果序轴纤细，粗很少超过 5 mm；壳斗浅碟状或上宽下窄的短漏斗状，宽 8～14 mm，顶部边缘通常平展，甚薄，无毛，向下明显增厚呈硬木质，小苞片三角形，紧贴，覆瓦状排列，或基部的连生成圆环，坚果阔圆锥形或近圆球形，偶扁圆形，高 8～15 mm，宽 12～20 mm，栗褐色或红褐色，无毛，常有淡薄的白粉，果脐深达 4 mm，口径宽达 11 mm。

物候期：花期 5～9 月，果次年 6～10 月成熟。

分布：凉山州的雷波、德昌等县。

用途：种子富含淀粉，可酿酒；木材作坚韧建筑、家具、农具等用；嫩叶可作茶；树皮可提取栲胶。

（六）栎属 （Quercus L.）

乔木，稀灌木。冬芽具数枚芽鳞，覆瓦状排列。叶互生；托叶常早落。花单性，雌雄同株；雄花序为下垂荑黄花序，雌花单朵散生或数朵簇生于花序轴下；花被杯形，4～7 裂或更多；雄蕊与花被裂片同数或较少，花丝细长，花药 2 室，纵裂，退化雌蕊细小；雌花单生，簇生或排成穗状，单生于总苞内，花被 5～6 深裂，有时具细小退化雄蕊，子房 3 室，稀 2 或 4 室，每室有 2 胚珠；花柱与子房室同数，柱头侧生带状或顶生头状。壳斗（总苞）包着坚果一部分（稀全包坚果）。壳斗外壁的小苞片鳞形、线形、钻形、覆瓦状排列，紧贴或开展。每壳斗内有 1 个坚果。坚果当年或翌年成熟，坚果顶端有突起柱座，底部有圆形果脐。

本属约 300 种，广布于亚、非、欧、美 4 洲。我国有 51 种 14 变种 1 变型。攀西地区有 27 种 2 变种，其中 11 种 1 变种坚果富含淀粉，可供食用、酿酒。

1. 麻栎

别名：栎、栎树、橡树、青冈。

学名：Quercus acutissima Carr.

形态特征：落叶乔木，树皮暗灰褐色，不规则深纵裂。叶片常为长椭圆状披针形或卵状披针形，长 8~20 cm，宽 3~6 cm，先端长渐尖，基部圆形或偏斜，叶缘有锯齿，表面深绿，背面淡绿色，幼时被柔毛，老时无毛或叶背面脉上有柔毛，侧脉 12~20 对；叶柄长 1~3 cm。雄花序有花 1~3 朵。壳斗杯形，包着坚果约 1/2；小苞片钻形或扁条形，向外反曲，有灰白色绒毛。坚果卵形或椭圆形，直径 1.5~2 cm，长约 2 cm，顶端圆形，果脐突起。

物候期：花期 3~4 月，果期次年 9~10 月。

生态习性：深根性，喜光，向阳树种，不耐荫蔽。与其他树种混交，或在密林中，生长速度快，干形良好，少枝丫。具有抗风力强、耐干旱贫瘠、耐火、抗烟尘能力，为营防火林带的优良树种。它对土壤要求不严，在中性、微酸性砂壤地上生长最好，在石灰岩山地及石灰质土壤上生长也好。它不耐水湿，在排水不良，积水地带，不适合生长。在年均气温 10~17℃、年降水量 500~1500 mm 的气候条件下，生长正常。

分布：攀枝花市及凉山州各县市。

用途：坚果含淀粉 50.4%、脂肪 2.32%，可酿酒或作饲料；淀粉经水洗脱涩味后晒干，可做糕点，农村甚至有村民以之推豆腐食用。边材灰白色，心材淡红褐色，纹理直，结构粗，质坚硬强韧，耐磨，抗震，又耐水湿，抗虫蛀，花纹美观，是作车、船、地板以及各种器具、手柄的优良用材，还适合作运动器材，薪炭材；废材、朽木材可用来培养香菇、木耳、银耳和菌灵芝等；壳斗和树叶含单宁，可提取栲胶；种子入药可止泻、消肿；叶子及树皮可治疗细菌性痢疾；生叶可养柞蚕。麻栎生长快，树龄长，是山地绿化的优良树种。

2. 栓皮栎

别名：粗皮青冈、厚皮青冈、红青冈、软木栎、耳子树。

学名：Quercus variabilis Blume.

形态特征：落叶大乔木，树皮灰黑色，栓皮层发达，纵裂，裂口灰白色。小枝无毛。叶薄革质，卵状披针形或长椭圆状披针形，长 8~15（20）cm，宽 3~8 cm，先端渐尖或长渐尖，基部近圆形或阔楔形，边缘具刺芒状锯齿，叶背密被灰白色绒毛，侧脉 13~18 对；叶柄长 1~3（5）cm。雄花序序轴密被褐色绒毛，花被 4~6 裂，雄蕊 10 枚或较多；雌花序生于新枝上端叶腋，壳斗杯形，上缘有棕黄色绒毛，包坚果 2/3，小苞片钻形，反曲，被短毛。坚果近球形、宽卵形或短柱状球形，顶端圆，径 1.2~1.6 cm，高 1.5~2 cm。

物候期：花期 3~4 月，果期翌年 9~10 月。

生态习性：阳性、喜光，深根性树种，常生于山地阳坡，但幼树以有侧方庇荫为好。生于海拔 1000~2500 m 的阔叶林中，对气候、土壤的适应性强。能耐

−20 ℃的低温，在pH 4~8的酸性、中性及石灰性土壤中均有生长，亦耐干旱、瘠薄，而以深厚、肥沃、适当湿润而排水良好的壤土和沙质壤土最适宜，不耐积水。幼苗（1~5年生）地上部分生长缓慢，地下主根则迅速生长，以后，枝干生长逐渐加快。在生长季节，由于水分等条件的变化，能有1~3次新梢生长，栓皮栎总的生长速度中等偏慢。深根性，主根明显，侧根也很发达，成年树根达6~7 m，故抗风力强，但不耐移植。萌芽力强，易天然萌芽更新，寿命长。

分布：凉山州、攀枝花各县市均有生长。

用途：种子含大量淀粉，可提取浆纱或酿酒，其副产品可作饲料。栓皮栎树干通直，枝条广展，树冠雄伟，浓荫如盖，秋季叶色转为橙褐色，季相变化明显，是良好的绿化观赏树种，孤植、丛植或与其他树混交成林，均甚适宜。因根系发达，适应性强，树皮不易燃烧，又是营造防风林、水源涵养林及防护林的优良树种。木材坚韧耐磨，纹理直，耐水湿，结构略粗，是重要用材，可供建筑、车、船、家具、枕木等用，栓皮可作绝缘、隔热、隔音、瓶塞等原材料，总苞可提取单宁和黑色染料，枝干还是培植银耳、木耳、香菇等的材料。

3. 枹栎

别名：枹树。

学名：Quercus serrata Thunb.

形态特征：落叶乔木，高达25 m，树皮灰褐色，深纵裂。幼枝被柔毛，后脱落；冬芽长卵形，芽鳞多数，棕色，无毛或有极少毛。叶片薄革质，倒卵形或倒卵状椭圆形，长7~17 cm，宽3~9 cm，顶端渐尖或急尖，基部楔形或近圆形，叶缘有腺状锯齿，幼时被伏贴单毛，老时及叶背被平伏单毛或无毛，侧脉每边7~12条；叶柄长1~3 cm，无毛。雄花序长8~12 cm，花序轴密被白毛，雄蕊8；雌花序长1.5~3 cm。壳斗杯状，包着坚果1/4~1/3，直径1~1.2 cm，高5~8 mm；小苞片长三角形，贴生，边缘具柔毛。坚果卵形、椭圆形，直径0.8~1.2 cm，高1.7~2 cm，果脐平坦。

物候期：花期3~4月，果期9~10月。

生态习性：生于海拔1100~2000 m的山地或沟谷林中。

分布：攀枝花市米易及凉山州雷波、会理等县。

用途：种子富含淀粉，供酿酒和作饮料；木材坚硬，供建筑、车辆等用材；树皮可提取栲胶；叶可饲养柞蚕。

4a. 槲栎

别名：细皮青冈、白栎。

学名：Quercus aliena BL.

形态特征：落叶乔木，树皮暗灰色，呈窄条纵裂。小枝粗壮，灰褐色，近无毛。叶片倒卵状长椭圆状形、阔倒卵形或倒卵形，长10~20 cm，宽4~15 cm，顶端微钝或短渐尖，基部楔形或圆形，叶缘具波状钝齿，或微有钝尖头，叶背密被灰棕色细绒毛，侧脉 10~15 对，叶柄长 1~3 cm。壳斗杯形，包着坚果约1/2，直径 1.2~2 cm，高 1~1.5 cm；小苞片卵状被针形，小，排列紧密，被灰白色短柔毛。坚果椭圆形至卵形，径 1.3~1.7 cm，长 2~2.5 cm，果脐微突起。

物候期：花期（3）4~5 月，果期 9~10 月。

生态习性：喜光，耐干旱贫瘠，常见于向阳山坡和山脚。对气候适应性广，在年均气温 7~20 ℃，年降水量 500~2000 mm，最低气温－32 ℃、最高气温 40 ℃范围内，都可生长。在土壤酸性或中性中均可生长。与松类、栎类及其他阔叶树混生，形成灌丛，有时在林间隙地可成小片纯林。

分布：攀枝花市及凉山州安边宁河流域和盐源、木里等县。

用途：坚果富含淀粉，可酿酒、磨豆腐或作饲料。木材淡黄褐色，坚硬、耐腐、纹理致密，供建筑、家具及薪炭等用；壳斗、树皮富含单宁，可提取栲胶；叶可养柞蚕。

4b. 锐齿槲栎

别名：孛孛栎。

学名：Quercus aliena Bl. var. acuteserrata Maxim. ex Wenz.

形态特征：本变种与原变种不同处，叶缘具粗大锯齿，齿端尖锐，内弯，叶背密被灰色细绒毛，叶片形状变异较大。

物候期：花期 3~4 月，果期 10~11 月。

生态习性：生于海拔 100~2700 m 的山地杂木林中，形成小片纯林。

分布：凉山州美姑、昭觉等县。

用途：种子富含淀粉。本种为造林绿化树种。木材为环孔材，边材灰白色，心材黄色，材质坚韧，可供家具、车辆等用；树皮和壳斗可提取栲胶；叶可养柞蚕。

5. 白栎

别名：小白栎、白皮栎。

学名：Quercus fabri Hance.

形态特征：落叶乔木或灌木，树皮灰褐色，深纵裂，小枝密生灰色至灰褐色绒毛；冬芽卵状圆锥形，芽长 4~6 mm，芽鳞多数，被疏毛。叶片倒卵形、倒卵状椭圆形，长 7~18 cm，宽 2.5~9 cm，顶端钝或短渐尖，基部楔形或窄圆形，叶缘具波状锯齿或粗钝锯齿，幼时两面被灰黄色星状毛，侧脉每边 8~12 条，叶背支脉明显；叶柄长 3~5 mm，被棕黄色绒毛。雄花序长 6~9 cm，花序轴被绒毛，雌花序长 1~4 cm，生 2~4 朵花，壳斗杯形，包着坚果约 1/3，直径 0.8~1.1 cm，高 4~8 mm；小苞片卵状被针形，排列紧密，坚果长椭圆形或卵状长椭圆形，长 1.5~1.8 cm，径 0.7~1 cm。

物候期：花期 4 月，果期 10 月。

生态习性：喜光，喜温暖气候，较耐阴；喜深厚、湿润、肥沃土壤，也较耐干旱、瘠薄，但在肥沃湿润处生长最好。萌芽力强。在湿润肥沃深厚、排水良好的中性至微酸性沙壤土上生长最好，排水不良或积水地不宜种植。与其他树种混交能形成良好的干形，深根性，萌芽力强，但不耐移植。抗污染、抗尘土、抗风能力都较强，寿命长。

分布：凉山州普格、金阳、雷波、越西、甘洛等县。

用途：坚果俗称"橡子"，外表硬壳，棕红色，内仁如花生仁，含有丰富的淀粉，含量达 60% 左右，在煮沸以后，橡子可直接食用或入面粉；橡子粉富含多种对人体有益的营养成分：脂肪、淀粉、蛋白质、单宁、钙、钾、钠、镁、铁、硒等元素一应俱全，尤其单宁更是其他元素不可替代的珍稀上品。《本草纲目》称其低热无毒、营养丰富；《中药大辞典》则指出：橡子取粉食，可健人、涩肠固脱，治泻痢脱肛及痔疮；《中国乡食大全》誉之"医食同源"。用橡仁加工制作的橡仁豆腐，味道鲜美，香中带甜。每百斤橡仁可酿 55%vol 的白酒 20 kg 左右。白栎枝叶繁茂，终冬不落，宜作庭荫树于草坪中孤植、丛植，或在山坡上成片种植，也可作为其他花灌木的背景树。木材具光泽，花纹美丽，纹理直，结构略粗，不均匀，重量和硬度中等，强度高，干缩性略大，耐腐，常作地板用材。

6. 大叶栎

别名：青杠树。

学名：Quercus griffithii Hook. f. et Thoms.

形态特征：落叶乔木，高达 25 m。小枝初被灰黄色疏毛或绒毛。后渐脱落。叶片倒卵形或倒卵状椭圆形，长 10~25 cm，宽 4~9 cm，顶端短渐尖或渐尖，基部近圆形至窄楔形，叶缘具尖锯齿，叶背密生灰白色星状毛，有时脱落，沿中脉被长单毛。侧脉每边 11~19 条，直达齿端，叶背支脉明显；叶柄长 0.5~1.3 cm，被灰褐色长绒毛。壳斗杯形，包着坚果 1/3~1/2，直径 1.2~1.5 cm，小苞片长卵状三角形。坚果椭圆形或卵状椭圆形，直径 0.8~1.2 cm，高 1.5~2 cm；果脐微突起，直径约 6 mm。

生态习性：生于海拔 700~2800 m 的森林中，常与峨眉栲、高山栲、光皮桦等混生。

分布：攀枝花市及凉山州越西、普格、雷波等县。

用途：种子食用、酿酒。木材坚硬，供矿柱、车辆、地板等用；树皮、壳斗可提取栲胶。

7. 高山栎

学名：Quercus semicarpifolia Smith.

形态特征：常绿乔木，高达 30 m，幼枝被锈色柔毛，后渐脱落，具长圆形皮孔。叶片椭圆形或长椭圆形，长 3～12 cm，宽 2～6 cm，顶端圆钝，基部浅心，全缘或具刺状锯齿，叶面无毛或有稀疏星状毛，叶背被棕色星状毛及糠秕状粉末，侧脉 8～15 对；叶柄长 2～5 mm，无毛或有微毛，雄花序生于新枝基部，长 3～5 cm，除花序轴被灰褐色长毛外均无毛，果序长 2～7 cm，果序轴无毛，着生坚果 1～2 个，壳斗浅碗形或碟形，通常近于平展，包着坚果基部，直径1.5～2.5 cm，高 5～8 mm；小苞片被针形，长 2～3 mm，被灰白色短绒毛，顶端褐色，坚果近球形，直径 2～3 cm，无毛或近顶部微有毛，有时带紫褐色；果脐平坦或微突起。

生态习性：生于海拔 2150～3600 m 的疏林、灌木丛林中。

分布：攀枝花市及凉山州各县市均有分布。

用途：种子食用、酿酒。木材坚硬、耐久，可供制车辆、家具用材。

8. 矮高山栎

别名：矮山栎。

学名：Quercus monimotricha Hand. -Mazz.

形态特征：常绿灌木，高 0.4～1.8 m。小枝近轮生，被褐色簇生绒毛。叶硬革质，椭圆形或倒卵形，长 2～3.5 cm，宽 0.9～2.5 cm，先端圆钝，具短尖或刺尖，基部近圆形或浅心形，边缘具长刺状锯齿，幼叶两面被灰黄色绒毛，老时表面中脉存毛或脱落，侧脉每边 4～8 条；叶柄长约 1～3 mm，密被毛。果单生或两枚对生；壳斗浅杯形，包着坚果基部，直径约 0.8～1.1 cm，高 3～5 mm；小苞片卵状披针形，长约 1 mm，在口缘处伸出，被灰褐色柔毛。坚果卵形或近倒卵形，直径 0.8～1 cm，高 1～1.5 cm，无毛或顶端有微毛。

物候期：花期 5～6 月，果期翌年 9 月。

生态习性：生于海拔 1700～3500 m 的阳坡或山脊。

分布：攀枝花及凉山州各县市。

用途：种子食用、酿酒。

9. 匙叶栎

别名：青橿。

学名：Quercus dolicholepis A. Camus.

形态特征：常绿乔木，小枝幼时被灰黄色星状柔毛，后渐脱落。叶革质，倒卵状匙形、倒卵状长椭圆形，长 2～9.5 cm，宽 1.5～4.5 cm，顶端圆形或钝尖，基部阔楔形、圆形或心形，叶缘上部有锯齿或全缘，幼叶两面有黄色单毛或束毛，老时叶背有毛或脱落，侧脉 7～9 对；叶柄长 3～5 mm，有绒毛。雄花序长3～8 cm，花序轴被黄褐色绒毛。壳斗杯形，包着坚果 2/3～3/4，连小苞片直径约 2 cm，高约 1 cm；小苞片线状披针形，长约 5 mm，黑褐色，被灰白色柔毛，先端向外反曲。坚果卵形至近球形，直径 1.3~1.5 cm，高 1.2~1.7 cm，顶端有绒毛，果脐微突起。

物候期：花期 3~5 月，果期翌年 10 月。

生态习性：生于海拔 2500~3000 m 的山地森林中。

分布：凉山州盐源、冕宁、雷波、木里等县。

用途：种子含淀粉。木材坚硬、耐久，可供制车辆、家具用材。树皮、壳斗含单宁可提取栲胶。

10. 铁橡栎

学名：Quercus cocciferoides Hand. -Mazz.

形态特征：常绿或半常绿乔木，小枝幼时被绒毛，后渐脱落。叶片硬纸质，长椭圆形、卵状长椭圆形，长 3~8 cm，宽 1.5~3.5 cm，顶端渐尖或短渐尖，基部圆形或楔形，偏斜，叶缘中部以上有锯齿，叶片幼时被毛，后渐脱落，侧脉 5~9 对。叶片两面支脉均明显；叶柄长 4~8 mm，被绒毛。雄花序长 2~3 cm，花序轴被苍黄色短绒毛；雌花序长约 2.5 cm，着生 4~5 朵花。壳斗杯形或壶形，包着坚果约 3/4，直径 1~1.5 cm，高 1~1.2 cm；小苞片三角形，长约 1mm，不紧贴壳斗壁，被星状毛。坚果近球形，直径约 1 cm，顶端短尖，有短毛，果脐微突起。

物候期：花期 4~6 月，果期 9~11 月。

生态习性：生于海拔 1000~2500 m 的湿润沟谷、山地阳坡或干旱河谷地带，如金沙江。由于河谷地带气温高、湿度低，大树在 2~3 月间开花和发新叶前有一段落叶期，故称为半常绿树种，但小树长势旺盛，冬季小落叶。

分布：攀枝花市及凉山州各县市。

用途：坚果含有淀粉。木材可用作电杆横担，树皮可提取栲胶。

11. 锥连栎

别名：法氏栎。

学名：Quercus franchetii Skan.

形态特征：常绿乔木，高 5~15 m，小枝被灰黄色细绒毛。叶薄革质，微菱状椭圆形、倒卵形，长 5~15 cm，高 2.5~4 cm，先端钝尖或渐尖，基部楔形或圆形，叶缘中部以上有腺状锯齿，幼叶两面密被灰黄色细绒毛，老时背面密被灰黄色腺毛，侧脉 8~12 对，直达齿端；叶柄长 1~2.5 cm，密被灰黄色绒毛。雄花序生于新枝基部，长 4~5 cm，花序轴被灰黄色绒毛；雌花序长 12 cm，有花 5~6 朵。果序长 1~2 cm，果序轴密被灰黄色绒毛。壳斗杯形，包着坚果约 1/2，有时盘形；小苞片三角形，背部呈瘤状突起，被灰色绒毛。坚果近球形或矩圆形，径 0.9~1.5 cm，长 1~1.3 cm，露出壳斗部分有灰色细绒毛。

物候期：花期 2~3 月，果期 9~10 月。

生态习性：生于海拔 900～2000 m 沟谷中。具有耐干热、火烧的生态适应性，常形成萌生灌丛，为干热河谷常绿阔叶林代表类型，是干热河谷的主要乔木树种。

分布：攀枝花市及凉山州内的冕宁、普格、宁南、盐源、木里等县市。

用途：坚果富含淀粉，可酿酒。木材可用作电杆横担，树皮可提取栲胶。

十、桑科 MORACEAE

（一）构属（Broussonetia L.）

落叶乔木，有乳汁。单叶互生，常分裂。花单性异株，雄花排列成下垂的柔荑花序；雌花聚集成头状花序。小核果聚集成圆头状肉质的聚花果。落叶乔木、灌木或蔓生灌木；具锯齿，基脉 3 出；托叶早落。雌雄异株，稀同株；雄柔荑花序下垂，萼 4 裂，裂片镊合状排列，雄蕊 4，花丝在蕾中内折，退化雌蕊小；雌头状花序具宿存苞片，花被管状，3～4 齿裂，宿存，子房具柄，柱头侧生，线形。聚花果球形，肉质，由多数橙红色小核果组成。

本属共 4 种，分布于东亚，我国有 3 种，分布于东南至西南部。攀西地区产 1 种。

构树

别名：楮树、构皮树、构浆树。

学名：Broussonetia papyrifera（L.）L'Her. ex Vent.

形态特征：落叶乔本，树皮平滑，暗灰色；小枝粗壮，密被细柔毛。单叶互生，偶对生，叶片阔卵形至长卵形，长 7～20 cm，宽 4～15 cm，先端渐尖或短渐尖，基部心形，不对称，边缘具粗锯齿，不分裂或 3～5 深裂，表面粗糙，疏生糙毛，背面密被绒毛，基生叶脉三出，侧脉 6～7 对；叶柄长 1.5～10 cm，密被糙毛；托叶大，卵形，狭渐尖，长 1.5～2 cm，宽 0.8～1 cm。花雌雄异株，雄花序为柔荑花序，苞片披针形，被毛，花被 4 裂，裂片三角状卵形，被毛，雄蕊 4，花药近球形，退化雌蕊小；雌花序球形头状，聚花果球形，直径 2～3.5 cm，成熟时橙红色，肉质。

物候期：花期 4～5 月，果期 6～7 月。

生态习性：生于海拔 500～2400 m 的山坡、沟谷、林地、旷野。喜光，稍耐阴。适应性极强，能耐北方的干冷和南方的湿热气候；耐干旱和瘠薄，也能生长在水边；喜钙质土，也可在酸性、中性土上生长。生长迅速，萌芽力强。根系较浅，但侧根分布很广。对烟尘及有毒气体抗性很强，少病虫害。

分布：攀枝花市及凉山州各县市。

用途：果实可生食，亦可酿酒；种子可榨油。茎皮纤维可作纺织、造纸及绳索原料；树皮、茎、叶含鞣质，可提制栲胶；树皮和果实供药用，树皮具有利尿功效，可治全身浮肿、急性胃炎，果具有明目、健胃、壮筋骨功效，可主治阳痿。树皮有毒，可制农药，对蚜虫、瓢虫具有灭杀作用；叶可作饲料，喂猪，亦可入药。构树外貌虽较粗野，但枝叶茂密且有抗性强、生长快、繁殖容易等许多优点，仍是城乡绿化的重要树种，尤其适合用作工矿区及荒山坡地绿化，亦可选作庭荫树及防护林用。

（二）拓属（Cudrania Trec.）

乔木或小乔木，或为攀援藤状灌木，有乳液，具无叶的腋生刺以代替短枝。叶互生，全缘；托叶 2 枚，侧生。花雌雄异株，均为具苞片的球形头状花序，苞片锥形，披针形，至盾形，具两个埋藏的黄色腺体，常每花 2~4 苞片，附着于花被片上，通常在头状长序基部，有许多不孕苞片，花被片通常为 4，稀为 3 或 5，分离或下半部合生，每枚具 2~7 个埋藏的黄色腺体，覆瓦状排列；雄花的雄蕊与花被片同数，芽时直立，退化雌蕊锥形或无；雌花，无梗，花被片肉质，盾形，顶部厚，分离或下部合生，花柱短，2 裂或不分裂；子房有时埋藏于花托的陷穴中。聚花果肉质；小核果卵圆形，果皮壳质，为肉质花被片包围。

本属约 6 种，分布于大洋洲至亚洲。我国产 5 种，攀西产 2 种。

拓属分种检索表

1. 攀援藤状灌木，叶全缘；聚花果直径 2~5 cm，叶椭圆状披针形或长圆形，先端渐尖，侧脉 7~10 对；聚花果直径 2~5 cm。……………………… 1. 构棘

2. 直立小乔木或为灌木状；叶全缘或为三裂，卵形或为菱卵形，有或无毛，侧脉 4~6 对；聚花果直径 2~2.5 cm 或更大。……………………… 2. 拓树

1. 构棘

学名：Cudrania cochinchinensis（Lour.）Yakuro Kudo & Masam.

物候期：花期 4~5 月，果期 6~7 月。

生态习性：多生于村庄附近或荒野。

分布：雷波西宁、攀枝花盐边亚热带地区。

用途：聚合果成熟时供生食或酿酒。本种农村常作绿篱用。木材煮汁可作染料；茎皮及根皮药用，称"黄龙脱壳"。

2. 拓树

别名：拓桑。

学名：Cudrania tricuspidata（Carr.）Bur. ex Lavall.

物候期：花期 5~6 月，果期 7~8 月。

生态习性：生于海拔 1400~2200 m 的向阳坡山地及城镇、乡村附近。喜光亦耐阴，耐寒，喜钙土，耐干旱瘠薄，可生于山脊的石缝中，适生性很强，喜生于石灰岩山地。生于较荫蔽湿润的地方，则叶形较大，质较嫩；生于干燥瘠薄之

地，叶形较小，先端常 3 裂。根系发达，生长较慢。

分布：攀枝花市及凉山州各县市。

用途：果可食，亦可酿酒；茎皮是很好的造纸原料；根皮入药，止咳化痰，祛风利湿，散淤止痛；木材质地坚硬，可供家具、农具和细木工等用材；心材黄色可提取黄色染料；叶饲蚕。柘树叶秀果丽，适应性强，可在公园的边角、背阴处、街头绿地作庭荫树或刺篱，其繁殖容易，经济用途广泛，是风景区绿化荒滩保持水土的先锋树种。

（三）榕属（Ficus Linn.）

乔木或灌木，有时藤本，有乳汁；叶互生或对生，全缘、有齿缺或分裂；托叶合生，包围着顶芽，脱落后留一环状痕迹；花极小，多数，生于球形或卵形、肉质的花序托的内壁上；花序托腋生或生于老枝上或干上；花单性，雄花被裂片 2~6；雄蕊 1~2；雌花被有时不完全或缺；子房常偏斜，有下垂的胚珠 1 颗；果为一瘦果。本属植物的花序托（常误以为果）有时只有雄花或雌花，但通常雌雄花共生其内，雄花常靠近口部，除此外尚有一种瘿花，其形如雌花，惟子房内被一种膜翅目昆虫的幼蛹所盘踞，胚珠不能发育，花柱短，顶端膨大，但对于无花果的传粉有很大的帮助。

本属约 1000 种，主要分布热带、亚热带地区。我国约 98 种 3 亚种 43 变种 2 变型，分布西南部至东部和南部，其余地区较稀少。攀西地区本属野生果树资源的种类有 7 种。

1. 地果

别名：地瓜、地瓜藤、地枇杷、过江龙。

学名：Ficus tikoua Bur.

形态特征：落叶或半常绿匍匐性木质藤本，有白色乳汁；茎棕褐色，节略膨大，生有多数不定根。叶互生，坚纸质，倒卵状椭圆形、椭圆形或倒卵形，长 4~10 cm，宽 3~5 cm，先端钝尖，基部近圆形或稍不对称，边缘波状并具不规则锯齿，侧脉 3~4 对，上面疏生短刺毛，下面沿脉波短毛；叶柄长 1~3.5 cm。花小，单性，藏于肥大花序托中；花序具短柄，簇生于土中的短枝上，球形或卵球形；苞片 3，基生；雄花生于瘿花托的口部，花被片 2~6，雄蕊 1~3（6）枚；雌花生于另一花序托内，聚花果，单生，球形、扁球形或卵球形，直径 8~28 mm，成熟时淡红棕色或淡红色。

物候期：花期 4~6 月，果期 6~7 月。

生态习性：适生于海拔 400~3700 m 亚热带低山坡、旷野、草地、路旁、山地田埂、岩壁等处。

分布：攀枝花市及凉山州各县市。

用途：果香甜可食；全株药用，能祛风湿、通经络、止白带，主治慢性支气管炎、风湿筋骨疼痛、腹泻、痢疾、乳腺炎、水肿、月经不调、产后血气痛、便血、瘰疬、接骨、跌打损伤、刀伤、疯狗咬伤、痈肿、脓疱疮、毒蛇咬伤；根茎提取单宁。为优良水土保持地被植物。

2. 珍珠莲

别名：凉粉树、冰粉树、岩石榴。

学名：Ficus sarmentosa Buch. -Ham. ex J. E. Sm. var. henryi（King ex Oliv.）Corner.

形态特征：木质攀援匍匐藤状灌木，幼枝密被褐色长柔毛，后无毛。叶互生，近革质，卵状椭圆形、长圆形，长 6～15 cm，宽 2～7 cm，先端渐尖或尾尖，基部圆形至楔形，全缘，表面无毛，背面密被褐色柔毛或长柔毛，基生侧脉延长，侧脉 5～7 对，小脉网结成蜂窝状；叶柄长 10～30 mm，被毛。榕果成对腋生，圆锥形，直径 1～1.5 cm，表面密被褐色长柔毛，成长后脱落，顶生苞片直立，长约 3 mm，基生苞片卵状披针形，长约 3～6 mm。榕果无总梗或具短梗。

生态习性：常生于阔叶林下或灌木丛中。

分布：攀枝花市及凉山州宁南、会理、会东、盐源、木里和安宁河流域。

用途：瘦果水洗可制作冰凉粉，茎皮纤维制造人造棉，全藤可制绳索。

3. 薜荔

别名：松泡子。

学名：Ficus pumila L.

形态特征：攀援或匍匐灌木，叶两型，不结果枝节上生不定根，叶薄革质，卵状心形，长约 2.5 cm，基部稍不对称，尖端渐尖，叶柄很短；结果枝上无不定根，叶革质，卵状椭圆形，长 5～10 cm，先端急尖至钝形，基部圆形至浅心形，托叶 2，披针形，被黄褐色丝状毛。榕果单生叶腋，瘿花果梨形，雌花果近球形，长 4～8 cm，直径 3～5 cm，顶部截平，略具短钝头或为脐状凸起，基部收窄成一短柄，基生苞片宿存，三角状卵形，密被长柔毛，榕果幼时被黄色短柔毛，成熟黄绿色或微红；总梗粗短；雄花，生榕果内壁口部，多数，排为几行，有柄，花被片 2～3；瘿花具柄，花被片 3～4，花柱侧生，短；雌花生另一植株榕果内壁，花柄长，花被片 4～5。瘦果近球形，有黏液。

物候期：花果期 5～8 月。

生态习性：生于海拔 450～2400 m 范围内，常攀援在石灰岩或屋墙上。

分布：攀枝花市及凉山州各县市。

用途：薜荔果含有蛋白质、碳水化合物、多种维生素、矿物质。成熟果可制凉粉。乳汁含橡胶成分。根、茎、叶、果药用，有祛风除湿、活血通络、消肿解毒、补肾、通乳的功效。庭园栽培，供绿化和观赏。

4. 大果榕

别名：馒头果、木瓜果、波罗果、大无花果。

学名：Ficus auriculata Lour.

形态特征：落叶乔木，榕冠广展，各部富含乳汁，小枝被短毛或几无毛。单叶互生，厚纸质，叶片大，阔卵状心形，长 15~37 cm，宽 12~34 cm，先端钝，具短尖，基部心形、浅心形，边缘具锯齿或全缘，基生脉 3~6 条，侧脉每边 3~4 条，表面微下凹或平坦，背面突起，叶柄长 6~20 cm，粗壮；花序托具梗，榕果 2 至多个簇生于树干或老茎短枝上，梨形或扁球形至陀螺形，直径 4~6（8）cm，外被柔毛，顶部近截形，微凹。

物候期：花期 8 月至翌年 3 月，果期 5~8 月。

生态习性：适生于海拔 1000~1700 m 的沟谷林地、疏林中，在湿润的沟谷地或稍干旱的谷坡均能生长。

分布：攀枝花市米易、盐边及凉山州会理、会东、宁南、德昌等县市有野生。1988 年西昌市区有少量引种栽培，至今结果良好。

用途：果子味甜美，可生食，其内富含淀粉可作凉粉供食用。树冠呈圆伞形，色浓绿碧亮，可庭园、城镇栽培，供绿化观赏。

5. 异叶榕

别名：大山枇杷、大斑鸠食子。

学名：Ficus heteromorpha Hemsl.

形态特征：落叶灌木或小乔木。单叶互生，叶片多形，琴形、椭圆形、椭圆状披针形，长 6~20 cm，宽 2~8 cm，先端渐尖或为尾状，基部圆形或浅心形，表面略粗糙，背面有细小钟乳体，全缘或微波状，基生侧脉较短，侧脉 6~15 对，红色；叶柄长 1.5~6 cm，红色；托叶披针形，长约 1 cm。隐头花序腋生无总梗，球形或圆锥状球形，光滑，直径 6~10 mm，成熟时紫黑色，顶生苞片脐状，基生苞片 3 枚，卵圆形，雄花和瘿花同生于一榕果中；雄花散生内壁，花被片 4~5，匙形，雄蕊 2~3；瘿花花被片 5~6，子房光滑，花柱短；雌花花被片 4~5，包围子房，花柱侧生，柱头画笔状，被柔毛。瘦果光滑。

物候期：花期 4~5 月，果期 5~7 月。

生态习性：生于海拔 2200 m 以下的林地、溪边、路旁。

分布：攀枝花市及凉山州各县。

用途：榕果成熟可食或作果酱；果实药用又称奶浆果，具下乳补血功能，主治脾虚胃弱等症。绿化植物。茎皮纤维可作造纸原料，藤制绳索。

6. 无花果

别名：阿驿。

学名：Ficus carica L.

形态特征：落叶灌木或小乔木，小枝粗壮无毛。叶互生，厚纸质，阔卵圆形或近圆形，长 10～20 cm，通常 3～5 裂，小裂片卵形，稀不裂，边缘具不规则钝齿，表面粗糙，背面密生细小钟乳体及灰色短柔毛，基部浅心形；叶柄长 2～5 cm，粗壮；托叶卵状披针形或三角状卵形，长约 1 cm，红色。雌雄异株，隐头花絮梨形或近扁球形，有短梗，单生叶腋，成熟果紫红色，直径长 3～6 cm，顶部下陷。

物候期：花果期 5～7 月，果熟期 7～10 月。

生态习性：无花果栽培容易，适应性广，对环境要求不严，凡年平均气温在 13 ℃以上，冬季最低气温在 -20 ℃以上，年降水量在 400～2000 mm 的地区均能正常生长挂果。无花果对土壤要求不严，在典型的灰壤土、多石灰的沙质土、潮湿的亚热带酸性红壤以及冲积性黏壤土上都能正常生长。它抗盐碱能力强，在盐碱地上也能良好地生长结果。无花果发源于西亚干旱地带，对水分条件要求不太严格，较抗旱。无花果不耐涝，建园宜选择地势高爽的山坡或排水通畅的平坝建园。无花果是较喜光的树种，园地尽量选择光照较好的阳坡或平坝地区。

分布：原产地中海沿岸。攀枝花市及凉山州各县市均有零星种植，少有成片栽培。

用途：无花果大约在唐代传入我国，可食率高达 92% 以上，果实为扁圆形，果皮为金黄色，果肉细软，汁浓，含糖量高达 74% 以上，其味甘甜可口，营养丰富，含有丰富的氨基酸、多种维生素和人体所需的多种矿物质，并有滋补、健胃、祛风湿和防癌等作用。因此无花果曾被誉为"仙人果"和"人参果"。除食用外，还可加工制干和制果脯、果酱、果汁、果茶、果酒、饮料、罐头等。无花果树枝繁叶茂，树态优雅，具有较好的观赏价值，是良好的园林及庭院绿化观赏树种。根叶供药用，根具有解毒消肿功效，主治风湿麻木、筋骨痛、痛疽、喉痒等病症，叶主治五痔肿毒，叶也可作农药。果实可食用，亦可做蜜饯。果实供药用，具有滋养性缓和润下剂，主治便秘、泻痢、痔疮、喉痛；鲜果乳汁外涂可去疣。

7. 尖叶榕

学名：Ficus henryi Warb.

形态特征：小乔木。叶倒卵状长圆状至长圆状披针形，长 7～16 cm，宽 2.5～5 cm，先端渐尖或尾尖，基部楔形，表面深绿色，背面色稍淡，两面均被点状钟乳体，侧脉 5～7 对，全缘或中部以上有疏锯齿；叶柄长 1～1.5 cm。榕果单生叶腋，球形至椭圆形，直径 1～2 cm，总梗长 5～6 mm，顶生苞片脐状突起，基生苞片 3 枚，榕果成熟橙红色；瘦果卵圆形。

物候期：花期 5～6 月，果期 7～9 月。

生态习性：生于海拔 1500 m 左右的湿润山坡灌木或沟谷林下。

分布：攀枝花市及凉山州各县市。

用途：花序托可食用，坚果含有淀粉、橡胶，树皮可提取栲胶。

（四）桑属（Morus L.）

落叶乔木或灌木；叶互生，全缘、有齿缺或分裂，基部 3~5 脉；托叶侧生，小，早落；花单性同株或异株，无花瓣，排成单生的穗状花序。雄花：萼片 4；雄蕊 4，芽时内弯；退化雌蕊陀螺形。雌花：萼片 4，结果时增大而肉质；子房小，无柄，1 室，花柱 2 裂。果肉质，由多数瘦果包藏于肉质的花被内组成，外果皮多少肉质，内果皮硬壳质。种子近球形，种皮膜质，胚乳丰富。

本属约 16 种，分布于北温带，我国有 11 种，各地均产之，攀西地区产 8 种，有 2 变种。该属植物果实味鲜甜，可生食或榨取其汁作饮料。

桑属分种检索表

1. 雌花具明显的花柱。

2. 聚花果长 3~6 cm。

3. 叶指状 3~5 深裂。 ·· 1. 裂叶桑

3. 叶不裂。

4. 芽鳞边缘微被锈色柔毛；叶柄长 4~6 cm；叶背面初时被毛，后脱落；叶缘锯齿具短尖。 ·· 2. 滇桑

4. 芽鳞平滑无毛，叶柄长 2~3 cm，叶背面沿脉上有柔毛，叶缘锯齿钝。
··· 3. 川桑

2. 聚花果长一般在 2.5 cm 以下。

5. 叶基部心形，叶缘锯齿长尖。

6. 叶边缘锯齿先端具长刺芒，柱头内侧具乳头状突起。 ············

7. 叶背无毛（萌发条上叶背被毛），叶卵形、宽卵形至椭圆形。 ············
·· 4a. 蒙桑

7. 叶背有毛（或老时变无毛），叶卵形至长卵形。 ············ 4b. 山桑

6. 叶边缘锯齿先端具短尖头，柱头内侧具微毛。 ············ 4c. 马尔康桑

5. 叶基部楔形，叶卵形不分裂或 1~2 缺刻浅裂。 ············ 5. 鸡桑

1. 雌花无花柱或具极短的花柱。

8. 聚花果长 3 cm 以上。 ·· 6. 奶桑

8. 聚花果 3 cm 以下。

9. 叶背面脉腋具婴毛叶质地薄，叶面光滑无毛，长 5~15 cm。 ······ 7. 桑

9. 叶面粗糙，被糙伏短毛，叶背密被短柔毛。 ············ 8. 华桑

1. 裂叶桑

别名：叉叉桑。

学名：Morus trilobata（S. S. Chang）Z. Y. Cao.

物候期：花期 5 月，果期 6~7 月。

生态习性：喜生于海拔 1400~2500 m 的疏林地带。

分布：冕宁雅砻江沿江两岸。

用途：果可食，叶养蚕。

2. 滇桑

别名：云南桑。

学名：Morus yunnanensis Koidz.

生态习性：生于海拔 1100~2400 m 的山坡、沟谷灌木丛中。

分布：攀枝花市及凉山州盐源等县。

用途：果可食。

3. 川桑

学名：Morus notabilis Schneid.

物候期：花期 4~5 月，果期 5~ 6 月。

生态习性：生于海拔 1300~ 2800 m 的常绿阔叶林中。

分布：雅砻江沿江两岸，以海拔 1400~2500 m 的疏林地带为其主要分布区域。

用途：果可食，叶可养蚕。

4a. 蒙桑

别名：崖桑、刺叶桑。

学名：Morus mongolica（Bur.）Schneid.

物候期：花期 4~5 月，果期 6~7 月。

生态习性：喜生于海拔 1300~2500 m 的阳坡，石灰岩山边分布广泛。

分布：攀枝花市及凉山州的冕宁、宁南、会东、普格、雷波、金阳等县市。

用途：果实可生食或酿酒；根皮、叶、枝、果供药用，为消炎利尿剂；木材可用；韧皮纤维为高级造纸原料；叶饲蚕性不如桑，只有在缺叶时以梦桑叶应急。

4b. 山桑

别名：鬼桑。

学名：Morus mongolica（Bur.）Schneid. var. diabolica Koidz.

物候期：花期 3~4 月，果期 4~5 月。

生态习性：性耐寒，但喜生阳坡，生长在海拔 900~2400 m 的山坡灌丛中。

分布：凉山州分布广泛，在木里河、水洛河、雅砻江、安宁河、黑水河、交际河及金阳河沿岸均有分布。

用途：果可食，叶可饲蚕，内皮可造纸，木可制弓。

4c. 马尔康桑

学名：Morus mongolica（Bur.）Schneid. var. barkamensis（S. S. Chang）C. Y. Wu et Cao.

生态习性：生于海拔 1900~2600 m 的高山地区。

分布：凉山州木里等县。

用途：果可食。

5. 鸡桑

别名：岩桑、小叶桑。

学名：Morus australis Poir.

物候期：花期 3~5 月，果期 5~6 月。

生态习性：喜光，对气候、土壤适应性都很强。耐寒、耐旱，不耐水湿，也可在温暖湿润的环境生长。喜深厚疏松肥沃的土壤，能耐轻度盐碱（0.2%）。但更适合于石灰岩的悬崖或山坡上生长。

分布：攀枝花市及凉山州的各县市均有分布，但尤以安宁河流域的冕宁、西昌、德昌等县市分布较多，特别是冕宁县的枧槽沟和灵山寺海拔 1400~2200 m 的杂木林内混生有大量鸡桑；其他地区分布海拔可达 3200 m。

用途：果实味酸甜，可生吃或酿酒；叶可喂蚕，但饲用性不如桑；树皮纤维是优质纸、蜡纸、绝缘纸和人造棉的原料；种子油可制肥皂和润滑油。

6. 奶桑

学名：Morus macroura Miq.

物候期：花期 3~4 月，果期 4~5 月。

生态习性：生于海拔 1000~1300（2200）m 山谷或沟边或路旁向阳地区。

分布：凉山州德昌、越西等县。

用途：果可食。树皮可以造纸；木材及叶可以提取桑色素。桑葚、桑木、桑枝治骨热；桑枝、桑叶、桑葚熬膏治妇女病、感冒、气管炎、腹泻。

7. 桑

别名：桑树、家桑、白桑、桑白皮、桐子桑。

学名：Morus alba L.

物候期：花期 4~5 月，果期 5~6 月。

生态习性：喜光，对气候、土壤适应性都很强。耐寒，可耐−40 ℃的低温，耐旱，不耐水湿。也可在温暖湿润的环境生长。喜深厚疏松肥沃的土壤，能耐轻度盐碱（0.2%）。抗风，耐烟尘，抗有毒气体。根系发达，生长快，萌芽力强，耐修剪，寿命长，一般可达数百年。

分布：凉山州、攀枝花市各县市均有栽培，但主要分布在雅砻江、大渡河、安宁河流域 13 个县市。

用途：桑葚，又叫桑果，为桑科落叶乔木桑树的成熟果实，农人喜欢摘其成熟的鲜果食用，味甜汁多，是人们常食的水果之一。桑葚入胃能补充胃液的缺乏，促进胃液的消化，入肠能刺激胃黏膜，促进肠液分泌，增进胃肠蠕动，因而有补益强壮之功。桑树是中国古代重要的经济林木之一，它的最主要的价值在于养蚕。也是农村"四旁"绿化的主要树种。茎皮纤维可作纺织、造纸原料；种子含油约 30％，可供油漆等用；根、皮、枝叶果均可入药，清肺热、止咳，祛风湿，通经络，补肝肾，在中医中广泛使用。

8. 华桑

别名：糯桑、毛桑、桐桑。

学名：Morus cathayana Hemsl.

物候期：花期 3～5 月，果期 5～6 月。

生态习性：喜向阳坡、沟谷，抗干旱，耐盐碱。生于海拔 900～2000 m 的山坡、沟谷、林地、沟边。

分布：凉山州内的甘洛、喜德两县最多，在会东也有种植。

用途：果实可食用，亦可酿酒；根、皮、叶、枝、果都供药用；木材可供乐器、车床、家具、扁担等用材；茎皮纤维可制皮纸、蜡纸、绝缘纸和人造棉。

十一、荨麻科 URTICACEAE

水麻属（Debregeasia Gaud.）

灌木或小乔木；叶互生，基部 3 出脉；托叶 2 裂；花单性同株或异株，先排成球形的团伞花序，再排成腋生聚伞花序；雄花被 4 裂；雄蕊 4；退化雌蕊无毛或被绵毛；雌花有一卵状或壶形的花被，果实增大，肉质多浆，口部收缩；子房直立，花柱短或无，柱头头状；果实由许多瘦果结成一圆头状体。

本属 6 种，分布于北非和东南亚，我国有 6 种均产，产西南至东南，攀西地区产 2 种，其中水麻和长叶水麻的果可食，纤维可编绳。

水麻属检索表
1. 花序生于当年生枝，上年生枝和老枝上，7～9 月开花；小枝与叶柄密生伸展的粗毛。…………………………………………………………… 1. 长叶水麻
1. 花序仅生于上年生枝和老枝上，早春开花，小枝与叶柄被贴生的短柔毛。………………………………………………………………………… 2. 水麻

1. 长叶水麻

学名：Debregeasia longifolia（Burm. f.）Wedd.

物候期：花期6~8月，果期9月至次年1月。

生态习性：生于海拔800~2000 m的河谷、山坡沟边向阳处或林缘潮湿处。

分布：攀枝花市及凉山州各县市均有分布。

用途：果实甜，可食用、酿酒、制糖。

2. 水麻

别名：水麻秧。

学名：Debregeasia edulis（Sied. et Zucc.）Wedd.

物候期：花期3~4月，果期5~7月。

生态习性：多生于海拔1000~2500 m阴湿的溪沟边、林缘，在石灰岩地带，荒坡灌丛与洼地草丛也常见。

分布：攀枝花市及凉山州各县市。

用途：果实甜，可食用、酿酒、制糖。茎皮纤维可作人造棉，又是麻的代用品；根叶入药，根治风湿关节炎，叶治疗小儿急惊风、咯血。

十二、睡莲科 NYMPHAEACEAE

莲属（Nelumbo Adans.）

多年水生草本；根状茎横生，粗壮。叶漂浮或高出水面，近圆形，盾状，全缘，叶脉放射状。花大，美丽，伸出水面；萼片4~5；花瓣大，黄色、红色、粉红色或白色，内轮渐变成雄蕊；雄蕊药隔先端成1细长内曲附属物；花柱短，柱头顶生；花托海绵质，果期膨大。坚果矩圆形或球形；种子无胚乳，子叶肥厚。

本属有2种：1种产亚洲及大洋洲，1种产美洲。攀西地区产1种。

莲

别名：荷花、荷。

学名：Nelumbo nucifera Gaertn.

形态特征：多年生水生草本；根茎肥厚，节间膨大，节部缢缩，上生黑褐色鳞叶，下生须状不定根。叶盾状圆形，径可达80 cm，表面深绿色，被蜡质白粉，背面灰绿色，全缘并呈波状；叶柄粗壮，散生小刺。花梗与叶柄近等长，也散生小刺；单生于花梗顶端，花直径10~20 cm，花瓣红色、粉红色或白色，矩圆状椭圆形至倒卵形，长5~10 cm，宽3~5 cm；雄蕊多数；雌蕊离生，埋藏于倒圆锥状海绵质花托内，花托表面具多数散生蜂窝状孔洞，受精后逐渐膨大称为莲蓬，每一孔洞内生一小坚果（莲子）。坚果椭圆形或卵形，长1.5~2.5 cm，果皮革质，坚硬，熟时黑褐色；种子（莲子）卵形或椭圆形，长1.2~1.6 cm，种皮红色或白色。

物候期：花期6~8月，果期8~10月。

生态习性：莲喜相对稳定的静水，忌涨落悬殊和风浪较大的流水，水深一般不宜超过 1.5 m。生长季茎叶最适温度为 25～30 ℃。要求日照充足，不宜长期在室内栽培。土质以富含有机质的黏壤土为宜。

分布：攀枝花市及凉山州各县市均有广泛栽培或有逸为野生。

用途：种子称为"莲子"，营养丰富，生食、熟食均宜。莲子有安神作用，常作汤羹或蜜饯，为中国民间滋补佳品。根状茎叫藕，供食用；藕、藕节、叶、叶柄、莲蕊、莲房供药用，具有清热止血作用，莲心具有清心火、强心降压功效，

十三、木通科 LARDIZABALACEAE

（一）木通属（Akebia Decne.）

藤本；掌状复叶互生或在短枝上的簇生，通常有小叶 3 或 5 片，很少 6～8 片；花单性同株，组成腋生的总状花序；萼片 3；雄蕊 6，离生，花丝极短或近于无，开花时花药内弯；心皮 3～9（12）个，圆柱形，每心应有胚珠多颗生于 2 个侧膜胎座上；肉质蓇葖长椭圆形，沿腹缝开裂；种子多数，卵形，略扁平，排成多行藏于果肉中。

本属 5 种，分布于亚洲东部（中国、日本和朝鲜），我国有 3 种 2 亚种。攀西地区有 2 种 1 亚种。本属果味甜可食，也可酿酒；种子可榨油。

木通属分种检索表
1. 叶通常有小叶 5 片，有时 6～8 片。落叶葡匐藤本。……………… 1. 木通
1. 叶通常有小叶 3 片，偶有 4 或 5 片。
2. 小叶纸质或薄革质，边缘具波状圆齿或浅裂。…………… 2a. 三叶木通
2. 小叶革质，边全缘。 ……………………………… 2b. 白木通

1. 木通
别名：山通草、野木瓜、通草、附支、丁翁、附通子、丁年藤、万年藤、山黄瓜、野香蕉、五拿绳、羊开口、野木瓜、八月炸藤、活血藤、海风藤。

学名：Akebia quinata（Houtt.）Decne.

物候期：花期 4～5 月，果期 6～8 月。

生态习性：生于海拔 1000～1500 m 的山地灌木丛、林缘和沟谷中。

分布：凉山州会理等县。

用途：果味甜可食。茎、根和果实药用，利尿、通乳、消炎，治风湿关节炎和腰痛，排脓功效；种子榨油，可制肥皂。

2a. 三叶木通
别名：八月札、白木通、八月瓜。

学名：Akebia trifoliata（Thunb.）Koidz.

物候期：花期 4～5 月，果期 7～8 月。

生态习性：喜阴湿，较耐寒。常生长在低海拔山坡林下草丛中。在微酸、多腐殖质的黄壤中生长良好，也能适应中性土壤。茎蔓常匍地生长或缠绕于其他植物上。

分布：攀枝花市及凉山州各县市均有分布。生于海拔 1400～2000 m 的山林中或阴湿的山沟内。

用途：果肉质，椭圆形，橘黄色，味美可食，种子可榨油。茎枝、根、果实均可入药。木质茎入药，治小便赤涩、水肿、喉痹咽痛、妇女闭经、乳汁不通；根入药祛风、利尿、行气、活血；果实入药能疏肝理气、活血止痛。三叶木通姿态虽不及木通雅丽，但叶形、叶色别有风趣，且耐阴湿环境，配植荫木下、岩石间或叠石洞壑之旁，叶蔓纷披，野趣盎然。

2b. 白木通

别名：八月瓜。

学名：Akebia trifoliata（Thunb.）Koidz. subsp. Australis（Diels）Rehd.

物候期：花期 3～5 月，果期 7～10 月。

生态习性：常生于海拔 900～2700 m 荒野山坡、溪边、山谷疏林或灌丛间半阴湿处。

分布：攀枝花市及凉山州各县市均有分布。

用途：果可食和药用，茎、根用途同三叶木通。

（二）猫儿屎属（Decaisnea Hook. f. et Thoms.）

落叶灌木。奇数羽状复叶，无托叶；叶柄基部具关节；小叶对生。花杂性，组成总状花序或再复合为顶生的圆锥花序；萼片 6，花瓣状，2 轮，近覆瓦状排列，披针形，先端长尾状渐尖；花瓣不存在。雄花：雄蕊 6 枚，合生为单体，花药长圆形，两缝开裂，先端具药隔伸出所成之附属体；退化心皮小，通常藏于花丝管内。雌花：退化雄蕊 6 枚，离生或基部合生；心皮 3，离生，直立，无花柱，柱头倒卵状长圆形，胚珠多数，2 行排列于心皮腹缝线两侧，胚珠间无毛状体。肉质蓇葖果圆柱形，最后沿腹缝开裂；种子多数，藏于白色果肉中，倒卵形或长圆形，压扁，外种皮骨质，黑色或深褐色。

本属仅 1 种，分布于我国西南部和中部，攀西有产。

猫儿屎

别名：短杞树、猫尿爪、猫儿子、猫屎瓜、都哥杆。

学名：Decaisnea fargesii Franch.

形态特征：落叶直立灌木或小乔木，枝具纵向棕褐色皮孔。奇数羽状复叶互生，长 50～80 cm，小叶 13～25 片；叶柄长 10～20 cm，无毛，小叶膜质，卵形至卵状长圆形，长 5~14 cm，宽 3~7 cm，先端渐尖或尾状渐尖，基部圆或阔楔形，上面绿色无毛，下面青白色，初时被粉末状短柔毛，渐变无毛。花杂性异株，总状花序腋生，长 2~4.5 cm；花梗长 1~1.5 cm；小苞片狭线形，长约 6 mm；萼片卵状披针形至狭披针形，先端长渐尖，具脉纹，中脉部分略被皱波状尘状毛或无毛。花的萼片 6 枚，2 轮，淡绿色或黄绿色，披针形，长渐尖，外轮长约 3 cm，内轮长约 2.5 cm；雄花雄蕊 6，合成单体，花丝较长，退化心皮残存；雌花不育雄蕊 6，花丝短，不连合，心皮 3，浆果圆柱状，稍弯曲，长 5~10 cm，直径 1~2 cm，成熟时蓝紫色，被白粉，腹缝开裂。种子倒卵形，扁平黑色，具光泽，长约 1 cm。

物候期：花期 4~6 月，果期 7~8 月。

生态习性：较耐阴，对土壤要求不严，多生于阴坡或山沟杂木林下。

分布：攀枝花市及凉山州内的各县市。

用途：果可食，亦可制糖、酒精；种子含油量 19.53%，可榨油。根、果药用，用于肺结核咳嗽、风湿关节痛、阴痒，外用治肛门周围糜烂。果皮可提取栲胶。

（三）八月瓜属（Holboellia Wall.）

常绿、缠绕性木质藤本；冬芽具排成数层的多数鳞片；掌状复叶或具 3 小叶的羽状复叶，互生；小叶全缘；花单性同株，组成伞房花序式的总状花序，很少为腋生的花束；萼片 6，2 列，稍厚，肉质，花瓣状，绿白色或紫色，外列的镊合状排列；花瓣 6，微小，蜜腺状，近圆形；雄蕊 6，分离；雌花有退化雄蕊 6；心皮 3，离生，圆柱形，每心皮有胚珠多数；肉质蓇葖果长圆形或椭圆形；种子多数，排成数列藏于果肉内。

本属约 14 种，我国有 12 种 2 变种，产秦岭以南各省区。攀西地区产 4 种。该属果实为肉质的蓇葖果，可食；种子榨油。

八月瓜属分种检索表

1. 小叶三片，羽状。

2. 小叶厚革质，下面粉绿色，网脉不显著；花较大，雄花长 10~12 mm；雄蕊长 6~7.5 mm。 …………………………………………… 1. 鹰爪枫

2. 小叶革质或薄革质，下面淡绿色，网脉于两面略凸起，花较小；长 5 mm 以下。雄花长约 5 mm；雄蕊长 3.5~4 mm。 ……………… 2. 小花鹰爪枫

1. 小叶 3~9 片，掌状；雄花长 1.5~3 cm。

3. 小叶形状变化大，狭披针形、长椭圆形或倒卵状披针形，雄花长 1.5~2 cm。 …………………………………………………………… 3. 五月瓜藤

3. 小叶倒卵状椭圆形或椭圆形，雄花长 2~3 cm。 ……………… 4. 牛姆瓜

1. 鹰爪枫

别名：八月栌。

学名：Holboellia coriacea Diels.

物候期：花期4～5月，果期6～8月。

生态习性：生于海拔1000～2000 m的沟谷、山坡林地或灌木丛中。

分布：凉山州雷波等县。

用途：果实富含淀粉，可食用或酿酒，酒渣可制蜡；种子含油25％，可供榨油。根及茎皮供药用，浸酒喝能治关节炎；果壳入药，可治疝气。

2. 小花鹰爪枫

别名：小花八月瓜。

学名：Holboellia parviflora（Hemsl.）Gagnep.

物候期：花期11～12月，果期翌年9～10月。

生态习性：生于海拔1800～1900 m的山坡林中、林缘或沟谷旁。

分布：宁南等县。

用途：果食用。

3. 五月瓜藤

别名：紫花牛姆瓜、五枫藤。

学名：Holboellia fargesii Reaub.

物候期：花期3～5月，果期7～8月。

生态习性：生于海拔900～3000 m的沟谷、山坡林地或灌木丛中。

分布：攀枝花市及凉山州各县市。

用途：五月瓜藤果实中含有多种营养成分，丰富的矿物质元素和维生素及β-胡萝卜素，至少含有17种氨基酸，可食用或酿酒。藤皮可制纤维，果实亦可供药用，治肾虚腰痛；根药用，治劳伤咳嗽，果治肾虚腰痛，疝气；种子含油40％，可榨油。

4. 牛姆瓜

别名：大花牛姆瓜。

学名：Holboellia grandiflora Reaub.

物候期：花期4～5月，果期7～9月。

生态习性：生于海拔1100～3300 m的沟谷、山坡林地或灌木丛中。

分布：凉山州雷波等县。

用途：果实富含淀粉，可食用、酿酒或制醋；种子可供榨油。藤、叶供药用，藤皮可制纤维。

（四）串果藤属［Sinofranchetia（Diels）Hemsl.］

落叶木质藤本。冬芽具数枚覆瓦状排列的鳞片。叶具长柄，有羽状3小叶；

顶生小叶菱状倒卵形,侧生小叶基部略偏斜。花单性,雌雄同株或有时异株,总状花序与叶同自宿存的鳞片状苞片中抽出,总状花序细长,多花;花小,单性;萼片6,排成2轮;蜜腺状花瓣6,与萼片对生;雄蕊6枚,离生,花丝肉质,与花瓣对生,花药长圆形,药隔不突出;退化雄蕊与雄蕊近似但较小;雌蕊具3枚倒卵形的心皮,无花柱。浆果椭圆状,单生、孪生或3个聚生于果序的每节上。

本属1种,我国特产,攀西有分布。

串果藤

学名:Sinofranchetia chinensis(Franch.)Hemsl.

形态特征:落叶木质藤本,全株无毛。幼枝被白粉。叶具羽状3小叶,通常密集与花序同自芽鳞片中抽出;叶柄长10~20 cm;托叶小,早落;小叶纸质,顶生小叶菱状倒卵形,长8~16 cm,宽5~12 cm,先端渐尖,基部楔形,侧生小叶较小,基部略偏斜,上面暗绿色,下面苍白灰绿色;侧脉6~7对;顶生小叶柄长1~3 cm,侧生的极短。总状花序长而纤细,下垂,长15~30 cm,基部为芽鳞片所包托;花稍密集着生于花序总轴上;花梗长2~3 mm。雄花:萼片6,绿白色,有紫色条纹,倒卵形,长约2 mm;蜜腺状花瓣6,肉质,近倒心形,极短;雄蕊6,花丝肉质,离生,花药略短于花丝,药隔不突出;退化心皮小。雌花:萼片与雄花的相似,长约2.5 mm;花瓣小;退化雄蕊与雄蕊形状相似但较小;心皮3,椭圆形或倒卵状长圆形,比花瓣长,长1.5~2 mm,无花柱,柱头不明显,胚珠多数,2列。成熟心皮浆果状,椭圆形,淡紫蓝色,长约2 cm,直径1.5 cm,种子多数,卵圆形,压扁。

物候期:花期5~6月,果期11月。

生态习性:生于海拔1000~1800 m的山坡林下或沟谷边。

分布:凉山州美姑、雷波、越西、布拖、金阳等县。

用途:果多肉汁,可食用。种子含淀粉,可酿酒。中国特有子遗单种属植物,可作为观赏植物。串果藤的藤茎入药,主治膀胱湿热、小便短赤、淋沥涩痛或心火上炎、口舌生疮、心烦尿赤等。用于产后乳汁不多及淤血经闭者。该物种为中国植物图谱数据库收录的有毒植物,其毒性为枝、叶有毒。

(五) 野木瓜属(Stauntonia DC.)

常绿木质藤本;冬芽具排成数层的芽鳞片多枚;叶互生,掌状复叶,有全缘的小叶3~9片;花单性同株或异株,排成腋生的伞房式总状花序。雄花:萼片6,花瓣状,2列,外列的长圆状披针形,下部锯合状排列,内列的线形,相等;花瓣缺,或仅有6枚极小的蜜腺状花瓣;雄蕊6,花丝多少合生成管,花药顶具药隔延伸成三角状或凸头状附属体;退化心皮3,肉质。雌花:萼如雄花;退化雄蕊6,极细小;心皮3,分离,有胚珠多数,生于有毛或纤维质的侧膜胎座上,成熟时浆果状，不开裂或腹缝开裂；种子多数，排成多列藏于果肉内。

本属约 20 余种，分布于亚洲东部自印度经中南半岛至日本。我国有 23 种 2 亚种，产长江以南各省区，攀西地区产 1 种。

羊瓜藤

别名：云南野木瓜。

学名：Stauntonia duclouxii Gagnep.

形态特征：木质大藤本，植株无毛。掌状复叶具小叶 5～7 片，总叶柄长 2～10 cm；小叶革质，倒卵形、长圆形，长 4～10 cm，宽 2～3.5 cm，先端急尖或圆钝，有钩状、小而硬的凸尖，基部楔形至阔楔形，基部具三出脉，网脉疏离，在上面不明显或略凸起，在下面显著凸起；小叶柄长 1～3 cm。花序与嫩叶同自芽鳞中抽出，长 8～16 cm，有 3～6 朵；苞片椭圆形，早落；花黄绿色或乳白色。雄花：花梗丝状，长 2～3 cm；萼片长 14～18 mm，肉质，稍厚；外轮的卵状披针形，宽约 7 mm，内轮的线状披针形，宽 3～4 mm；花瓣缺；雄蕊花丝长约 5 mm，合生为筒状，顶部稍分离，花药线形，长 3～3.5 mm，分离，顶端具与其等长、锥尖的角状附属体；退化心皮 3，锥尖。雌花：萼片与雄花的相似但稍大，长 15～22 mm，有 6 枚长约 0.5 mm 的退化雄蕊，心皮 3，卵状柱形。果长圆形，长 4～8 cm，直径 2～3 cm，熟时黄色，外面密布凸起的小疣点。

物候期：花期 4 月，果期 8～10 月。

生态习性：生于海拔 700～1500 m 的山谷沟旁、灌丛或山坡阴处杂木林中。

分布：美姑、雷波。

用途：果食用或酿酒。

十四、落葵科 BASELLACEAE

落葵属（Basella L.）

肉质藤本；叶互生，稍肉质，卵形，基部心形；花小，淡红色，无柄，排成腋生的穗状花序；花被片花瓣状，肉质，基部有小苞片；雄蕊 5，与花被片对生，花丝在蕾中直立；子房 1 室，有胚珠 1 颗；果球形，肉质，包藏于宿存的花被内。

本属 5 种，我国栽培 1 种。

落葵

别名：软浆菜、木耳菜、豆腐菜。

学名：Basella rubra L.

形态特征：一年生缠绕草本。茎长可达数米，无毛，肉质。绿色或略带紫红色。叶片卵形或近圆形，长 3～9 cm，宽 2～8 cm，顶端渐尖，基部微心形或圆形，下延成柄，全缘，背面叶脉微凸起；叶柄长 1～3 cm，上有凹槽。穗状花序腋生，长 3~15（20）cm；苞片极小，早落；小苞片 2，萼状，长圆形，宿存；花被片淡红色或淡紫色，卵状长圆形，全缘，顶端钝圆，内摺，下部白色，连合成筒；雄蕊着生花被筒口，花丝短，基部扁宽，白色，花药淡黄色；柱头椭圆形。果实球形，直径 5~6 mm，红色至深红色或黑色，多汁液，外包宿存小苞片及花被。

物候期：花期 5~9 月，果期 7~10 月。

生态习性：生于海拔 2000 m 以下地区；金沙江干热河谷地区，花期延长；海拔 2600 m 左右的高寒山区，则不开花。

分布：攀枝花市及凉山州各县市广为栽培，也有逸为野生。

用途：果实汁液紫红色，为优良食用色素，可广泛用于食品、果冻、蜜饯等染色。栽培蔬菜，幼嫩茎叶供食用；全草供药用，具有清热、滑肠、凉血、解毒功效；民间作燃料用。

十五、小檗科 BERBERIDACEAE

小檗属（Berberis L.）

灌木；木材和内皮黄色；枝有刺，刺为一种变态叶所变成；叶为单叶，叶片与叶柄接连处有节；花黄色，单生或丛生或为下垂的总状花序；萼片 6，下有小苞片 2~3；花瓣 6，基部常有腺体 2；雄蕊 6，有敏感，触之则向上弹出花粉；花药活板状开裂；果为浆果，有种子 1 至数颗。

本属约 500 种，分布于南北美洲、亚洲、欧洲和非洲，我国约 200 种，大部分产西部和西南部。攀西地区产 51 种 2 变种。根据文献记载，其中 6 种果实可食或制饮料。

1. 豪猪刺

别名：三颗针、九莲、小檗、土黄连。

学名：Berberis julianae Schneid.

形态特征：常绿灌木，高 1~3 m。老枝黄褐色或灰褐色，幼枝淡黄色，具条棱和稀疏褐色疣点；茎刺粗壮，三分叉，腹面具槽，与枝同色，长 1~4.5 cm。叶革质，狭椭圆形，披针形或倒披针形，长 3~10 cm，宽 1~3 cm，先端渐尖，具刺尖头，基部楔形，上面深绿色，中脉凹陷，侧脉微凹，背面淡绿色，中脉隆起，侧脉微隆起或不明显，两面网脉不显，叶缘平展，每边具 17~20 刺齿；叶柄长 1~4 mm。花 8~25 朵簇生；花梗长 8~15 mm；花黄色；小苞片卵形，长约 5 mm，宽约 3 mm，先端急尖，内萼片长圆状椭圆形，长约 7 mm，宽约 4 mm，先端圆钝；花瓣长圆状椭圆形，长约 6 mm，宽约 3 mm，先端缺裂，基部缢缩成爪，具 2 枚长圆形腺体；胚珠单生。成熟浆果长圆形，蓝黑色，长 7~9 mm，直径 3~4 mm，顶端具明显宿存花柱，被白粉。

物候期：花期 3 月，果期 5~11 月。

生态习性：喜光、耐干旱，在山坡、路灌木丛中均能生长，常生于海拔 1600~3100 m 的山地、灌丛或疏林下。

分布：攀枝花市及凉山州各县市都有分布。

用途：果可食用及加工果汁。果、根及茎供药用，味苦、寒、有毒，可清热燥湿，泻火解毒，为广谱抗菌药。主治细菌性痢疾、胃肠炎、消化不良、黄疸、肝炎、腹水、泌尿系统感染、急性肾炎、扁桃体炎、口腔炎、支气管炎等，外用治中耳炎、目赤肿痛、外伤感染。植株具刺，可用作篱笆，也可作为观赏绿化植物。

2. 金花小檗

学名：Berberis wilsonae Hemsl.

形态特征：常绿灌木，高 0.5~2 m。幼枝暗红色，具棱角和散生黑色斑点；刺细弱三叉状，长 0.6~2.2 cm，腹部具沟。叶革质，正面绿色或带暗红色，叶背被白粉，倒卵状匙形或倒披针形，长 6~15 mm，宽 2.5~6 mm，叶基窄楔形，叶尖圆钝有小尖头，边缘全缘或仅有上部有疏刺齿，网脉两面显著；近无柄或具短柄。花黄色，4~10 朵簇生，花梗被白粉，萼片 2 轮，外萼片卵形，先端急尖，内萼片倒卵形；花瓣倒卵形，长约 4 mm，宽约 2 mm，顶端伸长成钝尖；胚珠 3~5 枚。浆果粉红色或粉白色，近球形，顶端具明显的宿存花柱，外果皮质地柔软，微被白粉。

物候期：花期 4~5 月，果期 9~10 月。

生态习性：生于海拔 1780~3200 m 的山坡、路边灌丛。喜光，能耐干旱，也能耐一定的荫蔽，适宜生于林中空地、林缘或路旁、沟边。在林下少有生长。是稀疏灌丛中组成树种之一。能生长在石灰岩地区、石砾土和较黏重的土壤上，但在肥厚、松软的土壤中生长良好。

分布：攀枝花及凉山州各县市均有分布，在冕宁大桥附近的路边山坡数量较多。

用途：果可作饮料资源。根、枝代黄连用，清热、消炎、止痢，治赤眼红肿。株形美观，入秋叶、果均为红色，是极好的观叶、观果植物，亦是石山造景的好材料。

3. 刺红珠

学名：Berberis dictyophylla Franch.

形态特征：半常绿灌木，高 1~2.5 m。老枝黑灰色或黄褐色，幼枝近圆柱形，暗紫红色，常被白粉；茎刺三分叉，长 1~2.5 cm，淡黄色。叶近革质，狭倒卵形或长圆形，长 1~3 cm，宽 5~10 mm，先端圆形或钝尖，基部楔形，上面暗绿色，背面被白粉，中脉隆起，两面侧脉和网脉明显隆起，叶缘平展，全缘；

近无柄。花单生，黄色，花梗长 3~10 mm，有时被白粉；萼片 2 轮，外萼片条状长圆形，长约 5.5~7 mm，宽约 2.2~2.8 mm，内萼片长圆状椭圆形，长 8~10 mm，宽约 4~5 mm；花瓣狭倒卵形或倒卵形，长约 7~8.5 mm，宽 3~6 mm，先端全缘，基部缢缩略呈爪，具 2 枚分离腺体；雄蕊长 4.5~5 mm；胚珠 3~4 枚。浆果卵形或卵球形，长 10~15 mm，直径 6~8 mm，红色，被白粉，顶端具宿存花柱。

物候期：花期 5~6 月，果期 7~9 月。

生态习性：生于海拔 2500~4000 m 山坡灌丛中、河滩草地、林下、林缘、草坡。

分布：攀枝花及凉山州各县市。

用途：根治疗痢疾、火眼、刀伤；茎皮、根皮用于治疗消化不良、腹泻痢疾、淋病；干枝用于收敛疮口，调和身心；果实治疗腹泻、痢疾；花用于治疗腹泻。

4. 鲜黄小檗

别名：黄花刺。

学名：Berberis diaphana Maxim.

形态特征：落叶灌木，高 1~3 m。幼枝绿色，老枝灰色，具条棱和疣点；茎刺三分叉，粗壮，长 1~2.5 cm，淡黄色。叶坚纸质，长圆形或倒卵状长圆形，长 1.5~4 cm，宽 5~1.5 mm，先端钝圆，基部楔形，基部疏具刺齿，上面暗绿色，侧脉和网脉突起，背面淡绿色，有时微被白粉，具短柄。花 1~5 朵簇生 1，黄色；花梗长 12~25 mm；萼片两轮，外萼片近卵形，长约 7.5~8.2 mm，宽约 5.5 mm，内萼片椭圆形，长约 9 mm，宽约 6 mm；花瓣卵状椭圆形，长 6~7 mm，宽 5~5.5 mm，先端急尖，锐裂，基部缢缩成爪状，具 2 枚分离腺体；雄蕊长约 4.5 mm，药隔先端平截；胚珠 6~10 枚。浆果红色，卵状长圆形，长 1~1.2 cm，直径 6~7 mm，先端略斜弯，有时被白粉，具明显宿存花柱。

物候期：花期 5~6 月，果期 7~9 月。

生态习性：喜光，较耐干旱，对土壤要求不严。

分布：攀枝花市及凉山州宁南、美姑等县。生于海拔 2700~3900 m 的山坡、草地。

用途：浆果可作饮料。鲜黄小檗与三颗针并同等入药。

5. 直穗小檗

学名：Berberis dasystachya Maxim.

形态特征：落叶灌木，高 2~3 m。幼枝紫红色；老枝黄褐色，具稀疏小疣点，茎刺常单一，长 5~15 mm。叶纸质，叶片长圆状椭圆形、宽椭圆形或近圆形，长 3~6 cm，宽 2.5~4 cm，先端钝圆，基部骤缩，稍下延，呈楔形、圆形或心形，上面暗黄绿色，中脉和侧脉微隆起，背面黄绿色，中脉明显隆起，不被白粉，两面网脉显著，无毛，叶缘具细小刺齿；叶柄长 1~4 cm。总状花序直立，具 15~30 朵花，长 4~7 cm；花黄色；花梗 4~7 mm；小苞片披针形，长约 2 mm，宽约 0.5 mm，萼片 2 轮，外萼片披针形，长约 3.5 mm，宽约 2 mm，内萼片倒卵形，长约 5 mm，宽约 3 mm，基部稍呈爪；花瓣倒卵形，长约 4 mm，宽约 2.5 mm，先端全缘，基部缢缩呈爪，具 2 枚分离长圆状椭圆形腺体；雄蕊长约 2.5 mm，药隔先端不延伸，平截；胚珠 1~2 枚。浆果椭圆形，长 6~7 mm，直径 5~5.5 mm，红色，顶端无宿存花柱，不被白粉。

物候期：花期 4~6 月，果期 6~9 月。

生态习性：生于海拔 800~3400 m 向阳山地灌丛中、山谷溪旁、林缘、林下、草丛中。

分布：凉山州冕宁、木里、西昌等县市。

用途：根皮及茎皮含小檗碱，可供药用。

6. 黄芦木

别名：小檗、大叶小檗。

学名：Berberis amurensis Rupr.

形态特征：落叶灌木，高 2~3.5 m。嫩枝浅绿带红色，老枝淡黄色或灰色，稍具棱槽；茎刺三分叉，稀单一，长 1~2 cm。叶纸质，倒卵状椭圆形、椭圆形或卵形，长 5~10 cm，宽 2.5~5 cm，先端急尖或钝圆，基部楔形，上面暗绿色，背面淡绿色，叶缘平展，每边具 40~60 细刺齿；叶柄长 5~15 mm。总状花序具 10~25 朵花，长 4~10 cm，无毛，总梗长 1~3 cm；花黄色；花梗长 5~10 mm；萼片 2 轮，外萼片倒卵形，长约 3 mm，宽约 2 mm，内萼片与外萼片同形，长 5.5~6 mm，宽 3~3.4 mm；花瓣椭圆形，长 4.5~5 mm，宽 2.5~3 mm，先端浅缺裂，基部稍呈爪，具 2 枚分离腺体；雄蕊长约 2.5 mm，药隔先端不延伸，平截；胚珠 2 枚。浆果长圆形，长约 10 mm，直径约 6 mm，红色，顶端不具宿存花柱，不被白粉或仅基部微被霜粉。

物候期：花期 4~5 月，果期 8~9 月。

生态习性：生于海拔 1100~2850 m 山地灌丛中、沟谷、林缘、疏林中、溪旁或岩石旁。

用途：果实可作饮品原料。根皮和茎皮含小檗碱，供药用。有清热燥湿、泻火解毒的功能，主治痢疾、黄疸、白带、关节肿痛、口疮、黄水疮等，可作黄连代用品。

十六、五味子科 SCHISANDRACEAE

（一）南五味子属（Kadsura Kaempf. ex Juss.）

木质藤本；叶互生，全缘或有锯齿，有油腺点；花单性同株，有时异株，单生或 2~4 朵聚生于叶腋；花被片 7~24；雄蕊 13~80，分离或连合成球状的蕊柱，药隔圆形或棒状；心皮 20~300，彼此分离，每心皮有胚珠 2~5 颗，很少达 11 颗，结果时成熟心皮聚集于一短棒状的花托上成一圆头状或椭圆状的肉质的聚合果。

本属约 28 种，分布于亚洲的热带、亚热带地区，我国有 10 种，攀西地区有 4 种，有些种类的果味甜可食，有些入药。

南五味子属分种检索表

1. 雄花的花托圆柱形、狭卵圆形，或椭圆体形，顶端具附属体或无附属体；雄蕊的花丝与药隔连成细棍棒状，药隔顶端圆钝；雌花花托近球形；胚珠自子房顶端下垂，叶革质，长圆形或卵状披针形。……………………… 1. 黑老虎

1. 雄花的花托椭圆体形，顶端伸长，圆柱形，圆锥状凸出或不凸出于雄蕊群外，或顶端不伸长，不凸出；雄蕊的花丝与药隔连成宽扁四方形或倒梯形；药隔顶端横长圆形；雌花的花托近球形或椭圆体形；胚珠叠生于腹缝线上。

   2. 雄花的花托椭圆体形，顶端不伸长，不凸出于雄蕊群之外。叶倒卵状椭圆形或长圆状椭圆形；雄蕊群球形或卵球形，直径 5~7 mm，具雄蕊 34~35 枚；小浆果近球形。……………………… 2. 日本南五味子

   2. 雄花的花托狭卵圆形或椭圆体形，顶端伸长圆柱形，凸出或不凸出于雄蕊群外。

      3. 雄花的花托狭卵圆形或椭圆体形，顶端伸长，凸出于雄蕊群之外。……………………………………………………… 3. 异形南五味子

      3. 雄花的花托椭圆体形，顶端伸长，但不凸出于雄蕊群之外。……………………………………………………… 4. 南五味子

1. 黑老虎

别名：臭饭团、过山龙藤。

学名：Kadsura coccinea（Lem.）A. C. Smith.

物候期：花期 4~7 月，果期 7~11 月。

生态习性：生于海拔 1500~2000 m 的林中。

分布：凉山州雷波等县。

用途：果成熟后味甜，可食。根药用，能行气活血，消肿止痛，治胃病、风湿骨痛、跌打瘀痛，并为妇科常用药。枝条可代绳索捆扎木筏和编织用。

2. 日本南五味子

别名：南五味子、红骨蛇、美男葛。

学名：Kadsura japonica (Linn.) Dunal.

物候期：花期 3~8 月，果期 7~11 月。

生态习性：生于海拔 1150~1800 m 的山坡林中。

分布：凉山州冕宁等县。

用途：果供药用。根及茎称红骨蛇，主治蛇咬伤，有止渴、解热、镇痛之效；果实为强壮剂，供镇咳用。

3. 异形南五味子

别名：大风沙藤、吹风散、大钻骨风。

学名：Kadsura heteroclita (Roxb.) Craib.

物候期：花期 5~8 月，果期 8~12 月。

生态习性：生于海拔 900~1200 m 的山谷、溪边、密林中。

分布：凉山州冕宁等县。

用途：藤及根称鸡血藤，苦、辛、温，祛风除湿，活血化瘀，行气止痛，用于风湿疼痛、胃脘痛胀、痛经、跌打损伤。果实：辛、微温，补肾宁心，止咳祛痰，用于肾虚腰痛、失眠健忘、咳嗽。

4. 南五味子

别名：红木香、紫金藤、冷饭团、猢狲饭团。

学名：Kadsura longipedunculata Finet et Gagnep.

物候期：花期 6~9 月，果期 9~12 月。

生态习性：生于海拔 1400~2800 m 以下阴湿的山坡丛林中、杂木林中和灌丛中。

分布：凉山州的美姑、金阳、雷波、越西、德昌等县。

用途：果熟时呈穗状聚合浆果，肉质，熟时深红色，可食。根皮种子入药，有行气活血、消肿等功效；茎、叶、果实可提取芳香油；茎皮可作绳索。

（二）五味子属 (Schisandra Michx.)

木质藤本或披散灌木；叶生于长枝上的互生，生于短枝上的密集，边缘常有小齿；花单性同株或异株，单生于苞腋内或叶腋，有时数朵聚生；花被片 5~20，2~3 轮，大致相似；雄蕊 4~60，离生于雄蕊柱上或结成一扁平的五角状体，有些结成一肉质的球状体；心皮 12~120，彼此分离，每心皮有胚珠 2~3 颗，花时心皮密聚成一头状体；结果时成熟心皮排列于一极延长的花托上；果皮肉质，有种子 2 颗。

本属约 30 种，主产于亚洲东部和东南部，仅 1 种产美国东南部。我国约有 19 种，南北各地均有。攀西地区产 12 种 4 变种 2 变型。

五味子属分种检索表

1. 雄花托膨大、肉质或不膨大为压扁状，形成与花托同形和同大的雄蕊群。雄花的花托肉质，近球形，每雄蕊钳入花托表面凹入的穴内，形成球形的雄蕊群。

   2. 花被片多型，雄蕊 12~16 枚。 ·················· 1a. 合蕊五味子

   2. 花被片椭圆形，雄蕊较少，6~9 枚。 ·················· 1b. 铁砸散

1. 雄花托不膨大，不压扁；雄蕊螺旋状排列形成与花托近似，而较大的雄蕊群。

   3. 雄花托顶端不伸长，无附属物。

   4. 雄花托基部雄蕊的花丝长 0.3~1.5 mm，顶端雄蕊与花托合生，无花丝。·················· 2. 球蕊五味子

   4. 雄花托基部雄蕊的花丝长 2~5 mm，顶端雄蕊不与花托合生。

   5. 花被片白色，中部或下部较宽，椭圆形、狭椭圆形或卵形，果托长 15~22 cm。 ·················· 3. 大花五味子

   5. 花被片红色或粉红色；叶上部较宽，倒卵形、倒卵状椭圆形或倒披针形，很少椭圆形。·················· 4. 红花五味子

   3. 雄花托顶端伸长，形成不规则头状或盾状的附属体；雄蕊螺旋状排列成球形或扁球形的雄蕊群。

   6. 内芽鳞紫红色，最大的一片长 15~20 mm，宽 15 mm，宿存至幼果时；幼枝有纵狭翅或锐棱；药隔宽扁，伸长超出花药。·················· 5. 翼梗五味子

   6. 内芽鳞褐色或灰褐色，较小，最大的一片长不超过 10 mm，早落，很少宿存；幼枝无棱和翅；药隔与花药等长或稍长。

   7. 叶下面和叶上面均被毛，或仅在上面脉上被毛。

   8. 叶下面或仅在脉上被单一不分枝的微柔毛；中轮最大的花被片近圆形，直径 7~10 mm。·················· 6. 毛叶五味子

   8. 叶下面密被褐色绒毛，毛不规则分枝；中轮最大的花被片近圆形，直径 4~6 mm。·················· 7. 柔毛五味子

   7. 叶两面无毛。

   9. 花较大，最大的花被片长 6~12 mm，宽 6~11 mm，雄蕊 10~35 枚；雌花的雌蕊 20~75。聚合果长 5~17 cm。

   10. 叶下面明显具白粉。 ·················· 8. 鹤庆五味子

   10. 叶下面不具白粉，淡绿色或两面同色。

   11. 种皮平滑，或仅背面微皱。 ·················· 9. 华中五味子

   11. 种皮有明显的皱纹或小瘤状突起。 ·················· 10. 滇藏五味子

   9. 花较小；最大的花被片长 3.5~6 mm，宽 2.5~6 mm。

12. 叶片披针形或狭椭圆形，长 4~10 cm，宽 1.5~2.5 cm。 ··············
··· 11. 狭叶五味子

12. 叶片卵形或椭圆状卵形，长 3~8 cm，宽 2~4 cm。 ······ 12. 小花五味子

1a. 合蕊五味子

别名：满山香。

学名：Schisandra propinqua（Wall.）Baill.

物候期：花期 6~7 月。

生态习性：生于海拔 1300~2200 m 的河谷、山坡常绿阔叶林及阴处灌丛中。

分布：攀枝花市米易县及凉山州布拖、德昌、会东、金阳、普格、西昌、越西等县市。

用途：茎、叶、果实可提取芳香油。根、叶入药，有祛风去痰之效；根及茎称鸡血藤，治风湿骨痛、跌打损伤等症。种子入药主治神经衰弱。

1b. 铁箍散

别名：香巴、血糊藤、香巴戟、小血藤、狭叶五味子。

学名：Schisandra propinqua（Wall.）Baill var. sinensis Oliv.

形态特征：本变种与原变种不同处在于花被片椭圆形，雄蕊较少，6~9 枚；成熟心皮亦较小，10~30 枚。种子较小，肾形，近圆形长 4~4.5 mm，种皮灰白色，种脐狭 V 形，约为宽的 1/3。

物候期：花期 6~8 月，果期 8~9 月。

生态习性：生于海拔 2300~2800 m 的山地林间、灌木丛中、河谷、岩壁。

分布：攀枝花市米易及凉山州布拖、越西、雷波、甘洛、木里、冕宁、昭觉、西昌、普格、德昌、会理、会东等县市。

用途：植株供药用。

2a. 球蕊五味子

学名：Schisandra sphaerandra Stapf.

物候期：花期 5~6 月，果期 8~9 月。

生态习性：在海拔 2100~3900 m 的山林中或林缘。

分布：攀枝花市盐边及凉山州各县市。

用途：果供药用，藤茎及根也可入药。

2b. 淡花球蕊五味子

学名：Schisandra sphaerandra Stapf f. pallida A. C. Smith.

形态特征：本变型与 f. typica 的区别在于花稍大，长达 14 mm，宽达 10 mm，花被片自色或白红色，基部具明显的脉纹。

生态习性：在海拔 2100~3900 m 的山林中。

分布：攀枝花市盐边及凉山州美姑、雷波、金阳、越西、冕宁、盐源、木

里、喜德、西昌等县市。

用途：果供药用，藤茎及根也可入药。

2c.　红花球蕊五味子

学名：Schisandra sphaerandra Stapf f. typica A. C. Smith.

形态特征：此变型的花大仅达长 13 mm，宽 9 mm，花被片深红色，基部微具脉纹。

生态习性：在海拔 3100 m 左右的山林中。

分布：凉山州美姑、雷波、金阳、越西、冕宁、盐源、木里、喜德等县。

用途：果供药用，藤茎及根也可入药。

3.　大花五味子

学名：Schisandra grandiflora（Wall.）Hook. f. et Thoms.

物候期：花期 4～6 月，果期 8～9 月。

生态习性：生于海拔 2000～2700 m 的山沟、山坡林下、灌丛中。

分布：攀枝花及凉山州各县市。

用途：根、藤、果药用。

4.　红花五味子

学名：Schisandra rubriflora Rehd. et Wils.

物候期：花期 5～6 月，果期 7～10 月。

生态习性：在海拔 900～3800 m 以下山坡、沟谷林地、林缘。

分布：攀枝花市盐边及凉山州美姑、雷波、金阳、甘洛、越西、昭觉、布拖、普格、西昌等县市。

用途：果供药用，藤茎及根也可入药。

5a.　翼梗五味子

别名：峨眉五味子。

学名：Schisandra henryi Clarke.

物候期：花期 5～7 月，果期 8～9 月。

生态习性：生于海拔 900～1500 m 的沟谷边、山坡林下或灌丛中。

分布：凉山州美姑、雷波等县。

用途：浆果，熟时可食。根、藤茎入药，具祛风除湿，活血止痛之功效，传统应用治风湿骨痛、坐骨神经痛、月经痛、产后腹痛、脉管炎、跌打损伤。用法：用量 15～30 g，水煎或浸酒服；外用适量捣烂调酒炒热敷患处。

5b.　滇五味子

别名：云南五味子。

学名：Schisandra henryi Clarke. var. yunnanensis A. C. Smith.

形态特征：与原变种区别在于叶背无白粉，两面近同色；小枝的棱翅狭而粗厚，不为薄翅状；最外面的雄蕊几无花丝；种皮明显皱纹近似瘤状凸起。

物候期：花期 5～7 月，果期 7 月下旬至 9 月。

生态习性：生于海拔 1000～2500 m 的沟谷、山坡林中或丛林中。

分布：凉山州会东等县。

用途：根、藤、果供药用，根藤具有舒筋活血、止痛生肌功效，果具有敛肺止咳、止汗固精功效。茎、枝叶繁茂，花香，果红，可在公园、庭园、房前屋后等处种植，为垂直绿化的良好树种。

6a．毛叶五味子

学名：Schisandra pubescens Hemsl. et Wils.

生态习性：生于海拔 1100～2000 m 的山坡丛林中。

分布：凉山州甘洛等县。

用途：果可食。

6b．毛脉五味子

别名：毛脉北五味子。

学名：Schisandra pubescens Hemsl. et Wils. var. pubinervis（Rehd. et Wils.）A. C. Smith.

形态特征：与毛叶五味子（原变种）不同之处在于叶背仅脉上被较长的皱波状毛，叶脉间无毛；雌花梗无毛，花被片多达 10 片，外轮花被片无毛。

生态习性：生于海拔 1200～2000 m 的阴处灌木林中。

分布：攀枝花市盐边县及凉山州布拖、雷波、会东等县。

用途：果可食。

7．柔毛五味子

别名：大血藤、细绒毛五味子。

学名：Schisandra tomentella A. C. Smith.

物候期：花期 5 月。

生态习性：生于海拔 1900～2200 m 山林或灌木丛中。

分布：攀枝花市及凉山州各县市。

用途：果供药用，藤茎及根也可入药。

8．鹤庆五味子

学名：Schisandra wilsoniana A. C. Smith.

物候期：花期 5 月。

生态习性：生于海拔 1800～2600 m 的丛林中或溪沟边。

分布：攀枝花市米易县及凉山州德昌、甘洛、会东、会理、雷波、美姑、普格、越西、西昌等县市。

用途：果可食或药用。

9. 华中五味子

别名：大血藤、血藤、活血藤。

学名：Schisandra sphenanthera Rehd. et Wils.

物候期：花期 4~7 月，果期 7~9 月。

生态习性：喜阴凉湿润气候，耐寒，不耐水浸，需适度荫蔽，幼苗期尤忌烈日照射。分布于海拔 950~2700 m 的沟谷山林中。

分布：攀枝花市米易、盐边及凉山州木里、越西、美姑、昭觉、甘洛、会理等县。

用途：果可食，主要供药用，为五味子代用品，治虚咳、气喘、盗汗；藤茎及根也可入药。华中五味子枝叶繁茂，夏有香花，秋有红果，是庭园和公园垂直绿化的良好树种。

10. 滇藏五味子

别名：血藤、川藏五味子。

学名：Schisandra neglecta A. C. Smith.

物候期：花期 5~6 月，果期 9~10 月。

生态习性：在海拔 1400~3000 m 的灌木丛中、山林中。

分布：攀枝花市盐边及凉山州会东、美姑、金阳、越西、昭觉、西昌、德昌、普格、会理、盐源、木里等县市。

用途：果供药用，为五味子代用品，治虚咳、气喘、盗汗；藤茎及根也可入药。

11a. 狭叶五味子

别名：披针叶五味子。

学名：Schisandra lancifolia（Rehd. et Wils.）A. C. Smith.

物候期：花期 5~7 月，果期 8~9 月。

生态习性：在海拔 1320~3500 m 山林或灌木丛中。

分布：攀枝花市米易及凉山州美姑、金阳、甘洛、越西、木里、昭觉、西昌、冕宁、德昌、普格、美姑、喜德等县市。

用途：果供药用，藤茎及根也可入药。

11b. 多果狭叶五味子

学名：Schisandra lancifolia（Rehd. et Wils.）A. C. Smith var. polycarpa Ho.

形态特征：本变种与原种的区别在于本变种的叶为狭椭圆形或卵状椭圆形，花被片 7~10，心皮（18）21~29。

生态习性：生于海拔 2000~3800 m 的山沟林缘杂灌丛中。

分布：攀枝花市盐边及凉山州会东、西昌、喜德、冕宁等县市。

用途：同狭叶五味子。

12. 小花五味子

别名：香石藤、大伸筋、铁骨散、接筋藤、满山香。

学名：Schisandra micrantha A. C. Smith.

物候期：花期5~7月，果期8~9月。

生态习性：生于海拔1000~3000 m的山谷、溪边、林间。

分布：攀枝花市米易及凉山州冕宁、木里、雷波等县。

用途：根皮、种子供药用，具有理气止痛、祛风利湿功效，用于胃痛、肾炎、月经不调、风湿骨痛、跌打损伤。茎、叶、果实可提取芳香油；茎皮可作绳索。茎、枝叶繁茂，夏有香花、秋有红果，可在公园、庭园、房前屋后等处种植，为垂直绿化的良好树种。

十七、樟科 LAURACEAE

（一）樟属（Cinnamomum Trew）

常绿乔木或灌木；叶离基三出脉或三出脉，亦有羽状脉；花两性，稀为杂性，组成腋生或近顶生、顶生的圆锥花序，由（1）3至多花的聚伞花序所组成；花被筒短，杯状或钟状，花被裂片6；能育雄蕊9，稀较少或较多，排成三轮，第三轮近基部有2个具柄或无柄的腺体，花药4室，稀第三轮的为2室，第一、二轮的内向，第三轮的外向；退化雄蕊3，位于最内轮，心形或箭头形，具短柄；果肉质，其下有果托；果托杯状、钟状或圆锥状，截平或边缘波状，或有不规则小齿，有时有由花被裂片基部形成的平头裂片6枚。

本属约250种。我国约有46种1变型，攀西所产的川桂为野生果树资源。

川桂

别名：桂皮、柴桂、臭樟。

学名：Cinnamomum wilsonii Gamble.

形态特征：乔木，高16米；幼枝具棱，紫灰褐色。叶互生或近对生，革质，卵形或长卵形，长8~18 cm，宽3~5 cm，上面绿色，有光泽，无毛，下面苍白色，幼时被绢状白毛，后渐脱落，边缘为软骨状而反卷，具离基三出脉，在叶下面不隆起；叶柄长1~1.5 cm。腋生圆锥花序长4.5~10 cm，总花梗细长，长1~6 cm；花梗丝状，长6~20 mm；花白色；花被片6，卵形，长4~5 mm，两面疏生绢伏毛；能育雄蕊9，花药4室，第三轮雄蕊花药外向瓣裂；子房卵形。果实具漏斗状、全缘果托。

物候期：花期4~5月，果期6月以后。

生态习性：适合生于海拔800~2300 m偏湿性的林区的沟谷。

分布：攀枝花市的米易县及凉山州的雷波、金阳、西昌等县市。

用途：枝叶和果均含芳香油，油供作食品或皂用香精的调和原料。树皮入药，温经散寒，行气活血，止痛，用于感受风寒、胃腹冷痛、痛经、风湿关节疼痛，外用治跌打损伤、骨折。木材供家具等用。

（二）木姜子属（Litsea Lam.）

落叶或常绿乔木或灌木；叶羽状脉；花单性，雌雄异株；花序伞形或为伞形花序式的聚伞花序或圆锥花序，单生或簇生于叶腋；总苞片 4～6，交互对生；花被筒长或短，花被裂片通常 6，每轮 3 片，或为 8 片。雄花：能育雄蕊 9 或 12，很少较多，每轮 3 枚，第三轮和最内轮若存在时两侧各有 1 腺体，花药 4 室，内向瓣裂，退化雌蕊有或无。雌花：退化雄蕊与雄花中的雄蕊数目相同；子房上位，花柱显著，柱头盾状。果为浆果状核果，着生于多少增大的浅盘状或深杯状果托（花被筒）上，也有些种类花被筒结果时不增大，故无盘状或杯状果托。

本属约 200 种，主要分布于亚洲热带和亚热带，以至北美和亚热带的南美洲。我国约有 72 种，攀西地区产 23 种，其中 5 种被相关资料收录为野生果树资源。

1. 黄丹木姜子

别名：毛丹、红由、毛丹公、野枇杷木、打色眼树、黄壳兰、长叶木姜子。

学名：Litsea elongata（Wall. ex Nees）Benth. et Hook. f. Gen.

形态特征：常绿小乔木，高 12 m，胸径 40 cm；树皮灰黄或褐色；幼枝、叶柄和花序密生锈色绒毛。叶互生，革质，叶形变异大，一般为椭圆状披针形，罕有倒卵形或倒披针形，长 10～20 cm，宽 2～5 cm，上面无毛，下面中脉及侧脉上有长柔毛，小脉上有短柔毛，侧脉 5～20 对；叶柄长 0.8～2.5 cm。雌雄异株；伞形花序单生，稀簇生，总花梗长 5～20 mm，有花 4～5 朵，苞片革质，不相等；花被片 6，有丝状长柔毛；雄蕊 8～12，花丝有长柔毛，花药 4 室，内向瓣裂。果实矩圆形，长 13 mm，熟时黑紫色；果托浅杯状，直径 5 mm，深约 2 mm；果梗长约 3 mm。

物候期：花期 5～11 月，果期 2～6 月。

生态习性：生于海拔 500～2000 m 山坡路旁、溪旁、杂木林下。

分布：攀枝花市。

用途：木材可供建筑及家具等用；种子可榨油，供工业用。

2. 山苍子

别名：山鸡椒、木姜子、澄茄、山胡椒。

学名：Litsea cubeba（ Lour.）Pers.

形态特征：落叶灌木或小乔木，高达 8～10 m；幼树树皮黄绿色，光滑，老树树皮灰褐色。小枝细长，绿色，无毛，枝、叶具芳香味。单叶互生，叶片纸质，披针形或长圆形，长 4~10 cm，宽 1~2.5 cm，先端渐尖，基部楔形，上面深绿色，下面粉绿色，羽状脉，侧脉每边 6~10 条；叶柄长 6~20 mm。伞形花序单生或簇生；总梗细长，长 6~10 mm；苞片边缘有睫毛；每一花序有花 4~6 朵，先叶开放或与叶同时开放；花被裂片 6，宽卵形；能育雄蕊 9，花丝中下部有毛，第 3 轮基部的腺体具短柄；退化雌蕊无毛；雌花中退化雄蕊中下部具柔毛；子房卵形，花柱短，柱头头状。果近球形，直径约 5 mm，无毛，幼时绿色，成熟时黑色；果梗长 2~4 mm，先端稍增粗。

物候期：花期 2~3 月，果期 7~8 月。

生态习性：阳性树种，稍耐阴，喜生于海拔 500~3200 m 的向阳丘陵和山地灌丛、疏林内或密林边缘。对土壤要求不严，但在酸碱度为 5~6 的地方生长更好。

分布：凉山州及攀枝花市各县市。

用途：花、叶、果肉可蒸提山苍子油，油内含柠檬醛约 70%，柠檬醛可提制紫罗兰酮，为优良挥发性香精，用途广泛，常用于食品、糖果、香皂、肥皂、化妆品等。山苍子为我国特有的香料植物资源之一，我国山苍子油年产量达 2000 t，为世界上最大的生产国和出口国，年出口量达 3500 t 左右，产品远销美、日、英、法、德、瑞士、荷兰等国，享誉国内外。目前对其果皮当中所含的精油的开发利用比较广泛。我国现有品种的山苍子油其柠檬醛含量高达 60%~80%，最高可达 90%，远远高于国外的其他品种。柠檬醛能合成紫罗兰酮系列香料，包括紫罗兰酮、甲基紫罗兰酮以及相应的醇、酯化合物。紫罗兰酮系列香料具有宜人的紫罗兰等香味，是调制高级香精的重要原料，广泛用于高档化妆品、香皂等日用化工和食品生产中。因此，国内外市场上对柠檬醛的需求量很大。

3. 红木姜子

别名：红叶木姜子、木吴萸、野木姜、山胡椒、木姜子。

学名：*Litsea rubescens* H. Lec.

形态特征：落叶灌木或小乔木。小枝无毛，黄绿色，常带红色。顶芽圆锥形，鳞片无毛或仅上部有稀疏短柔毛。单叶互生，薄纸质，椭圆形或披针状椭圆形，长 4~10 cm，宽 1.5~4 cm，两端渐狭或先端圆钝，上面绿色，下面淡绿色，干后变为红色，幼时两面有疏柔毛，后渐脱落至无毛，羽状脉，侧脉每边 5~7 条；叶柄长 1~1.5 cm，淡红色，无毛。伞形花序 2~4 个簇生叶腋短枝上；总梗长 6~20 mm，无毛；苞片 4，阔卵形，外面无毛，内面被贴生短绒毛；每一伞形花序有雄花 10~12 朵，先叶开放或与叶同时开放；花梗长 3~6 mm，密被白色长柔毛；花被片 6，黄色，宽椭圆形，长约 2 mm，先端钝圆，外面中肋有微柔毛或近于无毛，内面无毛；雄花中能育雄蕊 9，花丝短，无毛，第三轮雄蕊腺体肾形，近于无柄，退化雌蕊细小，柱头 2 裂。果近球形，直径 5～8 mm，黑色；果梗长 5～11 mm，被疏柔毛；果托浅盘状。

物候期：花期 3～4 月，果期 9～10 月。

生态习性：喜光性树种，多生于海拔 1500～3800 m 灌丛而居于上层，在常绿阔叶林缘或林中空地，也多有生长。

分布：攀枝花市及凉山州的西昌、德昌、普格、昭觉、布拖、会理、雷波等县市。

用途：与山苍子近同。中药对红木姜子的性能说是性温味辛，有散寒、行气、止痛功效。《西昌中草药》中概括："散寒行气木姜子，研末吞服胃痛止；生姜为引止呕吐，跌打损伤根能使。"

4. 毛叶木姜子

别名：木姜子、香桂子。

学名：Litsea mollifolia Chun.

形态特征：落叶灌木或小乔木。树皮绿色，光滑，有黑斑毛。小枝灰褐色，有柔毛，后渐无。叶纸质，互生或聚生枝顶，长圆形或椭圆形，长 4～5 cm，宽 2～6 cm，先端突尖，基部楔形 6，上面暗绿色，下面带绿苍白色，密被白色柔毛，羽状脉，侧脉每边 6～9 条，纤细，中脉在叶两面突起，侧脉在上面微突，在下面突起，叶柄长 1～1.5 cm，被白色柔毛。伞形花序腋生，常 2～3 个簇生于短枝上，短枝长 1～2 mm，花序梗长 5～7 mm，有白色短柔毛；每一花序有花 4～6 朵，先叶开放或与叶同时开放；花被裂片 6，黄色，宽倒卵形，能育雄蕊 9，花丝有柔毛，第 3 轮基部腺体盾状心形，黄色；退化雌蕊无。果球形，直径约 5 mm，成熟时蓝黑色；果梗长 5～6 mm，有稀疏短柔毛。

物候期：花期 3～4 月，果期 9～10 月。

生态习性：生于海拔 2000～3100 m 的山坡灌丛中。

分布：凉山州宁南、甘洛、雷波等县。

用途：嫩果可食，熟果可提芳香油，出油率 3％～5％，种子含脂肪油 25％，属不干性油，为制皂的上等原料。根和果实还可入药，根治气痛、劳伤，果治腹泻、气痛、血吸虫病等。

5. 木姜子

别名：尖叶木姜子、木香子。

学名：Litsea pungens Hemsl.

形态特征：落叶小乔木，高 2～5 m。幼枝黄绿色，被灰白色柔毛，老枝黑褐色，无毛。叶互生，常聚生于枝顶，纸质，披针形或倒卵状披针形，长 4～15 cm，宽 2～5.5 cm，先端短尖，基部楔形，幼叶下面具绢状柔毛，后脱落渐变无毛或沿中脉有稀疏毛，羽状脉，侧脉每边 5～7 条；叶柄纤细，长 1～2 cm，初时有柔毛，后脱落渐变无毛。伞形花序腋生；总花梗长 5~8 mm，无毛；每一花序有雄花 8~12 朵，先叶开放；花梗长 5~6 mm，被丝状柔毛；花被裂片 6，黄色，倒卵形，长 2.5 mm，外面有稀疏柔毛，能育雄蕊 9，花丝仅基部有柔毛，第 3 轮基部有黄色腺体，圆形，退化雌蕊细小，无毛。果球形，直径 5~10 mm，成熟时蓝黑色；果梗长 1~3 cm，先端略增粗。

物候期：花期 3~5 月，果期 7~9 月。

生态习性：喜湿润气候。喜光，在光照不足的条件下生长发育不良。适生于上层深厚、排水良好的酸性红壤、黄壤以及山地棕壤，在低洼积水处则不宜栽种。

分布：攀枝花市及凉山州内的越西、甘洛、美姑、冕宁、喜德、会理等县市。

用途：果含芳香油，为攀西地区彝族传统使用的香料，在腌制或凉拌食物中普遍使用。据四川资料，干果含芳香油 2%~6%，鲜果含 3%~4%，主要成分为柠檬醛 60%~90%，香叶醇 5%~19%，可作食用香精和化妆香精，现已广泛利用于高级香料、紫罗兰酮和维生素 A 的原料，种子含脂肪油 48.2%，可供制皂和工业用。木姜子药用功效为行气止痛、健脾消食、解毒消肿，主治胃寒腹痛、暑湿吐泻、食滞饱胀、痛经、疝痛、疟疾、疮疡肿痛。

（三）山胡椒属（Lindera Thunb.）

落叶或常绿乔木或灌木；叶互生，全缘或 3 裂，羽状脉、三出脉或离基三出脉；花单性，雌雄异株；伞形花序在叶腋单生，或在腋芽两侧及短枝上簇生；总苞片 4，交互对生；花被裂片 6，有时 7~9，近等大，通常花后脱落，少有宿存。雄花：能育雄蕊 9，有时达 12，通常排成 3 轮，最内一轮基部有 2 个具柄腺体，花药 2 室，室内向，退化雄蕊细小，退化雌蕊有或无。雌花：退化雄蕊 9，有时达 12~15，线形或条片状，第三轮基部有 2 个具柄腺体。子房球形或椭圆形，花柱显著，柱头盾形；果为浆果状核果。

本属约 100 种。我国有 40 种 9 变种 2 变型。攀西产 10 种，其中香叶树为野生果树资源。

香叶树
别名：香果树、青香树。
学名：Lindera communis Hemsl.
形态特征：灌木或小乔木，高 4~10 m。叶互生，厚革质，具短柄，通常椭圆形，有时卵形或宽卵形，长 5~8 cm，宽 3~5 cm，先端渐尖或短尾尖，上面无毛，有光泽，下面有疏柔毛，具羽状脉，侧脉 6~8 对，弯曲上行，上面凹下，下面隆起。雌雄异株；伞形花序腋生，单生或 2 个同生，有 5~8 朵花，具短梗；苞片早落，有毛；花被片 6，卵形，长 2.5 mm；能育雄蕊 9，花药 2 室，皆内向瓣裂。果实卵形，长约 1 cm，基部具杯状果托。

物候期：花期 3~4 月，果期 9~10 月。

生态习性：生于海拔 850~2100 m 的湿润肥沃、砂质壤土上，能耐干旱瘠薄的砂质壤土，常散生或混生于常绿阔叶林中。

分布：攀枝花市及凉山州的西昌、德昌、会理、盐源、雷波等县市。

用途：果实可提取芳香油，查核含油量 54%，油可制肥皂、润滑油，又可作食用油，作为豆脂代用品，但多食会引起头晕。叶和茎皮入药，能散瘀消肿、止血止痛、解毒，主治骨折、跌打肿痛、外伤出血、疮疔痈肿。果核油供制肥皂和润滑油用。枝叶晒干粉碎成粉末，可制熏香，点燃时有香气。木材淡红褐色，结构致密，油漆性能良好，供家具、箱盒、室内装修，抗虫耐腐。

十八、虎耳草科 SAXIFRAGACEAE

茶藨子属（Ribes L.）

灌木，有刺或无刺；叶常绿或脱落，互生或丛生，单叶，常掌状分裂；托叶缺；花两性或有时单性，单生或排成总状花序；萼管与子房合生，裂片直立或广展；花瓣 4~5，通常小或为鳞片状；雄蕊 4~5，与花瓣互生；子房下位，1 室，有 2 个侧膜胎座；胚珠多数；花柱 2；果为一浆果，顶冠以宿存的萼。

本属约 150 种，分布于北温带和南美的安第斯，我国约 59 种，产西南部、西北部至东北部，攀西地区产 15 种 5 变种。此属植物具有较高的经济价值，果实富含各种维生素、糖类和有机酸等，可供生食及制作果酒、饮料、糖果和果酱等，也可作提取维生素的原料。

茶藨子属分种检索表

1. 花两性；苞片短小，卵圆形或近圆形，极稀舌形、长圆形或披针形。

2. 枝具刺，子房和果实具腺毛，无小刺；叶下部的节上着生 3 枚粗壮刺；花柱分裂至中部，花药先端具 1 蜜腺。………………………… 1. 长刺茶藨子

2. 枝无刺。

3. 萼筒盆形或浅杯形，萼片反折，边缘无睫毛，叶裂片先端急尖至短渐尖，边缘具粗锐锯齿或重锯齿；花托内部具 5 个分离的突出体。…… 2. 东北茶藨子

3. 萼筒钟形或钟状短圆筒形。

4. 萼片边缘具睫毛，叶两面无柔毛，但常具腺毛，裂片先端急尖至短渐尖，基部心脏形；萼筒钟形，雄蕊着生在与花瓣同一水平上，花柱与雄蕊近等长。
……………………………………………………………………… 3. 糖茶藨子

4. 萼片边缘无睫毛。

5. 萼筒钟形，雄蕊和花柱短于萼片，总状花序较紧密，长 5~12 cm。 …
………………………………………………………………… 4. 宝兴茶藨子

5. 萼筒钟状短圆筒形，雄蕊和花柱长于萼片；幼枝和叶两面无毛，稀在下面沿叶脉或脉腋间微具柔毛；总状花序疏松，长 15～25 (30) cm。…………………………………………………………………………… 5. 长序茶藨子

1. 花单性，雌雄异株；苞片狭长，舌形、长圆形、椭圆形、披针形或线形。

6. 常绿稀半常绿灌木，枝无刺；叶边不裂。

7. 果实无毛；叶两面无毛，叶倒卵状椭圆形或宽椭圆形，长 2～5 cm，叶柄长 0.5～1 cm，具腺毛；花萼绿白色或浅黄绿色。………… 6. 革叶茶藨子

7. 果实具腺毛，绿色，长 15～20 mm；叶椭圆形或倒卵状椭圆形，下面具腺体并沿叶脉和叶缘有腺毛，叶柄长 5～8 mm，被刺毛状腺毛；花萼浅绿白色，外面具腺毛。…………………………………… 7. 华中茶藨子

6. 落叶灌木，枝无刺或在节上具 2 枚小刺；叶边分裂。

8. 叶的顶生裂片几与侧生裂片近等长，先端常圆钝，稀急尖；萼片直立，叶近圆形或肾状圆形，两面除被短柔毛外，还具黏质腺体和短腺毛，裂片先端圆钝，边缘具粗钝锯齿；雄花序具花 15～30 朵，花萼外面具短柔毛和短腺毛。……………………………………………………………… 8. 东方茶藨子

8. 叶的顶生裂片长于侧生裂片（仅康边茶藨子 R. kialanum Jancz. 的顶生裂片与侧生裂片近等长），先端急尖、渐尖或尾尖。

9. 叶较小，长 1～2 cm，顶生裂片比侧生裂片稍长，先端急尖；萼片开展或反折，花萼紫红色；叶柄、叶两面、花序轴和花梗无毛。………… 9. 矮醋栗

9. 叶较大，长 2～10 cm，顶生裂片比侧生裂片长得多或稍长，先端短渐尖、渐尖至尾尖，稀急尖；萼片直立，稀反折。

10. 花萼外面无毛。

11. 花序轴和花梗无毛，叶两面被粗伏毛，顶生裂片先端渐尖；花萼黄褐色。…………………………………………………………… 10. 尖叶茶藨子

11. 花序轴和花梗具柔毛和腺毛。

12. 果实黑色；叶基部近截形至心脏形；萼筒浅杯形，花萼紫红色或褐红色；小枝和叶柄常无毛；叶近圆形或宽卵形，顶生裂片比侧生裂片稍长，先端急尖；萼片卵圆形，稀近舌形。………………………… 11. 紫花茶藨子

12. 果实红色。

13. 叶基部截形至心脏形；萼筒碟形。小枝和叶柄无柔毛或仅具疏腺毛；叶长卵圆形，稀近圆形，顶生裂片比侧生裂片长 1～2 倍，先端渐尖至尾尖；萼片舌形或卵形。……………………………………………… 12. 细枝茶藨子

13. 叶基部圆形至近截形；萼筒浅杯形，花萼红褐色；叶长卵圆形，稀近圆形，顶生裂片比侧生裂片长 2～3 倍，先端长渐尖，边缘具粗大单锯齿或混生少数重锯齿；萼片卵圆形或舌形。………………………… 13. 冰川茶藨子

10. 花萼外面具柔毛。

14. 果实具柔毛和腺毛；叶两面均被长柔毛，叶宽卵圆形，长 6～10 cm，边缘具粗大钝锯齿或重锯齿；雄花序长 7～15 cm，具 15～30 余朵密集排列的花，花萼黄绿色略带红色；果直径 7～10 mm。 …………………… 14. 华西茶藨子

14. 果实无柔毛，仅具疏腺毛，叶较大，长 5～9 cm，边缘深裂，顶生裂片长于侧生裂片，先端渐尖，两面无毛或疏生腺毛；雄花序长 6～10 cm；花萼红褐色，萼片直立，具 3 脉。 …………………… 15. 渐尖茶藨子

1a. 长刺茶藨子

学名：Ribes alpestre Wall. ex Decne.

物候期：花期 4～6 月，果期 6～9 月。

生态习性：生于海拔 1600～3200 m 阳坡山地、草坡或疏林下。

分布：凉山州木里县博瓦。

用途：果成熟时可生食及酿酒，半熟的果实可制成果膏、蜜饯、果汁、果酱。

1b. 无腺茶藨子

学名：Ribes alpestre Wallich ex Decaisne var. eglandulosum L. T. Lu.

形态特征：与原变种的区别——花萼、子房和幼果均被柔毛，但无腺毛 6，成熟时果上的柔毛逐渐脱落，至老时光滑无毛。

生态习性：生于海拔 2400～3500 m 的河边、灌丛或杂木林中。

分布：凉山州雷波、冕宁等县。

1c. 大刺茶藨子

别名：高山茶藨。

学名：Ribes alpestre Wallill ex Decaisne var. gigantem Janczewski.

形态特征：本变种通常枝刺较粗壮，有时长达 3 cm，较短小，花萼外面无毛或几无毛；子房和果实无柔毛，也无腺体。

物候期：花期 4～5 月，果熟期 6～9 月。

生态习性：生于海拔 2000 m 左右的山坡、林下、河谷处。

分布：凉山州美姑等县。

用途：果成熟时可生食及酿酒，半熟的果实可制成果膏、蜜饯、果汁、果酱。大刺茶藨子叶形美丽、株型紧凑，属于美丽的观赏性灌木。

2. 东北茶藨子

别名：山麻子、山樱桃。

学名：Ribes mandshuricum（Maxim.）Kom.

物候期：花期 4～6 月，果期 7～8 月。

生态习性：生于海拔 1800 m 左右的山坡或山谷针、阔叶混交林下或杂木

林内。

分布：凉山州布拖县。

用途：果可食。

3. 糖茶藨子

学名：Ribes himalense Royle ex Decne.

物候期：花期4～6月，果期7～8月。

生态习性：生于海拔1200～4000 m的山谷、河边灌丛及针叶林下和林缘。

分布：凉山州金阳等县。

用途：果可食；茎内皮和果实入药，甘、平，清热解毒，治肝炎。

4a. 宝兴茶藨子

别名：穆坪茶藨子、穆坪醋栗。

学名：Ribes moupinense Franch.

物候期：花期5～6月，果期7～8月。

生态习性：生于海拔1400～3100 m左右的山坡、林下、河谷处。

分布：凉山州普格、木里、美姑、雷波等县。

用途：果可食。

4b. 木里茶藨

学名：Ribes moupinense Franch. var. muliense S. H. Yu et J. M. Xu.

物候期：花期5～6月，果期7～8月。

形态特征：本变种与原变种区别在于，叶柄较长，叶5深裂，裂片宽卵状披针形，边缘具尖锐锯齿；果梗长5～8 mm。

生态习性：生于海拔4700 m高山坡地。

分布：凉山州木里县。

用途：果可食。

5. 长序茶藨子

别名：红花茶藨子、长穗茶藨子、长串茶藨。

学名：Ribes longiracemosum Franch.

物候期：花期4～5月，果期7～8月。

生态习性：生于海拔1700～3800 m的山坡灌丛、山谷林下或沟边杂木林下。

分布：雷波、美姑、金阳等县。

用途：果可供食用及制作饮料和果酒等。

6a. 革叶茶藨

别名：大卫茶藨。

学名：Ribes davidii Franch.

物候期：花期4～5月，果期6～7月。

生态习性：生于海拔 2250 m 的落叶和混交林、峡谷森林及山坡、悬崖、岩石、路旁的阴处和潮湿的地方。

分布：雷波县黄茅埂东坡。

用途：果可食。

6b. 睫毛茶藨子

学名：Ribes davidii Franchet var. ciliatum L. T. Lu.

形态特征：本变种与原变种区别在于，叶基部楔形或狭楔形，边缘具长睫毛。

生态习性：生于海拔 1900～2250 m 的落叶阔叶和常绿阔叶混交林中、岩石上、疏林下及路边竹林下。

分布：凉山州美姑、雷波等县。

用途：果可食。

7. 华中茶藨子

别名：亨利茶藨子、睫毛茶藨。

学名：Ribes henryi Franch.

物候期：花期 5～6 月，果期 7～8 月。

生态习性：生于海拔达 2300 m 的山坡林中或岩石山。

分布：凉山州雷波等县。

用途：果可食。植株可栽培供观赏，作为点缀岩石园的材料。

8. 东方茶藨子

别名：柱腺茶藨。

学名：Ribes orientale Desf. Hist.

物候期：花期 4～5 月，果期 7～8 月。

生态习性：生于海拔 2100～4900 m 高山林下、林缘、路边或岩石缝隙。

分布：木里。

用途：果可食。

9. 矮醋栗

别名：黄果矮茶藨。

学名：Ribes humile Jancz.

物候期：花期 5～6 月，果期 7～8 月。

生态习性：生于海拔 1000～3300 m 路边林下或山坡灌丛中。

分布：木里等县。

用途：果可食。

10. 尖叶茶藨

别名：北方茶藨。

学名：Ribes maximoviczianum Kom.

物候期：花期5~6，果期8~9月。

生态习性：生于海拔1800~2600 m阔叶林或针阔叶混交林中。

分布：凉山州雷波、美姑等县。

用途：浆果可食，味酸，可制果酱、果汁或酿酒。也可供庭园观赏。

11. 紫花茶藨子

学名：Ribes luridum Hook. f. et Thoms.

物候期：花期5~6月，果期8~9月。

生态习性：生于海拔2400~3200 m山坡疏、密林下及林缘或河岸边。

分布：雷波黄茅埂。

用途：果可食，可制果酱、果汁或酿酒。

12. 细枝茶藨子

别名：狭萼茶藨子。

学名：Ribes tenue Jancz.

物候期：花期5~6月，果期8~9月。

生态习性：生于海拔1300~4000 m的山坡、林下、河谷、沟旁路边。

分布：普格金阳等县。

用途：果可食。根药用，用于月经不调、痛经、四肢无力及烧烫伤。

13. 冰川茶藨子

学名：Ribes glaciale Wall.

生态习性：生于海拔2600 m山坡、林下、河谷处。

分布：凉山州雷波、美姑等县。

用途：果味酸，可供食用。叶片掌状，叶色嫩绿，果鲜红透亮，具有很高的观赏价值。

14. 华西茶藨子

别名：刺果茶藨子、马氏茶藨子。

学名：Ribes maximowiczii Batalin.

物候期：花期6~7月，果期8月。

生态习性：生于海拔2500~3000 m山谷林中或灌木丛内。

分布：凉山州金阳、雷波等县。

用途：果实可食。

15a. 渐尖茶藨子

别名：中裂茶藨子、川西茶藨子。

学名：Ribes takare D. Don.

物候期：花期4~5月，果期7~8月。

生态习性：生于海拔 1400～3250 m 山坡疏、密林下及灌丛中或山谷沟边。

分布：雷波、美姑等县。

用途：果可食。

15b. 束果茶藨子

学名：Ribes takare D. Don var. desmocarpum.

形态特征：与原变种区别在于小枝、叶柄、叶、花序和果实均具短柔毛和稀疏短腺毛。原变种的小枝、叶柄、叶两面均无柔毛，仅具疏腺毛；花序具短柔毛和稀疏短腺毛；果实无毛，极稀幼时微具短柔毛，无腺毛。

物候期：花期 4～5 月，果期 7～8 月。

生态习性：生于海拔 2000～4000 m 山坡或山谷云杉及冷杉林下、林缘或灌丛中及路旁。

分布：凉山州金阳等县。

用途：果可食。

十九、蔷薇科 ROSACEAE

（一）木瓜属（Chaenomeles Lindl.）

落叶或半常绿，灌木或小乔木，有刺或无刺；冬芽小，具 2 枚外露鳞片。单叶，互生，具齿或全缘，有短柄与托叶。花单生或簇生。先于叶开放或迟于叶开放；萼片 5，全缘或有齿；花瓣 5，大形，雄蕊 20 或多数排成两轮；花柱 5，基部合生，子房 5 室，每室具有多数胚珠排成两行。梨果大形，萼片脱落，花柱常宿存，内含多数褐色种子；种皮革质，无胚乳。

本属约有 5 种，产亚洲东部。我国 5 种均产，攀西地区产 4 种。

木瓜属分种检索表

1. 无刺；花单生，后于叶开放；萼片有齿，反折；叶边有刺芒状锯齿，齿尖、叶柄均有腺；托叶膜质，卵状披针形，边有腺齿。………………………… 1. 木瓜

1. 有刺；花簇生，先于叶或与叶同时开放；萼片全缘或近全缘，直立稀反折；叶边有锯齿稀全缘；托叶草质，肾形或耳形，有锯齿。

  2. 叶边全缘；萼片反折；花柱基部被柔毛。………………… 2. 西藏木瓜

  2. 叶边有锯齿；萼片直立。

    3. 叶片卵形至长椭圆形，幼时下面无毛或有短柔毛，叶边有尖锐锯齿；枝条初期直立，不久展开；花柱基部无毛或稍有毛。………………… 3. 皱皮木瓜

    3. 叶片椭圆形或披针形，幼时下面密被褐色绒毛，叶边有刺芒状锯齿；枝条坚硬，直立；花柱基部常被柔毛或绵毛。………………… 4. 毛叶木瓜

1. 木瓜

别名：榠楂、木李、海棠。

学名：Chaenomeles sinensis（Touin）Koehne.

物候期：花期 4 月，果期 9~10 月。

生态习性：喜温暖，有一定的耐寒性。要求土壤排水良好，不耐湿和盐碱。生于海拔 1700~1900 m 的住房周围、村边。

分布：攀枝花及凉山州各县市均有分布。

用途：果实味涩，水煮和糖水浸渍后可供食用。种仁含油率 35.99%，出油率 30%，无异味，可食并可制肥皂。花可为糖制酱的作料，风味很美。木瓜海棠花色烂漫，树形好，病虫害少，是庭园绿化的良好树种，可丛植于庭园墙隅、林缘等处，春可赏花，秋可观果。果实可供药用，但木瓜的药效甚微，由于药用效果差，国家药检局于 2003 年下文禁止药用。树皮含鞣质，可提制栲胶。木材质坚硬，可以制作家具。

2. 西藏木瓜

学名：Chaenomeles thibetica Yu.

分布：凉山州甘洛、雷波等县分布。

用途：果可食，为我国特有名贵药食两用果之一。植株可在庭园栽植，供绿化和观赏。果实供药用，藏医用于治消化不良、脾虚、咳嗽、耳病、脚气肿、筋脉拘挛等症。

3. 皱皮木瓜

别名：贴梗海棠、贴梗木瓜。

学名：Chaenomeles lagenaria（Loisel.）Koidz.

物候期：花期 3~5 月，果期 9~10 月。

生态习性：喜光，较耐寒，不耐水淹，不择土壤，但喜肥沃、深厚、排水良好的土壤。

分布：凉山州内除高寒山区外主要城镇都有生长。

用途：其果实又名川木瓜，是我国特有的珍稀水果之一，有很高的药用价值和食用价值。花色鲜艳，为良好的观花、观果花木。多栽培于庭园供绿化用。

4. 毛叶木瓜

别名：木桃、木瓜海棠、木桃、木瓜海棠。

学名：Chaenomeles cathayensis（Hemsl.）Schneid.

物候期：花期 3~5 月，果期 9~10 月。

生态习性：喜光，耐瘠薄，在排水良好土层肥厚之地生活良好。生于海拔900~2500 m 的山坡、林边、道旁、栽培或野生。

分布：攀枝花市米易县及凉山州木里、昭觉、越西、美姑等县有分布。

用途：果实入药可作木瓜的代用品。果实供药用，具有和平理胃、敛肺止咳功效，可治消化不良、胃溃疡。优良观赏树种，庭园栽植，供绿化和观赏，是作绿篱的好材料。

（二）栒子属（Cotoneaster B. Ehrhart.）

落叶、常绿或半常绿灌木，有时为小乔木状；冬芽小形，具数个覆瓦状鳞片。叶互生，有时成两列状，柄短，全缘；托叶细小，脱落很早。花单生，2～3朵或多朵成聚伞花序，腋生或着生在短枝顶端；萼筒钟状、筒状或陀螺状，有短萼片5；花瓣5，白色、粉红色或红色，直立或开张，在花芽中覆瓦状排列；雄蕊常20，稀5～25；花柱2～5，离生，心皮背面与萼筒连合，腹面分离，每心皮具2胚珠；子房下位或半下位。果实小形梨果状，红色、褐红色至紫黑色，先端有宿存萼片，内含1～5小核；小核骨质，常具1种子；种子扁平。

本属约有90余种，分布在亚洲（日本除外）、欧洲和北非的温带地区。我国50余种。攀西地区产35种。本属大多数为丛生灌木，幼苗可作山楂或山荆子嫁接的砧木。

栒子属分种检索表

1. 密集的复聚伞花序，花多数在20朵以上；花瓣白色，开花时平铺展开；叶片多大形，长2.5～12 cm。

2. 叶片下面无毛或最初有毛，以后脱落近于无毛；果实红色，稀黑色。…………………………………………………………………… 1. 粉叶栒子

2. 叶片下面密被绒毛，果实红色。

3. 叶片先端急尖到渐尖，下面初被绒毛，老时逐渐脱落。

4. 花序长2.5～5 cm，叶片下面有绒毛及白霜；果实近球形。…………………………………………………………………… 2. 柳叶栒子

4. 花序长2～2.5 cm，叶片下面无绒毛及白霜，果实椭圆形。…………………………………………………………………… 3. 蒙自栒子

3. 叶片先端圆钝或急尖，下面密被绒毛，永不脱落。

5. 叶片倒卵形至椭圆形，花序密被黄色绒毛，果实倒卵形。…………………………………………………………………… 4. 厚叶栒子

5. 叶片倒卵状披针形至长圆披针形，花序密被白色绒毛，果实陀螺形。…………………………………………………………………… 5. 陀螺果栒子

1. 花单生或稀疏的聚伞花序，花朵常在20以下。

6. 花多数3～15，极稀到20朵；叶片中形，长1～6（10）cm；落叶极稀半常绿灌木。

7. 花瓣白色，在开花时平铺展开；果实红色。

8. 叶片下面无毛或稍具柔毛。

9. 花梗和萼筒均无毛，叶片下面无毛。 ……………………… 6. 水栒子

9. 花梗和萼筒外面有稀疏柔毛，叶片下面有短柔毛。 …… 7. 毛叶水栒子

8. 叶片下面被绒毛或柔毛。

10. 萼筒外面无毛，叶片上面无毛，下面有长柔毛和白霜；果实卵形，深红色。 …………………………………………………………………… 8. 钝叶栒子

10. 萼筒外被柔毛或绒毛。

11. 半常绿灌木；药紫色；叶片草质，椭圆形或卵形，先端急尖或圆钝；果实球形或卵形。 …………………………………………… 9. 毡毛栒子

11. 落叶灌木，叶片草质，药黄色。

12. 叶片先端圆钝，下面具白色绒毛；萼筒外被绒毛；果实卵形至椭圆形。 …………………………………………………………… 10. 准格尔栒子

12. 叶片先端多急尖，下面具灰色绒毛；萼筒外被长柔毛；果实近球形。 …………………………………………………………… 11. 华中栒子

7. 花瓣粉红色，开花时直立；果实红色或黑色。

13. 叶片下面无毛或具稀疏柔毛。

14. 果实红色；花常 2～11（13）朵。

15. 萼筒外面无毛；花 5～13 朵；叶片长圆卵形或椭圆卵形，上面无毛有显著皱起；果实球形或倒卵形，直径 6～8 mm。 ……………… 12. 泡叶栒子

15. 萼筒外面稍有柔毛。

16. 花 2～3 朵；叶片椭圆卵形至卵状披针形，上面有柔毛；果实椭圆形，直径 7～8 mm。 …………………………………… 13. 尖叶栒子

16. 花 3～9 朵；叶片椭圆披针形，上面无毛；果实近球形，直径 5～6 mm。 …………………………………………………………… 14. 亮叶栒子

14. 果实黑色；花 2～21（25）朵。

17. 萼筒外面无毛或近于无毛；花 5～10 朵；叶片下面叶脉密被柔毛；果实卵形或近球形。 ………………………………………… 15. 川康栒子

17. 萼筒外面被柔毛。

18. 花 2～5 朵；叶片先端多急尖，上下两面幼时有长柔毛；果实椭圆形或倒卵形。 …………………………………………………… 16. 灰栒子

18. 叶片先端多渐尖，下面被短柔毛；果实具 3～5 小核。

19. 花 9～25 朵；叶片上面多泡状隆起；果实近球形或倒卵形，小核平滑。 …………………………………………………………… 17. 宝兴栒子

19. 花 3～7 朵；叶片上面叶脉微下陷；果实近球形，小核 3～4，有点纹。 …………………………………………………………… 18. 麻核栒子

13. 叶片下面密被绒毛或短柔毛；果实红色稀黑色。

20. 萼筒外面无毛或有稀疏柔毛，叶片先端圆钝或急尖，花3~7朵，花序长约与叶片相等，花直径6~7 mm。 …………………………… 19. 细弱栒子

20. 萼筒外面密被绒毛或短柔毛。

21. 叶片先端圆钝稀急尖，上面具短柔毛，下面具绒毛，果实黑色，卵形，小核1~2；花序2~4花；叶片卵形、椭圆卵形至狭椭圆卵形。………

………………………………………………………… 20. 细枝栒子

21. 叶片先端急尖至渐尖。

22. 果实橘红色至深红色。

23. 花序有花3~7（11）朵；叶片上面有稀疏柔毛，叶片椭圆形至卵形，下面密被绒毛；果实近球形或倒卵形。 …………………… 21. 木帚栒子

23. 花序有花5~15朵；叶片上面有稀疏柔毛或近于无毛，嫩枝及花梗密被短柔毛；花粉红色，5~11朵；果实卵形。 …………… 22. 西南栒子

22. 果实暗红色至紫黑色。

24. 总花梗和花梗具柔毛；果实卵形，暗红色，3小核。 ………………

………………………………………………………… 23. 暗红栒子

24. 总花梗和花梗无毛；果实近球形，紫黑色，5小核。 ………………

………………………………………………………… 24. 网脉栒子

6. 花单生，稀2~3（7）朵簇生；叶片多小形，长不足2 cm，先端圆钝或急尖。

25. 花瓣白色，在开花时平铺展开；果实红色，小核2~3，稀4~5；平铺或矮生常绿灌木。

26. 叶片下面无毛或具稀疏柔毛，叶片椭圆形至椭圆长圆形，长1~2（3）cm；果实近球形，直径6~7 mm。 …………………… 25. 矮生栒子

26. 叶片下面密被柔毛或绒毛。

27. 萼筒外被绒毛；叶片先端具短尖，下面密被绒毛；花多3~5朵。……

………………………………………………………… 26. 黄杨叶栒子

27. 萼筒外被疏柔毛；叶片先端圆钝稀微凹或急尖，下面被疏柔毛。

28. 叶片倒卵形或长圆倒卵形，长4~10 mm；果实球形，直径5~6 mm。

………………………………………………………… 27. 小叶栒子

28. 叶片近圆形或广卵形，长8~20 mm；果实倒卵形，直径7~9 mm。……

………………………………………………………… 28. 圆叶栒子

25. 花瓣红色，在开花时直立；果实红色，稀紫黑色，2~3小核，稀4或1；平铺或直立，落叶或半常绿灌木。

29. 萼筒外面无毛，直立灌木。

30. 茎多少呈二列分枝状；叶片上面具柔毛，下面较少；果实倒卵形或球形，有短梗，下垂，小枝具显明疣状突起；叶片先端微凹或微尖。……………………………………………………………………… 29. 疣枝栒子

30. 茎具不规则分枝；果实近球形，无梗，直立，叶片近圆形、圆卵形，稀倒卵形，先端有短尖，两面无毛或仅下面脉上稍具柔毛；花粉色。……………………………………………………………………… 30. 细尖栒子

29. 萼筒外面微具柔毛。

31. 平铺矮生灌木，花 1～2 朵。

32. 茎水平散开，呈规则地两列分枝；叶片近圆形或宽椭圆形，叶边平，无波状起伏；果实近球形，直径 4～6 mm，小核 3 稀 2。…………… 31. 平枝栒子

32. 茎丛生地上，不规则分枝。

33. 叶片宽卵形至椭圆形，薄纸质，叶边呈波状起伏；果实近球形，直径 6～7 mm。……………………………………………………………… 32. 匍匐栒子

33. 叶片近圆形或宽卵形，革质，叶边厚，有时具柔毛；果实卵球形，直径 5～6 mm。………………………………………………………… 33. 高山栒子

31. 直立灌木；花 2～3（4）朵。

34. 小枝有糙伏毛，无疣状突起，叶片椭圆形或宽椭圆形，稀倒卵形，先端急尖稀圆钝，上面无毛，仅下面微有柔毛；果实有短柄。……… 34. 散生栒子

34. 小枝有糙伏毛，脱落后多少留有疣状突起；叶片卵形、宽椭圆形至近圆形，先端急尖，两面具柔毛，上面较多；果实有短柄。……… 35. 镇康栒子

1. 粉叶栒子
学名：Cotoneaster glaucophyllus Franch.
物候期：花期 6～7 月，果期 10 月。
生态习性：生于海拔 2600 m 以下的杂、灌丛中。
分布：凉山州昭觉等县。
用途：果可食，植株作砧木。

2. 柳叶栒子
学名：Cotoneaster salicifolius Franch.
物候期：花期 6 月，果期 9～10 月。
生态习性：生于海拔 1800～2000 m 的灌丛、草坡。
分布：凉山州美姑等县。
用途：果可食，植株作砧木或观赏。

3. 蒙自栒子
别名：华西栒子。
学名：Cotoneaster harrovianus Wils.

物候期：花期 5～6 月，果期 9 月。

生态习性：生于海拔 1300～2100 m 左右的沟边、林缘。

分布：木里、会理等县。

用途：蒙自栒子的根皮、果及种子具有药用价值，用于主治恶疮肿毒、虫蛇咬伤、痈疽疮疖、肾阳虚衰、遗尿、早泄、阳痿、遗精。

4. 厚叶栒子

学名：Cotoneaster coriaceus Franch.

花期：5～6 月，果期 9～10 月。

生态习性：生于海拔 1800～2700 m 沟边、草坡或丛林中。

分布：凉山州木里、盐源等县。

用途：果可食，植株作砧木。

5. 陀螺果栒子

学名：Cotoneaster turbinatus Craib.

物候期：花期 6～7 月，果期 10 月。

生态习性：生于海拔 1800～2700 m 江边或沟谷中。

分布：凉山州会东等县。

用途：砧木或观赏。

6. 水栒子

学名：C. multiflorus Bge.

物候期：花期 5～6 月，果期 8～9 月。

生态习性：普遍生于海拔 1200～3500 m 沟谷、山坡杂木林中。水栒子的长势很强，性强健。耐寒，喜光而稍耐荫，对土壤要求不严，极耐干旱和瘠薄。

分布：凉山州木里、德昌等县。

用途：水栒子枝条婀娜，在夏季开放密集的白色小花，秋季结成累累成束红色的果实，是优美的观花、观果树种，可作为观赏灌木或剪成绿篱。

7. 毛叶水栒子

学名：Cotoneaster submultiflorus Popov.

物候期：花期 5～6 月，果期 9 月。

形态特征：生于海拔 900～2000 m 岩石缝间或灌木丛中。

分布：凉山州木里等县。

8. 钝叶栒子

别名：云南栒子。

学名：Cotoneaster hebephyllus Diels in Not.

物候期：花期 5～6 月，果期 8～9 月。

生态习性：生于海拔 1300～3400 m 石山上、丛林中或林缘隙地。

分布：凉山州木里等县。

9．毡毛栒子

学名：Cotoneaster pannosus Franch.

物候期：花期6～7月，果期10月。

生态习性：生于海拔1100～3200 m荒山多石地或灌木丛中。

分布：凉山州木里及攀枝花市米易等县。

10．准噶尔栒子

别名：准噶尔总花栒子。

学名：Cotoneaster soongoricus（Repel & Herd.）Popov in Bull.

物候期：花期5～6月，果期9～10月。

生态习性：生于海拔1400～2400 m干燥山坡、林缘或沟谷边。

分布：凉山州木里等县。

11．华中栒子

别名：湖北栒子、鄂栒子。

学名：Cotoneaster silvestrii Pamp.

物候期：花期6月，果期9月。

生态习性：生于海拔500～2600 m杂木林内。

分布：凉山州木里等县。

12．泡叶栒子

学名：Cotoneaster bullatus Bois.

物候期：花期5～6月，果期8～9月。

生态习性：生于海拔2300～2800 m的山地、疏林。

分布：凉山州金阳、美姑、冕宁等县。

用途：果可食，植株作砧木或观赏。

13．尖叶栒子

学名：Cotoneaster acuminatus Lindl.

物候期：花期5～6月，果期9～10月。

生态习性：生于海拔1500～3000 m的杂木林中。

分布：攀枝花市盐边、米易及凉山州雷波、德昌、西昌等县市。

用途：果可食，植株作砧木。大多数为丛生灌木，夏季开放密集的小形花朵，秋季结成累累成束红色或黑色的果实，在庭园中可作为观赏灌木或剪成绿篱。有些匍匐散生的种类是点缀岩石园和保护堤岸的良好植物。

14．亮叶栒子

学名：Cotoneaster nitidifolius Marq.

物候期：花期5月，果期8～9月。

生态习性：生于海拔 1500～2000 m 杂木林中及林缘。

分布：凉山州越西等县。

用途：作砧木，观赏。

15．川康栒子

别名：四川栒子。

学名：Cotoneaster ambiguus Rehd. et Wils.

物候期：花期 5～6 月，果期 9～10 月。

生态习性：适生于海拔 1600～3000 m 的山地、半阳坡和疏林中。

分布：凉山州的喜德、昭觉、布拖、金阳和雷波等县。

用途：果可食，植株作砧木；供观赏和药用。

16．灰栒子

学名：Cotoneaster acutifolius Turcz.

物候期：花期 5～6 月，果期 9～10 月。

生态习性：生于海拔 1400～3700 m 山坡、山麓、山沟及丛林中。

分布：木里、雷波等县。

用途：枝、叶及果实入中药，果实入蒙药。中药主治鼻出血、牙龈出血、月经过多。蒙药治鼻出血、吐血、月经过多、关节散毒。

17．宝兴栒子

别名：木坪栒子。

学名：Cotoneaster moupinensis Franch.

物候期：花期 6～7 月，果期 9～10 月。

生态习性：生于海拔 1700～3200 m 疏林边或松林下。

分布：凉山州木里、冕宁等县。

用途：果可食，植株可观赏。

18．麻核栒子

别名：网脉灰栒子。

学名：Cotoneaster foveolatus Rehd. & Wils.

物候期：花期 6 月，果期 9～10 月。

生态习性：生于海拔 1400～3400 m 潮湿地灌木丛中、密林内、水边及荒野。

分布：木里、美姑、布拖。

用途：植株作砧木或观赏。

19．细弱栒子

别名：细弱灰栒子。

学名：Cotoneaster gracilis Rehd. et Wils.

物候期：花期 5 月，果期 9～10 月。

生态习性：生于海拔 980~1900 m 的灌丛、草坡。

分布：凉山州雷波等县。

用途：植株作砧木或观赏。

20．细枝栒子

别名：细梗栒子。

学名：Cotoneaster tenuipes Rehd. & Wils.

物候期：花期 5 月，果期 9~10 月。

生态习性：生于海拔 1900~3100 m 丛林间或多石山地。

分布：凉山州木里等县。

21．木帚栒子

别名：狄氏子、案鸡。

学名：Cotoneaster dielsianus Pritz.

物候期：花期 6~7 月，果期 9~10 月。

生态习性：生于海拔 2100~2400 m 荒坡、草地、沟与灌木丛中。

分布：攀枝花市及凉山州各县市。

用途：果可食；植株作砧木。可以嫁接苹果和梨；观赏。

22．西南栒子

别名：佛氏栒子。

学名：Cotoneaster franchetii Bois in Rev.

物候期：花期 6~7 月，果期 9~10 月。

生态习性：生于海拔 2000~2900 m 多石向阳山地灌木丛中。

分布：凉山州木里、盐源、会东等县。

用途：作砧木，秋季结实累累，甚为美观，可栽培观赏。

23．暗红栒子

别名：暗红果栒子。

学名：Cotoneaster obscurus Rehd. &Wils.

物候期：花期 5~6 月，果期 9~10 月。

生态习性：生于海拔 1500~3000 m 山谷、河旁丛林内。

分布：凉山州木里、金阳等县。

用途：果可食，植株作砧木。

24．网脉栒子

别名：网脉叶栒子。

学名：Cotoneaster reticulatus Rehd.

物候期：花期 6 月，果期 10 月。

生态习性：生于海拔 2600~3000 m 荒地丛林边。

分布：凉山州盐源等县。

用途：果可食，植株作砧木。

25. 矮生栒子

学名：Cotoneaster dammeri Schneid.

物候期：花期5～6月，果期10月。

生态习性：生于海拔3000 m左右的灌丛、草坡。

分布：凉山州美姑等县。

用途：果可食，作砧木，也可作盆景观赏。

26. 黄杨叶栒子

别名：车轮棠。

学名：Cotoneaster buxifolius Lindl.

物候期：花期4～6月，果期9～10月。

生态习性：常生于海拔2000～2800 m含石砾较多的坡地、灌木丛中。

分布：攀枝花市及凉山州各县市。

用途：果可食，作砧木。常绿至半常绿矮而密集灌木，可庭园种植供绿化和观赏。

27. 小叶栒子

别名：小叶栒子、铺地蜈蚣、地锅把。

学名：Cotoneaster microphyllus Wall. ex Lindl.

物候期：花期5～6月，果期8～9月。

生态习性：普遍生长于海拔2500～4100 m多石山坡地、灌木丛中。

分布：布拖、木里、盐源、西昌、雷波、昭觉、美姑、普格等县。

用途：作砧木，植株矮小，春开白花，秋结红果，甚美观，是点缀岩石园的良好植物。

28. 圆叶栒子

学名：Cotoneaster rotundifolius Wall. ex Lindl.

物候期：花期5～6月，果期9月。

生态习性：生于海拔1200～3500 m的灌丛、路边、林缘。

分布：凉山州冕宁、西昌、喜德、普格、德昌等县市。

用途：果可食，植株作砧木或观赏。

29. 疣枝栒子

学名：Cotoneaster verruculosus Diels.

物候期：花期5～6月，果期9～10月。

生态习性：生于海拔2800～3600 m干燥山坡杂木林内及草地上。

分布：攀枝花市米易等县。

30. 细尖栒子

别名：尖叶栒子。

学名：Cotoneaster apiculatus Rehd. et Wils.

物候期：花期 6 月，果期 9~10 月。

生态习性：生于海拔 2600~2800 m 的灌丛、草坡。

分布：凉山州昭觉、甘洛等县。

用途：果可食，植株作砧木或观赏。

31. 平枝栒子

学名：Cotoneaster horizontalis Dene.

物候期：花期 5~6 月，果期 9~10 月。

生态习性：喜光，但也耐半阴，可植于疏林下，较耐寒，在 −20 ℃ 的低温时不会发生冻害。平枝栒子对土壤要求不严，在肥沃且通透性好的沙壤土中生长最好，亦耐轻度盐碱。

生态习性：生于海拔 2000 m 左右的灌丛、草坡。

分布：凉山州西昌、美姑等县市。

用途：果可食，植株作砧木。平枝栒子枝叶横展，叶小而稠密，花密集枝头，晚秋时叶色为红色，红果累累，是布置岩石园、庭院、绿地和墙沿、角隅的优良材料。另外可作地被和制作盆景，果枝也可用于插花。根可药用。

32. 匍匐栒子

学名：Cotoneaster adpressus Bois.

物候期：花期 5~6 月，果期 8~9 月。

生态习性：生于海拔 2800~3800 m 的林缘、灌丛草坡。

分布：攀枝花市及凉山州金阳、布拖、甘洛、美姑、越西等县。

用途：果可食，作砧木。优良的干旱阳坡造林树种，可片植于坡地、花坛，有很强的覆盖能力。其叶和果实都有很高的观赏价值。

33. 高山栒子

学名：Cotoneaster subadpressus Yu.

物候期：花期 5~6 月，果期 9~10 月。

生态习性：生于海拔 3000~3500 m 高山石坡上或冷杉林下。

分布：凉山州冕宁、木里、美姑、布拖等县。

用途：砧木、观赏。

34. 散生栒子

学名：Cotoneaster divaricatus Rehd. et Wils.

物候期：花期 4~6 月，果期 9~10 月。

生态习性：生于海拔 1400~3700 m 的灌丛草地、路边。

分布：攀枝花市及凉山州金阳、德昌、西昌、冕宁、美姑等县市。

用途：果可食，作砧木，观赏。

35．镇康栒子

学名：Cotoneaster chengkangensis Yu.

物候期：花期6月，果期9～10月。

生态习性：生于海拔2300～3400 m沟边或多石砾地。

分布：木里等县。

（三）山楂属（Crataegus L.）

落叶稀半常绿灌木或小乔木，通常具刺，很少无刺；冬芽卵形或近圆形。单叶互生；有锯齿，深裂或浅裂，稀不裂，有叶柄与托叶。伞房花序或伞形花序，极少单生；萼筒钟状，萼片5；花瓣5，白色，极少数粉红色；雄蕊5～25；心皮1～5，大部分与花托合生，仅先端和腹面分离，子房下位至半下位，每室具2胚珠，其中1个常不发育。梨果，先端有宿存萼片；心皮熟时为骨质，成小核状，各具1种子；种子直立。

本属中国约产17种。攀西地区产4种1变种。本属有些种类果实大形而肉质，可供鲜食，或作果冻蜜饯及糖渍食品，有些种类的嫩叶可作茶叶代用品，有些种类的果实可入药，树皮和根部含单宁，可用于染色。少数种类可作苹果、梨、榅桲和枇杷果树的砧木。

山楂属分种检索表

1. 叶片羽状深裂，侧脉有的伸到裂片先端，有的伸到裂片分裂处。叶片基部截形或阔楔形，有3～5对深裂片，中脉或侧脉有短柔毛；果实球形，红色，小核3～5。

 2. 果实直径1～2 cm。 ………………………………………… 1a．山楂

 2. 果实直径2.5 cm左右。 ………………………………… 1b．山里红

1. 叶片浅裂或不分裂，侧脉伸至裂片先端，裂片分裂处无侧脉。

 3. 枝上常无刺；叶片卵状披针形或卵状椭圆形，具圆钝锯齿，常不分裂或仅在不孕枝上有少数叶具3～5浅裂片；花梗及总花梗无毛；果实球形，黄色或带红晕，直径1.5～2 cm，小核5。 ……………………… 2．云南山楂

 3. 枝上常具刺，叶片常分裂。

 4. 叶片上面近于无毛，下面具稀疏柔毛。果实椭圆形，直径6～7 mm，外面无毛；小核1～3。 ……………………………… 3．华中山楂

 4. 花梗及总花梗均无毛。叶片宽卵形，有3～4对浅裂片，先端圆钝；果实椭圆形，红色，小核1～3。 ……………………… 4．中甸山楂

1a. 山楂

别名：山里红、大山楂。

学名：Crataegus pinnatifida Bunge.

物候期：花期5~6月，果期8~10月。

生态习性：喜光，耐寒、耐旱，在深厚肥沃排水良好的土壤中生长良好；在微酸性、中性至微碱性土壤中均可生长。

分布：凉山州的金阳、布拖、盐源、冕宁等县。

用途：果实酸甜可口，能生津止渴。山楂片含多种维生素、酒石酸、柠檬酸、山楂酸、苹果酸等，还含有黄酮类、内酯、糖类、蛋白质、脂肪和钙、磷、铁等矿物质，所含的解脂酶能促进脂肪类食物的消化，促进胃液分泌和增加胃内酶素等功能。山楂树适应能力强，容易栽培，树冠整齐，枝叶繁茂，病虫危害少，花果鲜美可爱，因而也是田旁、宅园绿化的良好观赏树种。

1b. 山里红

别名：红果、棠棣、大山楂、山楂。

学名：Crataegus pinnatifida Bge. var. major N. H. Br.

形态特征：本变种与原变种山楂的区别在于果形较大，直径可达2.5 cm，深亮红色；叶片大，分裂较浅；植株生长茂盛。

生态习性：喜充足阳光，耐寒、耐旱，适生于排水良好、深厚肥沃的土壤中。

分布：凉山州的盐源、冕宁、布拖、金阳等县。

用途：山里红果实因味道太酸，较少生食。但它具有丰富的果胶和红色素，很适宜加工汁、露、糕、酱、蜜饯等。本种植株可在庭园、草地、道路旁单植或丛植，供绿化和观赏。嫩叶可代茶，具有降血压作用。果亦可供药用，具有散痛滞、消食积功效。

2. 云南山楂

别名：山林果。

学名：Crataegus scabrifolia (Fr.) Rehd.

物候期：花期4~6月，果期8~10月。

生态习性：喜光，耐旱、耐瘠，多生于向阳坡的山地。

分布：攀枝花市及凉山州的西昌、德昌等县市。

用途：鲜果味酸甜可生食，也可加工酿造，入药；木材可供细木工用。

3. 华中山楂

别名：小山楂。

学名：Crataegus wilsonii Sarg.

生态习性：耐阴性强，适生于山坡、山谷和林内。

分布：凉山州的盐源和布拖等县。

用途：果实可食，但肉较少，也可代山楂入药，用来助消化。枝可作篱笆；树木可为薪炭用材。

4. 中甸山楂

别名：野山楂。

学名：Crataegus chungtienensis W. W. Smith.

物候期：花期5月，果期9月。

生态习性：生于海拔2800 m左右的灌木丛中。

分布：凉山州木里、冕宁等县。

用途：果实药用，消食化积，活血散淤，用于食滞不化、肉积不消、脘腹胀满、腹痛泄泻和产后淤阻腹痛、恶露不尽，以及疝气偏坠胀痛等症。

（四）栘㯶属（Docynia Dcne.）

常绿或半常绿乔木。冬芽小，卵形，有数枚外露鳞片。单叶互生，全缘或具齿，幼时微具分裂，有叶柄与托叶。花1～5朵，丛生，与叶同时开放或先叶开放；花梗短或近于无梗；苞片小，早落；萼筒钟状，外被绒毛，具5裂片；花瓣5～6（7），基部有，白色；雄蕊30～53排成两轮，花柱5～6（7），基部合生；子房下位，5～6（7）室，每室具3～10胚珠。梨果近球形、卵形、梨形或椭圆形，直径2～4.5 cm，具宿存直立萼片。栘㯶属植物全世界仅3种：栘㯶［D. indica（Will.）Dcne.］和云南栘㯶［D. delavayi（Franch.）Schneid.］和长爪栘㯶（D. longiunguis），分布在亚洲，中国3种均产，其中云南栘㯶和长爪栘㯶（D. longiunguis）为我国特有种。长爪栘㯶目前仅在西昌泸山上有发现。

栘㯶属植物分种检索表

1. 花径3.5～5 cm，花瓣长20～27 mm，宽12～18 mm，基部爪长5～9 mm，雄蕊46～53，子房室及花柱5～6（7）；果径3～4.5 cm ……………………………………………… 1. 长爪栘长爪栘㯶

1. 花径2.5～3 cm，花瓣长10～16 mm，宽5～12 mm，基部爪长1～3 mm，雄蕊30～45，子房室及花柱5；果径2～3 cm。

2. 叶片椭圆形或长圆状披针形，背面被短柔毛或近无毛，边缘有锯齿，稀全缘，坚纸质；雄蕊约30；梨果球形或椭球形，具短梗。 …… 2. 栘长爪栘㯶

2. 叶片披针形至卵状披针形，背面蜜黄色绒毛，边缘全缘或略有锯齿，革质；雄蕊40～45；梨果卵形或椭球形，具长梗。 ………… 3. 云南栘长爪栘㯶

1. 栘㯶

学名：Docynia delavayi（Franch.）Schneid.

物候期：花期3～4月，果期9～10月。

生态习性：生于海拔 1600~3000 m 的山谷、溪旁或灌丛中。

分布：攀枝花市及凉山州各县市均有零星分布。

用途：果可食，但味涩而酸，食用价值不高，当地居民主要把果用于柿果催熟剂，也有人将果切成片状，晒干后泡水饮用。当地人非专业人士均把栘柚误认为是山楂，并用果充当山楂果药用。果实治脚气、湿肿、风湿痹痛等症。

2. 云南栘柚

学名：Docynia delavayi（Franch.）Schneid.

物候期：花期 3~4 月，果期 5~6 月。

生态习性：适生于山坡、荒地、山谷、沟边或灌丛中，也常生于疏散的云南松林内。

分布：凉山州及攀枝花各县市均有零星分布。

用途：果实味酸，在云南供作柿果催熟剂用，栽培供观赏。当地人也把云南栘柚误认为山楂。入药，鲜茎皮和叶用于骨折，捣敷。茎皮用于大面积烧、烫伤，熬膏外搽。果实煎服或浸酒服用于风湿性关节炎、黄疸、腹泻、痢疾。

3. 长爪栘柚

学名：Docynia longiunguis Q. Luo et J. L. Liu.

物候期：花期 2~3 月，果期 8~9 月。

生态习性：耐干旱，生于海拔 1600~2000 m 的山林。

分布：西昌泸山。

用途：果实味酸，可供作柿果催熟剂用，也可泡水饮用。栽培供观赏。当地人也把长爪栘柚误认为山楂。

（五）草莓属（Fragaria L.）

多年生草本，通常具纤匍枝，常被开展或紧贴的柔毛。叶为三出或羽状五小叶；托叶、膜质，褐色，基部与叶柄合生，鞘状。花两性或单性，杂性异株，数朵成聚伞花序，稀单生；萼筒倒卵圆锥形或陀螺形，裂片 5，镊合状排列，宿存，副萼片 5，与萼片互生；花瓣白色，稀淡黄色，倒卵形或近圆形；雄蕊 18~24 枚，花药 2 室；雌蕊多数，着生在凸出的花托上，彼此分离；花柱自心皮腹面侧生，宿存；每心皮有一胚珠。瘦果小形，硬壳质，成熟时着生在球形或椭圆形肥厚肉质花托凹陷内。

本属约 20 余种，我国产约 8 种，1 种系引种栽培。攀西地区产 4 种 1 变种。该属果供鲜食或作果酱、罐头，味道鲜美。

草莓属分种检索表

1. 花梗被紧贴的毛；萼片在果期水平展开，小叶 3 或 5，上面疏被柔毛，下面在叶脉上较密。……………………………………………………… 1. 野草莓

1. 花梗密被展开的毛。

2. 萼片在果期反折或水平展开。小叶 3，质地较薄，两面有毛，下面在脉上较密；萼片在果期水平展开。……………………………………… 2. 东方草莓

1. 萼片在果期紧贴于果实。

3. 小叶 3，质地较厚，植株被棕黄色毛。

4. 叶下面淡绿色。……………………………………………… 3a. 黄毛草莓

4. 叶下面具苍白色腊质乳头。……………………………… 3b. 粉叶黄毛草莓

3. 小叶 5，质地较薄，植株被银白色毛。……………………… 4. 西南草莓

1. 野草莓

别名：欧洲草莓。

学名：Fragaria vesca L.

物候期：花期 4～6 月，果期 6～9 月。

生态习性：生于海拔 1500～2900 米的山坡、草地、林下。

分布：西昌、德昌、普格、冕宁等县市。

用途：果实味道鲜美可食或制果酱、果汁、果酒。

2. 东方草莓

别名：野草莓。

学名：Fragaria orientalis Lozinsk.

物候期：花期 5～6 月，果期 6～7 月。

生态习性：生于海拔 1400～3400 m 的山地、草坡。

分布：凉山州金阳、布拖、美姑、木里、昭觉、甘洛、喜德、西昌等县市。

用途：果实营养丰富，果每 100 g 鲜品含蛋白质 1g、脂肪 0.6 g、糖类 10 g、有机酸 0.6 g、Vc 30～41 mg、胡萝卜素 0.05 mg、硫胺酸 0.1 mg、核黄素 0.1 mg、烟酸 1.5 mg。本品除生食外还可制成品质优良的果酱、果酒、果汁等。全草药用，可清热解毒，消肿。主治咳嗽痰多、湿疹、肾结石。

3a. 黄毛草莓

别名：野草莓。

学名：Fragaria nilgerrensis Schlecht. ex Gay.

物候期：花期 4～7 月，果期 5～8 月。

生态习性：生于海拔 1000～3000 m 的山地、草坡。

分布：攀枝花及凉山州各县市。

用途：果实味道鲜美可食或制果酱、果汁、果酒。全草药用，清肺止咳，解

毒消肿。主治肺热咳嗽、百日咳、口舌生疮、疔疮、蛇咬伤、烫火伤。

3b. 粉叶黄毛草莓

别名：白薦、野草莓。

学名：Fragaria nilgerrensis Schlecht. ex Gay var. mairei（Levl.）Hand.
-Mazz.

形态特征：本变种与原变种（黄毛草莓）的区别在于叶下面具苍白色腊质乳头。

生态习性：生于海拔 800～2700 m 山坡、草地、沟谷、灌丛及林缘。

分布：木里等县。

用途：鲜果可食。

4. 西南草莓

别名：野草莓。

学名：Fragaria moupinensis（Franch.）Card.

物候期：花期 5～6（8）月，果期 6～7 月。

生态习性：生于海拔 1400～4000 m 山坡、草地、林下。

分布：木里、盐边等县。

用途：果实可鲜食。

（六）蛇莓属（Duchesnea J. E. Smith）

蛇莓属和草莓属 Fragaria 极相似，唯其花黄色，副萼片叶状而有齿缺和花托干燥。

蛇莓

别名：蛇泡、三匹风、龙吐珠、三爪龙、野三七、一粒金丹、大莓。

学名：Duchesnea indica（Andrews）Focke.

形态特征：多年生草本；根茎短，粗壮；匍匐茎多数，长 30～100 cm，有柔毛。小叶片倒卵形至菱状长圆形，长 2～3.5 cm，宽 1～3 cm，先端圆钝，边缘有钝锯齿，两面皆有柔毛，或上面无毛，具小叶柄，叶柄长 1～5 cm，有柔毛；托叶狭窄卵形至披针形，长 5～8 mm。花单生于叶腋，直径 1.5～2.5 cm；花梗长 3～6 cm，有柔毛，萼片卵形，长 4～6 mm，先端尖锐，外面有散生柔毛；副萼片倒卵形，长 5～8 mm，先端具 3～5 锯齿，花瓣倒卵形，长 5～10 mm，黄色，先端圆钝；雄蕊 20～30；心皮多数，离生；花托在果期膨大，海绵质，鲜红色，有光泽，直径 10～20 mm，外面有长柔毛。瘦果卵球形，长约 1.3～1.8 cm，光滑或具不明显突起，有时有光泽。

物候期：花期 6～8 月，果期 8～10 月。

生态习性：生于海拔 1500～4300 m 的地坎、沟边、路旁。

分布：攀枝花市及凉山州各县市均有分布。

用途：聚合瘦果，果可食，但据资料具微毒，不宜多食。全草药用，可清热解毒，散结，用于痢疾、肠炎、白喉、颈淋巴结核、水火烫伤、蛇咬伤、疔疮肿毒等。

（七）苹果属（Malus Mill.）

落叶稀半常绿乔木或灌木，通常不具刺；冬芽卵形，外被数枚覆瓦状鳞片。单叶互生，叶片有齿或分裂，在芽中呈席卷状或对折状，有叶柄和托叶。伞形总状花序；花瓣近圆形或倒卵形，白色、浅红至艳红色；雄蕊 15～50，具有黄色花药和白色花丝；花柱 3～5，基部合生，无毛或有毛，子房下位，3～5 室，每室有 2 胚珠。梨果，通常不具石细胞或少数种类有石细胞，萼片宿存或脱落，子房壁软骨质，3～5 室，每室有 1～2 粒种子；种皮褐色或近黑色，子叶平凸。

本属约有 35 种，广泛分布于北温带、亚洲、欧洲和北美洲均产。我国约有 20 余种。攀西地区原产 11 种。为嫁接苹果砧木或观赏用树种。

苹果属分种检索表

1. 叶片不分裂，在芽中呈席卷状；果实内无石细胞。

2. 萼片脱落；花柱 3～5；果实较小，直径多在 1.5 cm 以下。

3. 萼片披针形，比萼筒长。

4. 嫩枝无毛或被短柔毛，细弱；叶片最初有短柔毛，以后多数脱落近于无毛；花白色。

5. 叶柄、叶脉、花梗和萼筒外部均光滑无毛；果实近球形。……………………………………………………… 1. 山荆子

5. 叶柄、叶脉、花梗和萼筒外部常有稀疏柔毛，果实椭圆形或倒卵形。……………………………………………… 2. 毛山荆子

4. 嫩枝和叶片下面常被绒毛或柔毛，叶边有紧贴锯齿，基部圆形或阔楔形，下面密被短柔毛；花白色；果实卵形或近球形，萼洼微隆起，萼片脱落。………………………………………………………………… 3. 丽江山荆子

3. 萼片三角卵形，与萼筒等长或稍短；嫩枝有短柔毛，不久脱落。

6. 叶边有细锐锯齿萼片先端渐尖或急尖；花柱 3，稀为 4；果实椭圆形或近球形。…………………………………………… 4. 湖北海棠

6. 叶边有钝细锯齿，萼片先端圆钝，花柱 4 或 5，果实梨形或倒卵形。………………………………………………………… 5. 垂丝海棠

2. 萼片永存；花柱（4）5；果形较大，直径常在 2 cm 以上。

7. 萼片先端渐尖，比萼筒长；果形较小，果梗细长；叶片下面仅在叶脉具短柔毛或近无毛。………………………………………… 6. 楸子

7. 萼片先端急尖比萼筒短或等长；果梗细长。

8. 叶片基部阔楔形或近圆形；叶柄长 1.5～2 cm；果实黄色，基部梗洼隆起，萼片宿存。 ·· 7. 海棠花

8. 叶片基部渐狭成楔形；叶柄长 2～3.5 cm；果实红色，基部梗洼下陷，萼片宿存或脱落。 ··· 8. 西府海棠

1. 叶片常分裂，稀不分裂，在芽中呈对折状；果实内无石细胞或有少数石细胞。

9. 叶片有 3～6 浅裂片，边缘有尖锐重锯齿；花序近总状。叶片下面密被绒毛；萼筒和花梗外面密被绒毛；花柱 5。 ···························· 9. 滇池海棠

9. 叶片不分裂；花序近伞形。

10. 叶片小，长 4～6 cm，宽 1.5～2.3 cm，先端尾尖。 ······ 10. 木里海棠

10. 叶片大，长 6～15 cm，宽 3.5～7.5 cm，先端渐尖。

11. 叶边锯齿较细，下面无毛或微具短柔毛；果实直径 1～1.5 cm，果梗无毛。 ··· 11. 西蜀海棠

11. 叶边具重锯齿，下面密具绒毛；果实直径 1.5～2 cm，果梗有长柔毛。 ··· 12. 沧江海棠

1. 山荆子

别名：山定子、林荆子。

学名：Malus baccata（Linn.）Borkh.

物候期：花期 4～6 月，果期 9～10 月。

生态习性：根系发达，长势健壮，抗劣能力强，能抗寒、耐旱、耐涝，但不耐碱，在 pH 值 8 以上的土壤中，幼苗易发黄叶病，严重的根部腐烂死亡。最适合生于花岗岩河谷岸边的砂质土壤上。垂直分布于海拔 2200～3200 m。

分布：凉山州的盐源、冕宁、木里等较高海拔地区。

用途：山荆子果实的营养成分高于苹果。其中有机酸的含量超过苹果的 1 倍以上，适用于加工果脯、蜜饯和清凉饮料。也是酿酒和调制纯绿色饮品的最佳原料。植株可作为高寒地区培育抗寒苹果品种的砧木，也可药用：味甘酸、性凉、无毒，能润、生津、利痰、健脾、解酒。

2. 毛山荆子

别名：辽山荆子、东北山荆子。

学名：Malus manshurica（Maxim.）Kom.

物候期：花期 5～6 月，果期 8～9 月。

生态习性：喜生于山坡、谷地、林缘和河沟崖旁杂灌丛中。

分布：凉山州的金阳、甘洛、西昌、布拖、昭觉、美姑等县市。

用途：常栽培作苹果或花红等果树砧木，也可用观赏。

3a. 丽江山荆子

别名：丽江山定子、喜马拉雅山定子。

学名：Malus rockii Rehd.

物候期：花期 4～5 月，果期 9～10 月。

生态习性：具有耐寒、耐旱的特性。生于海拔 2200～3200 m 的山林。

分布：冕宁、昭觉、越西、喜德、盐源、木里等县。

用途：主要是作苹果属果树砧木，可培养耐寒品种。丽江山荆子在凉山州的盐源、木里、冕宁、越西等县广泛用作苹果砧木，嫁接亲和良好，抗涝丰产，但苹果生长后期稍有小脚现象。

3b. 大花丽江山荆子

学名：Malus rockii Rehder. var. grandiflora Q. Luo et T. C. Pan.

形态特征：该类群花大，直径 4～5 cm，花瓣椭圆形，长约（1.7）2～2.9 cm，宽 1～1.8 cm，雄蕊（25）30～40，花梗长（3.7）4～5.2 cm，其特征与丽江山荆子具有明显的区别。

物候期：花期 4～5 月，果期 8 月。

生态习性：分布于海拔 2300 m 的疏林、沟边。

分布：冕宁彝海。

4. 湖北海棠

别名：野海棠、野花红、花红茶、秋子。

学名：Malus hupehensis（Pamp.）Rehd.

物候期：花期 3～5 月，果期 8～9 月。

生态习性：生于海拔 1200～2900 m 的山坡、沟谷、林地。

分布：凉山州昭觉、布拖、美姑、甘洛等县。

用途：分根萌蘖作为苹果砧木，容易繁殖，嫁接成活率高。嫩叶晒干作茶叶代用品，味微苦涩，俗名花红茶。春季满树缀以粉白色花朵，秋季结实累累，甚为美丽，可作观赏树种，西昌邛海湿地公园广为栽培。根、果实药用，具活血、健胃功效，用于食滞、筋骨扭伤。

5. 垂丝海棠

学名：Malus halliana Koehne.

物候期：花期 3～4 月，果期 9～10 月。

生态习性：喜充足阳光、温暖湿润、背风环境，较耐旱，较不耐寒，适生于排水性良好，深厚、肥沃的土壤中。

分布：凉山州西昌、昭觉、布拖、美姑、甘洛等县有分布或观赏栽植。

用途：作苹果砧木用。本种植株花梗长而下垂，花瓣浅玫瑰色，姿态优美，可在庭院栽植或盆栽，供绿化和观赏。花药用：淡、苦，平，具调经活血之功效。

6. 楸子

别名：海棠果。

学名：Malus prunifolia（Willd.）Borkh.

物候期：花期 4~5 月，果期 8~9 月。

生态习性：生于海拔 3000 m 左右的山坡。

分布：凉山州金阳等县。

用途：果实可作果酒、果酱。本种的类型很多，适应性强，抗寒抗旱也能耐湿，是苹果的优良砧木，生长健壮，寿命很长。

7. 海棠花

别名：梨花海棠、海棠。

学名：Malus spectabilis（Ait.）Borkh.

物候期：花期 4~5 月，果期 8~9 月。

生态习性：生于海拔 800~2000 m 的山坡、沟谷、林地。喜充足阳光、背风环境，对寒冷及干旱适应性强，但不耐水涝，适生于疏松、深厚、肥沃的土壤中，沙滩地亦可栽培。

分布：凉山州普格、盐源、昭觉、喜德、越西、布拖、美姑等县。

用途：可作苹果砧木。本种植株树姿峭立，树皮灰褐色；叶椭圆形，表面亮绿；花簇生，重瓣或单瓣，开放初时红色后渐变粉色；果近球形，黄绿色或黄红色。可在庭园、绿地、街道、厂矿、道路旁等处孤植、丛植、行植及群植，供绿化和观赏。

8. 西府海棠

别名：海棠花、海红、小果海棠。

学名：Malus micromalus Makino.

物候期：花期 4~5 月，果期 8~9 月。

生态习性：生于海拔 1800~2400 m 的山坡、沟谷、林地。

分布：凉山州德昌等县。

用途：果味酸，可生食及加工，作苹果砧木。本种春天花色艳丽，秋天果实嫣红，具有较高的观赏价值，可在庭院、草地、假山、门廊边栽植或盆栽，供绿化和观赏。

9. 滇池海棠

别名：云南海棠、云南山楂。

学名：Malus yunnaensis（Franch.）Schneid.

物候期：花期 4~5 月，果期 8~9 月。

生态习性：适应性广，耐寒性强，野生于 1600~3800 m 的山坡杂木林中或

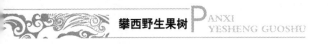
山谷沟边。

分布：攀枝花市及凉山州的冕宁县、盐源、木里在海拔 2400～3200 m 的高寒地区多有野生，昭觉、喜德、美姑、金阳、西昌普格等县市在海拔 2300～2800 m 之间也有分布。

用途：果可食用。对二氧化硫有较强的抗性，叶片秋季变为红色，并结多数红色果实，满布枝头，颇为美丽，故适用于城市街道绿地和厂矿区绿化；又由于分布广，适应强，容易繁殖，很适合作为同属的苹果、花红的砧木。美姑于 1976 年后，采种育苗，嫁接苹果的金冠、红冠等品种，愈合良好，并有矮化早熟的趋势。果具健胃消积、行瘀定痛之功效，可用于饮食停滞、脘腹胀痛、痢疾、泄泻、疝气、产妇儿枕作痛。

10. 木里海棠

学名：Malus muliensis T. C. Ku.

物候期：花期 4～5 月，果期 8～9 月。

生态习性：生于海拔 3200 m 的阔叶林中。

分布：木里县。

用途：作苹果砧木。

11. 西蜀海棠

学名：Malus prattii（Hemsl.）Schneid.

物候期：花期 6 月，果期 8 月。

生态习性：生于海拔 2650 m 左右的山坡、沟谷。

分布：凉山州美姑、金阳等县。

用途：作苹果、花红砧木，是一种很好的观赏树种。

12. 沧江海棠

学名：Malus ombrophila Hand. -Mazz.

物候期：花期 6 月，果期 8 月。

生态习性：生于海拔 2000～3500 m 山谷、沟边、杂木林中。

分布：凉山州盐源、木里、喜德、美姑、雷波、冕宁等县。

用途：为苹果、花红的砧木。

（八）小石积属（Osteomeles Lindl.）

落叶或常绿灌木。奇数羽状复叶，互生；小叶片全缘，对生，近于无柄；叶轴上有窄叶翼；托叶早落。顶生伞房花序，多花；苞片早落；萼筒钟状，具 5 裂片；花瓣 5，白色；雄蕊 15～20；花柱 5，离生，子房下位，5 室，每室具 1 胚珠。梨果，小形，果肉坚硬，萼片宿存，内含 5 骨质小核。

本属约有 5 种，我国产 3 种，攀西产 1 种。

华西小石积

别名：老鸦果、砂糖果。

学名：Osteomeles schwerinae Schneid.

形态特征：落叶或半常绿灌木，高 1~3 m；小枝幼时有白色绒毛，后渐无毛。单数羽状复叶；小叶片 7~15 对，椭圆形、椭圆状矩圆形或倒卵状矩圆形，长 5~10 mm，宽 2~4 mm，先端急尖或突尖，基部阔楔形或近圆形，全缘，两面有稀疏柔毛，下面较密，小叶无柄或近于无柄。伞房花序顶生，有花 3~5 朵；总花梗和花梗均密生灰白色柔毛；花白色，直径约 1 cm；萼筒钟伏，外面有稀疏柔毛或近无毛，裂片卵状披针形；花瓣矩圆形。梨果卵形或近球形，直径 6~8 mm，蓝黑色，萼裂片宿存，小核 5，骨质，表面粗糙。

物候期：花期 4~5 月，果期 7 月。

生态习性：喜干燥向阳环境。喜生于海拔 1000~3200 m 向阳坡地或田埂边。

分布：攀枝花市及凉山州的南部干热河谷地带。

用途：果实可生吃。枝茂叶细，花多果繁，有较高观赏价值，宜作绿篱或岩石园中丛植。根、叶可入药，清热解毒、收敛止泻、祛风除湿。主治疮疡肿毒、咽喉肿痛、疟腮、痢疾、泄泻、肠风下血、阴挺、风湿痹痛，也治外伤出血。

（九）稠李属（padus Mill.）

落叶小乔木或灌木；分枝较多；冬芽卵圆形，具有数枚覆瓦状排列鳞片。叶片在芽中呈对折状，单叶互生，具齿稀全缘；叶柄通常在顶端有 2 个腺体或在叶片基部边缘上具 2 个腺体；托叶早落。花多数，成总状花序，基部有叶或无叶，生于当年生小枝顶端；苞片早落；萼筒钟状，裂片 5，花瓣 5，白色，先端通常啮蚀状，雄蕊 10 至多数；雌蕊 1，周位花，子房上位，心皮 1，具有 2 个胚珠，柱头平。核果卵球形，外面无纵沟，中果皮骨质，成熟时具有 1 个种子，子叶肥厚。

本属 20 余种，主要分布于北温带，中国 14 种。攀西地区产 6 种，其中稠李和灰叶稠李果实可食。

1. 灰叶稠李

别名：灰叶稠梨、上沟樱。

学名：Padus grayana（Maxim.）Schneid.

形态特征：落叶小乔木。叶片卵状长圆形或长圆形，长 4~12 cm，宽 1.8~4 cm，先端长渐尖或尾尖，基部圆形或近心形，边缘有尖锐锯齿或缺刻状锯齿；托叶膜质，线形，早落。总状花序具多花，长 8~10 cm，基部有 2~4（5）叶，叶片与枝生叶同形，通常较小；花梗长 2~4 mm，总花梗和花梗通常无毛；花直径不到 1 cm；萼筒钟状，比萼片长近 2 倍；萼片长三角状卵形，先端急尖，边缘有细齿；萼筒和萼片外面无毛，内面有疏柔毛；花瓣白色，长圆倒卵形，先端

2/3 部分啮蚀状，基部楔形，有短爪；雄蕊 20～32，花丝长短不等，排成紧密不规则 2 轮，长花丝比花瓣稍长，花盘圆盘状；雌蕊 1，心皮无毛，柱头盘状，花柱长，通常伸出雄蕊和花瓣之外，有时与雄蕊近等长。核果卵球形，顶端短尖，直径 6～7 mm，黑褐色，光滑；果梗长 6～9 mm，无毛；萼片脱落。

物候期：花期 4～5 月，果期 9～10 月。

生态习性：喜光也耐阴，抗寒力较强，怕积水涝洼，不耐干旱瘠薄，在湿润肥沃的砂质壤土上生长良好，萌蘖力强，病虫害少。生于海拔 1000～3000 m 的沟谷、山坡、杂灌木林地。

分布：攀枝花市及凉山州宁南、德昌、普格、喜德、冕宁、越西、布拖、美姑等县。

用途：果实食用，可盐腌。根可作染料；木质坚硬、红色，供制家具和细木工用。

2. 稠李

别名：臭耳子、臭李子。

学名：Padus racemosa（Lam.）Gilib.

形态特征：落叶乔木，高可达 15 m。叶片椭圆形、长圆形或长圆倒卵形，长 4～10 cm，宽 2～4.5 cm，先端尾尖，基部圆形或阔楔形，边缘有不规则锐锯齿，顶端两侧各具 1 腺体；托叶膜质，线形，早落。总状花序具有多花，长 7～10 cm，基部通常有 2～3 叶，叶片与枝生叶同形，通常较小；花梗长 1～1.5 (2.4) cm，总花梗和花梗通常无毛；花直径 1～1.6 cm；萼筒钟状，比萼片稍长；萼片三角状卵形，先端急尖或圆钝，边有带腺细锯齿；花瓣白色，长圆形，先端波状，基部楔形，有短爪，比雄蕊长近 1 倍；雄蕊多数，花丝长短不等，排成紧密不规则 2 轮；雌蕊 1，心皮无毛，柱头盘状，花柱比长雄蕊短近 1 倍。核果卵球形，顶端有尖头，直径 8～10 mm，红褐色至黑色，光滑，果梗无毛；萼片脱落。

物候期：花期 4～5 月，果期 5～10 月。

生态习性：生于海拔 880～2500 m 的灌木丛、林下、溪边。

分布：凉山州越西等县。

用途：果实味甜，肉多、汁多，可食或做汁液饮料；嫁接同属的李、杏等栽培品。种极易成活，并且有连年开盛花、果实丰产的特点。植株可在庭园种植，供绿化和观赏。叶供药用，具有镇咳功效。

（十）石楠属（Photinia Lindl.）

落叶或常绿乔木或灌木；冬芽小，具覆瓦状鳞片。叶互生，革质或纸质，多数有锯齿，稀全缘，有托叶。花两性，多数，成顶生伞形、伞房或复伞房花序，稀成聚伞花序；萼筒杯状、钟状或筒状，有短萼片 5；花瓣 5，开展，在芽中成覆瓦状或卷旋状排列；雄蕊 20，稀较多或较少；心皮 2，稀 3~5，花柱离生或基部合生，子房半下位，2~5 室，每室 2 胚珠。果实为 2~5 室小梨果，微肉质，成熟时不裂开，先端或三分之一部分与萼筒分离，有宿存萼片，每室有 1~2 种子；种子直立，子叶平凸。

全世界约有 60 余种，分布在亚洲东部及南部，我国约产 40 余种。攀西地区产 10 种，其中石楠果实可酿酒。

石楠

别名：野枇杷、凿木。

学名：Photinia serrulata Lindl.

形态特征：常绿灌木或小乔木，高 4~10 m；枝褐灰色，无毛；冬芽卵形，鳞片褐色，无毛。叶片革质，长椭圆形、长倒卵形或倒卵状椭圆形，长 9~18 cm，宽 3~6 cm，先端尾尖，基部圆形或阔楔形，边缘有疏生具腺细锯齿，近基部全缘，上面光亮，幼时中脉有绒毛，成熟后两面皆无毛，中脉显著；叶柄粗壮，长 2~4 cm，幼时有绒毛，以后无毛。复伞房花序顶生，直径 10~16 cm；总花梗和花梗无毛，花梗长 3~5 mm；花密生，直径 6~8 mm；萼筒杯状，长约 1 mm，无毛；萼片阔三角形，长约 1 mm，先端急尖，无毛；花瓣白色，近圆形，直径 3~4 mm，内外两面皆无毛；雄蕊 20，外轮较花瓣长，内轮较花瓣短，花药带紫色；花柱 2，有时为 3，基部合生，柱头头状，子房顶端有柔毛。果实球形，直径 5~6 mm，红色，后成褐紫色，有 1 粒种子；种子卵形，长 2 mm，棕色，平滑。

物候期：花期 4~5 月，果期 10 月。

生态习性：喜温暖湿润的气候，抗寒力不强，能耐 −15℃低温，喜光也耐阴，对土壤要求不严，以肥沃湿润的砂质土壤最为适宜，干旱和贫瘠的地方也能生长，但忌水淹；萌芽力强，对烟尘和有毒气体有一定的抗性。生于海拔 1500~2450 m山坡、沟谷的常绿阔叶林中。

分布：攀枝花及凉山州冕宁、德昌、西昌等县市。

用途：果可酿酒。苗木作枇杷的砧木，能增强树势、延长寿命和耐瘠薄。树形优美，园林绿化树种。木材红褐色，坚韧致密，用于工具柄、算盘球等。叶和根入药，能祛风止痛，主治头风头痛、风湿筋骨疼痛等。叶可制农药，治棉蚜虫。根可提制栲胶。

（十一）扁核木属（Prinsepia Royle）

落叶直立或攀援灌木，有枝刺。单叶互生或簇生，有短柄；叶片全缘或有细齿；托叶小形，早落。花两性，排成总状花序或簇生和单生，生于叶腋或侧枝顶端；萼筒宿存，杯状，具有圆形不相等的 5 个裂片，在芽中覆瓦状排列；花瓣 5，白色或黄色，近圆形，有短爪，着生在萼筒的喉部；雄蕊 10 或多数，分数轮，着生在萼筒口部花盘边缘，花丝较短，药囊分开，常不相等；心皮 1，无柄，花柱近顶生或侧生，柱头头状，胚珠 2，并生，下垂。核果椭圆形或圆筒形，肉质；核革质，平滑或稍有纹饰；种子 1 个，直立，长圆筒形，种皮膜质；子叶平凹，含有油质。

本属有 5 种，分布于喜马拉雅山区、不丹、锡金。我国有 4 种。攀西地区产 2 种。

扁核木属分种检索表

1. 花多数排成总状花序，稀单生；雄蕊多数，排成数轮；枝刺上有叶，稀无叶；核果长圆形或倒卵长圆形，被白粉。……………………… 1. 扁核木

1. 簇生或单生；雄蕊 10，成 2 轮排列；枝刺上无叶；核果球形。………
……………………………………………………………… 2. 蕤核

1. 扁核木

别名：青刺尖、青刺果、总花扁核木。

学名：Prinsepia utilis Royle.

物候期：花期 4～5 月，果期 8～9 月。

生态习性：具有耐旱、耐寒和耐阴特性，喜生于海拔 1500～2900 m 的山坡、荒地、沟谷等酸性土壤上，疏林、灌丛中也能生长。

分布：攀枝花市及凉山州各县市。

用途：果食用或作饮料；种子富含油脂，一般出油率 37.5%～49.2%，油呈暗棕黄色，澄清透明，凝固后白色如猪油。油可供食用、制皂、点灯用。嫩尖可当蔬菜食用，俗名青刺尖。茎、叶、果、根均可入药，用于治疗痈疽毒疮、风火牙痛、蛇咬伤、骨折、枪伤等。

2. 蕤核

别名：蕤李子、扁核木、单花扁核木。

学名：Prinsepia uniflora Batal.

物候期：花期 4～5 月，果期 8～9 月。

生态习性：性耐干旱，生于海拔 1300 m 左右的山坡阳处或山脚下。

分布：凉山州冕宁县。

用途：果实可酿酒、制醋或食用；植株可在庭园种植，供绿化和观赏。果供药用，可治关节炎；种子可入药。种仁（蕤仁）：甘，微寒，养肝明目，疏风散热，用于目赤肿痛、睑缘赤烂、目暗羞明。

（十二）桃属（Amygdalus L.）

落叶乔木或灌木；枝无刺或有刺。腋芽常 3 个或 2～3 个并生，两侧为花芽，中间是叶芽。幼叶在芽中呈对折状，后于花开放，稀与花同时开放，叶柄或叶边

常具腺体。花单生，稀2朵生于1芽内，粉红色，罕白色，几无梗或具短梗，稀有较长梗；雄蕊多数；雌蕊1枚，子房常具柔毛，1室具2胚珠。果实为核果，外被毛，极稀无毛，成熟时果肉多汁不开裂，或干燥开裂，腹部有明显的缝合线，果较大；核扁圆、圆形至椭圆形，与果肉粘连或分离，表面具深浅不同的纵、横沟纹和孔穴，极稀平滑；种皮厚，种仁味苦或甜。

桃属全世界有40多种，分布于亚洲中部至地中海地区，栽培品种广泛分布于寒温带、暖温带至亚热带地区。我国有12种，主要产于西部和西北部，栽培品种全国各地均有。攀西地区产2种。

桃属分种检索表

1. 核球形或近球形，两侧不压扁，有深沟纹和孔穴；叶片基部楔形，边缘具细锐锯齿。 ··· 1. 山桃

1. 核扁卵圆形，两侧稍压扁，表面光滑，仅具浅沟纹，无孔穴。 ············· ·· 2. 光核桃

1. 山桃

别名：野桃。

学名：Amygdalus davidiana（Carr.）C. de Vos.

物候期：花期3~4月，果期7~8月。

生态习性：山桃属阳性树种，耐寒、耐盐碱、抗干旱、忌涝。适宜在光照好、通风和排水良好的地方种植，对土壤适应性强，在中性至微碱性的砂质壤土上生长良好。生于海拔1500~1800 m向阳山坡、灌丛。

分布：凉山州金阳、冕宁等县。

用途：果可生食，也可制罐头、桃干、果酱、桃脯和果酒等。为嫁接扁挑和桃树的优良砧木。种仁可榨油制肥皂、润滑油等，也可供药用，能破血行瘀、润燥滑肠，主治跌打损伤、闭经、血瘀疼痛、高血压、慢性阑尾炎、大便燥结。山桃花期早，花时美丽可观，并有曲枝、白花、柱形等变异类型。

2. 光核桃

学名：Amygdalus mira（Koehne）Yu et Lu，comb.

物候期：花期3~4月，果期7~8月。

生态习性：生于海拔2500~2600 m山坡杂木林中或山谷沟边。

分布：木里等县。

用途：果实含糖量高，可供食用。此种也较耐寒，为培育抗寒桃的良好原始材料。

（十三）樱属（Cerasus Mill.）

落叶乔木或灌木；腋芽单生或三个并生，中间为叶芽，两侧为花芽。幼叶在

芽中为对折状，后于花开放或与花同时开放；叶有叶柄和脱落的托叶，叶边有锯齿或缺刻状锯齿，叶柄、托叶和锯齿常有腺体。花常数朵着生在伞形、伞房状或短总状花序上，或1～2花生于叶腋内，常有花梗，花序基部有芽鳞宿存或有明显苞片；萼筒钟状或管状，萼片反折或直立开张；花瓣白色或粉红色，先端圆钝、微缺或深裂；雄蕊15～50；雌蕊1枚，花柱和子房有毛或无毛。核果成熟时肉质多汁，不开裂；核球形或卵球形，核面平滑或稍有皱纹。

樱属有百余种，分布北半球温和地带，亚洲、欧洲至北美洲均有记录，主要种类分布在我国西部和西南部以及日本和朝鲜。攀西地区原生16种。该属大多果实肉质多浆，酸甜可口。植株可作为嫁接樱桃的砧木。

樱属分种检索表

1. 腋芽三个并生，中间为叶芽，两侧为花芽；叶片卵状椭圆形或倒卵状椭圆形，先端急尖或渐尖，长2～7 cm，上面被疏柔毛，下面密被绒毛，后渐稀疏。··· 1. 毛樱桃

  1. 腋芽单生；花序多伞形或伞房总状，稀单生；叶柄一般较长。

  2. 萼片反折。

  3. 花序上有大形绿色苞片，果期宿存，或伞形花序基部有叶。

  4. 花序伞房总状有总梗。

  5. 萼筒管状或管形钟状，基部常膨大，萼片长为萼筒1/3～1/4，苞片及叶边锯齿有棒状腺体。································ 2. 长腺樱桃

  5. 萼筒钟状或倒圆锥状，基部不膨大；萼片与萼筒近等长或稍短。

  6. 苞片及叶边锯齿有盘状或平头状腺体，叶片下面无毛或被疏柔毛，萼筒外面无毛或被疏柔毛，雄蕊40～47。·············· 3. 四川樱桃

  6. 苞片及叶边不具盘状腺体，雄蕊27～36。

  7. 叶边有重锯齿；苞片常较大，长（4）5～20 mm。叶边苞片和萼片锯齿有圆锥形腺体。····································· 4. 锥腺樱桃

  7. 叶边锯齿较浅而钝；苞片较小2～4（8）mm；叶边及苞片有小圆锥状腺体；叶片下面无毛；果红色后转黑色，核有显著棱纹。············· 5. 雕核樱桃

  4. 花序伞形，有总梗稀无总梗。

  8. 萼筒无毛，小枝叶柄及叶下面沿脉被疏柔毛或完全无毛。·············
··· 6. 微毛樱桃

  8. 萼筒外面密被柔毛，小枝叶柄及叶下面密被开展长柔毛。·············
··· 7. 多毛樱桃

  3. 花序上苞片大多为褐色，稀绿褐色，通常果期脱落，稀小形宿存。

  9. 花瓣顶端二裂或微凹；花序近伞形，有花3～5朵，总梗短或无，先叶开放；花柱基部有柔毛。······································· 8. 西南樱桃

9. 花瓣顶端圆形。

10. 花序伞房总状，有总梗，有花 3~7 朵，花梗长 4~8 mm。…………
………………………………………………………………… 9. 蒙自樱桃

10. 花序伞房总状，无总梗或有短总梗，有花 3~5 朵，花梗长 5~10 mm。
………………………………………………………………… 10. 细花樱桃

2. 萼片直立或开张。

11. 叶边多为圆钝缺刻状重锯齿或呈浅裂片，稀尖锐重锯齿。

12. 花梗及萼筒被毛；萼筒管状，外被锈色柔毛；花柱无毛。…………
………………………………………………………………… 11. 尖尾樱桃

12. 花梗及萼筒无毛或有稀疏柔毛，萼筒钟状，花柱基部有毛。…………
………………………………………………………………… 12. 川西樱桃

11. 叶边多为尖锐重锯齿，稀单锯齿。

13. 叶边尖锐锯齿呈芒状；花序近伞形或伞房总状，有花 2~3 朵，花叶同开；萼筒钟状，萼片全缘；花柱无毛；果黑色。………………… 13. 山樱花

13. 叶边有尖锐锯齿但不为芒状。

14. 萼筒钟状。花序近伞形，有花 2~5 朵，花瓣白色至粉红色，花叶同开；叶边有重或单锯齿；果紫黑色，熟时果柄顶端常膨大。………… 14. 高盆樱桃

14. 萼筒管形钟状。

15. 花序伞形有花 2~4（5）朵，先叶开放。幼枝光滑无毛，叶片倒卵形至倒卵状长圆形，下面脉上有毛，不久脱落无毛；果红色，核光滑。…………
………………………………………………………………… 15. 华中樱桃

15. 花单生或 1~2 朵，花叶同开。幼枝被细短柔毛；叶片披针形至卵状披针形；叶片下面无毛或脉腋被疏柔毛；果紫红色，核有显著棱纹。…………
………………………………………………………………… 16. 细齿樱桃

1. 毛樱桃

别名：山樱桃。

学名：Cerasus tomentosa（Thunb.）Wall.

物候期：花期 4~5 月，果期 6~9 月。

生态习性：性喜光，也很耐阴、耐寒、耐旱，也耐高温，适应性极强，寿命较长。生于海拔 2800~3300 m 杂灌丛中。

分布：凉山州布拖、木里等县。

用途：毛樱桃果实成熟早，果形小，状似珍珠，色泽艳丽，味鲜美，营养价值高，主要用于鲜食，也可制果干、果汁、果脯和罐头。毛樱桃也可作桃李矮化栽培的砧木。

2. 长腺樱桃

学名：Cerasus claviculata Yu et L.

物候期：花期 6～7 月，果期 8～9 月。

形态特征：生于海拔 2400～2700 m 山谷阴处或山坡密林中。

分布：木里等县。

用途：果可食，植株作嫁接樱桃的砧木。

3. 四川樱桃

别名：盘腺樱桃。

学名：Cerasus szechuanica（Batal.）Yu et Li.

物候期：花期 4～6 月，果期 6～8 月。

生态习性：生于海拔 1500～2600 m 的灌木丛、林下、溪边。

分布：凉山州甘洛等县。

用途：果可食，也可供药用，具有益肾、清血热功效，可治声哑、咽喉肿痛。种子供药用，清热，益肾，调经活血，具有透疹功效。可治渗出不透、麻疹。植株可在庭园种植，供绿化和观赏。

4. 锥腺樱桃

别名：锥腺樱。

学名：Cerasus conadenia（Koehne）Yu et Li.

物候期：花期 5 月，果期 7 月。

生态习性：生于海拔 2100～3600 m 的灌木丛、林下、溪边。

分布：凉山州宁南等县。

用途：果可食，植株可在庭园种植，供绿化和观赏，也可作嫁接樱桃的砧木。

5. 雕核樱桃

学名：Cerasus pleiocerasus（Koehne）Yu et Li.

物候期：花期 6～7 月，果期 8～9 月。

生态习性：生于海拔 2700～3200 m 山坡林中。

分布：木里等县。

用途：植株作嫁接樱桃砧木用。

6. 微毛樱桃

别名：西南樱桃。

学名：Cerasus clarofolia（Schneid.）Yu et Li.

物候期：花期 4～6 月，果期 6～7 月。

生态习性：生于海拔 2100～3600 m 山坡林中或灌丛中。

分布：木里、盐边等县。

樱桃：植株作嫁接樱桃砧木用。

7. 多毛樱桃

学名：Cerasus polytricha（Koehne）Yu et Li.

物候期：花期4~5月，果期6~7月。

生态习性：生于海拔1100~2100 m山坡林中或溪边林缘。

分布：雷波等县。

用途：作砧木。木材较细致，可用于作各种镟木及把柄材。

8. 西南樱桃

别名：山樱桃、微毛野樱桃、微毛樱桃。

学名：Cerasus duclouxii（Koehne）Yu et Li.

物候期：花期3~4月，果期5~6月。

生态习性：适合于温暖湿润的气候和石灰岩发育而成的黄壤和山地黄棕壤，常与青冈、山茶、杜鹃等植物伴生。生于海拔1700~2200 m山地、沟谷黄壤和黄棕壤上。

分布：攀枝花市及凉山州甘洛、冕宁、布拖、美姑、西昌、会理、德昌等县市。

用途：果实甜酸，可生食，也可作果汁、果酱、酿酒等。植株可作嫁接樱桃砧木。种子可以榨油。木材蒸煮处理后颜色呈粉红色，木质较好，纹理细密，多制成山纹产品，适用于室内装饰装修及家具的制作。

9. 蒙自樱桃

学名：Cerasus henryi（Schneid.）Yu et Li.

物候期：花期3月。

生态习性：生于海拔2200~2800 m山坡林中河谷、杂林，较稀少。

分布：木里等县。

用途：作砧木用。

10. 细花樱桃

别名：细花樱。

学名：Cerasus pusilliflora（Card.）Yu et Li.

物候期：花期2~3月，果期4~5月。

生态习性：生于海拔2000~2800 m山谷或山地林中。

分布：凉山州木里等县。

樱桃：作砧木用。

11. 尖尾樱桃

学名：Cerasus caudata（Franch.）Yu et Li.

物候期：花期5月，果期7月。

生态习性：生于海拔 2900~3200 m 山坡林下、林缘。

分布：冕宁、木里等县。

用途：作砧木。

12. 川西樱桃

学名：Cerasus trichostoma（Koehne）Yu et L.

物候期：花期 3~4 月，果期 5~7 月。

生态习性：生于海拔 2400~3100 m 山坡、沟谷林中或草坡。在我国四川西部生长普遍。

分布：盐源、冕宁等县。

用途：果实肉汁丰富可食。

13. 山樱花

别名：樱花。

学名：Cerasus serrulata（Lindl.）G. Don.

物候期：花期 4~5 月，果期 6~7 月。

生态习性：性喜光，亦喜阴湿，根系较浅，对风及烟抗性较差。生于海拔 2500~2900 m 的疏林杂灌木丛中。

分布：凉山州越西县有野生，攀枝花及凉山州各县市有栽培。

用途：果实可食。花朵美丽，庭院种植，供绿化和观赏。

14. 高盆樱桃

别名：箐樱桃、云南欧李。

学名：Cerasus cerasoides（D. Don）Sok.

物候期：花期 10~12 月。

生态习性：生于海拔 2600~2800 m 的灌丛、林下、溪边。

分布：凉山州金阳等县。

用途：果食用，云南个别地区作郁李仁代用品。

15. 华中樱桃

学名：Cerasus conradinae（Koehne）Yu et Li.

物候期：花期 3 月，果期 4~5 月。

生态习性：生于海拔 500~2100 m 沟边、林中。

分布：米易等县。

樱桃：果可食，植株作砧木。

16. 细齿樱桃

学名：Cerasus serrula（Franch.）Yu et Li.

生态习性：生于海拔 2600~3500 m 山坡、山谷林中、林缘或草地。

分布：木里、盐源等县。

用途：作砧木嫁接樱桃用。植物的果实、果皮或根入药，可作解表药、补肾药、活血药。

（十四）杏属（Armeniaca Mill.）

落叶乔木，极稀灌木；枝无刺，极少有刺；叶芽和花芽并生，2～3个簇生于叶腋。幼叶在芽中席卷状；叶柄常具腺体。花常单生，稀2朵，先于叶开放，近无梗或有短梗；萼5裂；花瓣5，着生于花萼口部；雄蕊15～45；心皮1，花柱顶生；子房具毛1室，具2胚珠。果实为核果，两侧多少扁平，有明显纵沟，果肉肉质而有汁液，成熟时不开裂，稀干燥而开裂，外被短柔毛，稀无毛，离核或黏核；核两侧扁平，表面光滑、粗糙或呈网状，罕具蜂窝状孔穴；种仁味苦或甜；子叶扁平。

本属约8种，分布于东亚、中亚、小亚细亚和高加索，我国有7种，攀西地区产2种1变种。杏属果实富含营养和维生素，除供生食和浸渍用外，还适宜加工制作杏干、杏脯、杏酱等。种仁（杏仁）含脂肪和蛋白质，可供食用及作医药和轻工业的原料。

杏属分种检索表

1. 一年生枝绿色；叶边具小锐锯齿，幼时两面具短柔毛，老时仅下面脉腋间有短柔毛；果实黄色或绿白色，具短梗或几无梗；核具蜂窝状孔穴。

  2. 叶片纸质；果实近球形；核椭圆形，基部渐狭成楔形。…………1a. 梅

  2. 叶片较厚，近革质；果实卵球形；核近球形，基部钝而成圆形。………
………………………………………………………… 1b. 厚叶梅

1. 一年生枝灰褐色至红褐色。叶片卵形或椭圆状卵形，下面被短柔毛；果梗长4～7 mm；核卵状椭圆形或椭圆形，表面具皱纹。 ……………… 2. 藏杏

1a. 梅

别名：春梅、干枝梅、酸梅、乌梅。

学名：Armeniaca mume Sieb.

物候期：花期2～3月，果期7～8月。

生态习性：多生于海拔1600～2600 m的山林及小金河的河谷地带。

分布：木里、冕宁等县。现冕宁大桥及泸宁等地有人工栽培。

用途：果实香气浓郁，果味酸，可生食，或干制、盐渍食用。本地有人少量加工成酸梅干或酸梅汁食用。梅干入药，花供观赏。可作栽培品种基因材料。

1b. 厚叶梅

别名：酸梅野梅。

学名：Armeniaca mume Sieb. var. palleseens（Franch.）Yu et Lu.

形态特征：与原变种的区别——叶片较厚，近革质，卵形或卵状椭圆形；果

实卵球形；核近球形，基部钝而成圆形。

物候期：花期 3~4 季，果期 7~8 月。

生态习性：喜温暖湿润，耐寒，耐旱，怕浓荫、不通风和水涝。

分布：德昌茨达，海拔 1600~2000 m。

用途：果实富含维生素，除供生食和浸渍用外，当地人主要用于泡酒。有止咳、止泻、生津、止渴之效。

2. 藏杏

别名：毛叶杏。

学名：Armeniaca holosericea（Batalin）Kostina.

物候期：果期 6~7 月。

生态习性：生于海拔 1400~3200 m 的河边旱地灌木丛中；非常适应攀西当地环境，抗寒能力强，对栽培管理技术要求不严。

分布：凉山州木里县。

用途：该种可作嫁接杏的砧木。毛叶杏具有较高的经济价值，可在干旱河谷流域大量栽植，是改造、开发和利用干热河谷的优良经济树种。

（十五）火棘属（Pyracantha Roem.）

常绿灌木或小乔木，常具枝刺；芽细小，被短柔毛。单叶互生，具短叶柄，边缘有圆钝锯齿、细锯齿或全缘；托叶细小，早落。花白色，成复伞房花序；萼筒短，萼片 5；花瓣 5，近圆形，开展；雄蕊 15~20，花药黄色；心皮 5，在腹面离生，在背面约 1/2 与萼筒相连，每心皮具 2 胚珠，子房半下位。梨果小，球形、扁球形，顶端萼片宿存，内含小核 5 粒。

本属共 10 种，产亚洲东部至欧洲南部。中国有 7 种。攀西地区产 4 种。本属植物果实磨粉可以代粮食用，嫩叶可作茶叶代用品；植株常绿多刺灌木，枝叶茂盛，结果累累，适宜作绿篱栽培，很美观；茎皮根皮含鞣质，可提栲胶。

火棘属分种检索表

1. 叶片下面与花萼外面密被绒毛，叶边全缘或近全缘。 …… 1. 窄叶火棘

1. 叶片下面无毛或有短柔毛。

2. 叶片长圆形至倒披针形，稀卵状披针形，先端常急尖或有尖刺，边缘有细圆锯齿。…………………………………………………… 2. 细圆锯齿火棘

2. 叶片通常倒卵形至倒卵状长圆形，先端圆钝或微凹。

3. 叶边有圆钝锯齿，中部以上最宽，下面绿色。 ………… 3. 火棘

3. 叶边通常全缘，有时带细锯齿，中部或近中部最宽，下面带白霜。……
…………………………………………………………………… 4. 全缘火棘

1. 窄叶火棘

别名：狭叶火棘、救兵粮、火把果。

学名：Pyracantha angustifolia（franch.）Schneid.

物候期：花期 5～6 月，果期 10 月～次年 2 月。

生态习性：生于海拔 1100～3700 m 向阳的山坡地。耐旱能力强，在干旱禾草地和路边灌丛中均能生长。

分布：攀枝花市及凉山州各县市均有生产，是几种火棘中数量最多、分布最广的种类。

用途：果实磨粉可作代食品或作饲料。火棘枝叶茂盛，初夏白花繁密，入秋红果累累，具有较高的观赏价值。枝条有刺可作绿篱，在攀枝花及凉山州各县市应用极为广泛。果入药可消积止痢、活血止血，用于消化不良、肠炎、痢疾、小儿疳积、崩漏、白带、产后腹痛。根：清热凉血，用于虚痨骨蒸潮热、肝炎、跌打损伤、筋骨疼痛、腰痛、崩漏、白带、月经不调、吐血、便血。

2. 细圆齿火棘

别名：红子、火把果。

学名：Pyracantha crenulata（D. Don.）Roem.

物候期：花期 3～5 月，果期 9～12 月。

生态习性：喜生于山坡、地埂、路边、沟谷、草地以及灌丛或疏林中。

分布：凉山州的冕宁、会东和美姑等县有生长。喜生于海拔 1000～2400 m 的山坡、地埂、山谷等。

用途：用途如窄叶火棘。

3. 火棘

别名：救军粮、火把果、磨子果、水茶子、红子根、红子。

学名：Pyracantha fortuneana（Maxim.）Li.

物候期：花期 3～5 月，果期 8～11 月。

生态习性：适生于山地、丘陵阳坡灌丛、草地以及沟边、河边、路旁。

分布：攀枝花市及凉山州各县市。

用途：同窄叶火棘。

4. 全缘火棘

别名：救军粮、木瓜刺。

学名：Pyracantha atalantioides（Hance）Stapf.

物候期：花期 4～5 月，果期 10～12 月。

生态习性：火棘适应性强，性喜温暖和阳光充足的环境；喜疏松、肥沃的土壤，在干旱的荒坡也能生长。

分布：凉山州、攀枝花市各县市均有分布，海拔 1400～2800 m。

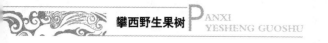

用途：同火棘。

（十六）梨属（Pyrus L.）

落叶乔木或灌木，稀半常绿乔木，有时具刺。单叶互生，有锯齿或全缘，稀分裂，在芽中呈席卷状，有叶柄与托叶。花先于叶开放或同时开放，伞形总状花序；萼片5，反折或开展；花瓣5，具爪，白色稀粉红色；雄蕊15～30，花药通常深红色或紫色；花柱2～5，离生，子房2～5室，每室有2胚珠。梨果，果肉多汁，富石细胞，子房壁软骨质；种子黑色或黑褐色，种皮软骨质，子叶平凸。

本属约有25种，分布亚洲、欧洲至北非，中国有14种。攀西地区原产6种1变种。

梨属分种检索表

1. 果实上有萼片宿存；花柱3～5。

2. 叶边有细锐锯齿；果实近球形或倒卵形，褐色，3～4室，果梗先端不肥厚，长3～4 cm。 …………………………………………………………… 1. 麻梨

2. 叶边有圆钝锯齿。

3. 果实黄绿色，扁球形；叶片宽卵形或近圆形；叶柄较粗，长2～3 cm。 ………………………………………………………………………… 2. 杏叶梨

3. 果实褐色。叶片卵形至长卵形，叶柄较细，长2.5～5 cm。…… 3. 木梨

1. 果实上萼片多数脱落或少数部分宿存，花柱2～5。

4. 叶边具有带刺芒的尖锐锯齿，花柱4～5。 ………………… 4. 沙梨

4. 叶边有不带刺芒的尖锐锯齿或圆钝锯齿，花柱2～4（5），果实褐色。

5. 叶边有尖锐锯齿；果实近球形，2～3室，直径0.5～1 cm；幼枝、花序和叶片下面均被绒毛。 ……………………………………………… 5. 杜梨

5. 叶边有圆钝锯齿。叶片、花序最初有毛，不久脱落。 ……… 6. 川梨

1. 麻梨

别名：麻棠梨、麻梨子、黄皮梨。

学名：Pyrus serrulata Rehd.

物候期：花期4月，果期6～8月。

生态习性：适生于海拔600～1600 m温暖湿润地区的平坝、浅山，对土壤要求不严。

分布：凉山州各县市。

用途：果实可生食，也可酿酒、制醋及做梨膏、梨脯和罐头等。可作嫁接栽培梨的砧木，用于培育抗寒、抗旱、抗病虫的新品种。庭院种植可供观赏；木材坚硬细致，结构细密，适于作雕刻、车工制品和工艺品。

2. 杏叶梨

别名：野梨。

学名：Pyrus armeniacaefolia Yu.

物候期：花期 4~5 月，果期 8~9 月。

生态习性：生于海拔 1800 m 的田边。

分布：凉山州木里等县。

用途：果园常栽培，作砧木用。

3. 木梨

别名：酸梨、野梨、棠梨。

学名：Pyrus xerophila Yu.

物候期：花期 4 月，果期 8~9 月。

生态习性：生于海拔 620~1700 m 的山坡、灌丛中。

分布：凉山州雷波等县。

用途：果可食。作栽培梨的砧木，深根抗旱，寿命很长，抗病力强。

4. 沙梨

别名：麻安梨。

学名：Pyrus pyrifolia Pyrus pyrifolia（Burm. f.）Nakai.

物候期：花期 4 月，果期 8 月。

生态习性：生于海拔 800~1600 m 的荒坡、采伐迹地和火烧迹地。

分布：凉山州美姑、昭觉、宁南、会东、西昌、德昌、甘洛等县。

用途：作梨的嫁接砧木。植株可在庭园种植，供绿化和观赏。根皮、树皮、果实供药用，根皮、树皮具有清热、止痢功效，果实具有润肺止咳、消食积、化淤滞功效。

5. 杜梨

别名：野梨子、棠梨。

学名：Pyrus betulaefolia Bge.

物候期：花期 4 月，果期 8~9 月。

生态习性：适生性强，喜光，耐寒、耐旱、耐涝、耐瘠薄，在中性土及盐碱土中均能正常生长。

分布：凉山州各县市均有分布，生于海拔 1600~2700 m 的杂灌丛中。

用途：果味甜，可生食或制果酱等。果实营养丰富，含糖量 19.62%，水 50.93%。叶含绿原酸、异绿原酸、新绿原酸和槲皮素衍生物，又含多量蛋白质。本种抗干旱、耐寒凉，通常作各种栽培梨的砧木，结果期早，寿命很长。木材致密可作各种器物。树皮含鞣质，可提制栲胶并入药。中药果实：治咳嗽、泻痢。枝叶：治霍乱吐泻不止、转筋腹痛、反胃吐食。

6a. 川梨

别名：棠梨、棠刺梨。

学名：Pyrus pashia Buch. -Ham. ex D. Don.

生态习性：耐旱耐贫瘠，荒坡、采伐火烧迹地；云南松林区多有生长，常分布于路边、沟边和山地田埂上。在海拔1100~2500 m区间较多，3500 m（木里）以下也有分布。

分布：凉山州各县市。

用途：果可鲜食。为攀西地区一般栽培梨的砧木，亲和性良好，生长迅速；木材结构细密，可作雕刻、工艺品和家具等的良好用材。

6b. 川梨钝叶变种

别名：棠梨。

学名：Pyrus pashia D. Don var. obtusata Card.

形态特征：与原变种区别在于叶片先端圆钝，稀急尖或渐尖，嫩枝和花序常被绒毛。

生态习性：生于海拔850~2300 m的荒坡、采伐迹地和火烧迹地。

分布：攀枝花市米易、盐边及凉山州会理、德昌、木里、昭觉、越西等各县。

用途：植株可在庭园种植，供绿化和观赏。可作嫁接栽培梨的砧木，用于培育抗寒、抗旱、抗病的新品种。木材坚硬细致、结构细密，具有多种用途，可作为雕刻、工艺品和家具等的良好用材。

（十七）李属（Prunus L.）

落叶小乔木或灌木；分枝较多；顶芽常缺，腋芽单生，卵圆形，有数枚覆瓦状排列鳞片。单叶互生，幼叶在芽中为席卷状或对折状；有叶柄，在叶片基部边缘或叶柄顶端常有2小腺体；托叶早落。花单生或2~3朵簇生，具短梗，先叶开放或与叶同时开放；有小苞片，早落；萼片和花瓣均为覆瓦状排列；雄蕊多数（20~30）；雌蕊1，周位花，子房上位，心皮无毛，1室具2个胚珠。核果，具有1个成熟种子，外面有沟，无毛，常被蜡粉；核两侧扁平，平滑，稀有沟或皱纹；子叶肥厚。

本属约有30余种，主要分布北半球温带，现已广泛栽培，我国原产及习见栽培者有7种，栽培品种很多。攀西地区产原生种1种。

李

别名：山李子

学名：Prunus salicina Lindl.

形态特征：落叶灌木至小乔木，株高2~7 m，嫩枝被柔毛，后渐无毛；冬芽卵形，先端急尖，有数个鳞片，鳞片覆瓦状排列，先端渐尖或急尖，无毛。叶片长椭圆形或椭圆状披针形，长 2~10 cm，宽 0.4~4 cm，先端渐尖，基部狭楔形，稀楔形，边缘具圆钝锯齿，上面深绿色，中脉上具疏柔毛或近无毛，中脉下陷，下面绿色，中脉有柔毛，或侧脉上具疏短柔毛，中脉和侧脉均突起，侧脉 7~10 对，叶柄长 0.2~2.3 cm，具短柔毛，无腺体，叶片基部两侧常各具 1 腺体，托叶披针形，具腺齿。花白色，先于叶开放，簇生，具花（2）3~4（5）朵，数簇着生于短枝枝顶或近枝顶，成半球状，近球状，或 1~2 簇生于茎上，花径 1.2~1.7 cm，花梗长 1~8 mm，被短柔毛，萼筒钟状，长约 4 mm，萼片长卵形，长 2.5~3 mm，稍短于萼筒，萼筒外面疏被短柔毛或近无毛，萼片内外及萼筒内无毛，萼片先端圆钝，边缘具疏锯齿，齿尖带腺，花瓣白色，椭圆形或近圆形，长 6~8.5 mm，宽 5~6 mm，基部圆形，具 0.5 mm 的短爪，边缘全缘，着生于萼筒边缘，雄蕊 25~30 枚，花丝长短不等，排列成两轮，外轮花丝长约 5 mm，内轮花丝稍短，有 5~9 枚弯于萼筒内，雌蕊 1 枚，子房与花柱均无毛，花柱与外轮花丝近等长，柱头盘状。核果阔倒卵球形，乱球形、近球形，直径 2.3~3.5 cm，长 2.8~3.8 cm，黄色或绿黄色，微被蜡粉，具浅侧沟，果梗 1~2.5 mm，黏核，果肉具浓香，核斜卵形，不等侧，先端钝，浅褐色。

物候期：花期 3~4 月，果期 8~9 月。

生态习性：生于 1400~2600 m 山坡灌丛中、山谷疏林中或水边、沟底、路旁等处。

分布：凉山州各县市均有分布，在冕宁的拖乌有成片的群落。

用途：野生李果实酸，不宜生食，但可制成果脯、果干。作栽培李的嫁接砧木，花多而芳香，可观赏，也是重要的山区蜜源植物。

（十八）蔷薇属（Rosy L.）

直立、蔓延或攀援灌木，多数被有皮刺、针刺或刺毛，稀无刺，有毛、无毛或有腺毛。叶互生，奇数羽状复叶，稀单叶；小叶边缘有锯齿；托叶贴生或着生于叶柄上，稀无托叶。花单生或成伞房状，稀复伞房状或圆锥状花序；萼筒（花托）球形、坛形至杯形、颈部缢缩；萼片 5，稀 4，开展，覆瓦状排列，有时呈羽状分裂；花瓣 5，稀 4，开展，覆瓦状排列，白色、黄色、粉红色至红色；花盘环绕萼筒口部；雄蕊多数分为数轮，着生在花盘周围；心皮多数，稀少数，着生在萼筒内，无柄极稀有柄，离生；花柱顶生至侧生，外伸，离生或上部合生；胚珠单生，下垂。瘦果木质，多数稀少数，着生在肉质萼筒内形成蔷薇果；种子下垂。染色体基数 x=7。全属约有 200 种，广泛分布于亚、欧、北非、北美各洲寒温带至亚热带地区。我国产 82 种。攀西地区产 40 种 5 变种。

本属是世界著名的观赏植物之一，庭园普遍栽培。蔷薇属植物花香宜人，许多种可供提炼珍贵芳香油之用，有的果实成熟后味酸甜可食，富含维生素 C，为治疗心血管病等重要药品。

蔷薇属分种检索表

1. 萼筒杯状，瘦果着生在基部突起的花托上，花柱离生不外伸。…………
………………………………………………………… 1. 刺梨

1. 萼筒坛状，瘦果着生在萼筒边周及基部。

2. 托叶离生或近离生，早落。

3. 花梗和萼筒被针刺；花大，白色，单生；托叶有齿。………… 2 金樱子

3. 花梗和萼筒均光滑；花小，黄色或白色，多花成花序；托叶钻形。……
……………………………………………………… 木香组

4. 伞房花序，萼片全缘。……………………………… 3. 木香花

4. 复伞房花序，萼片有羽状裂片。………………………… 4. 小果蔷薇

2. 托叶大部分贴生叶柄上，宿存。

5. 花柱离生，不外伸或稍外伸，比雄蕊短。

6. 花单生，无苞片，稀有数花。小叶5～9，稀15～17，常小形；花常白色
或黄色。………………………………………………… 芹叶组

7. 萼片和花瓣均为四数。

8. 小叶边缘为重锯齿，下面及重锯齿均有腺。……………… 5. 川西蔷薇

8. 小叶边缘为单锯齿，下面无腺。

9. 果熟时果梗膨大，果倒卵球形，红色或黄色。………… 6. 峨眉蔷薇

9. 果熟时果梗不膨大。

10. 小叶7～11（13），卵形或倒卵形、倒卵长圆形，仅上半部有锯齿，上面
无毛，下面被丝状柔毛；果球形或倒卵球形，直径8～15 mm。…………
……………………………………………………… 7. 绢毛蔷薇

10. 小叶5～9（11），长圆倒卵形，两面密被柔毛；果倒卵圆形，直径约
1 cm。…………………………………………………… 8. 毛叶蔷薇

7. 萼片和花瓣均为五数。

11. 花粉红色或淡粉色，直径3～4 cm；花梗长1.5～3 cm，被腺毛。……
……………………………………………………… 9. 细梗蔷薇

11. 花瓣黄色。

12. 小叶片卵形、椭圆形或倒卵形，无毛，边缘有锐锯齿；花直径4～
5.5 cm；枝条基部有时具针刺。………………………… 10. 黄蔷薇

12. 小叶片宽卵形或近圆形，稀椭圆形，下面被稀疏柔毛，边缘锯齿较圆
钝；花直径3～4（5）cm；枝条基部无针刺。………………… 11. 黄刺玫

6. 花多数成伞房花序或单生均有苞片，小叶5～11。………… 桂味组

13. 花托（萼筒）上部在果实成熟之后与萼片、花盘、花柱一起脱落。

14. 小叶7～15，长圆形或椭圆形，通常为单锯齿，叶轴和小叶片下面沿脉

被柔毛；果卵球形至椭圆形。 ·· 12. 铁杆蔷薇

14. 小叶7～9，椭圆形、倒卵形至近圆形，通常单锯齿或上半部为重锯齿，下面无毛；果近球形。 ·································· 13. 小叶蔷薇

13. 花托（萼筒）上部和萼片、花盘、花柱在果实成熟时不脱落。

15. 小叶长1.5 cm或更小，花单生或少花。

16. 小叶通常5，很少7。 ··· 14. 羽萼蔷薇

16. 小叶7～9。 ··· 15. 陕西蔷薇

15. 小叶长1.5～7 cm，大部先端急尖，伞房花序，多花，稀少花或单花。

17. 伞房花序多花。

18. 小枝被皮刺和刺毛。小叶7～9，下面有短柔毛，单锯齿；伞房花序，花瓣深粉色、花梗和花托光滑。 ·························· 16. 全针蔷薇

18. 小枝通常仅有皮刺，有时几无刺。

19. 小叶下面无毛或近于无毛，单锯齿，花红色，伞房花序。

20. 小叶片长3～7 cm，全边有锯齿；花梗长1.5～4 cm，密被腺毛，稀无毛；花直径3.5～5 cm。 ···························· 17. 尾萼蔷薇

20. 小叶片长1～2.5 cm，中部以下近全缘；花梗长1.5～3 cm，光滑无毛或有稀疏腺毛，花直径2～3.5 cm。 ···················· 18. 钝叶蔷薇

19. 小叶下面密被柔毛，或至少沿脉有柔毛。

21. 花柱伸出，几与雄蕊等长或稍短；花直径3.5～5 cm；花粉红色，花梗及花托被腺毛，有时有短柔毛。 ······················ 19. 西北蔷薇

21. 花柱不伸出；花直径2～3 cm，花粉红色，花梗细长，花托光滑，稀有腺毛；小叶7～9，下面有短柔毛稀无毛。 ·············· 20. 拟木香

17. 单花或少花。

22. 托叶下面无皮刺。

23. 小枝和皮刺被绒毛；小叶质地较厚，上面有明显褶皱，下面密被绒毛和腺体。 ··· 21. 玫瑰

23. 小枝和皮刺无毛，稀幼嫩时小枝被稀疏柔毛；小叶质地较薄，上面无褶皱。

24. 小叶下面有白霜并有腺点，皮刺直细；萼筒扁球形。 ······ 22. 山刺玫

24. 小叶下面无白霜，无腺点；刺直、细弱，有时无刺；萼筒长椭圆形或长圆形。

25. 小叶3～7，叶下面有短柔毛。 ···················· 23. 刺蔷薇

25. 小叶（7）9～11，叶下面有长柔毛。 ·············· 24. 大叶蔷薇

22. 托叶下面有皮刺。

26. 小叶下面无毛或近于无毛，小叶片先端急尖，稀圆钝，长1～3 cm；花

梗长 5~10 mm，密被腺毛；花直径 4~5 cm。 ························· 25. 美蔷薇

    26. 小叶下面被柔毛。

    27. 萼片全缘，花白色或淡粉色；小枝被皮刺和针刺；小叶 9~15，椭圆形至长圆形；花直径 2~3 cm，花梗和花托无毛或有稀疏柔毛和腺毛。 ··········· ··· 26. 西南蔷薇

    27. 萼片羽状分裂，常有腺毛。

    28. 枝被扁平皮刺和刺毛；小叶 7~11，具重锯齿，稀有时部分单锯齿，长 2~5 cm；花 1~3 朵，粉红色，直径 3~5 cm。 ··········· 27. 扁刺蔷薇

    28. 枝仅具皮刺；小叶 7~13，通常具单锯齿，长 1~4 cm；花 1~2 朵，深血红色，直径 4~6 cm。 ·············· 28. 华西蔷薇

    5. 花柱外伸。

    29. 花柱离生，短于雄蕊；小叶常 3~5。

    30. 常绿或落叶灌木，小叶 3 或 5；托叶边缘有腺毛；花红色、粉红色稀白色，通常 4~5 朵稀单生，微香或无香；萼片常有羽裂片，稀全缘；果卵球形或梨形。 ·· 29. 月季

    30. 常绿或半常绿藤本，托叶边缘无腺或仅在游离部分有腺。 ·········· ··· 30. 香水月季

    29. 花柱合生，结合成柱，约与雄蕊等长；小叶 5~9。

    31. 托叶篦齿状或有不规则锯齿。

    32. 直立灌木，叶两面无毛，花直径 2.7~3 cm。 ·········· 31. 米易蔷薇

    32. 攀援灌木，叶下面有柔毛，花直径 1.5~2 cm。 ·········· 32. 野蔷薇

    31. 托叶全缘，常有腺毛。

    33. 小叶两面被毛或仅下面被毛。

    34. 小叶长圆形或长圆状披针形，两面被柔毛，下面较密；小枝密被柔毛；花多朵排成复伞房花序，花直径 3~5 cm。 ·········· 33. 复伞房蔷薇

    34. 小叶卵状椭圆形、长圆形或长圆倒卵形，仅下面被柔毛；小枝有毛或无毛花朵伞房花序，花直径 1.5~4 cm。

    35. 小叶下面叶脉突起，密被灰白色柔毛，叶质地较厚，上面有显明褶皱。 ··· 34. 绣球蔷薇

    35. 小叶下面有稀疏柔毛或沿脉较密，叶质地较薄，上面无褶皱。

    36. 叶通常 5，稀 7，卵状椭圆形至倒卵形，长 3~6 cm，先端尾状渐尖，下面全部被短柔毛；萼片披针形，通常全缘。 ·········· 35. 悬钩子蔷薇

    36. 小叶 7~9，长圆卵形至卵状披针形，长 2.5~4.5 cm，先端短渐尖或急尖，下面沿脉被短柔毛；萼片卵状披针形，边缘常有羽裂片。 ·········· ··· 36. 卵果蔷薇

33. 小叶片两面无毛或下面仅沿脉微有柔毛。

37. 小叶片革质，有光泽，下面叶脉明显，无毛或稍有柔毛；花瓣外面有绢毛。 ……………………………………………………………… 37. 长尖叶蔷薇

37. 小叶片不呈革质，无光泽；花瓣外面无毛。

38. 小叶 3～5，长 3.5～9 cm，下面无腺，边缘为单锯齿。 …………… …………………………………………………………… 38. 软条七蔷薇

38. 小叶 5～9，通常 7。

39. 小叶片大，长 4～7 cm，下面有腺；花多朵成复伞房状或圆锥状花序，花梗细，长 2～3 cm。 ………………………………… 39. 腺梗蔷薇

39. 小叶片较小，长 1～3 cm，下面无腺；花为伞房花序，稀单生，花梗长不到 1 cm。 ………………………………………………… 40. 川滇蔷薇

1. 刺梨

学名：Rosa roxburghii Tratt.

物候期：花期 5～6 月，果期 8～9 月。

生态习性：喜生于海拔 500～2500 m 向阳山坡、沟边、路旁、灌丛中和林间空地。

分布：凉山州各县市平坝和山地、田埂边多有野生，冕宁、喜德等县境内更为普遍，目前西昌、冕宁、德昌等县市广有栽培。

用途：刺梨果肉脆、甜酸，富含维生素 C，据测定高达 2054～ 2728 mg/100 g，誉为维生素 C 之王。除鲜食外，更是加工高级饮料的优质原料。以其果汁加工的刺梨汁、刺梨汽水、刺梨可乐等，受到广大消费者的欢迎，与猕猴桃、山楂并誉为我国三大新兴水果。此外，刺梨中的维生素 E 和 β-谷甾醇还具有治疗早期宫颈癌和皮肤癌的作用，SOD 及过氧化氢酶则组成一个消除超氧化物阴离子的自由基等活性氧的防护体系。因此，刺梨被称为防癌抗癌、延年益寿的珍果，并根煮水治痢疾。花朵美丽，栽培供观赏用。枝干多刺可以为绿篱。

2. 金樱子

别名：刺梨子、山石榴、山鸡头子。

学名：Rosa laevigata Mich.

物候期：花期 4～6 月，果期 7～11 月。

生态习性：生于海拔 800～2100 m 向阳的山坡、田边、灌木丛中。

分布：盐源等县。

用途：果实可熬糖及酿酒。根、叶、果入药，根能活血散瘀、祛风除湿、解毒收敛及杀虫，叶外用治疮、烧烫伤。

3. 木香花

别名：木香、七里香。

学名：Rosa banksiae Ait.

物候期：花期 4～5 月。

生态习性：生于海拔 500～1300 m 路旁或山坡灌丛中。

分布：雷波、越西等县有野生。西昌、会理有种植，全国各地均有栽培。

用途：花含芳香油，可供配制香精化妆品用。著名观赏植物，常栽培供攀援棚架之用。

4. 小果蔷薇

别名：七姊妹。

学名：Rosa cymosa Tratt.

物候期：花期 5～6 月，果期 7～11 月。

生态习性：生于海拔 1900～2800 m 的灌丛。

分布：凉山州雷波、美姑等县。

用途：果食用，也可制果酱和酿酒。根入药：祛风除湿，收敛固脱，用于风湿关节痛、跌打损伤、腹泻、脱肛、子宫脱垂。叶：解毒消肿，用于治痈疖疮疡、烧烫伤。庭院种植，供观赏；花可提取芳香油。

5. 川西蔷薇

别名：西康蔷薇。

学名：Rosa sikangensis Yu et Ku.

生态习性：多生于海拔 2900～4150 m 河边、路旁或灌丛。

分布：木里等县。

6. 峨眉蔷薇

别名：栽秧果、刺石榴、山石榴。

学名：Rosa omeiensis Rolfe.

物候期：花期 5～6 月，果期 7～9 月。

生态习性：喜气候温凉、湿度较大的山坡、谷地、混交林下或路旁灌丛或溪沟边。喜生于海拔 1000～4200 m 的山坡或谷地混交林下及路边、灌丛。

分布：攀枝花市及凉山州的冕宁、越西、喜德、昭觉、雷波、西昌、德昌、普格等县市。

用途：果可生食，根可提取栲胶；果入药，具止血、止痢之功效；花可观赏还可提芳香油，也是山区重要的蜜源植物之一。

7. 绢毛蔷薇

学名：Rosa sericea Lindl.

物候期：花期 5～6 月，果期 7～8 月。

生态习性：生于海拔 1100～3500 m 的山坡灌丛、路边。

分布：凉山州雷波、金阳、美姑、甘洛县等。

8. 毛叶蔷薇

别名：栽秧果。

学名：Rosa mairei Levl.

物候期：花期5~7月，果期7~10月。

形态特征：生于海拔2300~4180 m山坡阳处或沟边杂木林中。

分布：攀枝花市及凉山州各县。

用途：植株可在庭园栽植，供绿化和观赏。根、果实供药用，可清热止泻、祛瘀止痛。

9. 细梗蔷薇

学名：Rosa graciliflora Rehd.

物候期：花期7~8月，果期9~10月。

生态习性：生于海拔2100~3100 m的灌丛。

分布：木里等县。

10. 黄蔷薇

学名：Rosa hugonis Hemsl.

物候期：花期5~6月，果期7~8月。

生态习性：阳性，耐寒，耐干旱，生于海拔2100~3100 m山坡向阳处、林边灌丛中。

分布：凉山州宁南、普格、西昌等县市。

用途：果可食或制果酱。黄蔷薇是优良的新型园林观赏树种，具有较高的观赏价值和经济价值，可从中提取芳香油和香精。野生蔷薇子和根还可入药。

11. 黄刺玫

学名：Rosa xanthina Lindl.

别名：刺梅花。

物候期：花期4~6月，果期7~8月。

生态习性：生于海拔1300~2500 m的山坡向阳处或沟边杂木林中。

分布：凉山州德昌、喜德等县。

用途：本种植株大型，黄花绿叶，绚丽多姿，花色金黄，花期长，可在庭园、街道、道路旁等处栽植，供绿化和观赏。茎皮纤维为造纸及纤维板的制作原料。花香气浓烈，可作提取芳香油原料。果实供食用，亦可作制酱及酿酒原料。该种类具有较高的经济价值，可进一步深入研究供开发利用。

12. 铁杆蔷薇

别名：勃拉蔷薇。

学名：Rosa prattii Hemsl.

物候期：花期5~7月，果期8~10月。

生态习性：生于海拔 1900～3000 m 山坡阳处灌丛或混交林中。

分布：冕宁、越西、雷波、木里等县。

13．小叶蔷薇

学名：Rosa willmottiae Hemsl.

物候期：花期 5～6 月，果期 7～9 月。

生态习性：多生于海拔 1300～3150 m 灌丛中、山坡路旁或沟边等处。

分布：木里等县。

14．羽萼蔷薇

学名：Rosa pinnatisepala T. C. Ku.

物候期：花期 6～7 月，果期 8～11 月。

生态习性：生于海拔 1400～2300 m 山区。

分布：木里等县。

15．陕西蔷薇

别名：太白蔷薇。

学名：Rosa giraldii Crep.

物候期：花期 5～7 月，果期 7～10 月。

生态习性：生于海拔 820～2000 m 的山坡向阳处或沟边杂木林中。

分布：凉山州会理、普格、昭觉、越西、布拖等县。

用途：植株可在庭园栽植，供绿化和观赏。

16．全针蔷薇

学名：Rosa persetosa Rolfe.

物候期：花期 5～6 月，果期 7～10 月。

生态习性：生于海拔 2800～3200 m 的山坡、灌丛。

分布：木里、越西等县。

17．尾萼蔷薇

学名：Rosa caudata Baker.

物候期：花期 5～7 月，果期 7～11 月。

生态习性：生于海拔 1500～2000 m 的山坡或灌丛中。

分布：雷波等县。

18．钝叶蔷薇

别名：美丽蔷薇。

学名：Rosa sertata Rolfe.

物候期：花期 6 月，果期 8～10 月。

生态习性：多生于海拔 1390～2200 m 山坡、路旁、沟边或疏林中。

分布：凉山州美姑等县。

用途：果食用。根入药，可活血止痛、清热解毒，用于月经不调、风湿痹痛、疮疡肿痛。植株可供观赏。

19. 西北蔷薇
别名：山刺玫、万朵刺、花别刺。
学名：Rosa davidii Crep.
物候期：花期 6～7 月，果期 9 月。
生态习性：生于海拔 1500～2600 m 山坡灌木丛中或林边。
分布：美姑等县。

20. 拟木香
别名：假木香蔷薇。
学名：Rosa banksiopsis Baker.
物候期：花期 6～7 月，果期 7～9 月。
生态习性：生于山坡林下或灌丛中。
分布：美姑、德昌等县。

21. 玫瑰
别名：刺玫花、玫瑰花。
学名：Rosa rugosa Thunb.
物候期：花期 5～6 月，果期 8～9 月。
生态习性：喜充足阳光，耐旱、耐寒，萌蘖性强，适生于排水良好的肥沃土壤中。
分布：凉山州西昌等县市。
用途：果实含丰富的维生素 C、葡萄糖、果糖、蔗糖、枸橼酸、苹果酸及胡萝卜素等。种子含油约 14％。本种植株常在庭园栽植，供绿化和观赏。鲜花可以蒸制芳香油，油的主要成分为左旋香芳醇，含量最高可达 6‰，供食用及化妆品用，花瓣可以制饼馅、玫瑰酒、玫瑰糖浆，干制后可以泡茶，花蕾入药治肝、胃气痛、胸腹胀满和月经不调。

22. 山刺玫
学名：Rosa davurica Pall.
物候期：花期 6～7 月，果期 8～9 月。
生态习性：见于落叶阔叶林地带和草原带的山地，生于林下、林缘及石质山坡上。
分布：凉山州雷波等县。
用途：果可食或制果酒，含多种维生素、果胶、糖分及鞣质等。根、茎皮及叶提栲胶，果提橘黄色染料，花制玫瑰酱或提香精，种子榨油。花、果入药，能理气、活血、调经、健脾，根能止咳祛痰、止痢、止血。

23. 刺蔷薇

别名：大叶蔷薇。

学名：Rosa acicularis Lindl.

物候期：花期 6～7 月，果期 7～9 月。

生态习性：生于海拔 1200～1820 m 山坡阳处、灌丛中或桦木林下、砍伐后的针叶林迹地以及路旁。

分布：雷波、冕宁等县。

24. 大叶蔷薇

学名：Rosa macrophylla Lindl.

生态习性：生于海拔 2100～3500 m 的山坡、沟谷、林缘。

分布：凉山州西昌、越西、金阳等县。

用途：本种植株可在庭园栽植，供绿化和观赏。果实代金樱子入药，有活血、散瘀、利尿、补肾、止咳等功效。

25. 美蔷薇

学名：Rosa bella Rehd. et Wils.

物候期：花期 5～7 月，果期 8～10 月。

生态习性：喜阳光，亦耐半阴，较耐寒，在中国北方大部分地区都能露地越冬。对土壤要求不严，耐干旱，耐瘠薄，但栽植在土层深厚、疏松、肥沃湿润而又排水通畅的土壤中则生长更好，也可在黏重土壤上正常生长。不耐水湿，忌积水。萌蘖性强，耐修剪，抗污染。生于海拔 1200～2900 m 的山地、灌丛。

分布：凉山州雷波等县。

用途：果实补肾固精，固肠止泄，是一种滋补佳品。经测定，美蔷薇果肉所含营养成分齐全，特别是维生素 B_1 0.56 mg /100 g，维生素 B_2 0.50 mg /100 g，维生素 C 41.84 mg/100 g 和胡萝卜素 3.42 mg/100 g，含量很高。美蔷薇果肉对于改善和防治人类维生素 B_1、维生素 B_2 及维生素 A 的缺乏症，具有很高的价值。另外，经初步测定，其果肉中含有软化血管的芦丁等黄酮类物质（29 mg /100 g）和植物超氧化物歧化酶（SOD）活性，这些生物活性物质对于抗氧化和延缓衰老，防止动脉血管硬化十分有益。花可提取芳香油并制玫瑰酱。花果均入药，花能理气、活血、调经、健胃；果能养血活血，据记载能治脉管炎、高血压、头晕等症。

26. 西南蔷薇

别名：缪雷蔷薇。

学名：Rosa murielae Rehd. et Wils.

生态习性：多生于海拔 2300～3800 m 灌丛中。

分布：美姑、布拖、昭觉等县。

27a. 扁刺蔷薇

学名：Rosa sweginzowii Koehne.

物候期：花期 6~7 月，果期 8~11 月。

生态习性：生于海拔 2300~3850 m 山坡路旁或灌丛中。

分布：越西、雷波、德昌、西昌、昭觉、越西、布拖等县。

27b. 腺叶扁刺蔷薇

学名：R. sweginzowii Koehne var. glandulflsa Card.

生态习性：生于海拔 2300~3800 m 松林边或灌木丛中。

分布：木里等县。

28. 华西蔷薇

别名：红花蔷薇。

学名：Rosa moyesii Hemsl. et Wils.

物候期：花期 6~7 月，果期 8~10 月。

生态习性：生于海拔 2000~2600 m 的灌丛、地坎。

分布：攀枝花市及凉山州会理、美姑等县。

用途：果可食用，但价值不高，主要供观赏。

29. 月季

学名：Rosa chinensis.

物候期：花期 4~10 月，春季开花最多。

生态习性：喜光植物，最适于栽培在光线充足、空气流通、排水良好的环境。白天最适温度为 15~26 ℃，夜间为 10~15 ℃。冬季低于 5 ℃则进入休眠，相对湿度以 75%~80%最为适宜。因其对生态环境的适应性十分广泛。

分布：凉山州及攀枝花各县市广泛栽培。

用途：月季可用于园林布置花坛、花境、庭院花材，可制作月季盆景，做切花、花篮、共束等。花可提取香料。根、叶、花均可入药，具有活血消肿、消炎解毒功效。

30. 香水月季

学名：Rosa odorata（Andr.）Sweet.

物候期：花期 5~9 月，果期 9~10 月。

生态习性：喜生于向阳山坡，常生于云南油极林、常绿区林以及混生的次生林下。

分布：野生类型原产我国西南部，攀枝花及凉山州各县市普遍栽培。

用途：培育月季优良品种的主要亲本材料。花芳香，可提取芳香油、香精。根、叶、虫瘿入药，具调气和血、止痢、止咳、定喘、消炎、杀菌功效，主治痢疾、小儿疝气、哮喘、腹泻、白带，外用治疮、痈、疖。

31. 米易蔷薇
学名：Rosa miyiensis T. C. Ku.

生态习性：生于海拔 1700 m 左右的地区。

分布：攀枝花市米易县。

用途：本种植株可在庭园栽植，供绿化和观赏。

32a. 野蔷薇
学名：Rosa multiflora Thunb.

别名：多花蔷薇、刺花、营实墙靡、蔷薇。

生态习性：喜充足阳光，耐半阴，不耐水湿，适生于肥沃土壤，在贫瘠的土壤中亦能生长良好。

分布：凉山州德昌、西昌等县市。

用途：本种植株花密集，白色或略带红晕，微有香气，可在庭园中栽植，常作棚架植物，供绿化和观赏。根供药用，具有清热利湿、祛风活血、解毒功效，可治肺痈。

32b. 粉团蔷薇
别名：红刺玫。

学名：Rosa multiflora Thunb. var. cathayensis Rehd. et Wils.

生态习性：喜充足阳光，耐半阴，不耐水湿，适生于肥沃土壤，在贫瘠的土壤中亦能生长良好。

分布：攀枝花市米易及凉山州雷波、普格、西昌等县市。

用途：本种植株花单瓣，粉红色至玫瑰红色，可在庭园林中栽植，常作为棚架植物，供绿化和观赏。根多含鞣质 23%～25%，可提制栲胶，鲜花含有芳香油可提制香精用于化妆品工业，根、叶、花和种子均入药，根能活血通络收敛，叶外用治肿毒，种子称营实能峻泻、利水通经。华北常见栽培作绿篱、护坡及棚架绿化材料。

32c. 七姊妹
别名：十姊妹。

学名：Rosa multiflora Thunb. var. carnea Thory.

生态习性：喜充足阳光，耐半阴，不耐水湿，适生于肥沃土壤，在贫瘠的土壤中亦能生长良好。

分布：凉山州西昌等县市。

用途：本种植株茎枝蔓生，花常 7～10 朵聚生在一起，深玫瑰红色，重瓣，可在庭园林中栽植，常作为棚架植物，供绿化和观赏。

33. 复伞房蔷薇
学名：Rosa brunonii Lindl.

物候期：花期 6～7 月，果期 8～10 月。

生态习性：多生于海拔 1600～2000 m 的灌丛、山坡、林下或河边等处。

分布：木里等县。

用途：观赏。

34. 绣球蔷薇

学名：Rosa glomerata Rehd. et Wils.

物候期：花期 7 月，果期 8～10 月。

生态习性：生于海拔 1300～3000 m 山坡、林缘、灌木丛中。

分布：美姑、越西等县。

35. 悬钩子蔷薇

别名：荼子蘼、倒挂刺。

学名：Rosa rubus Levl. et Vant.

物候期：花期 4～6 月，果期 7～9 月。

生态习性：喜温暖向阳，耐旱，怕涝。多生于海拔 800～2300 m 间的山坡、路边、草坡或灌丛中。

分布：凉山州普格等县。

用途：果可生食或制果酱、酿酒。花枝梢茂密，花繁香浓，入秋后果色变红。宜作绿篱，也可孤植于草地边缘。根含鞣质，可提取栲胶。花是很好的蜜源，也可提炼香精油。

36. 卵果蔷薇

学名：Rosa helenae Rehd. et Wils.

物候期：花期 5～7 月，果期 9～10 月。

生态习性：生于海拔 2270～2500 m 的山地、灌木林。

分布：凉山州会理、冕宁、甘洛、昭觉等县。

用途：果食用，栽培观赏。

37a. 长尖叶蔷薇

学名：Rosa longricuspis Bertol.

物候期：花期 5～7 月，果期 7～11 月。

生态习性：生于海拔 600～2100 m 丛林中。

分布：西昌、德昌、盐边、会理、会东、越西、普格、雷波、米易、盐源等县市。

用途：本种植株可在庭园栽植，供绿化和观赏。根、叶和果实供药用，具有涩精止泻、止痛止血功效。

37b. 多花长尖叶蔷薇

学名：Rosa longicuspis Bertoll. var. sinowilsonii（Hemsl.）Yu et Ku.

形态特征：本变种与原变种（长尖叶蔷薇）的异点在其叶形较大，花朵较多，小叶片常 5 片，稀 7，边缘为单锯齿或偶有重锯齿，上面微皱，下面无毛或微有短柔毛；复伞房花序，有花多至 30 余朵，易于区别。

分布：雷波、盐源、喜德、越西、甘洛等县。

用途：本种植株可在庭园栽植，供绿化和观赏。

38. 软条七蔷薇

别名：亨氏蔷薇、湖北蔷薇。

学名：Rosa henryi Bouleng.

生态习性：生于海拔 1700～2000 m 山谷、林边、田边或灌丛中。

分布：雷波、喜德、甘洛等县。

用途：植株可在庭园栽植，供绿化和观赏。

39. 腺梗蔷薇

学名：Rosa filipes Rehd. et Wils.

物候期：花期 6～7 月，果期 7～11 月。

生态习性：生于海拔 2100 m 左右的灌丛、湖边。

分布：冕宁等县。

40. 川滇蔷薇

别名：苏利蔷薇。

学名：Rosa soulieana Crep.

物候期：花期 5～7 月，果期 8～9 月。

生态习性：生于海拔 2500～3000 m 山坡、沟边或灌丛中。

分布：木里等县。

（十九）悬钩子属（Rubus L.）

落叶稀常绿灌木、半灌木或多年生匍匐草本；茎直立、攀援、平铺、拱曲或匍匐，具皮刺、针刺或刺毛及腺毛，稀无刺。叶互生，单叶、掌状复叶或羽状复叶，边缘常具锯齿或裂片，有叶柄；托叶与叶柄合生，常较狭窄，线形、钻形或披针形，不分裂，宿存，或着生于叶柄基部及茎上，离生，较宽大，常分裂，宿存或脱落。花两性，稀单性而雌雄异株，组成聚伞状圆锥花序、总状花序、伞房花序或数朵簇生及单生；花萼 5 裂，稀 3～7 裂；萼片直立或反折，果时宿存；花瓣 5，稀缺，直立或开展，白色或红色；雄蕊多数，直立或开展，着生在花萼上部；心皮多数，有时仅数枚，分离，着生于球形或圆锥形的花托上，花柱近顶生，子房 1 室，每室 2 胚珠。果实为由小核果集生于花托上而成聚合果，或与花托连合成一体而实心，或与花托分离而空心，多浆或干燥，红色、黄色或黑色，无毛或被毛；种子下垂，种皮膜质，子叶平凸。

本属现知约 700 余种，分布于全世界，主要产地在北半球温带，少数分布到热带和南半球，我国有 194 种。攀西地区产 55 种 10 变种。本属植物大多种类的果实多浆，味甜酸，可供食用；有些种类的果实、种子、根及叶可入药，茎皮、根皮可提制栲胶；部分种类庭园栽培供观赏。

悬钩子属检索表

1. 匍匐草本，稀半灌木，无皮刺，稀具针刺或刺毛；托叶着生于叶柄基部和茎上，离生。

  2. 匍匐草本，无皮刺，极稀具针刺；复叶具 3～5 枚小叶；茎、叶柄和花梗仅具柔毛，无刺毛；花萼外被柔毛或刺毛；花常单生；花瓣倒卵状长圆形至带状长圆形；雌蕊约 4～20。 …………………………………… 1. 凉山悬钩子（匍匐莓组）

  2. 匍匐草本或半灌木，无皮刺或有针刺或刺毛；单叶；花萼外常具针刺或刺毛；心皮常在 20 枚以上，稀较少。………………………………………… 矮生莓组

    3. 托叶不分裂，仅顶端或边缘有锯齿或全缘；叶片心状圆卵形或近圆形，下面具柔毛。茎、叶柄、花梗和花萼具柔毛和针刺；叶柄长 5～10 cm；花直径达 3 cm；萼片叶状，具缺刻状锯齿。………………………………… 2. 齿萼悬钩子

    3. 托叶二回羽状深裂，裂片线状披针形；叶片心状宽卵形至近圆形；茎、叶柄、花梗和花萼具长柔毛和稀疏针刺；外萼片宽大，梳齿状深裂或缺刻状，内萼片较狭，有少数锯齿或全缘。………………………………………… 3. 黄泡

1. 灌木或半灌木，极稀草本，常具粗壮皮刺或针刺。

  4. 托叶着生于叶柄基部和茎上，离生，较宽大，常分裂，宿存或脱落。

    5. 植株常被刺毛，稀被疏针刺或小皮刺；托叶宿存或脱落；单叶；花单生、数朵簇生或成短总状花序及圆锥花序。………………………………… 刺毛莓组

      6. 叶片下面具绒毛；叶片卵形至长圆形，两面均具刺毛，边缘不分裂，具不整齐粗锐锯齿；托叶具绒毛和长柔毛，老时绒毛脱落；花直径 2～3 cm。………
……………………………………………………………………… 4. 三色莓

      6. 叶片下面具柔毛或近无毛；叶片宽长卵形，边缘 3～5 裂，顶生裂片比侧生者大数倍；花直径 1～1.5 cm；花瓣白色，长 4～6 mm，比萼片短得多。………
……………………………………………………………………… 5. 周毛悬钩子

    5. 植株具皮刺；托叶早落；叶常为单叶，稀掌状或鸟足状复叶；花常成圆锥花序、总状花序或伞房状花序，稀数朵簇生或单生。………………………… 木莓组

      7. 花成简单总状花序或单花。

        8. 叶片 3～5 深裂（仅其变种浅裂）；裂片披针形或狭长圆形，边缘有稀疏细锐锯齿，顶生裂片与侧生裂片之间常成锐角；总花梗、花梗和花萼无腺毛或仅于花萼疏生腺毛；果实黑色。……………………………………… 6. 鸡爪茶

        8. 叶片不分裂或浅裂。

          9. 花序有腺毛；叶片卵形、宽卵形至长圆披针形，结果枝上的叶片下面绒

毛脱落；花萼外被灰色绒毛；萼片卵形或三角状卵形。……………… 7. 木莓

9. 花序无腺毛；叶片椭圆形或长圆状椭圆形，结果枝上的叶片下面绒毛脱落；雄蕊有长柔毛；花柱比雄蕊长得多。……………… 8. 棠叶悬钩子

7. 花成顶生圆锥花序或圆锥花序分枝短小而近似总状花序，稀花少数簇生于叶腋。

10. 托叶和苞片宽大，通常长 2~5 cm，宽 1~2 cm，稀较短小，分裂或有锯齿；托叶长圆形，长 2~3 cm；叶片下面被灰色或黄灰色绒毛，边缘波状或不明显浅裂，裂片圆钝或急尖；花序和花萼密被绒毛状柔毛；萼片宽卵形，顶端短渐尖。……………………………………………………………… 9. 灰毛泡

10. 托叶和苞片较狭小，长在 2 cm 以下，宽不足 1 cm，分裂或全缘。

11. 叶片下面无毛或有柔毛。

12. 叶片卵形、长圆形至长圆披针形，顶端急尖或短渐尖；叶柄长约 1 cm，极稀达 2 cm；心皮 5~10。……………………… 10. 梨叶悬钩子

12. 叶片宽卵形，稀长圆状卵形；顶端渐尖至尾尖；叶柄长在 1 cm 以上；花梗长 0.5~1 cm；萼片卵状披针形，全缘；雌蕊 15~20。……… 11. 高粱泡

11. 叶片下面密被绒毛，稀具疏柔毛或无毛。

13. 叶片狭长，卵状长圆形、卵状披针形至披针形，不分裂，稀近基部有浅裂片，具羽状脉；叶柄长 0.5~2 cm，极稀达 4 cm。

14. 叶片下面密被绒毛，上面伏生长柔毛，基部弯曲较宽而浅；叶柄长 0.5~1 cm，稀较长；萼片卵状披针形，长 0.5~1 cm，顶端短渐尖。…………
…………………………………………………………………… 12. 乌泡子

14. 叶片下面无毛或具疏柔毛，叶片卵状披针形，基部弯曲宽大；叶柄长 2~4 cm，无毛；托叶全缘；花序有疏腺毛气和柔毛。……… 13. 宜昌悬钩子

13. 叶片宽大，近圆形、宽卵形、卵状披针形至椭圆形，浅裂，基部有掌状 5 出脉；叶柄长在 2 cm 以上，稀较短。

15. 叶片卵形、长卵形、卵状披针形至长圆形，稀宽卵形或近圆形，不分裂或浅裂，顶端渐尖，稀急尖或圆钝；顶生花序为宽大圆锥花序，稀为狭窄圆锥花序，长达 27 cm。

16. 植株具长短不等的腺毛或刺毛；枝、叶柄和花序有绒毛；叶片心状近圆形，下面密被灰白色绒毛；果实紫黑色。……… 14. 灰白毛莓

16. 植株无腺毛，稀仅于花梗或花萼具腺毛。

17. 叶片基部圆形，卵状长圆形或椭圆形；叶柄长 0.5~1 cm。…………
…………………………………………………………………… 15. 西南悬钩子

17. 叶片基部截形至心形，稀圆形；叶柄通常长 2 cm 以上，稀较短。

18. 叶片基部截形，三角状宽卵形；顶生花序狭圆锥状或近总状，具少数

花。 ··· 16. 截叶悬钩子

18. 叶片基部心形，稀近圆形。

19. 花序和花萼被浅黄色绢状长柔毛；叶片厚纸质，基部心形，边缘有尖锐锯齿；花成宽大圆锥花序，无花瓣。 ·········· 17. 毛萼莓

19. 花序被绒毛状柔毛；花萼外密被绒毛和柔毛；叶片宽卵形，稀卵状长圆形，边缘不分裂；叶柄无毛；花萼外密被灰白色绒毛；无花瓣；果实黑色。 ······
··· 18. 网纹悬钩子

15. 顶生花序狭圆锥状或近总状，通常长在 15 cm 以下。

20. 花单生或数朵成顶生短总状花序；托叶和苞片宽扇形，掌状深裂几达基部；苞片非红褐色。叶片圆形或宽卵形，5～7 浅裂，裂片圆钝或急尖，边缘具粗锯齿或重锯齿；花梗长约 1 cm；萼片长卵形或卵状披针形，顶端尾尖，外萼片羽状深裂。 ··· 19. 羽萼悬钩子

20. 花多数，成顶生狭圆锥花序或近总状花序，腋生花序近总状或花团聚。

21. 托叶和苞片宽大，近扇形、宽椭圆形或宽倒卵形，梳齿状分裂；叶片近圆形，掌状 7～9 浅裂，顶生裂片圆钝或近截形，稀急尖；花梗长 1～1.5 cm；花白色米。 ··· 20. 大乌泡

21. 托叶和苞片较小，卵状披针形或长倒卵形，顶端条裂；叶片近圆形或宽卵形，顶端圆钝或近截形，边缘 5～7 裂，裂片顶端圆钝；花紫红色。 ··········
··· 21. 川莓

4. 托叶着生于叶柄并其基部以上部分与叶柄合生，极稀离生，较狭窄，稀较宽大，全缘，不分裂，极稀浅裂，宿存；聚合果成熟时与花托分离，空心。
··· 空心莓组

22. 单叶。

23. 植株全体无毛，也无腺毛；叶片卵状披针形或长圆披针形；花常 3 朵或 3 朵以上成短总状花序；雌蕊约 10～50。 ·········· 22. 三花悬钩子

23. 植株全体具柔毛，稀仅沿叶脉有柔毛。

24. 叶片宽卵形或三角状卵形，常在近中部 3 浅裂至深裂，稀不分裂；花单生或 2～3 朵，直径不到 2 cm；花萼外疏生直立小刺。 ········· 23. 刺花悬钩子

24. 叶片卵形至卵状披针形，不分裂，稀于不孕枝上的叶 3 浅裂；花常单生，直径 2～3 cm；花萼无刺；植株全体具柔毛；萼片卵形或三角状卵形，长 5～8 mm，顶端急尖至短渐尖；花瓣白色，长于萼片。 ·········· 24. 山莓

22. 复叶。

25. 掌状 3 小叶，叶片菱状披针形，边缘具缺刻状粗重锯齿，下面疏生柔毛；叶柄、花梗或小枝有腺毛；花萼具疏密不等的针刺和腺毛；果实无毛。 ··········
··· 25. 掌叶悬钩子

25. 羽状复叶，顶生小叶有显著叶柄。

26. 托叶和苞片宽大，卵状披针形、卵形，长 8~16 mm，宽 5~10 mm；小叶常 3 枚，稀 5 枚，顶生小叶宽卵形，常浅裂或 3 裂，侧生小叶卵形或椭圆形，边缘具重锯齿；花梗长 2~4 cm，无毛，有细刺。 …………… 26. 绵果悬钩子

26. 托叶和苞片狭窄，稀稍宽，线形、线状披针形或披针形，稀钻形。

27. 小叶常 3 枚，稀 5 枚或单叶，革质；心皮数约 70~100 或稍多；花托具短柄或几无柄。

28. 花萼外具钩状小刺；顶生小叶柄长不到 1 cm；小叶披针形至狭披针形，边缘具粗锯齿。 ………………… 27. 三叶悬钩子

28. 花萼外无钩状小刺；顶生小叶柄长 1~2 cm；叶片边缘具粗锐单锯齿，侧脉 5~8 对；萼片卵形，顶端急尖。 ………… 28. 白花悬钩子

27. 小叶 3~15 枚，非革质。

29. 心皮数约 100 或更多，着生于有柄的花托上；花单生或组成伞房花序，稀成圆锥花序。

30. 小叶常 3 枚，稀 5 枚。植株全体被柔毛和腺毛；叶片卵形或宽卵形，顶端急尖至渐尖，基部阔楔形至圆形，边缘具尖锐重锯齿；花梗长（2）3~6 cm；花直径 3~4 cm。 …………………… 29. 蓬蘽

30. 小叶 5~9（11）枚。

31. 植株被疏密和长短不等的紫红色腺毛，花数朵组成伞房花序或单生。小叶 5~7 枚，卵状披针形至披针形，边缘具不整齐尖锐锯齿；萼片披针形，长 7~10 mm；果实长圆形，长 12~18 mm。 ……………… 30. 红腺悬钩子

31. 植株无腺毛，或仅于花枝或花梗上疏生短腺毛；花单生或 2~3 朵簇生；叶片卵形、椭圆形，稀卵状披针形，边缘具缺刻状尖锐重锯齿；花梗长 2.5~5 cm；果实近球形，直径约 1 cm。 ……………… 31. 大红泡

29. 心皮数约 10~70 或稍多，着生于无柄的花托上。

32. 花组成大型圆锥花序或总状花序。

33. 植株无腺毛。

34. 小叶 5~7 枚，卵形、卵状披针形或卵状长圆形，边缘具粗重锯齿；枝、叶柄和花梗均被柔毛；花萼外被绒毛；萼片顶端急尖。 ……… 32. 弓茎悬钩子

34. 小叶（5）7~9 枚，长圆披针形或卵状披针形，边缘具粗锯齿或缺刻状重锯齿；枝、叶柄和花梗均无毛；花萼外无毛，仅内萼片边缘具绒毛，萼片顶端长渐尖。 ………………… 33. 华中悬钩子

33. 植株具腺毛。

35. 小叶 5~7 枚；植株具疏密不等的短腺毛（长 1~2 mm）；叶片椭圆形至

卵状披针形，边缘具不整齐锯齿；短总状花序或近圆锥状花序。……………
………………………………………………………… 34. 拟覆盆子

35. 小叶 3～5 枚，卵形、近圆形、椭圆形至卵状披针形，边缘具粗锯齿或缺刻状重锯齿；总状花序，稀近圆锥状；常于花序和花萼具短腺毛；花梗长达 1 cm。………………………………………………… 35. 白叶莓

32. 花组成伞房状花序或花少数簇生及单生。

36. 果实密被绒毛。

37. 叶片下面密被绒毛。

38. 小叶 5～9 枚，稀 3 或 11 枚。

39. 花较多数，红色，成伞房状花序。小叶 7～9 枚，稀或 11 枚，边缘具不整齐粗锐锯齿；萼片顶端急尖；心皮 55～70；果实直径 8～12 mm。……
…………………………………………………………… 36. 红泡刺藤

39. 花常 3～4 朵簇生，白色；小叶 7～9 枚，卵形或卵状椭圆形，边缘具缺刻状重锯齿；萼片顶端尾尖。……………… 37. 三对叶悬钩子

38. 小叶 3～5 枚，稀 7 枚。

40. 果实熟时红色或橘红色，绒毛不脱落。小叶 3～5 枚，卵形、菱状卵形、菱状披针形或椭圆形；叶柄、花梗和花萼外被稀疏腺毛；花萼外还具针刺。……
…………………………………………………………… 38. 桉叶悬钩子

40. 果实熟时黄色，绒毛常脱落。

41. 植株无毛；小叶 3～5 枚，宽卵形或近圆形，边缘具粗锯齿或重锯齿；花萼外无毛，也无针刺；萼片宽卵形或圆卵形，顶端急尖。……… 39. 粉枝莓

41. 植株具长柔毛；小叶 3～5 枚，长圆卵形或椭圆形，边缘具锐锯齿或缺刻状重锯齿；花萼外有长柔毛，密被针刺；萼片卵状披针形或披针形，顶端尾尖。………………………………………………… 40. 刺萼悬钩子

37. 叶片下面具柔毛。

42. 小枝、花梗和花萼外面无毛；花直径 1～1.5 cm；花萼外无刺；小叶 5～7 枚，卵形、长圆状卵形或椭圆形，边缘具粗重锯齿；果实直径 8～12 mm。
………………………………………………………… 41. 菰帽悬钩子

42. 小枝、花梗和花萼外面被柔毛；花直径 2～3 cm；花萼外有时具小刺；花序具花数朵；子房和花柱基部具柔毛；果实紫黑色，被柔毛。……………
………………………………………………………… 42. 红花悬钩子

36. 果实具柔毛或无毛。

43. 叶片下面被绒毛。

44. 植株密被刺毛和腺毛。

45. 植被密被刺毛和腺毛；小叶 3 枚，稀 5 枚，卵形、菱形或椭圆形，边缘

常有粗锯齿或缺刻；萼片顶端尾尖；果实红色。 ·················· 43. 多腺悬钩子

45. 植株密被刺毛，常无腺毛；小叶 3 枚，边缘具细锐锯齿；萼片顶端急尖；果实金黄色。

46. 叶片椭圆形，顶端急尖或突尖，下面密被绒毛。 ··········· 44. 栽秧泡

46. 叶片椭圆形，稀卵形或倒卵形，顶端尾尖或急尖，稀圆钝，下面无毛，仅沿叶脉疏生柔毛。 ·············· 45. 红毛悬钩子

44. 植株无刺毛及腺毛，稀于局部疏生腺毛。

47. 果实黄色；叶片卵形至卵状披针形，边缘具缺刻状粗锐重锯齿；花萼长约 1.4 cm，外面无针刺；子房具绢状柔毛，花柱无毛。 ·····················
·················· 46. 密毛纤细悬钩子

47. 果实红色或黑色。

48. 果实红色；小叶 3 枚，稀 5 枚，菱状圆形或倒卵形，顶端圆钝；花萼外有柔毛和针刺。 ·························· 47. 茅莓

48. 果实黑色或蓝黑色。

49. 小叶 3 枚，稀 5 枚，菱状卵形、椭圆卵形、椭圆形或卵形，边缘常浅裂并有粗锯齿；枝具稀疏皮刺；叶柄或总花梗有稀疏钩状小刺；果实无毛。 ······
·················· 48. 喜阴悬钩子

49. 小叶 3~5 枚，宽卵形、椭圆形或卵状披针形，边缘有不整齐或缺刻状粗锯齿；枝密被长短不等针刺和短皮刺；叶柄或总花梗有较密针刺；果实微被柔毛。 ··················· 49. 密刺悬钩子

43. 叶片下面具柔毛或无毛。

50. 小叶 7~15 枚。

51. 果实长圆形或椭圆形，红色；小叶 7~11 枚，卵形或卵状披针形，边缘具缺刻状重锯齿；花直径 3~4 cm；枝、叶柄、叶片两面无毛或近无毛。 ······
·················· 50. 秀丽莓

51. 果实近球形；花直径 2~3 cm；叶片宽卵形、菱状卵形，稀长圆形，边缘具不整齐锯齿或缺刻状重锯齿；托叶卵状披针形或线形；果实黄红色。 ······
·················· 51. 黄色悬钩子

50. 小叶 3~7 枚。

52. 花数朵至几十朵成伞房花序或短缩总状花序；小叶 5 枚，稀 3 枚。叶片卵形、菱状卵形或宽卵形；花萼外被灰白色短柔毛；萼片长卵形至卵状披针形，顶端渐尖；花瓣倒卵形，与萼片近等长或稍短。 ··················· 52. 插田泡

52. 花常 1~4 朵簇生或成伞房状花序。

53. 小叶常 3 枚；植株具腺毛；叶片近圆形或宽卵形，稀长卵形，长 2~

4 cm，边缘有粗锐锯齿；叶柄长 2~3.5 cm；花直径 1~1.5 cm；子房疏生柔毛。
.... 53. 直立悬钩子

53. 小叶 3~7（9）枚；植株无腺毛，稀在局部有腺毛。

54. 小叶 5~7 枚，卵形、三角卵形或卵状披针形，边缘具尖锐或缺刻状重锯齿；枝和花萼外被较密直立针状皮刺。 .... 54. 针刺悬钩子

54. 小叶常 3 枚，枝疏生钩状或直立细皮刺，花萼外具针状或钩状小刺或无刺。

55. 灌木，小叶披针形、卵状披针形或卵形，顶生小叶柄长 0.5~1 cm，花萼外无刺。 .... 55. 细瘦悬钩子

55. 低矮半灌木；小叶长圆形或椭圆状披针形，稀卵状披针形；顶生小叶柄长 1~2.5 cm；花萼外具直立针刺。 .... 56. 黄果悬钩子

1. 凉山悬钩子
学名：Rubus fockeanus Kurz in Journ.
物候期：花期 5~6 月，果期 7~8 月。
生态习性：生于海拔 1800~4000 m 山坡草地或林下。
分布：凉山州雷波、木里、布拖、普格、越西、冕宁、雷波、会东等县。
用途：果可食。

2. 齿萼悬钩子
学名：Rubus calycinus Wall. ex D. Don.
物候期：花期 5~6 月，果期 7~8 月。
生态习性：生于海拔 1900~3000 m 的杂木林下、林缘或山坡。
分布：米易等县。
用途：果可食。

3. 黄泡
学名：Rubus pectinellus Maxim.
生态习性：生于海拔 1400~3100 m 的灌丛、山沟。
分布：凉山州西昌、普格、宁南等县市。
用途：果食用，根、叶药用，能行水消肿、解毒。

4. 三色莓
学名：Rubus tricolor Focke.
物候期：花期 6~7 月，果期 8~9 月。
生态习性：生于海拔 1800~3600 m 坡地或林中。
分布：美姑等县。
用途：果多汁味甜，可供食用。

5. 周毛悬钩子

学名：Rubus amphidasys Focke ex Diels.

物候期：花期 5~6 月，果期 7~8 月。

生态习性：生于山坡、路旁、丛林或竹林内，或生于山地红黄壤林下。

分布：凉山州雷波、美姑等县。

用途：果可食。全株入药，有活血、治风湿之效。

6. 鸡爪茶

学名：Rubus henryi Hemsl. et O. Ktze.

物候期：花期 5~6 月，果期 7~8 月。

生态习性：生于海拔 1600~2900 m 的灌丛、草坡。

分布：凉山州宁南等县。

用途：果实可食，嫩叶可代茶。

7. 木莓

别名：高脚老虎扭、斯氏悬钩子。

学名：Rubus swinhoei Hance.

物候期：花期 5~6 月，果期 7~8 月。

生态习性：生于海拔 800~1500 m 的灌木丛、草坡及杂木林下。

分布：凉山州普格、雷波等县。

用途：果可食，根皮可提取栲胶。

8. 棠叶悬钩子

别名：羊尿泡、老林茶、海棠叶莓、羊乌泡。

学名：Rubus malifolius Focke.

物候期：花期 5~6 月，果期 6~8 月。

生态习性：生于海拔 600~2200 m 的山坡、阴湿处。

分布：凉山州美姑、雷波等县。

用途：果可食。根皮含鞣质，可提制栲胶。

9. 灰毛泡

学名：Rubus irenaeus Focke.

物候期：花期 5~6 月，果期 8~9 月。

生态习性：生于海拔 700~1500 m 的灌木丛、草坡。

分布：凉山州雷波等县。

用途：果可生食、制糖、酿酒或作饮料。根、叶供药用，具有散毒生肌、理气止痛功效。

10. 梨叶悬钩子

学名：Rubus pirifolius Smith.

生态习性：生于海拔 920～2000 m 的杂灌、草坡。

分布：凉山州雷波等县。

用途：全株入药，有强筋骨、祛寒湿之效。

11a. 高粱泡

学名：Rubus lambertianus Ser.

物候期：花期 7～8 月，果期 9～11 月。

生态习性：生于海拔 1600～2500 m 的山坡、阴湿处。

分布：凉山州金阳、甘洛、雷波、布拖等县。

用途：果生食，能止渴生津，或酿酒。根入药，主治活血调经，消肿解毒，用于产后腹痛、血崩、产褥热、痛经、坐骨神经痛、风湿关节痛、偏瘫；叶外用治创伤出血。

11b. 光滑高粱泡

学名：R. lambertianus Ser. var. glaber Hemsl.

形态特征：此变种小枝和叶片两面均光滑无毛或仅在叶片上面沿叶脉稍具柔毛，花序和花萼无毛或近无毛，果实黄色或橙黄色。

物候期：花期 7～8 月，果期 9～11 月。

生态习性：生于海拔 700～2500 m 山坡、多石砾山沟或林缘。

分布：普格、雷波等县。

用途：果生食，能止渴生津，或酿酒。

11c. 毛叶高粱泡

学名：Rubus lambertianus var. paykouangensis（Levl.）Hand. -Mazz.

形态特征：本变种小枝、叶柄、叶片下面脉上、花序和花萼均密被腺毛和柔毛，或混生刺毛，叶片两面有柔毛，果实黄色或橙黄色。

生态习性：生于海拔 800～2300 m 的山坡、阴湿处。

分布：凉山州会东、普格、西昌、昭觉、越西、雷波等县市。

用途：果生食，能止渴生津，或酿酒。根供药用，具有清热解毒、活血散瘀、止血功效。

12. 乌泡子

别名：乌泡。

学名：Rubus parkeri Hance.

物候期：花期 5～6 月，果期 7～8 月。

生态习性：乌泡子是一种生活力很强的攀援灌木，适应能力很强，特别能适应不同类型的地形和土壤条件。它广泛生长于山坡、沟边、路旁和岩坎上，在紫色土、黄壤上均能良好地生长。乌泡子也适应于不同的植物群落，它能生长于稀疏的灌丛中或灌丛边缘，也能生长于竹林边，还能生长于不同类型的草丛中。乌泡子喜欢湿润，在沟边及水分条件好的地方，生长特别良好，在过分干燥的环境生长不良。乌泡子更适宜在肥沃的土壤上生长。生于海拔 1700～1900 m 的灌丛、草坡或山地埂边。

分布：凉山州美姑、冕宁等县。

用途：果可生食和酿酒，并有强壮作用。叶、嫩枝为牛、羊所喜食。

13. 宜昌悬钩子

别名：红五泡、黄藨子、黄泡子。

学名：Rubus ichangensis Hemsl. et Ktze.

物候期：花期 7～8 月，果期 10 月。

生态习性：生于海拔 850～2500 m 山坡、山谷疏密林中或灌丛内。

分布：雷波等县。

用途：果味甜美，可食用及酿酒；种子可榨油；根入药，有利尿、止痛、杀虫之效；茎皮和根皮含单宁，可提栲胶。

14. 灰白毛莓

别名：灰白悬钩子。

学名：Rubus tephrodes Hance.

物候期：花期 6～8 月，果期 8～10 月。

生态习性：生于海拔 2000～2700 m 的灌丛、草坡。

分布：凉山州普格等县。

用途：果可食，根入药，能祛风湿、活血调经；叶可止血；种子为强壮剂。

15. 西南悬钩子

学名：Rubus assamensis Focke.

物候期：花期 6～7 月，果期 8～9 月。

生态习性：生于海拔 1400～3000 m 杂木林下或林缘。

分布：雷波等县。

用途：果可食。

16. 截叶悬钩子

别名：栽秧泡、黄泡。

学名：Rubus tinifolius Wu ex Yü et Lu.

物候期：花期 5～6 月，果期 7～8 月。

生态习性：喜光性强，适生于海拔 1400～1900 m 山坡、林缘、梯田周边以及路旁灌丛中。

分布：凉山州各县市均有生长。

用途：果生食或作酿酒的材料，根、叶供药用。根皮含单宁可提取栲胶。

17. 毛萼莓

别名：毛萼悬钩子、紫萼悬钩子、紫萼莓。

学名：Rubus chroosepalus Focke.

物候期：花期 5～6 月，果期 7～8 月。

生态习性：生于海拔 300～2000 m 的山坡灌丛中或林缘。

分布：凉山州会东、甘洛等县。

用途：果可供食用，根、茎和叶为提制栲胶的原料。根、叶供药用，具有除湿止痛、祛风杀虫功效。

18. 网纹悬钩子

学名：Rubus cinclidodictyus Card.

物候期：花期 6～7 月，果期 8～9 月。

生态习性：生于海拔 1200～3300 m 山坡林缘或沟边疏密林中。

分布：雷波等县。

用途：果可食。

19. 羽萼悬钩子

学名：R. pinnatisepalus Hemsl.

生态习性：生于海拔 3000 m 左右山地、溪旁或杂木林内。

分布：会东等县。

用途：果可食。

20. 大乌泡

别名：大红黄袍、乌泡。

学名：Rubus multibracteatus Levl. et Vant.

物候期：花期 4～6 月，果期 8～9 月。

生态习性：生于海拔 2000～2500 m 的山坡、灌木丛中、林缘及路边。

分布：凉山州会理、德昌、冕宁、西昌等县市。

用途：果可食；全株供药用，具有清热利湿、收敛、消肿止痛、止血接骨功效，可治风湿骨痛、感冒发热、咯血、肠炎痢疾。

21. 川莓

别名：乌泡。

学名：Rubus setchuenensis Bur. et Franch.

物候期：花期 4～5 月，果期 6～7 月。

生态习性：生于海拔 1300～2800 m 的杂灌丛中、水沟边、山坡及路边。

分布：凉山州各县市均有分布。

用途：果可食用，种子榨油。根、叶入药，有祛风除湿、止呕、活血之效，主治劳伤吐血、月经不调、口有腥气、瘰疬、痘后目翳、狂犬咬伤等症。叶治黄

水疮。茎皮作造纸原料。

22. 三花悬钩子

学名：Rubus trianthus Focke.

物候期：花期4～5月，果期5～6月。

生态习性：生于海拔2300 m左右的灌丛、草坡。

分布：凉山州美姑等县。

用途：果可生食和酿酒，并有强壮作用。

23. 刺花悬钩子

学名：Rubus aculeatiflorus Hayata.

物候期：花期5～6月，果期7～8月。

生态习性：生于海拔2500 m左右地区。

分布：凉山州越西、木里等县。

用途：果可食。

24. 山莓

别名：树莓、山抛子、牛奶泡、撒秧泡、三月泡、四月泡、龙船泡、大麦泡、泡儿刺。

学名：Rubus corchorifolius L.

物候期：花期2～3月，果期4～6月。

生态习性：生于海拔500～2300 m向阳山坡、溪边、山谷、荒地和疏密灌丛中潮湿处。

分布：凉山州雷波等县。

用途：果味甜美，含糖、苹果酸、柠檬酸及维生素C等，可供生食、制果酱及酿酒。果、根及叶入药，有活血、解毒、止血之效；根皮、茎皮、叶可提取栲胶。

25a. 掌叶悬钩子

学名：R. pentagonus Wall. ex Focke.

物候期：花期5月，果期7～8月。

生态习性：生于2500～3600 m常绿林下、杂木林内或灌丛中。

分布：冕宁等县。

用途：果可食。

25b. 无刺掌叶悬钩子

学名：Rubus pentagonus Wall. ex Focke var. modestus（Focke）Yu et Lu.

形态特征：本变种枝常无皮刺；花较小；花梗和萼筒有疏腺毛，稀无腺毛；萼筒具针刺或几无刺。

物候期：花期 5~6 月，果期 7~8 月。

生态习性：生于海拔 1600~2700 m 山坡林缘、灌木丛中或山谷阴处。

分布：冕宁、甘洛、美姑、雷波等县。

用途：果可食。

26. 绵果悬钩子

别名：毛柱莓、毛柱悬钩子、刺泡花。

学名：Rubus lasiostylus Focke.

物候期：花期 6 月，果期 8 月。

生态习性：生于海拔 1500~2900 m 的山坡、阴湿处。

分布：凉山州德昌、甘洛等县市。

用途：果可食。

27. 三叶悬钩子

别名：三叶藨、绊脚刺、小黄泡刺。

学名：Rubus delavayi Franch.

物候期：花期 5~6 月，果期 6~7 月。

生态习性：生于海拔 2000~3000 m 山坡杂木林下。

分布：攀枝花及凉山州各县市。

用途：果可食。叶和根皮含鞣质，可提制栲胶。全草入药，有清热解毒、止痢、驱蛔之效。

28. 白花悬钩子

学名：Rubus leucanthus Hance.

物候期：花期 4~5 月，果期 6~7 月。

生态习性：生于海拔 1300~2300 m 的疏林、草地。

分布：凉山州金阳、布拖等县。

用途：果可生食。根治腹泻、赤痢。

29. 篷蘽

别名：泼盘、三月泡、割田藨、野杜利。

学名：Rubus hirsutus Thunb.

物候期：花期 4 月，果期 5~6 月。

生态习性：生于海拔 1500 m 的灌木丛、草坡。

分布：凉山州喜德、木里、美姑等县。

用途：植株可在庭园栽植，供绿化和观赏。果实可食，味酸甜。全株和根供药用，根具有清热解毒、镇惊、祛风活络功效，可治风湿筋骨痛、小儿惊风。叶具有消炎、接骨作用；适量外用，可用于治疗断指。

30. 红腺悬钩子

别名：马泡、红刺苔、牛奶莓。

学名：Rubus sumatranus Miq.

物候期：花期 4～6 月，果期 7～8 月。

生态习性：生于海拔 1300～2000 m 的山谷疏密林内、林缘、灌丛内、竹林下及草丛中。

分布：凉山州雷波等县。

用途：果可食。根入药，有清热、解毒、利尿之效。

31. 大红泡

学名：Rubus eustephanos Focke.

物候期：花期 4～5 月，果期 6～7 月。

生态习性：生于海拔 2600～3200 m 的灌丛、路边。

分布：凉山州布拖、西昌、普格等县市。

用途：果可食。根皮含鞣质，可提取栲胶。

32. 弓茎悬钩子

学名：R. flosculosus Focke.

物候期：花期 6～7 月，果期 8～9 月。

生态习性：生于海拔 900～2600 m 的山谷河旁、沟边或山坡杂木丛中。

分布：会东等县。

用途：果较小，甜酸可食，也可供制醋。

33. 华中悬钩子

别名：郭氏悬钩子。

学名：Rubus cockburnianus Hemsl.

物候期：花期 5～6 月，果期 7～8 月。

生态习性：生于海拔 900～3800 m 的向阳山坡灌丛中或沟谷杂木林内。

分布：冕宁、越西、美姑、甘洛等县。

用途：果实直径 1～1.4 cm，果可供食用。

34. 拟覆盆子

学名：Rubus idaeopsis Focke.

物候期：花期 5～6 月，果期 7～8 月。

生态习性：生于海拔 1000～2600 m 山谷溪边或山坡灌丛中。

分布：雷波等县。

用途：果可食。

35a. 白叶莓

别名：白叶悬钩子、刺泡。

学名：Rubus innominatus S. Moore.

物候期：花期5~6月，果期7~8月。

生态习性：生于海拔800~2500 m的灌木丛、草坡。

分布：凉山州普格、木里等县。

用途：果酸甜可食；根供药用，可治风寒咳喘。

35b. 无腺白叶莓

学名：Rubus innominatus S. Moore var. kuntzeanus（Hemsl.）Bailey.

形态特征：灌木。本变种枝、叶柄、叶片下面、总花梗、花梗和花萼外面均无腺毛。

生态习性：生于海拔800~2000 m的灌木丛、草坡。

分布：凉山州布拖等县。

用途：根供药用，有平喘、止咳功效。

36. 红泡刺藤

别名：红泡刺、薅秧泡。

学名：Rubus niveus Thunb.

物候期：花期5~7月，果期7~9月。

生态习性：常生于海拔1500~2300 m的山坡灌丛、山谷、河滩、沟边、路旁等。

分布：凉山州内的各县市均有。

用途：果供生食与酿酒、制果酱，根皮可提取栲胶。根入药可用治风湿痹痛、筋脉拘挛、肌肤麻木不仁诸症，也可用于脾胃受寒之泻痢不止。

37. 三对叶悬钩子

学名：Rubus trijugus Focke.

物候期：花期5~6月，果期7~8月。

生态习性：生于海拔2500~3500 m低山坡、山地杂木林内、林缘草地或沟溪旁。

分布：木里等县。

用途：果可食。

38. 桉叶悬钩子

别名：六月泡。

学名：Rubus eucalyptus Focke.

物候期：花期4~5月，果期6~7月。

生态习性：生于海拔1000~2500 m杂木林、灌丛中或荒草地。

分布：冕宁、雷波等县。

用途：果可食。叶供药用，能消炎生肌。

39a. 粉枝莓

别名：二花莓。

学名：Rubus biflorus Buch. -Ham.

物候期：花期 5～6 月，果期 7～8 月。

生态习性：喜光，也耐阴、耐贫瘠，常生于海拔 1500～3500 m 的路边、山坡杂灌丛中或较阴湿的沟内。

分布：凉山州各县市有产。

用途：果可生食，制果酱、果酒。

39b. 柔毛粉枝莓

学名：Rubus biflorus Buch. -Ham. ex Smith var. pubescens Yu et lu.

形态特征：本变种叶柄、花梗和花萼外面密被柔毛，但无腺毛。

生态习性：生于海拔 2500 m 山坡、路旁、次生灌丛中。

分布：盐源等县。

用途：同粉枝莓。

40. 刺萼悬钩子

学名：R. alexeterius Focke.

物候期：花期 4～5 月，果期 6～7 月。

生态习性：生于海拔达 2800 m 的山谷溪旁、荒山坡或松林下开旷处。

分布：越西、木里、冕宁等县。

用途：果实可食。

41. 菰帽悬钩子

学名：Rubus pileatus Focke.

物候期：花期 6～7 月，果期 8～9 月。

生态习性：生于海拔 1100～2900 m 的沟谷边、路旁疏林下或山谷阴处密林下。

分布：凉山州雷波等县。

用途：果实（刺麦泡）供药用，具有清热、生津、止渴的功效。

42. 红花悬钩子

学名：Rubus inopertus (Diels) Focke.

物候期：花期 5～6 月，果期 7～8 月。

生态习性：生于海拔 800～2800 m 山地密林边或沟谷旁。

分布：盐源、雷波等县。

43. 多腺悬钩子

学名：Rubus phoenicolasius Maxim.

物候期：花期 5～6 月，果期 7～8 月。

生态习性：生于海拔 1200～2900 m 的杂灌、草坡、林下、路旁等。

分布：凉山州雷波、冕宁等县。

用途：果微酸可食；根、叶入药，能祛风除湿、补肾壮阳，可用于治疗风湿痛、肾虚、阳痿、月经不调诸症，也可解毒及作强壮剂；茎皮可提取栲胶。

44. 栽秧泡

别名：黄泡。

学名：Rubus ellipticus Smith var. obcordatus Focke.

物候期：花期 3～4 月，果期 4～5 月。

生态习性：生于海拔 1300～2700 m 的杂灌丛中、路边或云南松林下。

分布：攀枝花市及凉山州各县市。

用途：果食用；根皮可制栲胶；全株药用，清火解毒，消肿止痛，收敛止泻，利胆退黄。

45. 红毛悬钩子

学名：Rubus pinfaensis Levl. et Vant.

物候期：花期 3～4 月，果期 5～6 月。

生态习性：生于海拔 1850 m 左右的灌丛。

分布：凉山州美姑县、冕宁、甘洛。

用途：果可食。根叶可入药，根主治风湿关节痛、刀伤、吐血、颈淋巴结结核，叶主治黄水疮及狗咬伤。

46. 密毛纤细悬钩子

别名：细雅泡莓。

学名：Rubus hypargyrus Edgew var. niveus Hara.

形态特征：本变种叶片下面绒毛较密，不脱落；花数朵成伞房状花序；果实熟时黑色，微被柔毛。

生态习性：生于海拔 3000～3200 m 的灌木丛、草坡。

分布：凉山州昭觉、喜德、越西、布拖、甘洛等县。

用途：果可食。

47. 茅莓

别名：红梅消、藕田藨、小叶悬钩子、茅莓悬钩子、草杨梅子、蛇泡簕、牙鹰簕、婆婆头。

学名：Rubus parvifolius L.

物候期：花期 5～6 月，果期 7～8 月。

生态习性：生于海拔 450～2600 m 山坡杂木林下、向阳山谷、路旁或荒野。

分布：攀枝花市及凉山州各县市。

用途：果实酸甜多汁，可供食用、酿酒、制醋、熬糖、制饮料等。根和叶含单宁，可提取栲胶；根具有舒筋活血、凉血止血、调经止痛、消肿功效。植株茎枝柔美、叶态美观、花色艳丽、果实橘红，可在庭院栽植，供绿化和观赏。叶及根皮可提取栲胶。

48a. 喜阴悬钩子
学名：Rubus mesogaeus Fodce.

物候期：花期 4~5 月，果期 7~8 月。

生态习性：生于海拔 900~2700 m 山坡、山林下湿润处或沟边冲积台地。

分布：凉山州美姑、冕宁、甘洛、木里、雷波等县。

用途：果可生吃或酿酒。

48b. 脱毛喜阴悬钩子
学名：Rubus mesgaeus Focke var. Glabrescens.

形态特征：本变种叶片下面毛逐渐脱落，近于无毛。

生态习性：生于海拔 1000~2000 m 常绿阔叶林林缘。

分布：雷波等县。

用途：果可食。

49. 密刺悬钩子
别名：康藏悬钩子。

学名：Rubus subtibetanus Hand. -Mazz.

物候期：花期 5~6 月，果期 6~7 月。

生态习性：生于海拔 1500~2300 m 左右的灌木丛、草坡。

分布：凉山州美姑等县。

用途：果可食。

50. 秀丽莓
学名：Rubus amabilis Focke.

物候期：花期 4~5 月，果期 7~8 月。

生态习性：喜光，耐半阴；喜疏松湿润富含腐殖质的肥沃土壤，萌蘖性强；较耐寒。生于海拔 2000 m 左右的山沟石砾滩地及土层较薄处。

分布：凉山州美姑、越西、米易等县。

用途：果可生吃或酿酒。秀丽莓花大、果美，可在园林绿地中的林缘、溪旁种植，以创造山林野趣的环境，尤其适宜在风景区等自然式园林中种植；也可植为刺篱。根可入药。

51. 黄色悬钩子
学名：Rubus lutescens Franch.

物候期：花期 5~6 月，果期 7~8 月。

生态习性：生于海拔 2500~4300 m 山坡林缘或林下。

分布：木里等县。

用途：果可食。

52a. 插田泡

学名：Rubus coreanus Miq.

物候期：花期 4~6 月，果期 6~8 月。

生态习性：生于海拔 1600~2700 m 的山坡、路旁、灌木丛中和沟边、林下。

分布：凉山州甘洛、冕宁、喜德等县。

用途：果可生食和酿酒，并有强壮作用。果、根入药，果主治补肾固精，用于阳痿、遗精、遗尿、白带。根、不定根主治调经活血、止血止痛，用于跌打损伤、骨折、月经不调；外用治外伤出血。

52b. 毛叶插田泡

别名：白绒覆盆子。

学名：Rubus coreanus Miq. var. tomentosus Card.

形态特征：本变种叶片下面密被短绒毛。

生态习性：生于海拔 800~3100 m 的山坡灌丛或沟谷旁。

分布：会东等县。

用途：果可食。

53. 直立悬钩子

别名：直茎莓。

学名：Rubus stans Focke.

物候期：花期 4~5 月，果期 6~7 月。

生态习性：生于海拔 2000~3400 m 高山林下或林缘。

分布：木里、雷波、西昌等县市。

用途：果实可食。

54a. 针刺悬钩子

别名：白花悬钩子、刺悬钩子。

学名：R. pungens Camb.

物候期：花期 4~5 月，果期 7~8 月。

生态习性：生于海拔 2000~3800 m 山坡、灌丛、草坡。

分布：凉山州木里等县。

用途：果可生食。

54b. 香莓

别名：九里香、落地角公、九头饭消扭。

学名：Rubus pungens Camb. var. oldhamii（Miq.）Maxim.

形态特征：枝上针刺较稀少，花萼上具疏密不等的针刺或近无刺；花枝、叶柄、花梗和花萼上无腺毛或仅于局部如花萼或花梗上有稀疏短腺毛。

生态习性：生于海拔 1300～3400 m 山谷半阴处潮湿地或山地疏密林中。

分布：凉山州喜德等县。

用途：果可鲜食味酸甜，亦可酿酒、熬糖、制饮料。根供药用，可治小儿惊风。

55. 细瘦悬钩子

学名：Rubus macilentus Camb.

物候期：花期 4～5 月，果期 7～8 月。

生态习性：生于海拔 900～3000 m 山坡、路旁、水沟边或林缘。

分布：雷波等县。

用途：果可食。

56. 黄果悬钩子

学名：Rubus xanthocarupus Bbur. et Franch.

物候期：花期 5～6 月，果期 8 月。

生态习性：生于海拔 1400～1900 m 山沟石砾滩地及土层较薄处。

分布：攀枝花市及凉山州各县市。

用途：果可生吃、酿酒，并可制饮料。根外用，煎水熏洗或捣敷，可消炎止痛，治结膜炎、睑缘炎、无名肿毒。

57. 狭叶早花悬钩子

学名：Rubus preptanthus Focke var. mairei（Levl.）Yu. et Lu.

形态特征：常绿或半常绿攀援灌木，株高可达 5 m；小枝红褐色或绿色，被灰白色伏生丝状长绒毛，疏生微弯小皮刺。单叶、薄革质，狭卵状披针形，长 7～18.5 cm，宽 1.5～3 cm，顶端长渐尖、尾尖，基部钝或近圆形，上面无毛，下面密被灰白色绒毛，侧脉 8～12 对，边缘被浅锯齿；叶柄长 0.7～0.9 cm，被灰白色绒毛，老时渐脱落，疏生微弯小皮刺；背面主脉生钩刺。托叶长圆披针形，长 1.6～3 cm，宽约 3.5～5 mm，全缘，脱落很迟，外面被长柔毛，内面无毛。总状花序顶生，有花 7～13 朵，花梗长 1.9～2.4 cm。苞片与托叶同形，长 1.5～2.3 cm，宽 3～6 mm，全缘，偶见顶端 3～5 分裂，裂片披针形，总花梗、花梗和花萼均密被灰白色至黄灰色绒毛状长柔毛；萼筒盆形；萼片长卵形，顶端渐尖，具 2～3 mm 的尖头，全缘；长 1～1.3 cm，宽 0.5～0.6 cm，全缘或偶见前段分裂。花直径 2.2～2.5 cm，花瓣椭圆形长 1.1～1.3 cm，宽 0.6～0.8 cm，白色，两面被微柔毛；雄蕊多数，花丝长约 6～7 mm，基部近合生，花丝被微柔毛，花药具长柔毛，花丝稍扁，基部不膨大；雌蕊多数，无毛，花柱长 8～9 mm，长于雄蕊；子房外围及子房间花托上密生直立的白色丝状长柔毛。果实半球形，紫红色，直径 0.9～1.8 cm。

物候期：花期 5~6 月，果期 8 月。

生态习性：生于海拔 2300~2500 m 山沟或灌丛。

分布：西昌大菁梁子。

用途：果可生吃、酿酒，并可制饮料。

（二十）花楸属（Sorbus L.）

落叶乔木或灌木；冬芽大形，具多数覆瓦状鳞片。叶互生，有托叶，单叶或奇数羽状复叶，在芽中为对折状，稀席卷状。花两性，多数成顶生复伞房花序；萼片和花瓣各 5；雄蕊 15~25；心皮 2~5，部分离生或全部合生；子房半下位或下位，2~5 室，每室具 2 胚珠。果实为 2~5，室小形梨果，子房壁成软骨质，各室具 1~2 种子。

本属全世界约有 80 余种，中国产 50 余种。攀西地区产 28 种，果实中含丰富的维生素和糖分，可作果酱、果糕及酿酒之用或作为果树育种和砧木的重要原始材料的种类有 16 种。

花楸属分种检索表

1. 单叶，叶边有锯齿或浅裂片。

2. 果实上有宿存的萼片；心皮 2~3，稀 4，大部分与花托合生，仅先端游离；花柱 2~4，基部合生。

3. 叶片无毛或仅下面脉腋间有少数柔毛；果实直径 1~2 cm；叶片椭圆倒卵形或倒卵状长椭圆形，叶边锯齿圆钝；果实 3~4 室。 ············ 1. 大果花楸

3. 叶片下面密被绒毛，有时逐渐脱落近于无毛，叶边有尖锐锯齿或重锯齿；果实直径小于 1 cm。

4. 果实长卵形或长椭圆形，2 室；叶片下面绒毛逐渐脱落，边缘有重锯齿、单锯齿或浅裂片。 ······················ 2. 长果花楸

4. 果实球形或卵形，2~5 室，叶片下面绒毛永不脱落。叶基圆形或宽楔形，伞房花序具少数花朵，叶片长 8~15 cm，下面中脉及侧脉光滑无毛；果实外面具斑点，3 室。 ························· 3. 黄脉花楸

2. 果实上无宿存的萼片，全部脱落；心皮 2~3，稀 4~5，全部与花托合生；花柱 2~5，基部合生。

5. 叶片下面无毛或微具毛。

6. 叶脉（6）10~20（24）对，直达叶边锯齿尖端。叶边锯齿圆钝，侧脉 10~18 对；花柱 4~5。 ·············· 4. 美脉花楸

6. 叶脉 7~11 对，在叶边略为弯曲。

7. 花序完全无毛；叶片椭圆形、长椭圆形至椭圆倒卵形。叶边锯齿较尖锐，仅基部全缘，下面中脉上具有绒毛；果实卵形，2~3（4）室。 ··· 5. 毛序花楸

7. 花序具白色绒毛；叶片倒卵形或长圆倒卵形，下面具绒毛，不久脱落，叶边锯齿较钝，近基部全缘；果实卵形，2~3室。 …………… 6. 毛背花楸

5. 叶片下面被绒毛。

8. 果实椭圆形，近平滑；中脉、侧脉（8~15 对）和叶柄上均被白色绒毛。
………………………………………………………………… 7. 石灰花楸

8. 果实近球形，有少数斑点。叶片下面被灰白色绒毛，中脉和侧脉（12~14 对）无毛，叶柄无毛或微具绒毛；花梗和萼筒外有白色绒毛。…………
………………………………………………………………… 8. 江南花楸

1. 羽状复叶；果实上有宿存的萼片；心皮 2~4，稀 5，大部分与花托合生；花柱 2~4（5），通常离生。

9. 小叶片 2~7（9）对。

10. 矮小灌木；小叶片 4~9 对，长 1~2 cm，边缘有细锐锯齿；托叶披针形或线形。 ………………………………………………… 9. 铺地花楸

10. 直立乔木或灌木，高在 3 m 以上。

11. 托叶膜质，脱落早；果实白色或红色。叶边有尖锐锯齿，小叶片 4~8 对，先端急尖或渐尖，上半部边缘均有锯齿，下面中脉上具绒毛。…………
………………………………………………………………… 10. 湖北花楸

11. 托叶草质，脱落迟；果实红色，叶边锯齿 8~20，浅钝，叶轴和叶片下面无毛或仅中脉上具少数短柔毛。 ………………… 11. 华西花楸

9. 小叶片 7~21 对。

12. 小叶片长通常在 2 cm 以下，对数较多，常在 12 对以上；花梗、总花梗、叶轴和小叶片中脉上常具锈红色柔毛。 ………… 12. 红毛花楸

12. 小叶片长在 2 cm 以上，对数较少，常在 12（17）对以下。

13. 叶边锯齿较少，仅在顶端有锯齿，其余部分近于全缘。果实白色；花梗、总花梗和叶轴下面无毛或近于无毛；叶边锯齿 5~8；托叶草质或近膜质，披针形。 ……………………………………………… 13. 球穗花楸

13. 叶边锯齿较多，全部都有锯齿或仅基部全缘。

14. 果实淡红色，小枝肥厚；萼筒无毛。 ………… 14. 西南花楸
14. 果实白色。

15. 小叶片 8~12 对，全部边缘有锯齿（10~14），下面近于无毛；叶轴和花序有稀疏白色柔毛。 …………………… 15. 陕甘花楸

15. 小叶片 9~13（17）对，边缘仅上半部或三分之二以上部分有锯齿（5~10），下面苍白色，有稀疏柔毛；叶轴和花序有稀疏黄色柔毛。……………
………………………………………………………………… 16. 西康花楸

1. 大果花楸

别名：沙糖果。

学名：Sorbus megalocarpa Rehd.

物候期：花期 4 月，果期 7~8 月。

生态习性：生于海拔 2000~2300 m 暖湿的山谷和沟边或岩石坡地等。

分布：凉山州的甘洛、雷波等县。

用途：鲜果可酿酒，树木可供观赏，木材可用作家具和雕刻以及工艺品材料。

2. 长果花楸

学名：Sorbus zahlbruckneri Schneid.

物候期：果期 7~8 月。

生态习性：生于海拔 1300~2000 m 的灌木丛、沟谷或密林中。

分布：凉山州甘洛等县。

用途：植株可在庭园种植，供绿化和观赏。

3. 黄脉花楸

学名：Sorbus xanthoneura Rehd.

物候期：花期 5~6 月，果期 7~9 月。

生态习性：生于海拔 2400~2800 m 的杂木林、路边。

分布：凉山州会理等县。

用途：庭院栽培，供绿化观赏。

4. 美脉花楸

学名：S. caloneura（Stapf）Rehd.

物候期：花期 4 月，果期 8~10 月。

生态习性：普遍生于海拔 600~2100 m 杂木林内、河谷地或山地。

分布：美姑等县。

5. 毛序花楸

学名：Sorbus keissleri（Schneid.）Rehd.

物候期：花期 5 月，果期 8~9 月。

生态习性：生于海拔 2300~3200 m 的灌丛、沟谷。

分布：凉山州美姑等县。

用途：花、叶（毛序花楸）、果实（野麻梨子）入药能健胃、助消化、恢复体力。

6. 毛背花楸

学名：Sorbus aronioides Rehd.

物候期：花期 5~6 月，果期 8~10 月。

生态习性：生于海拔 2500 m 左右的灌丛、沟谷。

分布：凉山州美姑等县。

7. 石灰花楸

别名：翻白树、石灰树、反白树。

学名：Sorbus folgneri（Schneid.）Rehd.

物候期：花期 4~5 月，果期 7~8 月。

生态习性：耐寒，也耐阴，喜湿润肥沃土壤。常散生于海拔 1700~2400 m 的溪谷、山沟阴坡山林地。

分布：凉山州美姑等县。

用途：石灰花楸树姿优美，春开白花，秋结红果，十分秀丽，适宜于园林栽培观赏。木材可制作高级家具，枝条可供药用。

8. 江南花楸

学名：Sorbus hemsleyi（Schneid.）Rehd.

物候期：花期 5 月，果期 8~9 月。

生态习性：生于海拔 900~3200 m 山坡干燥地疏林内或与常绿阔叶树混交。

分布：米易、雷波等县。

9. 铺地花楸

学名：Sorbus reducta Diels.

物候期：花期 5~6 月，果期 9~10 月。

生态习性：常生于海拔 3000~4000 m 多石谷地矮生灌木丛中。

分布：凉山州木里等县。

用途：庭院栽培，供观赏绿化。

10. 湖北花楸

学名：Sorbus hupehensis Schneid.

物候期：花期 5~7 月，果期 8~9 月。

生态习性：耐寒冷，喜湿润肥沃土壤。混生于海拔 900~4200 m 的阔叶林中，常沿溪沟山谷阴坡地繁生。

分布：凉山州木里、雷波等县。

用途：湖北花楸树姿优美，花白如雪，果白如珠，秀丽别致，宜成片配植于山麓坡地、疏林谷地，点缀池畔溪边，别有风姿。木材可制家具，树皮可提制栲胶。

11. 华西花楸

学名：Sorbus wilsoniana Schenid.

物候期：花期 5 月，果期 9 月。

生态习性：生于海拔 2300~3500 m 的杂木林、草地。

分布：凉山州布拖、普格等县。

用途：枝叶茂密，秋季变红，大形红色果穗经久不落，甚为美观，有栽培价值。

12. 红毛花楸

学名：Sorbus rufopilosa Schneid.

物候期：花期 6 月，果期 9 月。

生态习性：生于海拔 1800～4000 m 的山地杂木中或沟谷旁。

分布：攀枝花市及凉山州各县市。

用途：庭院种植，供绿化观赏。

13. 球穗花楸

学名：Sorbus glomerulata Koehne.

物候期：花期 5～6 月，果期 9～10 月。

生态习性：生于海拔 2700 m 左右的灌丛、沟谷。

分布：凉山州美姑等县。

用途：庭院栽培，供绿化观赏。

14. 西南花楸

学名：S. rehderiana Koehne.

物候期：花期 6 月，果期 9 月。

生态习性：普遍生于海拔 2600～4300 m 山地丛林中。

分布：冕宁、盐源、木里等县。

15. 陕甘花楸

学名：Sorbus koehneana Schneid.

物候期：花期 6 月，果期 9 月。

生态习性：温带树种，好温润肥沃土壤。常生在溪谷阴坡山林中。

分布：凉山州美姑等县。

用途：陕甘花楸枝叶秀丽，秋季结白色果实，是一种优良的园林观赏树种。

16. 西康花楸

别名：川滇花楸、爪瓣花楸。

学名：Sorbus prattii Koehne.

物候期：花期 5～6 月，果期 9 月。

生态习性：生于海拔 2200～3900 m 的杂木林中。

分布：凉山州金阳、美姑等县。

用途：西康花楸的根皮可药用，具行气止痛、温肾助阳之功效，用于治疗牙龈肿痛、肾虚阳痿。

（二十一）红果树属（Stranvaesia Lindl.）

常绿乔木或灌木；冬芽小，卵形，有少数外露鳞片。单叶，互生，革质，全缘或有锯齿，有叶柄与托叶。顶生伞房花序；苞片早落；萼筒钟状，萼片5；花瓣5，白色，基部有短爪；雄蕊20；花柱5，大部分连合成束，仅顶端部分离生；子房半下位，基部与萼筒合生，上半部离生，5室，每室具2胚珠。梨果小，成熟后心皮与萼筒分离，沿心皮背部开裂，萼片宿存；种子长椭圆形，种皮软骨质，子叶扁平。

本属约有5种，分布于我国及印度、缅甸北部山区；我国约有4种。攀西地区产1种。

红果树

学名：Stranvaesia davidiana Dcne.

形态特征：灌木或小乔木，高1~10 m，枝条密集；小枝幼时密被长柔毛，逐渐脱落。叶片长圆形、长圆披针形或倒披针形，长5~12 cm，宽2~4.5 cm，先端急尖或突尖，基部楔形至阔楔形，全缘，上面中脉下陷，沿中脉被灰褐色柔毛，下面中脉突起，侧脉8~16对，不明显，沿中脉有稀疏柔毛；叶柄长1.2~2 cm，被柔毛，逐渐脱落；托叶膜质，钻形，长5~6 mm，早落。复伞房花序，直径5~9 cm，密具多花；总花梗和花梗均被柔毛，花梗短，长2~4 mm；苞片与小苞片均膜质，卵状披针形，早落；花直径5~10 mm；萼筒外面有稀疏柔毛；萼片三角卵形，先端急尖，全缘，长2~3 mm，长不及萼筒之半，外被少数柔毛；花瓣近圆形，直径约4 mm，基部有短爪，白色；雄蕊20，花药紫红色；花柱5，大部分连合，柱头头状，比雄蕊稍短；子房顶端被绒毛。果实近球形，橘红色，直径7~8 mm；萼片宿存，直立。

物候期：花期5~6月，果期9~10月。

生态习性：生于海拔2500 m左右的山坡、沟谷、灌木丛林。

分布：凉山州美姑等县。

用途：观果树种，宜于庭园或坡地种植。

二十、蝶形花科 FABACEAE

（一）木豆属（Cajanus DC.）

直立灌木或亚灌木，或为木质或草质藤本。叶具羽状3小叶或有时为指状3小叶，小叶背面有腺点；托叶和小托叶小或缺。总状花序腋生或顶生；苞片小或大，早落；小苞片缺；花萼钟状，5齿裂，裂片短，上部2枚合生或仅于顶端稍二裂；花冠宿存或否；旗瓣近圆形、倒卵形或倒卵状椭圆形，基部两侧具内弯的耳，有爪；翼瓣狭椭圆形至宽椭圆形，具耳；龙骨瓣偏斜圆形，先端钝，雄蕊二体（9+1），对旗瓣的 1 枚离生；花药一式；子房近无柄；胚珠 2 至多颗；花柱长，线状，先端上弯，上部无毛或稍具毛，无须毛。荚果线状长圆形，压扁，种子间有横槽；种子肾形至近圆形，光亮，有各种颜色或具斑块，种阜明显或残缺。

本属约 32 种，我国有 7 种及 1 变种，产南部及西南部，引入栽培的 1 种，在西南部和东南部常见。

木豆

别名：三叶豆、药豆。

学名：Cajanus cajan（L.）Millsp.

形态特征：直立灌木，1～3 m。多分枝，小枝有明显纵棱，被灰色短柔毛。叶具羽状 3 小叶；托叶小，卵状披针形，长 2～3 mm；叶柄长 1.5～5 cm，上面具浅沟，下面具细纵棱，略被短柔毛；小叶纸质，披针形至椭圆形，长 5～10 cm，宽 1.5～3 cm，先端渐尖或急尖，常有细凸尖，上面被极短的灰白色短柔毛，下面较密，呈灰白色，有不明显的黄色腺点；小托叶极小；小叶柄长 1～2 mm，被毛。总状花序长 3～7 cm；总花梗长 2～4 cm；花数朵生于花序顶部或近顶部；苞片卵状椭圆形；花萼钟状，长达 7 mm，裂片三角形或披针形，花序、总花梗、苞片、花萼均被灰黄色短柔毛；花冠黄色，长约为花萼的 3 倍，旗瓣近圆形，背面有紫褐色纵线纹，基部有附属体及内弯的耳，翼瓣微倒卵形，有短耳，龙骨瓣先端钝，微内弯；雄蕊二体，对旗瓣的 1 枚离生，其余 9 枚合生；子房被毛，有胚珠数颗，花柱长，线状，无毛，柱头头状。荚果线状长圆形，长 4～7 cm，宽 6～11 mm，于种子间具明显凹入的斜横槽，被灰褐色短柔毛，先端渐尖，具长的尖头；种子 3～6 颗，近圆形，稍扁，种皮暗红色，有时有褐色斑点。

物候期：花、果期 2～11 月。

生态习性：木豆原产于热带，喜高温湿润气候，由于根系强大，其耐旱耐瘠力也较强。在一定程度上能抗酸和碱，不能忍耐霜冻，遇轻霜叶便枯黄掉落，也不耐涝。能适应的气温在 10～36 ℃，生长最适温度为 18～29 ℃，低于 10 ℃或高于 36 ℃时，生长不良；比较耐瘠，除易涝的黏土外，从砂土至黏壤土和石砾土，都可种植，而以深厚疏松，含腐殖质和钙、磷较多的土壤为宜。适宜的土壤 pH 值为 5～7，缺磷或含锰过多时叶片黄化。属短日性植物，在 10～12 小时的光照下开花。

分布：攀枝花市及凉山州内的西昌、宁南、德昌、冕宁、盐源、会理、会东、金阳等县市有生产。

用途：木豆营养丰富，主要成分是蛋白质和淀粉，可制作豆粉、豆腐、豆浆、豆芽、豆酱、豆馅等。

（二）黧豆属（Mucuna Adans.）

木质或草质藤本。叶为羽状复叶，具 3 小叶。花序腋生或生于老茎上；花萼钟状，4~5 裂，2 唇形；花冠伸出萼外；旗瓣通常比翼瓣、龙骨瓣为短，具瓣柄，基部两侧具耳，翼瓣长圆形或卵形，内弯，常附着于龙骨瓣上，龙骨瓣比翼瓣稍长或等长，先端内弯，有喙；雄蕊二体，对旗瓣的一枚雄蕊离生，其余的雄蕊合生，花药二式，常具髯毛，5 枚较长，近基部着生，5 枚较短，背着的互生；胚珠 1~10 多颗；花柱丝状，内弯，有时有毛，但不具髯毛，柱头小，头状。荚果膨胀或扁，边缘常具翅，常被褐黄色螫毛，多 2 瓣裂，裂瓣厚，常有隆起、片状、斜向的横折褶或无，种子之间具隔膜或充实。种子肾形、圆形或椭圆形，种脐短或长而为线形，至超过种子周围长度的一半，无种阜。

本属约 100~160 种，多分布于热带和亚热带地区。我国约 15 种，攀西地区产 2 种，其中常春油麻藤块根可提取淀粉，种子可榨油。

常春油麻藤

别名：常绿油麻藤、牛马藤、棉麻藤。

学名：Mucuna sempervirens Hemsl.

形态特征：常绿木质藤本，长可达 30 m。老茎直径超过 30 cm。羽状复叶具 3 小叶，叶长 20~40 cm；叶柄长 7~15 cm；小叶纸质或近革质，顶生小叶椭圆形、长圆形或卵状椭圆形，长 8~15 cm，宽 3.5~6 cm，先端渐尖头可达 15 cm，基部稍楔形，侧生小叶极偏斜，长 7~14 cm，无毛；侧脉 4~5 对，在两面明显，下面凸起；小叶柄长 4~8 mm，膨大。总状花序生于老茎上，长 10~36 cm，每节上有 3 花，无香气或有臭味；苞片和小苞片不久脱落，苞片狭倒卵形，长宽各 15 mm；花梗长 1~2.5 cm，具短硬毛；小苞片卵形或倒卵形；花萼密被暗褐色伏贴短毛，外面被稀疏的金黄色或红褐色脱落的长硬毛，萼筒宽杯形，长 8~12 mm，宽 18~25 mm；花冠深紫色，干后黑色，长约 6.5cm，旗瓣长 3.2~4 cm，圆形，先端凹达 4 mm，基部耳长 1~2 mm，翼瓣长 4.8~6 cm，宽 1.8~2 cm，龙骨瓣长 6~7 cm，基部瓣柄长约 7 mm，耳长约 4 mm；雄蕊管长约 4 cm，花柱下部和子房被毛。果木质，带形，长 30~60 cm，宽 3~3.5 cm，厚 1~1.3 cm，种子间缢缩，近念珠状，边缘多数加厚，凸起为一圆形脊，中央无沟槽，无翅，具伏贴红褐色短毛和长的脱落红褐色刚毛，种子 3~10 颗，黑褐色，略带红色，扁圆形，长约 2~3 cm，宽 1.8~2.2 cm，厚 1 cm，种脐黑色，包围着种子的 3/4。

物候期：花期 4~5 月，果期 8~10 月。

生态习性：生于海拔 900~3000 m 的亚热带森林、灌木丛、溪谷、河边。

分布：冕宁、喜德、德昌、西昌等县市。

用途：块根可提取淀粉，种子可榨油。茎藤药用，有活血化瘀、舒筋活络之效；茎皮可织草袋及制纸。该植物木质藤状，生长迅速，四季常绿，目前已经被很多城市用于垂直绿化。

（三）槐属（Sophora L.）

灌木或小乔木，很少为草本；奇数羽状复叶，小叶对生，全缘；花排成顶生的总状花序或圆锥花序；萼 5 齿裂；花冠白色或黄色，少为蓝紫色，旗瓣圆形或阔倒卵形，通常比龙骨瓣短，翼瓣斜长圆形，龙骨瓣近于直立；雄蕊 10，分离或很少与基部合生为环状；子房具短柄，有胚珠多数，花柱内弯；荚果具短柄，圆柱形、念珠状或稍扁，肉质至木质，不开裂或迟开裂；种子倒卵形或球形。

本属约 80 种，分布于温带和亚热带地区，我国约 23 种，南北均产之，攀西地区产 6 种，其中槐树被收录为野生果树类。

槐树

别名：国槐、家槐、守宫槐、槐花树。

学名：Sophora japonica L.

形态特征：落叶乔木，高达 25 m。羽状复叶长达 25 cm；叶轴初被疏柔毛，旋即脱净；叶柄基部膨大。包裹着芽；托叶形状多变，早落；小叶 4~7 对，对生或近互生，纸质，卵状披针形或卵状长圆形，长 2.5~6 cm，宽 1.5~3 cm，先端渐尖，具小尖头，基部阔楔形或近圆形，稍偏斜，下面灰白色，初被疏短柔毛，旋变无毛；小托叶 2 枚，钻状。圆锥花序顶生，常呈金字塔形，长达30 cm；花梗比花萼短；小苞片 2 枚，形似小托叶；花萼浅钟状，长约 4 mm，萼齿 5，近等大，圆形或钝三角形，被灰白色短柔毛，萼管近无毛；花冠白色或淡黄色，旗瓣近圆形，长和宽约 11 mm，具短柄，有紫色脉纹，先端微缺，基部浅心形，翼瓣卵状长圆形，长 10 mm，宽 4 mm，先端浑圆，基部斜戟形，无皱褶，龙骨瓣阔卵状长圆形，与翼瓣等长，宽达 6 mm；雄蕊近分离，宿存；子房近无毛。荚果串珠状，长 2.5~5 cm 或稍长，径约 10 mm，种子间缢缩不明显，种子排列较紧密，具肉质果皮，成熟后不开裂，具种子 1~6 粒；种子卵球形，淡黄绿色，干后黑褐色。

物候期：花期 7~8 月，果期 8~10 月。

生态习性：性耐寒，喜阳光，稍耐阴，不耐阴湿而抗旱，在低洼积水处生长不良，深根，对土壤要求不严，较耐瘠薄，石灰及轻度盐碱地（含盐量 0.15％左右）上也能正常生长，但在湿润、肥沃、深厚、排水良好的沙质土壤上生长最佳。生于海拔 1500~1700 m 沟谷、山坡、草地、路边等处。

分布：攀枝花市及凉山州雷波、甘洛、西昌、冕宁等县市。

用途：荚果可食，但该物种为中国植物图谱数据库收录的有毒植物，其毒性为花、叶、茎皮和荚果有毒。人食花和叶中毒出现面部浮肿、皮肤发热、发痒。叶和荚果还能刺激肠胃黏膜，产生疝痛和下痢。果壳提取物可使小鼠和大鼠产生呼吸困难等。花蕾与花含芸香苷、甾醇，果实含刺槐素、槲皮素等多种黄酮类和酚类成分。速生性较强，材质坚硬，有弹性，纹理直，易加工，耐腐蚀，可供农具、家具、车辆、建筑、器具等用材；花为优良蜜源植物；城镇、庭园、山坡栽培，供绿化和观赏；又是防风固沙用材及经济林兼用的树种，耐烟尘，是城乡良好的遮阴树和行道树种。槐花性凉味苦，有清热凉血、清肝泻火、止血的作用。槐实能止血、降压。槐枝，煎煮至药液呈绿色，先熏后洗痔疮处，具有良好的治疗效果。

二十一、苏木科 CAESALPINIACEAE

（一）决明属（Cassia Linn.）

乔木、灌木、亚灌木或草本。叶丛生，偶数羽状复叶；叶柄和叶轴上常有腺体；小叶对生，无柄或具短柄；托叶多样，无小托叶。花近辐射对称，通常黄色，组成腋生的总状花序或顶生的圆锥花序，或有时 1 至数朵簇生于叶腋；苞片与小苞片多样；萼筒很短，裂片 5，覆瓦状排列；花瓣通常 5 片，近相等或下面 2 片较大；雄蕊 4~10 枚，常不相等，其中有些花药退化，花药背着或基着，孔裂或短纵裂；子房纤细，有时弯扭，无柄或有柄，有胚珠多颗，花柱内弯，柱头小。荚果形状多样，圆柱形或扁平，很少具 4 棱或有翅，木质、革质或膜质，2 瓣裂或不开裂，内面与种子之间有横隔；种子横生或纵生，有胚乳。

本属约 600 种，分布于全世界热带和亚热带地区，少数分布至温带地区；我国原产 10 余种，包括引种栽培的共 20 余种，广布于南北各省区。攀西地区产7 种，其中 1 种作为野生果树资源收录。

望江南

别名：野扁豆、狗屎豆、羊角豆、黎茶。

学名：Cassia occidentalis Linn.

性状：直立、少分枝的亚灌木或灌木，无毛，高 0.8~1.5 m；枝带草质，有棱；根黑色。叶长约 20 cm；叶柄近基部有大而带褐色、圆锥形的腺体 1 枚；小叶 4~5 对，膜质，卵形至卵状披针形，长 4~9 cm，宽 2~3.5 cm，顶端渐尖，有小缘毛；小叶柄长 1~1.5 mm，揉之有腐败气味；托叶膜质，卵状披针形，早落。花数朵组成伞房状总状花序，腋生和顶生，长约 5 cm；苞片线状披针形或长卵形，长渐尖，早脱；花长约 2 cm；萼片不等大，外生的近圆形，长 6 mm，内生的卵形，长 8~9 mm；花瓣黄色，外生的卵形，长约 15 mm，宽 9~10 mm，其余可长达 20 mm，宽 15 mm，顶端圆形，均有短狭的瓣柄；雄蕊 7 枚发育，3 枚不育，无花药。荚果带状镰形，褐色，压扁，长 10~13 cm，宽 8~9 mm，稍弯曲，边较淡色，加厚，有尖头；果柄长 1~1.5 cm；种子 30~40 颗，种子间有薄隔膜。

物候期：花期 4~8 月，果期 6~10 月。

生态习性：常生于河边滩地、旷野或丘陵的灌木林或疏林中，也是村边荒地习见植物。

分布：攀枝花市米易及凉山州宁南、西昌、雷波等县市。

用途：本种植株可在庭院种植，作地被植物，供绿化和观赏。在医药上常将本植物用作缓泻剂，种子炒后治疟疾；根有利尿功效；鲜叶捣碎治毒蛇毒虫咬伤，但有微毒，牲畜误食过量可以致死。

（二）皂荚属（Gleditsia Linn.）

落叶乔木或灌木；干和枝有单生或分枝的粗刺；叶互生，一回或二回羽状复叶；托叶早落；小叶多数，近对生或互生，常有不规则的钝齿或细齿；花杂性或单性异株，组成侧生的总状花序或穗状花序，很少为圆锥花序；萼片和花瓣 8~5；雄蕊 6~10，伸出，花药丁字着生；子房有胚珠 2 至多颗，柱头大 2 荚果扁平，大而不开裂或迟裂，有种子 1 至 2 颗。

本属 16 种；中国 6 种，广布于南北各省区，攀西地区产 1 种 1 变种。

1. 皂荚

别名：皂角、牙皂、刀皂。

学名：Gleditsia sinensis Lam.

形态特征：落叶乔木或小乔木，高可达 30 m；枝刺粗壮，常分枝，多呈圆锥状，长达 16 cm。叶为一回羽状复叶，长 10~18（26）cm；小叶（2）3~9 对，纸质，卵状针形至长圆形，长 2~8.5（12.5）cm，宽 1~4（6）cm，先端急尖或渐尖，顶端圆钝，具小尖头，基部圆形或楔形，有时稍歪斜，边缘具细锯齿，上面被短柔毛，下面中脉上稍被柔毛；网脉明显，在两面凸起；小叶柄长 1~2（5）mm，被短柔毛。花杂性，黄白色，组成总状花序；花序腋生或顶生，长 5~14 cm，被短柔毛。雄花：直径 9~10 mm；花梗长 2~8（10）mm；花托长 2.5~3 mm，深棕色，外面被柔毛；萼片 4，三角状披针形，长 3 mm，两面被柔毛；花瓣 4，长圆形，长 4~5 mm，被微柔毛；雄蕊 8（6）；退化雌蕊长 2.5 mm。两性花：直径 10~12 mm；花梗长 2~5 mm；萼、花瓣与雄花的相似，惟萼片长 4~5 mm，花瓣长 5~6 mm；雄蕊 8；子房缝线上及基部被毛（偶有少数湖北标本子房全体被毛），柱头浅 2 裂；胚珠多数。荚果带状，长 12~37 cm，宽 2~4 cm，劲直或扭曲，果肉稍厚，两面鼓起，或有的荚果短小，多少呈柱形，长 5~13 cm，宽 1~1.5 cm，弯曲作新月形，通常称猪牙皂，内无种子；果颈长 1~3.5 cm；果瓣革质，褐棕色或红褐色，常被白色粉霜；种子多颗，长圆形或椭圆形，长 11~13 mm，宽 8~9 mm，棕色，光亮。

物候期：花期 3~5 月，果期 5~12 月。

生态习性：皂荚树根系发达，耐旱不耐瘠薄，属阳性树种，在阳光条件充足、土壤肥沃的地方生长良好。多分布于海拔 1800 m 以下。

分布：攀枝花市及凉山州各县市均有产。

用途：皂荚果是医药食品、保健品、化妆品及洗涤用品的天然原料。皂荚种子可消积化食开胃，并含有一种植物胶（瓜尔豆胶），是重要的战略原料；本种木材坚硬，为车辆、家具用材；荚果煎汁可代肥皂用以洗涤丝毛织物；嫩芽油盐调食，其子煮熟糖渍可食。荚、子、刺均能入药，有祛痰通窍、镇咳利尿、消肿排脓、杀虫治癣之效。

2. 云南皂荚

别名：滇皂荚。

学名：Gleditsia japonica Miq. var. delavayi (Franch.).

性状：与原变种不同点在于雌花长 7～8（9）mm，荚果长 30～54 mm，宽 4.5～7 cm。

生态习性：生于海拔 1800 m 以下的山坡林中或路边村旁。

分布：凉山州冕宁、甘洛等县。

用途：种仁可食。优质木材，可作家具、农具、车辆等用材。

（三）酸豆属（Tamarindus Linn.）

乔木。偶数羽状复叶，互生，有小叶 10～20 余对；托叶小，早落。花序生于枝顶，总状或有少数分枝；苞片和小苞片卵状长圆形，具颜色，常早落；萼管狭陀螺形，檐部 4 裂，裂片覆瓦状排列；花瓣仅后方 3 片发育，近等大，前方 2 片小，退化呈鳞片状，藏于雄蕊管基部；能育雄蕊 3 枚，中部以下合生成一向上弯的管或鞘，花丝短，花药背着；退化雄蕊刺毛状，着生于雄蕊管顶部；子房具柄，其柄与萼管贴生，胚珠多数，花柱延长，柱头头状。荚果长圆柱形，不开裂，外果皮薄，脆壳质，中果皮厚而肉质，内果皮薄膜质，于种子间有隔膜；种子斜长方形或斜卵圆形，压扁，子叶厚，肉质，胚基生，直立。

本属 1 种，原产于非洲。我国台湾、福建、广东、广西及云南南部、中部和北部（金沙江河谷）常见。栽培或逸为野生。

酸角

别名：罗望子、酸饺、酸豆、酸枣、罗晃子。

学名：Tamarindus indica L.

形态特征：乔木，高 10～25 m。叶小，长圆形，长 1.3～2.8 cm，宽 5～9 mm，先端圆钝或微凹，基部圆而偏斜，无毛。花黄色或杂以紫红色条纹，少数；总花梗和花梗被黄绿色短柔毛；小苞片 2 枚，长约 1 cm，开花前紧包着花蕾；萼管长约 7 mm，檐部裂片披针状长圆形，长约 1.2 cm，花后反折；花瓣倒卵形，与萼裂片近等长，边缘波状，皱褶；雄蕊长 1.2～1.5 cm，近基部被柔毛，花丝分离部分长约 7 mm，花药椭圆形，长 2.5 mm；子房圆柱形，长约

8 mm，微弯，被毛。荚果圆柱状长圆形，肿胀，棕褐色，长 5~14 cm，直或弯拱，常不规则地缢缩；种子 3~14 颗，褐色，有光泽。

物候期：花期 5~8 月；果期 12 月~翌年 5 月。

生态习性：原产于非洲，喜光热树种，最适宜在温度高、日照长、气候干燥、干湿季节分明的地区生长。正常生长发育、开花结果需要在平均 10 ℃以上、年积温 7500 ℃左右，降雨量在 1000 mm 以下和日照时数在 2200 h 以上的环境条件。罗望子对土壤条件要求不很严，在质地疏松、较肥沃的南亚热带红壤、砖红壤和冲积沙质土壤均能生长，发育良好，而在黏土和瘠薄土壤上生长发育较差。

分布：现各热带地均有栽培。攀西地区仅在凉山州会东河口和会理普隆栽培为多，也有逸为野生，生于海拔 1200 m 以下金沙江干热河谷及其支流地带。

用途：果实中的果肉味酸甜，含有丰富的还原糖、有机酸、果酸、矿物质、维生素和 89 种芳香物质及多种色素，此外，还含有蛋白质、脂肪等，除直接生食外，还可加工生产营养丰富、风味特殊、酸甜可口的高级饮料和食品，如果汁、果冻、果糖、果酱和浓缩汁、果粉。罗望子具有多种药用和保健功能，其性甘、辛、酸、凉，有祛热解暑、消积化食、清脑提神作用，能治缓泻、妊娠呕吐、便秘、小儿疳积、高血压等多种病症。该树主根深、侧根扩展，树体高大，树冠开张，枝粗壮坚韧不易折断，抗旱力极强，特别适应于温度高、光照强的干热气候环境中生长，为燥热地带的指示植物。具有很强的抗风挡雨、固土截流、涵养水源、绿化荒山荒沟的作用，可在金沙江干热河谷地带大量种植和发展。

二十二、大戟科 EUPHORBIACEAE

（一）秋枫属（Bischofia Bl.）

乔木。三出复叶，稀 5 小叶；具长柄。花单性，雌雄异株，稀同株，圆锥或总状花序，腋生，下垂；无花瓣；无花盘；萼片 5，离生，半圆形，内凹成勺状；雄花：萼片镊合状排列，初时包围雄蕊，后外弯，雄蕊 5，分离，与萼片对生，退化雌蕊短宽；雌花：具退化雄蕊，子房 3（4）室，每室 2 胚珠，花柱 2~4，长而肥厚。果球形，浆果状。种子 3~6，长圆形，无种阜，外种皮脆壳质，胚乳肉质，胚直立，子叶宽扁。

本属 2 种，分布于亚洲热带、亚热带地区及太平洋各岛。我国均产。攀西地区产 1 种。

重阳木
别名：公母树、秋枫、缅树、秋风、秋枫木。
学名：Bischofia polycarpa（Levl.）Airy Shaw.
形态特征：落叶乔木，高达 15 m；树冠伞形状。三出复叶；叶柄长 9~

13.5 cm；顶生小叶通常较两侧的大，小叶片纸质，卵形或椭圆状卵形，有时长圆状卵形，长 5～12 cm，宽 3～6 cm，顶端突尖或短渐尖，基部圆或浅心形，边缘具钝细锯齿每 1 cm 长 4～5 个；顶生小叶柄长 1.5～4（6）cm，侧生小叶柄长 3～14 mm；托叶小，早落。花雌雄异株，春季与叶同时开放，组成总状花序；花序通常着生于新枝的下部，花序轴纤细而下垂；雄花序长 8～13 cm，雌花序 3～12 cm。雄花：萼片半圆形，膜质，向外张开；花丝短；有明显的退化雌蕊。雌花：萼片与雄花的相同，有白色膜质的边缘；子房 3～4 室，每室 2 胚珠，花柱 2～3，顶端不分裂。果实浆果状，圆球形，直径 5～7 mm，成熟时褐红色。

物候期：花期 4～5 月，果期 10～11 月。

生态习性：暖温带树种。喜光也稍耐荫，喜温暖湿润的气候和深厚肥沃的砂质土壤，对土壤的酸碱性要求不严。较耐水湿，抗风、抗有毒气体。适应能力强，生长快速，耐寒能力弱。

分布：凉山州的德昌等县有生长。

用途：果可食；果肉可酿酒，种子含油量 30%，可供食用，也可作润滑油和肥皂油。散孔材，导管管孔较小，直径 50～53 μm。心材与边材明显，心材鲜红色至暗红褐色，边材淡红色至淡红褐色，材质略重而坚韧，结构细而匀，有光泽，适于建筑、造船、车辆、家具等用材；根、树皮、枝叶可入药。

（二）叶下珠属（Phyllanthus Linn.）

灌木或草本，少数为乔木；无乳汁。单叶互生，通常在侧枝上排成 2 例，呈羽状复叶状，全缘；羽状脉；具短柄；托叶 2，很小，着生于叶柄基部两侧，常早落。花通常小，单性，雌雄同株或异株，单生、簇生或组成聚伞、团伞、总状或圆锥花序；花梗纤细；无花瓣。雄花：萼片（2）3～6，离生，1～2 轮，覆瓦状排列；花盘通常分裂为离生，且与萼片互生的腺体 3～6 枚；雄蕊 2～6，花丝离生或合生成柱状，花药 2 室，外向，药室平行，基部叉开或完全分离，纵裂、斜裂或横裂，药隔不明显；无退化雌蕊。雌花：萼片与雄花的同数或较多；花盘腺体通常小，离生或合生呈环状或坛状，围绕子房；子房通常 3 室，稀 4～12 室，每室有胚珠 2 颗，花柱与子房室同数，分离或合生，顶端全缘或 2 裂，直立、伸展或下弯。蒴果，通常基顶压扁呈扁球形，成熟后常开裂 3 个 2 裂的分果爿，中轴通常宿存；种子三棱形，种皮平滑或有网纹，无假种皮和种阜。

本属约 600 种，主要分布于世界热带及亚热带地区，少数为北温带地区。我国产 33 种，主要分布于长江以南各省区。攀西地区产 10 种，其中余甘子为野生或栽培果树资源。

余甘子

别名：橄榄果、橄榄、庵摩勒、油甘子。

学名：Phyllanthus emblica L.

形态特征：乔木。叶片纸质至革质，二列，线状长圆形，长 8～20 mm，宽 2～6 mm，顶端截平或钝圆，有锐尖头或微凹，基部浅心形而稍偏斜，上面绿色，下面浅绿色，干后带红色或淡褐色，边缘略背卷；侧脉每边 4～7 条；叶柄长 0.3～0.7 mm；托叶三角形，长 0.8～1.5 mm，褐红色，边缘有睫毛。多朵雄花和 1 朵雌花或全为雄花组成腋生的聚伞花序；萼片 6。雄花：花梗长 1～2.5 mm；萼片膜质，黄色，长倒卵形或匙形，近相等，长 1.2～2.5 mm，宽 0.5～1 mm，顶端钝或圆，边缘全缘或有浅齿；雄蕊 3，花丝合生成长 0.3～0.7 mm 的柱，花药直立，长圆形，长 0.5～0.9 mm，顶端具短尖头，药室平行，纵裂；花粉近球形，直径 17.5～19 μm，具 4～6 孔沟，内孔多长椭圆形；花盘腺体 6，近三角形。雌花：花梗长约 0.5 mm；萼片长圆形或匙形，长 1.6～2.5 mm，宽 0.7～1.3 mm，顶端钝或圆，较厚，边缘膜质，多少具浅齿；芯盘杯状，包藏子房达一半以上，边缘撕裂；子房卵圆形，长约 1.5 mm，3 室，花柱 3，长 1.5～4 mm，基部合生，顶端 2 裂，裂片顶端再 2 裂。蒴果呈核果状，圆球形、扁球形，直径 1～2.5 cm，外果皮肉质，绿白色或淡黄白色，内果皮硬壳质；种子略带红色，长 5～6 mm，宽 2～3 mm。

物候期：花期 4～6 月，果期 7～9 月。

生态习性：耐干热气候，喜光，较耐瘠薄，对土壤要求不严。

分布：攀枝花市及凉山州的西昌市、德昌、会理、会东、宁南、雷波等地。余甘子为常见的散生树种，一般树高为 1～3 m，而在四川省金阳县金沙江河谷地带海拔 600～1000 m 的向阳干旱山坡地，仍保存着大片余甘子天然林，林高多 8～10 m。

用途：果实富含丰富的多种维生素，供食用、药用，为保健食品，可生津止渴，润肺化痰，治咳嗽、喉痛，解河豚中毒等。初食味酸涩，良久乃甘，故名"余甘子"。极喜光，耐干热瘠薄环境，萌芽力强，根系发达，可保持水土，可作产区荒山荒地酸性土造林雕先锋树种。树姿优美，可作庭园风景树，亦可栽培为果树。树根和叶供药用，能解热清毒，治皮炎、湿疹、风湿痛等。叶晒干供枕芯用料。种子含油量 16%，供制肥皂。树皮、叶、幼果可提制拷胶。木材棕红褐色，坚硬，结构细致，有弹性，耐水湿，供农具和家具用材，又为优良的薪炭柴。

二十三、芸香科 RUTACEAE

（一）柑橘属（Citrus L.）

小乔木。枝有刺，新枝扁而具棱。单身复叶，单叶的仅 1 种（香橼），叶密生有芳香气味的透明油点。花两性；花萼杯状，5～3 浅裂；花瓣 5 片，覆瓦状排列，盛花时常向背卷，白色或背面紫红色，芳香；雄蕊 20～25 枚，很少多达

60 枚，子房 7~15 室或更多，每室有胚珠 4~8 或更多，柱头大，花盘明显，有密腺。柑果，果蒂的一端称为果底或果基或基部，相对一端称为果顶，或顶部；外果皮由外表皮和下表皮细胞组织构成，密生油点，油点又称为油胞；外果皮和中果皮的外层构成果皮的有色部分，内含多种色素体，中果皮的最内层为白色线网状组成，称为橘白或橘络；内果皮由多个心皮发育而成，发育成熟的心皮称为瓢囊，瓢囊内壁上的细胞发育成菱形或纺锤形半透明晶体状的肉条称为汁胞，汁胞常有纤细的柄；种子甚多或经人工选育成为无籽。

该属约 20 种，原产亚洲东南部及南部。现热带及亚热带地区常有栽培。我国引进栽培的约有 15 种，其中多数为栽培种。攀西地区有 4 种 1 变种，既有栽培又有逸为野生。

柑橘属分种检索表

1. 叶为单叶（杂交种偶有具关节），无翼叶；果皮比果肉厚，或横切面果皮的厚度约为果厚度的一半。若果皮甚薄，则果顶部有封闭型的附生心皮群。

2. 花较小，果实瓢囊 10~15。 …………………………………… 1a. 香橼

2. 花较大，无瓢囊 ……………………………………………… 1b. 本里香阳果

1. 单身复叶，翼叶甚狭窄或宽阔；果肉比果皮厚。

2. 果径 10 cm 以上，可育种子常呈不定形的多面体，顶部扁平而宽阔且截平。 ……………………………………………………………………… 2. 柚

2. 果径 10 cm 以内，可育种子的种皮圆滑，或有细肋纹，顶端尖或兼有稍宽阔而截平的种子。

3. 果皮橙红，果顶通常无乳头状突，果肉味酸或甜。 …………… 3. 酸橙

3. 果皮蜡黄色或淡绿黄色，果顶端有长或短的乳头状突尖，果肉甚酸。 …… ……………………………………………………………………… 4. 柠檬

1a. 香橼

别名：枸橼。

学名：Citrus medica Linn.

物候期：花期 5~7 月，果期 11~12 月。

生态习性：耐寒性较弱，适宜于暖地、湿润、沙壤土上生长，在有霜的地方生长不良。生于海拔 350~1700 m 山地，最高分布可达 2100 m。

分布：攀枝花市盐边、米易及凉山州木里等县常有栽培或半野生和野生。

用途：果肉硬，酸或甜，仅作副产品利用，可作饮料、果酱和酿酒等用；鲜果汁味甜酸而苦，富含维生素 C，可供饮用；果皮经盐水浸泡，糖煮，制成蜜饯。香橼果实金黄，佛手果形奇特，都是盆栽观果的上佳树种。入药，疏肝理气，宽中，化痰，用于肝胃气滞、胸胁胀痛、脘腹痞满、呕吐噫气、痰多咳嗽。

1b. 木里香阳果

学名：Citrus medica Linn. var. mulyensis W. D. et Y.

形态特征：与原变种的区别——花大，果重（1360～2378 g），无囊瓣，心室退化；外心皮轮生体联合良好，形成果皮，内心皮群先端分离，发育成指状物，果实顶端有脐形口，有的指状物从口中伸出果外。

生态习性：生于海拔 1800～2500 m 河谷两岸，常有栽培或野生。

分布：凉山州木里县雅砻江、木里河和水洛河两岸。

用途：果实芳香味浓，肉质细嫩，可作蜜饯和酿酒原料；植株可做柑橘类矮化砧；果实或干果片供药用，有消食顺气功效。

2. 柚

别名：文旦。

学名：Citrus maxima（Burm.）Merr.

物候期：花期 4～5 月，果期 9～12 月。

生态习性：生于较低海拔的河谷两岸，常有栽培或野生。

分布：攀枝花市盐边及凉山州德昌、西昌、普格、喜德、昭觉等县。

用途：果肉含维生素 C 较高，有消食、解酒毒功效。果实、种子供药用，具有化痰、理气消肿功效。柚的叶、花和果皮都含有与香橼及柠檬类大致相同的芳香油。

3. 酸橙

学名：Citrus aurantium L.

物候期：花期 4～5 月，果期 9～12 月。

生态习性：生于海拔 450～1200 m 的河谷两岸，常有栽培或野生。

分布：凉山州普格、雷波、金阳等县。

用途：酸橙被广泛应用作嫁接甜橙和宽皮橘类的砧木，优点是根系发达，树龄长，耐旱、耐寒、抗病力强。果实或干果片供药用，具有化痰祛湿、理气宽胸、提肛消胀、破血消积功效。据实验报道，酸橙枳实有持久的升压作用，还有改善微循环作用，适用于治疗休克。酸橙的叶和花含芳香油量约 0.2%～0.4%，果皮含油量约 1.5%～2%。果肉主要含柠檬酸、维生素 C。种子含脂肪油，以油酸、亚油酸及棕榈酸为主，硬脂酸少量。

4. 柠檬

别名：洋柠檬、西柠檬、酸柑子、藏柑、木里柠檬。

学名：Citrus limon（L.）Burm. f.

物候期：花期 4～5 月，果期 9～11 月。

生态习性：在较低海拔的河谷两岸常有栽培，在木里海拔 1600～2300 m 的山坡上有野生种。

分布：攀枝花市盐边及凉山州木里等县。

用途：含有丰富的柠檬酸，维生素含量极为丰富，是天然的美容佳品，有消除皮肤色素的作用。果市具有生津健胃、化痰止咳的功效。根、果实供药用，根具有行气止痛、止咳止痛功效。木里所产的野生种耐干旱、低温，抗病虫，丰产性强，为选育抗寒柠檬新品种提供了新的种质资源。

（二）枳属（Poncirus Raf.）

落叶或常绿小乔木或通常灌木状。分枝多，刺多且长，枝常曲折，有二型：一为正常枝，或称长梢，其节间与叶柄近于等长或较长；另一为短枝，或称短梢，是由上年生枝的休眠芽发育成长，有正常叶1～5片。指状3出叶，偶有单叶或2小叶，幼苗期的叶常为单叶及单小叶。花单生或2～3朵簇生于节上，花芽于上年生的枝条形成，花两性；萼裂片及花瓣均5片；萼片下部合生；花瓣覆瓦状排列，很少4或6片；雄蕊为花瓣数的4倍或与花瓣同数，花丝分离；子房被毛，6～8室，每室有排成二列的胚珠4～8颗，花柱短而粗，柱头头状。浆果具飘囊和有柄的汁胞，又称柑果，柑果通常圆球形，淡黄色，密被短柔毛，很少几无毛，油点多；种子多饱满，大，种皮平滑，子叶及胚均乳白色，单及多胚，种子发芽时子叶不出土。

本属2种，自然分布于长江中游两岸各省及淮河流域一带，长江沿岸各省高山山区有野生及半野生。枳原为我国特有，现被世界各国种植柑橘的园圃或实验场引种栽培。攀西地区有1种。

枳

别名：枸橘、臭橘、臭杞、雀不站、铁篱寨。

学名：Poncirus trifoliata（L.）Raf.

形态特征：小乔木，高1～5 m，树冠伞形或圆头形。枝绿色，嫩枝扁，有纵棱，刺长达4 cm，刺尖干枯状，红褐色，基部扁平。叶柄有狭长的翼叶，通常指状3出叶，很少4～5小叶，或杂交种的则除3小叶外尚有2小叶或单小叶同时存在，小叶等长或中间的一片较大，长2～5 cm，宽1～3 cm，对称或两侧不对称，叶缘有细钝裂齿或全缘，嫩叶中脉上有细毛，花单朵或成对腋生，先叶开放，也有先叶后花的，有完全花及不完全花，后者雄蕊发育，雌蕊萎缩，花有大、小二型，花径3.5～8 cm；萼片长5～7 mm；花瓣白色，匙形，长1.5～3 cm；雄蕊通常20枚，花丝不等长。果近圆球形或梨形，大小差异较大，通常纵径3～4.5 cm，横径3.5～6 cm，果顶微凹，有环圈，果皮暗黄色，粗糙，也有无环圈，果皮平滑的，油胞小而密，果心充实，瓢囊6～8瓣，汁胞有短柄，果肉含黏液，微有香橼气味，甚酸且苦，带涩味，有种子20～50粒。

物候期：花期5～6月，果期10～11月。

生态习性：性喜光，喜温暖湿润气候，较耐寒，能耐−20～−28 ℃的低温，喜微酸性土壤，不耐碱。生长速度中等。发枝力强，耐修剪。主根浅，须根多。

分布：西昌等县市。

用途：作柑橘的砧木；植株常作绿篱；未成熟的果实（枸橘梨）辛、苦、温，理气健胃，消肿止痛，用于肝胃气痛、疝气、食积痰滞、痞胀、跌打损伤、阴挺、乳痈。叶用于反胃、呕吐。

（三）花椒属（Zanthoxylum L.）

有刺灌木或小乔木，直立或攀援状；叶互生，奇数羽状复叶，很少3小叶；小叶对生，无柄或近无柄，全缘或有锯齿，有透明的腺点；花小，单性异株或杂性，排成圆锥花序或丛生花序；萼片、花瓣和雄蕊均3~8；花丝锥尖；雄花有退化雌蕊；雌花的心皮5~1，通常有明显的柄，有胚珠2颗；果由5~1个成熟心皮组成，每一心皮2瓣裂，有黑色而亮的种子1颗。

该属约250种，我国有39种，攀西地区产16种7变种，被资料收录为野生果树资源的种类有6种1变种。

1. 青花椒

别名：山花椒、小花椒、王椒、香椒子、青椒、狗椒、山甲、隔山消、崖椒、天椒、野椒。

学名：Zanthoxylum schinifolium Sieb.

形态特征：落叶灌木。通常高1~2 m；茎枝有短刺，刺基部两侧压扁状，嫩枝暗紫红色。叶有小叶7~19片；小叶纸质，对生，几无柄，位于叶轴基部的常互生，其小叶柄长1~3 mm，宽卵形至披针形，或阔卵状菱形，长5~10 mm，宽4~6 mm，稀长达70 mm，宽25 mm，顶部短至渐尖，基部圆或阔楔形，两侧对称，有时一侧偏斜，油点多或不明显，叶面有在放大镜下可见的细短毛或毛状凸体，叶缘有细裂齿或近于全缘，中脉至少中段以下凹陷。花序顶生，花或多或少；萼片及花瓣均5片；花瓣淡黄白色，长约2 mm；雄花的退化雌蕊甚短。2~3浅裂；雌花有心皮3个，很少4或5个。分果瓣红褐色，干后变暗苍绿或褐黑色，径4~5 mm，顶端几无芒尖，油点小；种子径3~4 mm。

物候期：花期7~9月，果期9~12月。

生态习性：生于海拔600~1600 m的山坡灌木丛中、路旁。

分布：凉山州普格、冕宁、盐源、喜德、甘洛等县。

用途：其果可作花椒代品，名为青椒。根、叶及果均入药，味辛、性温，有发汗、散寒、止咳、除胀、消食功效。又用作食品调味料。

2. 尖叶花椒

学名：Zanthoxylum oxyphyllum Edgew.

形态特征：小乔木或灌木。小枝披垂，散生弯钩或劲直的刺，叶轴背面的刺较多，叶轴腹面及小叶叶面凹陷的中脉有灰色短柔毛，老叶几无毛，叶有小叶

11~19 片，稀较少；小叶互生或部分对生，略厚而硬，披针形，稀卵形，长5~12 cm，宽 1.5~2.5 cm，顶部渐狭长尖，基部楔尖，或长 2.5~3.5 cm，宽约 1 cm，基部一侧稍偏斜，叶缘由基至顶部有锯齿状锐齿，侧脉在叶缘附近连接，网状叶脉甚明显，干后微凸起，油点多且大，肉眼可见，叶背干后带浅灰色；小叶柄长不超过 2 mm。伞房状聚伞花序顶生，有花通常不超过 30 朵；萼片紫绿色，4 片；花瓣长约 3 mm；退化雌蕊 2~4 深裂，裂瓣短线状。果梗长 1~1.5 cm，粗 1~1.5 mm；分果瓣紫红色，长 6~7 mm，顶端有短芒尖，油点大，干后微凹陷；种子径约 5 mm。

物候期：花期 5~6 月，果期 9~10 月。

生态习性：生于海拔 1800~2900 m 疏林中或针叶阔叶混交林的林缘。

分布：凉山州冕宁等县。

3. 两面针

别名：钉板刺、入山虎、麻药藤、入地金牛、叶下穿针、红倒钩簕、大叶猫爪簕。

学名：Zanthoxylum nitidum（Roxb.）DC.

形态特征：落叶灌木。幼龄植株为直立的灌木，成龄植株攀援于它树上。老茎有翼状蜿蜒而上的木栓层，茎枝及叶轴均有弯钩锐刺，粗大茎干上部的皮刺其基部呈长椭圆形枕状凸起，位于中央的针刺短且纤细。叶有小叶（3）5~11 片，萌生枝或苗期的叶其小叶片长可达 16~27 cm，宽 5~9 cm；小叶对生，成长叶硬革质，阔卵形或近圆形，或狭长椭圆形，长 3~12 cm，宽 1.5~6 cm，顶部长或短尾状，顶端有明显凹口，凹口处有油点，边缘有疏浅裂齿，齿缝处有油点，有时全缘；侧脉及支脉在两面干后均明显且常微凸起，中脉在叶面稍凸起或平坦；小叶柄长 2~5 mm，稀近于无柄。花序腋生。花 4 基数；萼片上部紫绿色，宽约 1 mm；花瓣淡黄绿色，卵状椭圆形或长圆形，长约 3 mm；雄蕊长 5~6 mm，花药在授粉期为阔椭圆形至近圆球形，退化雌蕊半球形，垫状，顶部 4 浅裂；雌花的花瓣较宽，无退化雄蕊或为极细小的鳞片状体；子房圆球形，花柱粗而短，柱头头状。果梗长 2~5 mm，稀较长或较短；果皮红褐色，单个分果瓣径 5.5~7 mm，顶端有短芒尖；种子圆珠状，腹面稍平坦，横径 5~6 mm。

物候期：花期 3~5 月，果期 9~11 月。

生态习性：生于海拔 1200 m 以下的温热地方，山地、丘陵、平地的疏林、荒山草坡的有刺灌丛中较常见。

分布：凉山州甘洛等县。

用途：本种根皮、茎、叶供药用，根皮可祛风除湿，茎叶具有祛风解毒、散瘀活络功效，民间用于跌打扭伤药，亦作驱蛔虫药。本品有小毒，有服用后中毒死亡事件。中毒后引致腹痛、呕吐、头晕、小肠及脾脏收缩等症状。

4. 野花椒

别名：狗椒。

学名：Zanthoxylum simulans Hance.

形态特征：灌木或小乔木。枝干散生基部宽而扁的锐刺，嫩枝及小叶背面沿中脉或仅中脉基部两侧或有时及侧脉均被短柔毛，或各部均无毛。叶有小叶 5～15 片；叶轴有狭窄的叶质边缘，腹面呈沟状凹陷；小叶对生，无柄或位于叶轴基部的有甚短的小叶柄，卵形、卵状椭圆形或披针形，长 2.5～7 cm. 宽 1.5～4 cm，两侧略不对称，顶部急尖或短尖，常有凹口，油点多，干后半透明且常微凸起，间有窝状凹陷，叶面常有刚毛状细刺，中脉凹陷，叶缘有疏离而浅的钝裂齿。花序顶生，长 1～5 cm；花被片 5～8 片，狭披针形、宽卵形或近于三角形，大小及形状有时不相同，长约 2 mm，淡黄绿色；雄花的雄蕊 5～8（10）枚，花丝及半圆形凸起的退化雌蕊均淡绿色，药隔顶端有 1 干后暗褐黑色的油点；雌花的花被片为狭长披针形；心皮 2～3 个，花柱斜向背弯。果红褐色，分果瓣基部变狭窄且略延长 1～2 mm 呈柄状，油点多，微凸起，单个分果瓣径约 5 mm；种子长约 4～4.5 mm。

物候期：花期 3～5 月，果期 7～9 月。

生态习性：温带阳性喜光、耐干旱植物，生于海拔 1300～2500 m 的路旁、林缘、沟边及山坡灌丛中。

分布：凉山州各县市有栽培或野生。

用途：鲜果皮可作调味品及制香精的原料。果及根药用。果皮：温中止痛，驱虫健胃，用于胃痛、腹痛、蛔虫病，外用治湿浊、皮肤瘙痒、龋齿疼痛。种子：利尿消肿，用于水肿、腹水。根：祛风湿，止痛，用于胃寒腹痛、牙痛、风湿痹痛。

5. 川陕花椒

别名：山花椒、皮氏花椒。

学名：Zanthoxylum piasezkii Maxim.

形态特征：高 1～3 m 的灌木或小乔木，节间短，刺多，劲直，基部扁，褐红色，各部无毛。叶有小叶 7～17 片，稀较少；小叶无柄，圆形、宽椭圆形、倒卵状菱形，长 0.3～2.5 cm，宽 0.3～0.8 cm，中央一片最长，卵状披针形，厚纸质，干后淡褐至黑褐色，两侧对称或一侧的基部稍偏斜，叶缘近顶部有疏少细圆裂齿，齿缝有明显的一油点，中脉微凹陷，侧脉不显，或隐约可见时则每边有 3～5 条，叶轴常有狭窄的叶质边缘，故腹面呈小沟状。花序顶生；花被片 6～8 片，宽三角形，长约 1.5 mm 或稍长；雄花的花梗长 5～8 mm，有雄蕊 5～6 枚，药隔顶端的油点干后褐黑色；退化雌蕊垫状凸起；雌花的花被片较狭长，有心皮 2～3 稀 4 个，花柱斜向背弯。果紫红色，有少数凸起的油点，单个分果

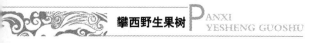

瓣径4~5 mm；种子径 3~4 mm。

物候期：花期 5 月，果期 6~7 月。

生态习性：分布于海拔 1700~2400 m 的山坡、灌丛或路边。

分布：凉山州会东、会理等县。

用途：本种可作花椒的砧木，果皮有浓郁花椒油香气，干果皮的含油量为 2%~4%，种子也可榨油。

6. 毛刺花椒

别名：狗花椒。

学名：Zanthoxylum acanthopodium DC. var. Villosum.

形态特征：高达 4 m 的小乔木；树皮灰黑色，枝有锐刺，刺基部扁而宽，枝密被锈色的短柔毛。叶有小叶 3~9 片，偶有单小叶，翼叶明显，少有仅具痕迹；小叶对生，无柄，纸质，卵状椭圆形或披针形，长 6~10 cm，宽 2~4 cm，叶缘有疏离细裂齿，齿缝处有 1 油点，其余油点不显，稀全缘，叶两面密被锈色的短柔毛。花序自去年生或老枝的叶腋间抽出，雄花序稀长达 3 cm，雌花序更短；花被片 6~8 片，淡黄绿色，狭披针形，长约 1.5 mm；雄蕊 5 枚，花丝紫红色，长达 3 mm；退化雌蕊半圆形垫状；雌花有心皮 2~3 个，心皮背面顶侧有 1 油点，花柱约与子房等长，分离，外弯。果序围生于枝干上，果紫红色，油点大、凸起，单个分果瓣径约 4 mm，分果瓣被毛；种子径约 3 mm。

物候期：花期 4~5 月，果期 9~10 月。

生态习性：生于海拔 2500 m 左右的沟边、路旁、屋侧及山坡灌木丛中。

分布：凉山州宁南等县。

用途：根作草药，味辛，麻舌，性温。果作花椒代品，为食品调味剂及香料。

7. 竹叶花椒

别名：金阳花椒、金阳青椒、砣砣椒。

学名：Zanthoxylum armatum DC.

形态特征：落叶小乔木；茎枝多锐刺，刺基部宽而扁，红褐色，小枝上的刺劲直，水平抽出，小叶背面中脉上常有小刺，仅叶背基部中脉两侧有丛状柔毛，或嫩枝梢及花序轴均被褐锈色短柔毛。叶有小叶 3~9，稀 11 片，翼叶明显，稀仅有痕迹。小叶对生，通常披针形，长 3~12 cm，宽 1~3 cm，两端尖，有时基部阔楔形，干后叶缘略向背卷，叶面稍粗皱；或为椭圆形，长 4~9 cm，宽 2~4.5 cm，顶端中央一片最大，基部一对最小；有时为卵形，叶缘有甚小且疏离的裂齿，或近于全缘，仅在齿缝处或沿小叶边缘有油点。小叶柄甚短或无柄。花序近腋生或同时生于侧枝之顶，长 2~5 cm，有花约 30 朵以内；花被片 6~8 片，形状与大小几乎相同，长约 1.5 mm；雄花的雄蕊 5~6 枚，药隔顶端有 1 干后变褐黑色油点；不育雌蕊垫状凸起，顶端 2~3 浅裂；雌花有心皮 3~2 个，背部近顶侧各有 1 油点，花柱斜向背弯，不育雄蕊短线状。果紫红色，有微凸起少数油点，单个分果瓣径 4~5 mm；种子径 3~4 mm，褐黑色。

物候期：花期 4~5 月，果期 8~10 月。

生态习性：适应性强，适生于海拔 800~1800 m 的北亚热带气候。

分布：攀枝花市米易、盐边及凉山州金阳及其附近县较多外，其他地区也有零星分布。

用途：茎、皮、果实、枝叶均可提取芳香油；种子可榨油；果皮可作调味品，与花椒相同，但果皮麻味较浓而香味稍差；果及根、叶入药，有散寒止痛、消肿、杀虫之效。可作花椒的砧木。

二十四、马桑科 CORIARIACEAE

马桑属（Coriaria L.）

灌木；叶对生或轮生，无托叶；花两性或单性，小，绿色，单生或排成总状花序；萼片和花瓣均 5 枚；雄蕊 10；心皮 5~10，离生，有胚珠 1 颗，成熟时为肉质花瓣所包围而成一假核果。

本属约 15 种，我国有 3 种，攀西地区产 1 种。

马桑

别名：马鞍子、千年红、黑果果、蓝蛇风、醉鱼草。

学名：Coriaria sinica Maxim.

形态特征：灌木或小乔木，高 1.5~4 m，分枝水平开展，小枝四棱形或成四狭翅，幼枝疏被微柔毛，后毛，常带紫色，老枝紫褐色，具显著圆形突起的皮孔；芽鳞膜质，卵形或卵状三角形，紫红色，无毛。叶对生，纸质至薄革质，椭圆形或阔椭圆形，长 2.5~8 cm 或 5~4 cm，先端急尖，基部圆形，全缘，两面无毛或沿脉上疏被毛，基出 3 脉，弧形伸端，在叶面微凹，叶背突起；叶短柄，长 2~3 mm，疏被毛，紫色，基部具垫状突起物。花序生于二年生的枝条上，雄花序先叶开放，长 1.5~2.5 cm，多花密集，序轴被腺柔毛；苞片和小苞片卵圆形，长约 2.5 mm，宽约 2 mm，膜质，半透明，内凹，上部边流苏状细齿；花梗长约 1 mm，无毛；萼片卵形，长 1.5~2 mm，宽 1~1.5 mm，边缘半透明，上部具流苏状细齿；花瓣极小，卵形，长约 0.3 mm，里面龙骨状；雄蕊 10，花丝线形，长约 1 mm，开花时伸长，长 3~3.5 mm，花药长圆形，长约 2 mm，具细小疣状体，药隔伸出，花药基部短尾状；不育雌蕊存在；雌花序与叶同出，长 4~6 cm，序轴被腺状微柔毛；苞片稍大，长约 4 mm，带紫色；花梗长 1.5~2.5 mm；萼片与雄花同；花瓣肉质，较小，龙骨状；雄蕊较短，花丝长约 0.5 mm，花药长约 0.8 mm，心皮 5，耳形，长约 0.7 mm，宽约 0.5 mm，侧向压扁，花柱长约 1 mm，具小疣体，柱头上部外弯，紫红色，具多数小疣休。果球形，果期花瓣肉质增大包于果外，成熟时由红色变紫黑色，径 4～6 mm；种子卵状长圆形。

生态习性：喜光性树种，适应性强，耐干旱、瘠薄和低温。分布区年降水量 700 mm 左右，年均温 12 ℃左右，最高气温 38 ℃，最低气温-15 ℃。对土壤要求不严，在海拔 530～3600 m 的荒山、地坎、路边、疏林及灌丛中均能生长。

分布：攀枝花市及凉山州各县市均有生长。

用途：果实熟时呈红色或紫黑色，扁圆形，外形似桑葚葚，味微甜，但果实有剧毒。马桑是绿化及保持水土的优良树种；茎叶可提取栲胶；叶可养马桑蚕；植株有毒含马桑内脂，可以制农药；植株供作药外用可以治痈疽、疥疮、头癣、火伤等；嫩茎枝及叶是优良绿肥。种子榨油可作油漆和油墨。

二十五、漆树科 ANACARDIACEAE

（一）南酸枣属（Choerospondias Burtt et Hill）

落叶乔木或大乔木。奇数羽状复叶互生，常集生于小枝顶端；小叶对生，具柄。花单性或杂性异株，雄花和假两性花排列成腋生或近顶生的聚伞圆锥花序，雌花通常单生于上部叶腋；花萼浅杯状，5 裂；花瓣 5，芽中覆瓦状排列；雄蕊 10，着生在花盘外面基部，与花盘裂片互生，花丝线形，花药长圆形，背着药；花盘 10 裂；子房上位，5 室，每室具 1 胚珠，胚珠悬垂于子房室顶，花柱 5，生于子房近顶端，柱头头状。核果卵圆形或长圆形或椭圆形，中果皮肉质浆状，内果皮骨质，顶端有 5 个小孔，具膜质盖；种子无胚乳，子叶厚，胚根短，向上。

本属 1 种，攀西有产。

南酸枣

别名：酸枣、五眼果、人面子、山枣子。

学名：Choerospondias axillaris（Roxb.）Burtt et Hill.

形态特征：落叶乔木，高可达 30 m。奇数羽状复叶长 25～40 cm，有小叶 3～6 对，叶轴无毛，叶柄纤细，基部略膨大；小叶膜质至纸质，卵形或卵状披针形或卵状长圆形，长 4～12 cm，宽 2～4.5 cm，先端长渐尖，基部多少偏斜，阔楔形或近圆形，全缘或幼株叶边缘具粗锯齿，两面无毛或稀叶背脉腋被毛，侧脉 8～10 对，两面突起，网脉细，不显；小叶柄纤细，长 2～5 mm。雄花序长 4～10 cm，被微柔毛或近无毛；苞片小；花萼外面疏被白色微柔毛或近无毛，裂片三角状卵形或阔三角形，先端钝圆，长约 1 mm，边缘具紫红色腺状睫毛，里面被白色微柔毛；花瓣长圆形，长 2.5～3 mm，无毛，具褐色脉纹，开花时外卷；雄蕊 10，与花瓣近等长，花丝线形，长约 1.5 mm，无毛，花药长圆形，长约 1 mm，花盘无毛；雄花无不育雌蕊；雌花单生于上部叶腋，较大；子房卵圆形，长约 1.5 mm，无毛，5 室，花柱长约 0.5 mm。核果椭圆形或倒卵状椭圆形，成熟时黄色，长 2.5～3 cm，径约 2 cm，果核长 2～2.5 cm，径 1.2～1.5 cm，顶端具 4～5 个小孔。

物候期：花期 4～5 月，果期 9～11 月。

生态习性：阳性树种，适应性强，多生于海拔 2000 m 以下的平地、山丘、沟谷边、路旁。常见于疏林中，以疏松湿润而深厚的山地黄壤及砖红壤性红壤上及光照强的环境中生长良好。

分布：凉山州的德昌等县。

用途：南酸枣果实鲜食，其含有极高的营养价值，主要有植物黄酮、天然果胶、膳食纤维、维生素、有机酸、微量元素等多种营养成分。其较高含量的酸、单宁是构成果酒风味的主要成分，故南酸枣是酿酒的良好材料。因其果胶含量高，适宜制作果冻、果糕和果酒。南酸枣是一个速生树种，主干通直，枝叶繁茂，适宜用为行道树及风景林。木材为环孔材，边材狭，成黄褐色，不耐腐，心材成红色，纹理直，材质轻软，强度中等，易于加工，干燥后不开裂、耐腐、抗虫，可作建筑、车辆、造船、家具和农机具等。果核可作活性炭原料。茎皮纤维可作绳索。树皮和果入药，有消炎解毒、止血止痛之效，外用治大面积水火烧烫伤。

（二）黄连木属（Pistacia L.）

乔木或灌木，落叶或常绿，具树脂。叶互生，无托叶，奇数或偶数羽状复叶，稀单叶或 3 小叶；小叶全缘。总状花序或圆锥花序腋生；花小，雌雄异株。雄花：苞片 1；花被片 3～9；雄蕊 3～5，稀达 7，花丝极短，与花盘连合或无花盘，花药大，长圆形，药隔伸出，细尖，基着药，侧向纵裂；不育雌蕊存在或无。雌花：苞片 1；花被片 4～10，膜质，半透明，无不育雄蕊；花盘小或无；心皮 3，合生，子房近球形或卵形，无毛，1 室，1 胚珠，花柱短，柱头 3 裂，头状扩展呈卵状长圆形或长圆形，外弯。核果近球形，无毛，外果皮薄，内果皮骨质；种子压扁，种皮膜质，无胚乳，子叶厚，略凸起。

本属约 10 种，我国有 3 种，除东北和内蒙古外均有分布，攀西地区产 2 种。

黄连木属分种检索表

1. 小叶纸质，披针形或卵状披针形，先端渐尖或长渐尖；先花后叶，雄花无不育雌蕊。……………………………………………………… 1. 黄连木

1. 小叶革质，长圆形或倒卵状长圆形，先端微凹，具芒刺伏硬尖头；花序与叶同出，雄花有不育雌蕊存在。…………………………………… 2. 清香木

1. 黄连木

别名：黄楝树、黄连树、黄巅树、楷木、黄连茶、黄连芽。

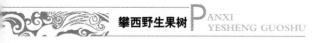

学名：Pistacia chimensis Bunge.

物候期：花期 4～5 月，果期 7～9 月。

生态习性：黄连木喜光，不耐严寒。黄连木对土壤要求不严，耐干旱瘠薄。在酸性、中性、微碱性土壤上均能生长。常生于海拔 500～3500 m 的沟谷、山坡、路旁、房前屋后等处。

分布：攀枝花市及凉山州各县市。

用途：作砧木；庭园、城镇栽培，为优良绿化和观赏树种。黄连木边材宽，灰黄色，心材黄褐色，材质坚重，纹理致密，结构匀细，不易开裂，能耐腐，钉着力强，木材可供建筑、家具、车辆、农具、雕刻等用。果、叶亦可做黑色染料。树皮、叶可入药，根、枝、叶皮也可作农药。鲜叶可提芳香油，可制茶。叶含鞣质 10.8%，果实含鞣质 5.4%，可提制栲胶。果壳含油量 3.28%，种子含油量 35.05%，种仁含油量 56.5%，是制取生物柴油的上佳原料。2009 年 8 月，中国工程院院士、我国著名森林培育工程专家王涛在主题为《生态能源林建设未来生物质柴油原料基地》的报告中表明国家发展生物柴油的决心，同时选择黄连木作为生物能源产业的突破点，这是因为我国现已查明的油料植物种类有151 科、697 属、1554 种，其中种子含油量在 40% 以上的不足 10 种。目前科技部把重点攻关项目集中在黄连木、文冠果、麻风树和光皮树上。但后三种因受地域分布或现有数量的限制难以大量繁殖，如文冠果就因总量少导致所产柴油价格偏高，要每斤 20 元左右，光皮树和麻风树的分布量相对更少。经研究人员长时间调查发现，黄连木在出油量、地域分布、适应性等方面都有优势。我国黄连木属落叶乔木，雌雄异株，寿命长，几百岁的大树长势旺盛，而且它耐干旱，抗逆性强，广泛分布在华北、华南、西南、华中与华东的广大地区以及西北部分地区。王涛说："上述优势都为黄连木的生物质柴油生产打下了基础。"攀西地区具有很多的荒山荒坡，气候和土壤条件适合种植黄连木的地方很多，由于未来国家会对黄连木制造生物质柴油方面给予很大重视。如果在攀西地区利用荒山荒坡大力种植黄连木将有广阔的前景。

2. 清香木

别名：细叶楷木、黄楝树、清香树、紫油树。

学名：Pistacia weinmannifolia J. Poiss. ex Franch.

物候期：花期 5 月，果期 8～10 月。

生态习性：清香木为阳性树，但亦稍耐阴，喜温暖，种耐干旱瘠薄，根系发达，抗性强，萌发力强，生长缓慢，寿命长，但幼苗的抗寒力不强，在较高海拔地区需加以保护。植株能耐 -10 ℃低温，喜光照充足、不易积水的土壤。常生于海拔 1300～2300 m 的干热河谷向阳山坡。

分布：攀枝花市及凉山州的西昌、德昌、会理、木里、金阳等县市。

用途：树皮可供制革，叶可提化工原料或作香料，幼果可作饲料，种子榨油。因清香木自身散发的味道能让苍蝇、蚊子"避而远之"，因此亦可作为家庭盆栽观赏；枝叶密集、叶片油绿翠嫩的清香木是一种耐干旱瘠薄、抗性强的常绿灌木，在园林中作地被植物栽培效果很好，可用于花园灌木及切枝。叶及皮药用，能清热解毒，治痢疾、肠炎、疮疡湿疹。

（三）盐肤木属 [Rhus (Tourn.) L. emend. Moench]

落叶灌木或乔木。叶互生，奇数羽状复叶、3 小叶或单叶，叶轴具翅或无翅；小叶具柄或无柄，边缘具齿或全缘。花小，杂性或单性异株，多花，排列成顶生聚伞圆锥花序或复穗状花序，苞片宿存或脱落；花萼 5 裂，裂片覆瓦状排列，宿存；花瓣 5，覆瓦状排列；雄蕊 5，着生在花盘基部，在雄花中伸出，花药卵圆形，背着药，内向纵裂；花盘环状；子房无柄，1 室，1 胚珠，花柱 3，基部多少合生。核果球形，略压扁，被腺毛和具节毛或单毛，成熟时红色，外果皮与中果皮连合，中果皮非蜡质。

本属约 250 种，分布于亚热带和暖温带，我国有 6 种，除东北、内蒙古、青海和新疆外均有分布。攀西地区产 5 种，其中盐肤木果实可食。

盐肤木

别名：肤木、盐麸树、夫烟树、五倍子树。

学名：Rhus chinensis Mill.

形态特征：落叶小乔木或灌木，高 2～10 m；小枝被锈色柔毛。奇数羽状复叶有小叶 3～6 对，叶轴具宽的叶状翅，小叶自下而上逐渐增大，叶轴和叶柄密被锈色柔毛；小叶多形，卵形或椭圆状卵形或长圆形，长 6～12 cm，宽 3～7 cm，先端急尖，基部圆形，顶生小叶基部楔形，边缘具粗锯齿或圆齿，叶面暗绿色，叶背粉绿色，被白粉，叶面沿中脉疏被柔毛或近无毛，叶背被锈色柔毛，脉上较密，侧脉和细脉在叶面凹陷，在叶背突起，小叶无柄。圆锥花序宽大，多分枝，雄花序长 30～40 cm，花序较短，密被锈色柔毛；苞片披针形，长约 1mm，被微柔毛，小苞片极小；花白色，花梗长约 1 mm，被微柔毛。雄花：花萼外面被微柔毛，裂片长卵形，长约 1 mm，边缘具细睫毛，花瓣倒卵状长圆形，长约 2 mm，开花时外卷；雄蕊伸出，花丝线形，长约 2 mm，无毛，花药卵形，约 0.7 mm；子房不育。雌花：花萼裂片较短，长约 0.6 mm，外面被微柔毛，边缘具细睫毛；花瓣椭圆状卵形，长约 1.6 mm，边缘具细睫毛，里面下部被柔毛；雄蕊极短；花盘无毛；子房卵形，长约 1 mm，密被白色散柔毛，花柱 3，柱头头状。核果球形，略压扁，径 4～5 mm，被具节柔毛和腺毛，成熟时红色，果核径 3～4 mm。

物候期：花期 8～9 月，果期 10 月。

生态习性：喜温暖湿润气候，也能耐一定寒冷和干旱。对土壤要求不严，酸性、中性或石灰岩的碱性土壤上都能生长，耐瘠薄，不耐水湿。根系发达，有很强的萌蘖性。生于海拔 600～1600 m 的山林、灌丛。

分布：攀枝花市及凉山州各县市。

用途：果泡水代醋用，生食酸咸止渴。种子可榨油供工业用。。

二十六、七叶树科 HIPPCASTANACEAE

七叶树属（Aesculus Linn.）

乔木，有肥大的冬芽被数对鳞片所覆盖；叶为掌状复叶；小叶 5～9 枚，有锯齿；花杂性，排成顶生、大型的圆锥花序；萼钟形，4～5 裂；花瓣 4～5；雄蕊 5～9；子房 3 室，每室有胚珠 2 颗；果为一蒴果，有大的种子 1～3 颗。

本属约 30 余种，广布于亚、欧、美三洲。我国产 10 余种，攀西地区产 3 种，其中 2 种果实可食用。

1. 七叶树

别名：梭罗树。

学名：Aesculus chinensis Bunge.

形态特征：落叶乔木，高达 25 m。掌状复叶，小叶 5～7，叶柄长 10～12 cm，小叶纸质，长圆披针形至长圆倒披针形，长 8～16 cm，宽 3～5 cm，上面无毛，下面仅中肋及侧脉的基部嫩时有疏柔毛，侧脉 13～17 对；中央小叶柄长 1～1.8 cm，两侧的小叶柄长 5～10 mm，有灰色微柔毛。花序圆筒形，连同长 5～10 cm 的总花梗在内共长 21～25 cm，花序总轴有微柔毛，小花序常由 5～10 朵花组成，平斜向伸展，有微柔毛，长 2～2.5 cm，花梗长 2～4 mm。花杂性，雄花与两性花同株，花萼管状钟形，长 3～5 mm，外面有微柔毛，不等地 5 裂，裂片钝形，边缘有短纤毛；花瓣 4，白色，长圆倒卵形至长圆倒披针形，长约 8～12 mm，宽 5～1.5 mm，边缘有纤毛，基部爪状；雄蕊 6，长 1.8～3 cm，花丝线状，无毛，花药长圆形，淡黄色，长约 1～1.5 mm；子房在雄花中不发育，在两性花中发育良好，卵圆形，花柱无毛。果实球形或倒卵圆形，顶部短尖或钝圆而中部略凹下，直径 3～4 cm，黄褐色，无刺，具很密的斑点，果壳干后厚 5～6 mm，种子常 1～2 粒发育，近于球形，直径 2～3.5 cm，栗褐色。

物候期：花期 4～5 月，果期 10 月。

生态习性：生于海拔 1500 m 以下的山坡、沟谷、林中。

分布：凉山州雷波、金阳等县。

用途：种子富含淀粉，可作食用。榨油可制造肥皂。本种树干挺拔、树形壮丽雄伟，可在庭园、城镇栽植作行道树、庭荫树，供绿化和观赏。木材细密可制造各种器具，种子为梭罗子供药用，具有平胃消食、宽中下气功效，可治胃病。

2. 云南七叶树

别名：红白果、火麻风。

学名：Aesculus wangii Hu.

形态特征：乔木，高达 20 m。掌状复叶对生；叶柄长 12~17 cm；小叶 5~7，纸质，披针形或倒披针形，长 14~18 cm，宽 5~7.5 cm，边缘具突尖的细锯齿，下面幼时有稀疏平贴的微柔毛，渐老仅脉上有柔毛，侧脉 20~22 对；小叶柄长 5~7 mm，有黑色腺体。圆锥花序顶生，长 35~40 cm，有黄色微柔毛；花梗长 3~5 mm；两性花的子房密生褐色茸毛，花柱微弯，有褐色茸毛，柱头小。蒴果扁球形，直径 6~7.5 cm，果壳薄，具疣状突起，常 3 裂；种子 1 枚发育，近于球形，种脐大，占种子 1/2 以上。

物候期：花期 4~5 月，果期 10 月。

生态习性：云南七叶树系阳性树种，分布区为南亚热带气候，年平均温 13~17 ℃，月平均温 6~10 ℃，年降水量 1000~1200 mm，相对湿度 80% 左右。土壤为棕色石灰土，pH 值 4.6~5.5。多零星混生于石灰岩山地半常绿阔叶林中，幼苗、幼树多半出现于林隙透光度较大的地方。耐旱，甚至在岩石缝隙中也能生长，但在砂页岩山地上罕见。

分布：凉山州的雷波、金阳等县。

用途：种子富含淀粉，脱涩后可制饼食用。七叶树形美观，花果秀丽，是优良观赏树种；木材可供建筑和家具、器具用；树皮纤维可供工业原料；种子榨油，可提取油酸供工业用。果实（娑罗子）味甘，性温，有理气、通络、杀虫的功能，用于胃脘胀痛、疳积、疟疾、痢疾等。树皮 5~10 g 煎服可解热，也能治荨麻疹、腹泻、白带、子宫出血等。

二十七、无患子科 SAPINDACEAE

车桑子属（Dodonaea Miller）

乔木或灌木，全株或仅嫩部和花序有胶状黏液；小枝通常有棱角。单叶或羽状复叶，互生，无托叶。花单性，雌雄异株，辐射对称，单生叶腋或组成顶生和腋生的总状花序、伞房花序或圆锥花序；萼片（3）4（7），镊合状排列或有时覆瓦状排列，结果时脱落；无花瓣；花盘不明显，在雄花中常没有；雄蕊（雄花）5~8，花丝极短，花药长圆形，有 4 钝角，药隔突出；子房（雌花）椭圆形、倒心形或横椭圆形，通常 2 或 3 棱角、2 或 3 室，很少 5~6 棱角、5~6 室，花柱顶生。蒴果翅果状 2~3（6）角，2~3（6）室，果舟状，两则扁，室背常延伸为半月形或极扩展的纵翅，有时无翅或仅顶部有角；种子每室 1 或 2 颗。

该属约 50 余种，我国仅产 1 种，攀西有分布。

车桑子

别名：坡柳、明油子。

学名：Dodonaea viscosa（L.）Jacq.

形态特征：灌木，高 1～2 m；小枝扁，有狭翅或棱角，覆有胶状黏液。单叶，纸质，形状和大小变异很大，线形、线状匙形、线状披针形、倒披针形或长圆形，长 5～12 cm，宽 0.5～4 cm，顶端短尖、钝或圆，全缘或不明显的浅波状，两面有黏液，无毛，干时光亮；侧脉多而密，甚纤细；叶柄短或近无柄。花序顶生或在小枝上部腋生，比叶短，密花，主轴和分枝均有棱角；花梗纤细，长 2～5 mm，有时可达 1 cm；萼片 4，披针形或长椭圆形，长约 3 mm，顶端钝；雄蕊 7 或 8，花丝长不及 1 mm，花药长 2.5 mm，内屈，有腺点；子房椭圆形，外面有胶状黏液，2 或 3 室，花柱长约 6 mm，顶端 2 或 3 深裂。蒴果倒心形或扁球形，2 或 3 翅，高 1.5～2.2 cm，连翅宽 1.8～2.5 cm，种皮膜质或纸质，有脉纹；种子每室 1 或 2 颗，透镜状，黑色。

物候期：花期秋末，果期冬末春初。

生态习性：常生于 1600～2600 m 干旱山坡、旷地或海边的沙土上。分布于全世界的热带和亚热带地区。

分布：木里、西昌等县市。

用途：种子可食，种子油供照明和做肥皂。这种植物耐干旱，萌生力强，根系发达，又有丛生习性，是一种良好的固沙保土树种。全株含微量氢氰酸，叶含生物碱和皂苷，食之可引起腹泻等症状。

二十八、鼠李科 RHAMNACEAE

（一）勾儿茶属（Berchemia Neck.）

直立或攀援灌木；叶互生，全缘，背脉明显；花两性或杂性，簇生或组成聚伞花序，再排成顶生的总状花序或圆锥花序式；花萼、花瓣和雄蕊 5；子房半藏于花盘内，2 室，每室有胚珠 1 颗；果为一球形或长椭圆形的核果，基部为宿存的萼管所包围。

本属约 31 种，除北美洲和法属新喀里多尼亚各有 1 种外，主要分布于亚洲东部至东南部温带和热带地区。我国有 18 种 6 变种，主要集中于西南、华南、中南及华东地区。攀西地区产 8 种，其中云南勾儿茶果味甜可食。

云南勾儿茶

别名：黄鳝藤、鸭公藤。

学名：Berchemia yunnanensis Y. L. Chen et P. K. Chou.

形态特征：藤状灌木，高 2.5～5 m；小枝平展，淡黄绿色，老枝黄褐色，无毛。叶纸质，卵状椭圆形、矩圆状椭圆形或卵形，长 2.5～6 cm，宽 1.5～

3 cm，顶端锐尖，稀钝，具小尖头，基部圆形，稀阔楔形，两面无毛，上面绿色，下面浅绿色，干时常变黄色，侧脉每边 8~12 条，两面凸起；叶柄长 7~13 mm，无毛；托叶膜质，披针形。花黄色，无毛，通常数个簇生，近无总梗或有短总梗，排成聚伞总状或窄聚伞圆锥花序，花序常生于具叶的侧枝顶端，长 2~5 cm，花梗长 3~4 mm，无毛；花芽卵球形，顶端钝或锐尖，长宽相等；萼片三角形，顶端锐尖或短渐尖；花瓣倒卵形，顶端钝；雄蕊稍短于花瓣。核果圆柱形，长 6~9 mm，直径 4~5 mm，顶端钝而无小尖头，成熟时红色，后黑色，有甜味，基部宿存的花盘皿状；果梗长 4~5 mm。

物候期：花期 6~8 月，果期翌年 4~5 月。

生态习性：生于海拔 1400~3200 m 的灌木丛中或林下。

分布：攀枝花市及凉山州西昌、德昌、冕宁、盐源、木里、会东、会理、布拖、普格、金阳、越西等县市。

用途：果实可食用；根、叶供药用，具有清热除湿、拔毒生肌、补虚之功效。

（二）枳椇属（Hovenia Thunb.）

落叶灌木或乔木；叶互生，具长柄，基部 3 脉；花两性，组成腋生或顶生的聚伞花序；萼片、花瓣和雄蕊均 5 枚；花盘下部与萼管合生，上部分离；子房上位，3 室；果球形，不开裂，生于肉质、扭曲的花序柄上，其大如豆，有种子 3 颗，外果皮革质，与膜质的内果皮分离。

本属有 3 种 2 变种。中国 3 种均产。攀西地区产 1 种。

枳椇

别名：拐枣、鸡爪树、万字果、南枳椇。

学名：Hovenia acerba Lindl.

形态特征：高大乔木，高 10~25 m；小枝褐色或黑紫色，被棕褐色短柔毛或无毛，有明显白色的皮孔。叶互生，厚纸质至纸质，宽卵形、椭圆状卵形或心形，长 8~17 cm，宽 6~12 cm，顶端长渐尖或短渐尖，基部截形或心形，稀近圆形或阔楔形，边缘常具整齐浅而钝的细锯齿，上部或近顶端的叶有不明显的齿，稀近全缘，上面无毛，下面沿脉或脉腋常被短柔毛或无毛，叶柄长 2~5 cm，无毛。二歧式聚伞圆锥花序，顶生和腋生，被棕色短柔毛；花两性，直径 5~6.5 mm；萼片具网状脉或纵条纹，无毛，长 1.9~2.2 mm，宽 1.3~2 mm；花瓣椭圆状匙形，长 2~2.2 mm，宽 1.6~2 mm，具短爪；花盘被柔毛；花柱半裂，稀浅裂或深裂，长 1.7~2.1 mm，无毛。浆果状核果近球形，直径 5~6.6 mm，无毛，成熟时黄褐色或棕褐色；果序轴明显膨大；种子暗褐色或黑紫色，直径 3.2~4.5 mm。

物候期：花期 5~7 月，果期 8~10 月。

生态习性：为阳性树种，生于海拔 2000 m 以下向阳山坡、山谷、沟边及路旁。

分布：攀枝花市及凉山州金阳、雷波、越西、甘洛、普格、会理、会东、盐源、木里等县以及安宁河流域各县市。

用途：果柄含多量葡萄糖和苹果酸钾，经霜后甜，可生食、酿酒、制醋和熬糖，俗称"拐枣"。具有很高的食疗作用：枳椇子中含有大量的葡萄糖、有机酸，既能扩充人体的血容量，又能解酒毒，故有醒酒安神的作用；枳椇子含有大量水分、葡萄糖、有机盐、脂类物质，具有促进尿液排泄、加速肠道蠕动等作用，故能"通利二便"；枳椇子中含有大量的钙和枳椇子皂苷，具有中枢抑制作用，能够抗惊厥，防止手足抽搐痉挛，可用来治疗风湿痹痛麻木之症；枳椇子中含有大量的葡萄糖、蔗糖、果糖、有机酸、无机盐、维生素等，能生津止渴，清热除烦，并能给人体补充养分，增强机体的抗病能力；近年来研究发现，枳椇子中含有麦草碱、β-咔啉及枳椇甙 C、D、G、H 和鼠李碱等，具有抗脂质过氧化和降低血压等作用。木材细致坚硬，为建筑和制细木工用具的良好用材。

（三）鼠李属（Rhamnus L.）

落叶或常绿灌木或乔木；叶互生，稀近对生，羽状脉，全缘或有齿缺；花小，淡绿色或淡黄色，两性或单性，组成腋生的聚伞花序、伞形花序或总状花序；萼 4～5 裂；花瓣 4～5 枚或无；雄蕊 4～5；子房 2～4 室，与花盘离生；花柱不裂或 3～4 裂；果为一浆果状的核果，有核 3～4 个，基部为宿存的萼管所围绕。

本属约 200 种分布于温带至热带，主要集中于亚洲东部和北美洲的西南部，少数也分布于欧洲和非洲。我国有 57 种和 14 变种，分布于全国各省区，其中以西南和华南种类最多。攀西地区产 15 种 2 变种，其中鼠李为野生果树资源。

鼠李

别名：臭李子、大绿、老鹳眼、女儿茶、牛李子。

学名：Rhamnus davurica Pall.

形态特征：常绿灌木或小乔木，高达 10 m；幼枝无毛，小枝对生或近对生，褐色或红褐色，稍平滑，枝顶端常有大的芽而不形成刺，或有时仅分叉处具短针刺；顶芽及腋芽较大，卵圆形，长 5～8 mm，鳞片淡褐色，有明显的白色缘毛。叶纸质，对生或近对生，或在短枝上簇生，宽椭圆形或卵圆形，稀倒披针状椭圆形，长 4～13 cm，宽 2～6 cm，顶端突尖或短渐尖至渐尖，稀钝或圆形，基部楔形或近圆形，有时稀偏斜，边缘具圆齿状细锯齿，齿端常有红色腺体，上面无毛或沿脉有疏柔毛，下面沿脉被白色疏柔毛，侧脉每边 4～5（6）条，两面凸起，网脉明显；叶柄长 1.5～4 cm，无毛或上面有疏柔毛。花单性，雌雄异株，4 基数，有花瓣，雌花 1～3 个生于叶腋或数个至 20 余个簇生于短枝端，有退化雄蕊，花柱 2~3 浅裂或半裂；花梗长 7~8 mm。核果球形，黑色，直径 5~6 mm，具 2 分核，基部有宿存的萼筒；果梗长 1~1.2 cm；种子卵圆形，黄褐色，背侧有与种子等长的狭纵沟。

物候期：花期 5~6 月，果期 7~10 月。

生态习性：生于山坡林下、灌丛或林缘和沟边阴湿处。

分布：凉山州宁南、会东、冕宁等县。

用途：种子榨油作润滑油；果肉药用，解热、泻下及治瘰疬等；树皮和叶可提取栲胶；树皮和果实可提制黄色染料；木材坚实，可供制家具及雕刻之用。

（四）枣属（Ziziphus Mill.）

落叶或常绿灌木或乔木；叶互生，全缘或有锯齿，基部 3~5 脉；托叶常变为刺；花小，组成腋生的聚伞花序或有时呈圆锥花序式排列；萼片、花瓣和雄蕊均 5 枚；子房埋藏于花盘内，2（4）室，每室有胚珠 1 颗，花柱 2 裂；果为球形或长椭圆形、肉质的核果。

本属约 100 种，主要分布于亚洲和美洲的热带和亚热带地区。我国有 12 种 3 变种，除枣和无刺枣在全国各地栽培外，主要产于西南和华南。攀西地区原产 2 种 2 变种。

枣属分种检索表

1. 叶下面或至少沿脉被毛，枝具长不超过 6 mm 的短刺；核果直径约 1 cm。
……………………………………………………………… 1. 滇刺枣

1. 叶下面无毛或近无毛，或仅基部脉腋被毛；具 2 刺，长刺常在 1 cm 以上，稀达 3 cm；核果较大。

2. 小枝无短枝；花梗、花萼被毛；核果球形或倒卵球形，中果皮薄，不为肉质。…………………………………………………… 2. 山枣

2. 当年生枝通常 2~7 个簇生于矩状短枝上；花梗、花萼无毛；核果矩圆形或长卵圆形，中果皮厚肉质。

3. 核果大，直径 1.5~2 cm，味甜；核两端尖，枝无刺。…… 3. 无刺枣

3. 核果小，直径在 1.2 cm 以下，味酸，核两端钝，枝有刺。…… 4. 酸枣

1. 滇刺枣

别名：须须果、西瓜刺、酸枣。

学名：Ziziphus mauritiana Lam.

物候期：花期 8~11 月，果期 9~12 月。

生态习性：有较强的抗旱性，耐贫瘠，不耐荫蔽。生于海拔 800~1500 m 的灌丛中。

分布：攀枝花市市区、米易、盐边及凉山州会理、会东的金沙江干热河谷。

用途：果可食或制蜜饯，木材供工艺、木器、家具等用，树皮供药用。

2. 山枣

学名：Ziziphus montana W. W. Sm.

物候期：花期4~6月，果期5~8月。

生态习性：生于海拔1400~2600 m的山谷疏林或干旱多岩石处。

分布：木里、盐源等县。

用途：果可食或制蜜饯，木材供工艺、木器、家具等用，树皮供药用。

3. 无刺枣

别名：枣树、枣子、红枣、大枣、大甜枣。

学名：Ziziphus jujuba Mill. var. inemmis（Bunge）Rehd.

形态特征：与原变种的主要区别在于长枝无皮刺，幼枝无托叶刺。

物候期：花期5~7月，果期8~10月。

生态习性：有较强的抗旱性，耐贫瘠，不耐荫蔽。

分布：凉山州宁南、雷波、甘洛等县。

用途：本种木材坚硬、纹理致密，可供工艺、木器、家具等用。根、果仁供药用，根可通经活络，果仁有养心安神、敛汗功效。

4. 酸枣

别名：棘、酸枣树、角针、硬枣、山枣树。

学名：Ziziphus jujuba Mill. var. spinosa（Bunge）Hu.

形态特征：本变种常为灌木，叶较小，核果小，近球形或短距圆形，直径0.7~1.2 cm，具薄的果皮，味酸，核两端钝，与原变种不同。

物候期：花期6~7月，果期8~9月。

生态习性：生于海拔1000~1800 m向阳、干燥的山坡、丘陵、岗地或平原。

分布：攀枝花市米易及凉山州西昌、德昌、会东等县。

用途：酸枣的果实肉薄，但含有丰富的维生素C，可生食或制作果酱；种子酸枣仁入药，有镇定安神之功效，主治神经衰弱、失眠等症；花芳香多蜜腺，为华北地区的重要蜜源植物之一；枝具锐刺，常用作绿篱。

二十九、葡萄科 VITACEAE

（一）地锦属（Parthenocissus Planch.）

木质藤本。卷须总状多分枝，嫩时顶端膨大或细尖微卷曲而不膨大，后遇附着物扩大成吸盘。叶为单叶、3小叶或掌状5小叶，互生。花5数，两性，组成圆锥状或伞房状疏散多歧聚伞花序；花瓣展开，各自分离脱落；雄蕊5；花盘不明显或有5个蜜腺状的花盘；花柱明显；子房2室，每室有2个胚珠。浆果球形，有种子1~4颗。种子倒卵圆形。

地锦属约 13 种，分布于亚洲和北美。我国有 10 种，其中 1 种由北美引入栽培，攀西地区地锦被收录为野生果树资源。

地锦

别名：爬山虎、土鼓藤、红葡萄藤、爬墙虎。

学名：Parthenocissus tricuspidata（Sieb. et Zucc.）Planch.

形态特征：落叶木质藤本。卷须 5~9 分枝，顶端嫩时膨大呈圆珠形，后遇附着物扩大成吸盘。叶为单叶，通常着生在短枝上为 3 浅裂，时有着生在长枝上者小型不裂，叶片通常倒卵圆形，长 4.5~17 cm，宽 4~16 cm，顶端裂片急尖，基部心形，边缘有粗锯齿，上面绿色，无毛，下面浅绿色，无毛或中脉上疏生短柔毛，基出脉 5，中央脉有侧脉 3~5 对，网脉上面不明显，下面微突出；叶柄长 4~12 cm，无毛或疏生短柔毛。花序着生在短枝上，基部分枝，形成多歧聚伞花序，长 2.5~12.5 cm，主轴不明显；花序梗长 1~3.5 cm，几无毛；花梗长 2~3 mm，无毛；花蕾倒卵椭圆形，高 2~3 mm，顶端圆形；萼碟形，边缘全缘或呈波状，无毛；花瓣 5，长椭圆形，高 1.8~2.7 mm，无毛；雄蕊 5，花丝长约 1.5~2.4 mm，花药长椭圆卵形，长 0.7~1.4 mm，花盘不明显；子房椭球形，花柱明显，基部粗，柱头不扩大。果实近球形，直径 1~1.5 cm，有种子 1~3 颗。

物候期：花期 5~8 月，果期 9~10 月。

生态习性：爬山虎适应性强，性喜阴湿环境，但不怕强光，耐寒，耐旱，耐贫瘠，气候适应性广泛，在暖温带以南冬季也可以保持半常绿或常绿状态。耐修剪，怕积水，对土壤要求不严，阴湿环境或向阳处，均能茁壮生长，但在阴湿、肥沃的土壤中生长最佳。它对二氧化硫等有害气体有较强的抗性。

分布：凉山州及攀枝花各县市。

用途：果可酿酒，生食味甜、味微麻，不宜多食。夏季枝叶茂密，常攀缘在墙壁或岩石上，适于配植宅院墙壁、围墙、庭园入口处、桥头石块等处。可用于绿化房屋墙壁、公园山石，既可美化环境，又能降温，调节空气，减少噪音。爬山虎的根、茎可入药，有破淤血、活筋止血、消肿毒之功效。

（二）葡萄属（Vitis L.）

木质藤本，有卷须。叶为单叶、掌状或羽状复叶；有托叶，通常早落。花 5 数，通常杂性异株，稀两性，排成聚伞圆锥花序；萼呈碟状，萼片细小；花瓣凋谢时呈帽状黏合脱落；花盘明显，5 裂；雄蕊与花瓣对生，在雌花中不发达，败育；子房 2 室，每室有 2 颗胚珠；花柱纤细，柱头微扩大。果实为一肉质浆果，有种子 2~4 颗。

葡萄属有 60 余种，分布于世界温带或亚热带。我国约 38 种，其中攀西地区野生 9 种。

葡萄属分种检索表

1. 叶下面为密集的白色或锈色蛛丝状或毡状绒毛所遮盖。

2. 叶 3~5 深裂或中裂。 …………………………………………… 1. 蘡薁

2. 叶不分裂或不明显 3~5 浅裂。

3. 小枝和花序轴或多或少被蛛丝状绒毛，但不被直毛。 ……… 2. 毛葡萄

3. 小枝和花序轴或多或少被短柔毛。 …………………… 3. 美丽葡萄

1. 叶下面绿色或淡绿色，稀紫红色或淡紫红色，无毛或被柔毛，抑或被稀疏蛛丝状绒毛，但决不为绒毛所遮盖。

4. 叶下面完全无毛或仅脉腋有簇毛，若幼时被绒毛者老后脱落。

5. 叶卵形、卵圆形、长椭圆形或卵披针形，基部微心形或近截形。………
……………………………………………………… 4. 葛藟葡萄

5. 叶心状卵形或阔卵形，基部显著心形或深心形，顶端急尖或短尾尖。……
……………………………………………………… 5. 小果葡萄

4. 叶下面或多或少被柔毛或至少在脉上被短柔毛或蛛丝状绒毛。

6. 叶不分裂，稀不明显 3~5 浅裂。 ……………………… 6. 网脉葡萄

6. 叶显著 3~5 裂或混生有不明显分裂叶。

7. 叶 3~5 中裂至深裂，裂片狭窄，稀裂片再羽裂，或有时混生有浅裂叶。
……………………………………………………… 7. 湖北葡萄

7. 叶不分裂或 3~5 浅裂，浅裂者裂片宽阔。

8. 叶卵圆形或卵椭圆形、基缺和裂缺凹成钝角张开。 ……… 8. 桦叶葡萄

8. 叶阔卵圆形，基缺和裂缺通常凹成圆形，稀呈成钝角。 …… 9. 山葡萄

1. 蘡薁

别名：野葡萄、华北葡萄。

学名：Vitis bryoniaefolia Bge.

物候期：花期 4~8 月，果期 6~10 月。

生态习性：生于海拔 950~2500 m 山谷林中、灌丛、沟边或田埂。

分布：凉山州木里、普格等县。

用途：果可酿果酒，全株供药用，能祛风湿、消肿痛，藤可造纸。

2. 毛葡萄

别名：野葡萄。

学名：Vitis heyneana Roem.

物候期：花期 4~6 月，果期 6~10 月。

生态习性：生于海拔 1700~2500 m 山坡、沟谷灌丛、林缘或林中。

分布：凉山州金阳、雷波、美姑等县。

用途：果可生食。根皮和叶入药：根皮能调经活血、舒筋活络，主治月经不

调、白带，外用治跌打损伤、筋骨疼痛；叶能止血，用于外伤出血。叶又可作猪饲料。

3. 美丽葡萄

别名：小叶毛葡萄。

学名：Vitis bellula（Rehd.）W. T. Wang.

物候期：花期5~6月，果期7~8月。

生态习性：生于海拔1300~1600 m山坡林缘或灌丛中。

分布：凉山州木里、盐源等县。

4. 葛藟葡萄

别名：葛藟、千岁藟、芜、光叶葡萄、野葡萄。

学名：Vitis flexuosa Thunb.

物候期：花期3~5月，果期7~11月。

生态习性：生于海拔550~2300 m山坡或沟谷田边、草地、灌丛或林中。

分布：攀枝花市及凉山州各县市。

用途：果可食或酿酒，种子榨油。本种为赏叶观果植物，可在庭园、廊桥搭棚架栽植，或盆栽放置于居室内、阳台、窗台等处，供绿化和观赏。全草供药用，具有祛风湿、续筋骨、益气活血功效。

5. 小果野葡萄

别名：小果野葡萄、小葡萄。

学名：Vitis balanseana Planch.

物候期：花期2~8月，果期6~11月。

生态习性：生于海拔650~800 m沟谷阳处，攀援于乔灌木上。

分布：凉山州雷波、金阳等县。

用途：果可食。本种为赏叶观果植物，可在庭园、廊桥搭棚架栽植，或盆栽放置于居室内、阳台、窗台等处，供绿化和观赏。根供药用，具有清热解毒、舒筋活血功效；藤和叶入药，有祛湿消肿之效。

6. 网脉葡萄

学名：Vitis wilsonae Veitch.

物候期：花期5~7月，果期6月~翌年1月。

生态习性：生于海拔800~1300 m的灌丛、草地。

分布：凉山州金阳等县。

用途：果可生食、酿酒、制醋、制罐头等。种子榨油，还可提取单宁。根入药，主治慢性骨髓炎、痈疽疔疮。

7. 湖北葡萄

学名：Vitis silvestrii Pamp.

物候期：花期 5 月。

生态习性：生于海拔 700~1200 m 山坡林中或林缘。

分布：凉山州雷波等县。

8. 桦叶葡萄

学名：Vitis betulifolia Diels & Gilg.

物候期：花期 3~6 月，果期 6~11 月。

生态习性：生于海拔 650~1600 m 的山坡、沟谷、灌丛或林中。

分布：凉山州金阳、会东、雷波、木里、越西等县。

用途：抗病性强，可作培育优良葡萄的育种材料。本种为赏叶观果植物，可在庭园、廊桥搭棚架栽植，或盆栽放置于居室内、阳台、窗台等处，供绿化和观赏。根供药用，具有清热解毒、舒筋活血功效。

9. 山葡萄

学名：Vitis amurensis Rupr.

物候期：花期 5~6 月，果期 7~9 月。

生态习性：生于海拔 570~1300 m 的山野、山坡、山沟、路边、林下灌木丛中。

分布：凉山州雷波等县。

用途：山葡萄浆果含丰富的蛋白质、碳水化合物、矿物质和多种维生素，生食味酸甜可口，富含浆汁，是美味的山间野果；山葡萄是酿造葡萄酒的原料，所酿的葡萄酒酒色深红艳丽，风味品质甚佳，是一种良好的饮料。酒糟可制醋和染料，种子可榨油，叶和酿酒后的酒脚可提酒石酸。山葡萄抗病、抗湿力强，嫁接亲和力亦强，是优良的抗寒砧木，也可饲用。山葡萄入药，味甘酸、微涩，性平，无毒，内服祛风除湿、解毒消肿、清热利尿、凉血止血、舒筋活血、散瘀、通络、入肺肾经，主治腹泻、伤暑身酸、小儿水肿、风湿腰痛、中耳炎、湿痰流注、皮肤风疹、风湿酸痛、无名肿毒、疮疡肿毒、跌打肿毒、外伤淤血、风湿水肿。种子可提取单宁。

三十、梧桐科 STERCULIACEAE

梧桐属（Firmiana Marsili）

乔木或灌木。叶为单叶，掌状 3~5 裂，或全缘。花通常排成圆锥花序，稀为总状花序，腋生或顶生，单性或杂性；萼 5 深裂几至基部，萼片向外卷曲，稀 4 裂；无花瓣；雄花的花药 10~15 个，聚集在雌雄蕊柄的顶端成头状，有退化雌蕊；雌花的子房 5 室，基部围绕着不育的花药，每室有胚珠 2 个或多个，花柱在基部连合，柱头与心皮同数而分离。果为蓇葖果，具柄，果皮膜质，在成熟前甚早就开裂成叶状；每蓇葖有种子 1 个或多个，着生在叶状果皮的内缘；种子圆球形。

本属约有 15 种，分布在亚洲和非洲东部。我国有 3 种，其中攀西地区产 2 种。

梧桐属分种检索表

1. 花紫红色，萼片长约 12 mm；嫩叶的毛被带褐色，叶掌状 3 裂。……
………………………………………………………………… 1. 云南梧桐
2. 花淡黄绿色，萼片长 7~9 mm，嫩叶被淡黄白色的毛；叶心形。……
………………………………………………………………………… 2. 梧桐

1. 云南梧桐

学名：Firmiana major（W. W. Smith）Hand. -Mazz.

物候期：花期 6~7 月，果期 10 月。

生态习性：为亚热带树种，阳性，不耐阴，适宜生长在干、湿季分明，年平均温 13~15 ℃，1 月平均温 7~8 ℃，极端最低温不低于－5 ℃，极端最高温不超过 32 ℃，年降水量 1200 mm 左右，相对湿度约 70％的地区。土壤为红壤，pH 值 5.0~6.0。生于海拔 1500 m 以下的山林中。

分布：攀枝花市。

用途：种子可炒熟食用或榨油。树冠伞状，枝叶繁茂，夏日浓荫蔽地，是优良的行道树和园景树；木材优质，可制作家具、乐器等。种子入药，主治中气下陷、子宫下垂、脱肛、气短乏力、小儿口腔糜烂。

2. 梧桐

别名：桐麻。

学名：Firmiana platanifolia（Linn. f.）Marsili.

物候期：花期 6 月。

生态习性：喜光，不耐水湿，喜土层深厚的石灰性土壤或黏质土壤。

分布：攀枝花市米易及凉山州越西、西昌、冕宁、德昌、会理、会东、布拖、喜德、雷波等县市有栽培。

用途：种子可炒熟食用或榨油，油为不干性油。本种为栽培于庭园的观赏树木。木材轻软，为制木匣和乐器的良材；茎、叶、花、果和种子均可药用，有清热解毒的功效。树皮的纤维洁白，可用以造纸和编绳等。木材刨片可浸出黏液，称刨花，可润发。

三十一、猕猴桃科 ACTINIDIACEAE

（一）猕猴桃属（Actinidia Lindl）

落叶木质藤本，稀常绿；髓心片层状，稀实心；叶为单叶，互生，无托叶；

花序一般为简单的聚伞花序，单花亦常见，少数多回分枝；花雌雄异株；萼片2~5；花瓣5~12；雄蕊多数，药黄色或黑色；雌蕊多心皮，子房多室，花柱离生；果为浆果，种子极多。

全属54种以上，产亚洲，分布于马来西亚至苏联西伯利亚东部的广阔地带。我国是优势主产区，有52种以上，集中产地是秦岭以南和横断山脉以东的大陆地区。攀西地区产14种6变种。

猕猴桃属分种检索表

1. 植物体毛被发达，小枝、芽体、叶片、叶柄、花萼、子房、幼果等部多数被毛，至少小枝必定稠密被毛。

2. 植物体的毛为不分枝的硬毛、糙毛或刺毛，果具斑点。………… 糙毛组

3. 叶两面无毛，圆卵形，偏斜，顶端急尖，基部钝圆或浅心形；花很大，直径约3 cm，子房为多角形球体，被黄褐色茸毛。 ………… 1. 葡萄叶猕猴桃

3. 叶两面被毛；叶倒卵形，顶端钝或急尖，边缘有大小相间的波状直齿，背面中脉上和侧脉有少量刺状短硬毛；花黄色。………………… 2. 昭通猕猴桃

2. 植物体的毛除极个别外，都属柔软的柔毛、绒毛或绵毛，叶背的毛为分枝的星状毛；果具斑点。 ……………………………………………… 星毛组

4. 花序柄长4~5 cm，每一花序有花10朵或更多；叶宽7 cm以上，基部钝圆形或浅心形；叶柄长3 cm以上。 ………………… 3. 阔叶猕猴桃

4. 花序柄长1.5 cm以下，每一正常花序有花5~7朵，叶宽2~4.5 cm，基部阔楔尖或钝，叶柄长1~2 cm。

5. 植物体各部分的毛为柔软的绒毛，至多局部有粗糙绒毛，枝条和果实上的毛易落；叶倒阔卵形，长6~8 cm，宽7~9 cm，顶端大多截平或中间凹入。

……………………………………………… 4a. 中华猕猴桃

5. 小枝、叶柄和果实上的毛为硬质的糙毛、硬毛或刺毛，较难脱落，小枝的毛落后也易见痕迹，叶较大，阔卵形或倒阔卵形，顶端常具突尖或急尖，少见截形或凹入的。 ……………………………………… 4b. 硬毛猕猴桃

1. 植物体完全洁净无毛或仅萼片和子房被毛，极少数叶的腹面散生少量小糙伏毛或背面脉腋上有髯毛，仅个别叶背薄被尘埃状柔毛的。

6. 果实无斑点，顶端有喙或无喙；子房圆柱状或瓶状。………… 净果组

7. 髓实心，白色；花白色，萼片2~5片，花瓣5~12片；叶片间有白斑，腹面散生糙伏毛。……………………………………… 5. 葛枣猕猴桃

7. 髓片层状，白色或褐色；花淡绿色、白色或红色，萼片4~6片，花瓣5片；叶片有或没有白斑。

8. 髓白色；花乳白色或淡绿色，子房瓶状；果实顶端有喙；叶片没有白斑，背面粉绿色或非粉绿。

9. 叶背粉绿色。叶较小，椭圆形或矩圆形，长 5～11 cm，宽 2.5～5 cm；果瓶状卵珠形。……………………………………………… 6. 黑蕊猕猴桃

9. 叶背面非粉绿色。

10. 果熟时紫红色；叶卵形或矩圆形，锯齿短小，叶背脉腋髯毛褐色。……
…………………………………………………………………… 7a. 紫果猕猴桃

10. 果熟时黄色或橙黄色；叶近圆形或阔椭圆形，锯齿锐利繁密；叶背脉腋髯毛白色；叶脉两面显著。 ……………………………… 7b. 凸脉猕猴桃

8. 髓茶褐色；花白色或红色，子房圆柱状；果实顶端无喙；叶片有白斑，背面非粉绿色。

11. 叶两侧常不对称，边缘常具重锯齿；花一般白色；果实扁柱形。……
…………………………………………………………………… 8. 狗枣猕猴桃

11. 叶两侧基本对称；花白色或粉红色；果卵珠形至圆柱形。

12. 叶长 6～12 cm，顶部长渐尖，基部截形或浅心形，腹面散生糙伏毛，背面脉腋上有少量不显著髯毛；花粉红色，5 数，果圆柱形。

13. 叶矩卵形至矩状披针形，基部截形至浅心形，长 9～12 cm。………
………………………………………………………………… 9a. 海棠猕猴桃

13. 叶卵形，基部心形，长 6～9 cm。 ………… 9b. 心叶海棠猕猴桃

12. 叶长 4～8 cm，顶端钝至短渐尖，基部钝形至圆形，腹面无糙伏毛，但或有刺毛，背面脉腋上有极显著的白色髯毛或髯毛缺；花白色，大多数 4 数；果卵珠形。 ……………………………………………… 10. 萼猕猴桃

6. 果实有斑点，顶端无喙；子房圆柱形或圆球形。……………………… 斑果组

14. 髓实心。

15. 叶纸质（幼时）至亚革质（老时），椭圆状披针形，顶端两边无粗大锯齿。……………………………………………………… 11a. 红茎猕猴桃

15. 叶革质，倒披针形，顶端两边有若干粗大锯齿。…… 11b. 革叶猕猴桃

14. 髓片层状。

16. 髓褐色或淡褐色。

17. 小枝、叶柄、叶背、花序和花萼或多或少被有一些茸毛或柔毛，毛虽少且微小，但在手持放大镜下仍然可见。……………………… 12a. 硬齿猕猴桃

17. 上述各部分大多数洁净无毛，至多叶背脉腋或有髯毛，腹面偶见糙伏毛；果实乳头状圆柱形，最长可达 5 cm。 ………………… 12b. 京梨猕猴桃

16. 髓白色。

18. 叶基部狭心形；两侧基本对称，叶柄长 4～8 cm；小枝和叶柄有时会出现若干硬毛。 …………………………………………… 13. 薄叶猕猴桃

18. 叶基部阔楔形，两侧不对称，叶柄长 2～3 cm；植物体任何部分无硬毛，

但一部分叶背薄被柔毛。

19. 果实卵形、球形、卵状椭圆形，长 1.7～2.5 cm。 ⋯⋯⋯⋯⋯

⋯⋯⋯⋯⋯⋯⋯⋯⋯⋯⋯⋯⋯⋯⋯ 14a. 显脉猕猴桃（原变种）

19 果实圆柱形，长 2.5～3.5 cm。⋯⋯⋯⋯⋯⋯⋯⋯⋯ 14b. 凉山猕猴桃

1. 葡萄叶猕猴桃

学名：Actinidia vitifolia C. Y. Wu.

物候期：花期 5 月，果期 9～10 月。

生态习性：生于海拔 1100～2000 m 的石灰岩阔叶林中或林缘。

分布：凉山州雷波等县。

用途：果实较大，味香甜，可生食。

2. 昭通猕猴桃

学名：Actinidia rubus Levl.

物候期：花期 5～6 月，果期 9～10 月。

生态习性：喜阴湿环境。生于海拔 1300～1600 m 阴湿的沟谷中。

分布：凉山州雷波、美姑等县。

用途：果实较大，味美香甜，是优质的野生水果。

3. 阔叶猕猴桃

学名：Actinidia latifolia (Gardn. et Chemp.) Merr.

物候期：花期 5～6 月，果期 9～11 月。

生态习性：生于海拔 2000 m 左右的林下、灌丛。

分布：凉山州美姑等县。

用途：果可食。

4a. 中华猕猴桃

别名：猕猴桃、羊桃、阳桃、茅桃、藤梨、硬毛猕猴桃。

学名：Actinidia chinensis Planch.

物候期：花期 4～5 月，果期 9～10 月。

生态习性：生于海拔 500～2800 m 的林下灌丛、溪沟两岸、林缘、疏林中。

分布：凉山州雷波、美姑、金阳、甘洛、布拖等县。

用途：果可食，优质水果；植株可在庭园栽培，供垂直绿化和观赏。

4b. 硬毛猕猴桃（中华猕猴桃变种）

别名：美味猕猴桃。

学名：Actinidia chinensis Planch. var. hispida C. F. Liang.

形态特征：与中华猕猴桃的区别——花枝被黄褐色长硬毛，硬毛脱落后仍有硬毛的残迹；叶顶端常突尖，叶柄被黄褐色长硬毛。花较中华猕猴桃大，直径 3.5 cm；子房被刷状糙毛。果球形、圆柱形或倒卵形、椭圆形、肾形，被黄褐

色刺毛状长硬毛，不易脱落。

物候期：花期 4～5 月，果期 9～10 月。

生态习性：生于海拔 500～2800 m 的林下灌丛、溪沟两岸、林缘、疏林中。

分布：攀西地区除会理、会东外各县市均有分布，是攀西地区猕猴桃属植物资源分布最多、最广、野生果实产量最高的物种。

用途：果可食，优质水果；植株可在庭园栽培，供垂直绿化和观赏。

5. 葛枣猕猴桃

别名：木天蓼、葛枣。

学名：Actinidia polygama（Sieb. et Zucc.）Maxim.

物候期：花期 6～7 月，果期 9～10 月。

分布：凉山州美姑县。

用途：果可食。

6. 黑蕊猕猴桃

学名：A. melanandra Franch.

物候期：花期 5～6 月，果期 9 月。

生态习性：生于海拔 1300～2000 m 阔叶林中及林缘。

分布：凉山州盐源县。

用途：果可食。根入药，能清热解毒、化湿健胃、活血散结。

7a. 紫果猕猴桃

学名：A. arguta var. purpure（Rehd.）C. F，Liang.

物候期：花期 5～6 月，果期 9～10 月。

生态习性：生于海拔 1300～2600 m 的林下、灌木丛中。

分布：攀枝花市米易及凉山州雷波、昭觉、冕宁、越西、西昌、德昌、喜德等县市。

用途：果可食，为野生水果。根皮供药用，治吐血、月经病、慢性肝炎、风湿关节痛。

7b. 凸脉猕猴桃

学名：A. Arguta var. nervosa C. F，Liang.

形态特征：叶坚纸质，近圆形，长 6～9 cm，顶端急尖，基部圆形或浅心形，两侧稍不对称，边缘锯齿不内弯，背面脉腋上和主脉及侧脉下段的两侧卷曲柔毛，叶脉在两面均匀显著，侧脉 6～7 对，上段常分叉。果实成熟时紫褐色，柱状长圆形，长 2.5～3 cm。

生态习性：生于海拔 900～2400 m 阔叶林中。

分布：凉山州布拖、盐源等县。

用途：果可食。

8. 狗枣猕猴桃

学名：Actinidia kolomikta（Rupr. et Maxim.）Maxim.

物候期：花期 5～7 月，果期 9～10 月。

生态习性：生于海拔 1600～3600 m 的林中、灌丛。

分布：凉山州冕宁、昭觉、美姑、甘洛、金阳、雷波、普格、越西等县。

用途：果实食用。

9a. 海棠猕猴桃

别名：牛奶果。

学名：Actinidia maloides Li.

生态习性：生于海拔 1300～2000 m 的山坡、沟谷林中或灌木丛中。

分布：凉山州越西、雷波等县。

用途：果可食，为野生水果，亦可酿酒；花可提香精；优良蜜源植物。

9b. 心叶海棠猕猴桃

学名：Actinidia malnldes Li form. cordata C. F. Liang in Addenda.

形态特征：与原变种的区别在于叶卵形，顶端尾状长渐尖，基部心形，两侧裂片浑圆。

物候期：花期 5 月中旬～6 月下旬，果期 9～10 月。

生态习性：生于海拔 1500～2100 m 的山林。

分布：凉山州雷波等县。

用途：果可食，为野生水果，亦可酿酒；花可提香精；优良蜜源植物。

10. 四萼猕猴桃

学名：Actinidia tetramera Maxim.

物候期：花期 5 月中旬～6 月中旬，果期 9～10 月。

生态习性：生于海拔 2000～2600 m 的林下、灌丛。

分布：凉山州昭觉、冕宁等县。

用途：果可食，为野生水果。

11a. 红茎猕猴桃

学名：Actinidia rubricaulis Dunn.

物候期：花期 4 月中旬～5 月下旬，果期 9～12 月。

生态习性：生于海拔 2100～2400 米左右的山林。

分布：凉山州德昌县黑龙潭、西昌市大箐梁子。

用途：果可食。

11b. 革叶猕猴桃

学名：A. rubricaulis var. coriacea（Fin. Et Gagn）C. F. Liang.

形态特征：与原变种的区别在于叶革质，倒披针形，顶端急尖，上部有若干粗大锯齿，花红色。

生态习性：生于海拔 2000 m 左右的林下、灌丛。

分布：凉山州昭觉、美姑、越西、雷波等县。

用途：果可食，味香甜，亦可作果酱、果酒；嫩枝浸胶作造蜡纸原料；茎皮可作纤维用。果入药，解热，冷脾胃。

12a. 硬齿猕猴桃
学名：Actinidia callosa Lindl.

物候期：花期 4~5 月，果期 9~10 月。

生态习性：生于海拔 1000~2500 m 的溪沟两岸、林缘、疏林中。

分布：攀枝花市米易及凉山州雷波、德昌、盐源等县。

用途：果食用；根皮供药用，具有清热消肿功效；植株可在庭园栽培，供垂直绿化和观赏。

12b. 京梨猕猴桃
别名：山羊桃、母猪藤。

学名：Actinidia callosa Lindl. var. henryi Maxim.

形态特征：与原变种的区别——小枝较坚硬，干后土黄色，洁净无毛；叶卵形或卵状椭圆形至倒卵形，长 8~10 cm，宽 4~5.5 cm，边缘锯齿细小，背面脉腋上有髯毛；果乳头状至矩圆圆柱状，长 1.6~4 cm，是本种中果实最长最大者。

生态习性：喜生于海拔 1300~1400 m 山谷溪涧边或其他湿润处。

分布：凉山州雷波、帕哈等县。

用途：果食用。

13. 薄叶猕猴桃
学名：Actinidia leptophylla C. Y. Wu.

生态习性：生于海拔 800~1600 m 的山坡、沟谷杂木林中。

分布：凉山州雷波等县。

用途：果可食，优质水果；植株可在庭园栽培，供垂直绿化和观赏。

14a. 显脉猕猴桃
学名：Actinidia venosa Rehd.

物候期：花期 6~7 月，果期 9~10 月。

生态习性：生于海拔 1200~2800 m 的沟谷、林中。

分布：攀枝花市和凉山州各县市均有分布，是攀西地区分布最为广泛的猕猴桃属植物，在分布区一般零星分布。

用途：果虽较小，但香甜可口，可食或酿酒；花可提香精；优良蜜源植物，也是培育优良猕猴桃的嫁接砧木。

14b. 凉山猕猴桃

学名：Actinidia venosa Rehd. var liangshanensis Q. Luo & J. L. Liu.

形态特征：本种近似于显脉猕猴桃，但隔年生枝片状髓褐色、淡褐色。叶片椭圆形、长椭圆形，少长倒卵形；叶基部通常楔形，有时狭楔形或阔楔形，下面被尘埃状淡褐色柔毛。子房较大，长 4~4.5 mm，宽 3~3.5 mm；花柱较长，长 5~7 mm；果实较大，通常长圆柱形，有时倒卵状圆柱形，长 2.5~3.5 cm，直径 1.4~1.8 cm，表面被白霜和具不规则淡褐色斑点。种子较小，长约 1.5 mm，宽约 1 mm。

物候期：花期 6~7 月，果期 9~10 月。

生态习性：生于海拔 2400 m 左右的山林。

分布：凉山州冕宁县拖乌。

用途：同显脉猕猴桃。

（二）水东哥属（SaurauiaWilld.）

乔木或灌木，小枝常被爪甲状或钻状鳞片；叶为单叶互生，无托叶，侧脉常很多；花两性，排成聚伞花序或圆锥花序，从很小到很大；萼片和花瓣均 5 片，覆瓦状排列；雄蕊多数；子房上位，3~5 室，每堂胚珠多数，花柱 3~5，中部以下合生，稀离生；果为浆果；种子细小，褐色。

本属约 300 种，我国有 13 种 6 个变种，主产云南、广西，攀西地区所产锥序水东哥浆果可食，为野生果树资源。

锥序水东哥

别名：尼泊尔水东哥。

学名：Saurauia napaulensis DC.

形态特征：乔木，高 4~20 m。单叶互生；叶片薄革质，狭长圆形，长 18~35 cm，宽 7~13 cm，先端渐尖至突尖，基部圆或钝，边缘具细小锐锯齿，上面无毛，下面被薄层淡褐色或锈色糠批状绒毛，中、侧脉上疏生爪甲状鳞片，侧脉平行，35~46 对；叶柄长 1.5~4.5 cm，具棕褐色钻形鳞片和短柔毛。圆锥花序生新枝上部叶腋，长 12~38 cm，具鳞片和短柔毛；总花梗长 5~16 cm，花梗长 1~2 cm，密被褐色短柔毛，果期则大部分脱落；萼片 5，卵圆形，长 4~6 mm；花瓣 5，淡紫红色，近圆形，长 7~8 mm，先端反卷，基部合生；雄蕊多数，花药孔裂；子房圆球形，被褐色短细绒毛，花柱 4~5，中部以下合生。浆果扁球形或近球形，直径 1~1.2 cm，绿色或淡黄色，具 5 棱。

物候期：花果期 7~12 月。

生态习性：生于海拔 500~1500 m 山谷或山坡林中。

分布：攀枝花市米易及凉山州会东、德昌、雷波等县。

用途：果实食用，味甜，为野生水果。果也可药用，称为"鼻涕果"，主治散瘀消肿、止血，用于骨折、跌打损伤、创伤出血、疮疖。

三十二、山茶科 THEACEAE

山茶属（Camellia L.）

常绿木本。花两性，单生或数朵腋生，苞片 2~8，有时苞片与萼片逐渐过渡组成苞被片。萼片 5 至多数，与苞片一样，宿存或脱落。花冠白色、红色或黄色，花瓣 5~14，基部少连生；雄蕊多数，与花瓣基部连生，多轮。外轮雄蕊分离或连合成短管；子房上位，3~5 室，胚珠 1~6；蒴果，3~5 室，有时只有 1 室发育，果皮木质或木栓质，3~5 片自上向下开裂。

西南山茶

学名：Camellia pitardii.

形态特征：常绿小乔木或灌木，幼枝及叶（含幼叶）无毛；叶片较大（长 5~14.5 cm，宽 2~6 cm）；花无梗，花基部的外侧苞、萼片数片较小，革质，背腹无毛，内侧数片薄革质或近纸质，背面被银白色长伏毛，腹面无毛，边缘膜质具睫毛；花瓣基部合生，外轮花瓣 1~4 片背面中上部被银白色长伏毛；外轮花丝近中部合生成花丝管，无毛；子房密被绒毛，花柱先端 3、4 或 5 浅裂或深裂至中下部。攀西地区西南山茶在花的大小、颜色，果实的大小和形状方面存在很大差异，但该地区山茶由于幼枝和叶背无毛，叶片较大，先端多长渐尖、尾尖，外轮花丝近中部以下合生成花丝管，花丝无毛，花柱多少合生，花果均较大等特征，应属于山茶组的西南山茶。

物候期：花期 11 月~次年 2 月，果期 8~9 月。

生态习性：喜酸性土壤，适生于海拔 1700~2900 m 的阴湿山林中。

分布：攀枝花及凉山州各县市。

用途：种子可榨油。四季常绿，花大而美丽，冬季开花，花期长，是重要的园林栽培绿化植物，同时也是培育新山茶品种的重要育种材料。

三十三、大风子科 FLACOURTIACEAE

山桐子属（Idesia Maxim.）

落叶乔木。单叶，互生，大型，边缘有锯齿；叶柄细长，有腺体；托叶小，早落。花雌雄异株或杂株；多数，呈顶生圆锥花序；苞片小，早落；花瓣通常无。雄花：花萼 3~6 片，绿色，有柔毛；雄蕊多数，着生在花盘上，花丝纤细，有软毛，花药椭圆形，2 室，纵裂，有退化子房。雌花：淡紫色，花萼 3~6 片，两面有密柔毛；有多数退化雄蕊；子房 1 室，有（3~）5（~6）个侧膜胎座，柱头膨大。种子多数，红棕色，外种皮膜质，胚乳丰富，胚珠直立，子叶叶状。

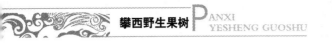

本属我国产1种3变种，攀西地区产1种1变种。

1a. 山桐子

学名：Idesia polycarpa Maxim.

形态特征：落叶乔木，高8~21 m；树皮淡灰色，不裂；小枝圆柱形，细而脆，黄棕色，有明显的皮孔，冬日呈侧枝长于顶枝状态，枝条平展，近轮生，树冠长圆形，当年生枝条紫绿色，有淡黄色的长毛；冬芽有淡褐色毛，有4~6片锥状鳞片。叶薄革质或厚纸质，卵形或心状卵形，或为宽心形，长13~16 cm，稀达20 cm，宽12~15 cm，先端渐尖或尾状，基部通常心形，边缘有粗的齿，齿尖有腺体，上面深绿色，光滑无毛，下面有白粉，沿脉有疏柔毛，脉腋有丛毛，基部脉腋更多，通常5基出脉，第二对脉斜升到叶片的3/5处；叶柄长6~12 cm，或更长，圆柱状，无毛，下部有2~4个紫色、扁平腺体，基部稍膨大。花单性，雌雄异株或杂性，黄绿色，有芳香，花瓣缺，排列成顶生下垂的圆锥花序，花序梗有疏柔毛，长10~20稀（30~60~80）cm；雄花比雌花稍大，直径约1.2 cm；萼片3~6片，通常6片，覆瓦状排列，长卵形，长约6 mm，宽约3 mm，有密毛；花丝丝状，被软毛，花药椭圆形，基部着生，侧裂，有退化子房；雌花比雄花稍小，直径约9 mm；萼片3~6片，通常6片，卵形，长约4 mm，宽约2.5 mm，外面有密毛，内面有疏毛；子房上位，圆球形，无毛，花柱5或6，向外平展，柱头倒卵圆形，退化雄蕊多数，花丝短或缺。浆果成熟期紫红色，扁圆形，高（长）3~5 mm，直径5~7 mm，宽过于长，果梗细小，长0.6~2 cm；种子红棕色，圆形。

物候期：花期4~5月，果期10~11月。

生态习性：生于海拔500~1500 m的低山区的山坡、山洼等落叶阔叶林和针阔叶混交林中。

分布：雷波、美姑、金阳、甘洛、喜德等县。

用途：果实、种子均含油。木材松软，可供建筑、家具、器具等的用材；为山地营造速生混交林和经济林的优良树种；花多芳香，有蜜腺，为养蜂业的蜜源资源植物；树形优美，果实长序，结果累累，果色朱红，形似珍珠，风吹袅袅，为山地、园林的观赏树种。

1b. 毛叶山桐子

学名：Idesia polycarpa Maxim. var. vestita.

形态特征：本变种和原变种的区别——叶下面有密的柔毛，无白粉而为棕灰色，脉腋无丛毛；叶柄有短毛；花序梗及花梗有密毛；成熟果实长圆球形至圆球状，血红色，高过于宽；垂直分布比原变种高，通常在海拔900~2000 m，海拔900 m以下难见到。

物候期：花期4~5月，果期10~11月。

生态习性：生于海拔 900~3000 m 的深山区和浅山区的落叶阔叶林中。

分布：宁南等县。

用途：果实、种子均含油，果实含油率为 20％～30％，种子含油率为 20％~26％。木材松软，可供建筑、家具、器具等的用材；为山地营造速生混交林和经济林的优良树种；花多芳香，有蜜腺，为养蜂业的蜜源资源植物；树形优美，果实长序，硕果累累，果色朱红，形似珍珠，风吹袅袅，为山地、园林的观赏树种。

三十四、番木瓜科 CARICACEAE

番木瓜属（Carica L.）

小乔木。叶大，掌状深裂；花两性或单性异株；花萼小，下部联合，上部 5 裂；雄花冠长管状；雌花花瓣 5；雄蕊 10 或 5（两性花），近基部合生；子房上位，1 室，有多数的胚珠生于侧膜胎座上；果为一浆果。

本属约 45 种，分布于热带和亚热带美洲，我国引入栽培的有番木瓜 1 种，攀西地区有栽培或逸为野生。

番木瓜

别名：万寿果、蓬生果、木瓜、广西木瓜、木冬瓜、乳瓜、番瓜树。

学名：Carica papaya L.

形态特征：常绿软木质小乔木，高达 8~10 m，具乳汁；茎不分枝或有时于损伤处分枝，具螺旋状排列的托叶痕。叶大，聚生于茎顶端，近盾形，直径可达 60 cm，通常 5~9 深裂，每裂片再为羽状分裂；叶柄中空，长达 60~100 cm。花单性或两性，有些品种在雄株上偶尔产生两性花或雌花，并结成果实，亦有时在雌株上出现少数雄花。植株有雄株、雌株和两性株。雄花：排列成圆锥花序，长达 1 m，下垂；花无梗；萼片基部连合；花冠乳黄色，冠管细管状，长 1.6~2.5 cm，花冠裂片 5，披针形，长约 1.8 cm，宽 4.5 mm；雄蕊 10，5 长 5 短，短的几无花丝，长的花丝白色，被白色绒毛；子房退化。雌花：单生或由数朵排列成伞房花序，着生叶腋内，具短梗或近无梗，萼片 5，长约 1 cm，中部以下合生；花冠裂片 5，分离，乳黄色或黄白色，长圆形或披针形，长 5~6.2 cm，宽 1.2~2 cm；子房上位，卵球形，无柄，花柱 5，柱头数裂，近流苏状。两性花：雄蕊 5 枚，着生于近子房基部极短的花冠管上，或为 10 枚着生于较长的花冠管上，排列成 2 轮，冠管长 1.9~2.5 cm，花冠裂片长圆形，长约 2.8 cm，宽 9 mm，子房比雌株子房较小。浆果肉质，成熟时橙黄色或黄色，长圆球形，倒卵状长圆球形，梨形或近圆球形，长 10~30 cm 或更长，果肉柔软多汁，味香甜。

物候期：花果期全年。

生态习性：适于热带及亚热带地区栽培。在攀西地区沿金沙江、雅砻江干热河谷地区种植。喜高温、炎热、光照强的环境，唯怕干旱、寒冷、霜雪和积水。

分布：原产美洲热带地区。攀枝花市及凉山州会东、会理、宁南、金阳等地均有引种栽培或逸为野生。

用途：果实营养丰富，维生素 A 的含量很高，可生食，助消化，亦可做蜜饯、果酱、果汁、腌渍；叶具有强心、消肿、治溃疡等功效；果实含木瓜素，可提作医药、化妆品等轻化工业原料；种子可榨油。番木瓜全身是宝，既是名果又是特殊的原料作物。果实含糖、蛋白质、钙和多种维生素，尤其是维生素 A、维生素 B、维生素 C 等含量丰富，还是正气、助消化、治胃病的一种有益水果。青果中含的木瓜酶在医学、化妆和食品工业中都得到广泛应用。番木瓜可加工成各种制品，青果还可作蔬菜食用，且也是很好的家禽饲料。番木瓜投产早，效益高，是农民致富的好树种。

三十五、仙人掌科 CACTACEAE

仙人掌属（Opuntia Mill.）

肉质植物；根纤维状或有时肉质；茎由扁平、圆柱形或球形的节组成，常肉质，有时木质；刺单生或簇生，有时缺；刺毛无数，生于刺之上；叶通常小，圆柱形而早落；花生于茎节的上部；萼片多数，绿色或驼色，向内渐呈花瓣状；花冠绿色、黄色或红色；雄蕊比花瓣要短；子房下位，1 室，有胚珠多数生于侧膜胎座上。

本属约 250 种，原产美洲热带至温带地区，主产墨西哥、秘鲁和智利。我国引种 30 余种，攀西地区逸为野生种有 3 种。

仙人掌属分种检索表

1. 刺（1）3～10，粗钻形，多少开展，内弯，黄色，具淡褐色横斑；瓣状花被片柠檬黄色；柱头 5，浆果每侧具 5～10 个具钻形刺的小窠。 ··· 1. 仙人掌

1. 刺 1～5，针状，直立或开展，直伸或略弯曲，白色，或灰色具黑褐色尖头，或缺失；瓣状花被片深黄色至橙红色；柱头 6～10；浆果每侧具 10～35 个无刺或具少数刚毛状刺的小窠。

2. 分枝淡绿至灰绿色，无光泽，厚而平坦，基部圆形或阔楔形；瓣状花被片橙黄、深黄或橙红色；花丝淡黄色；浆果每侧具 25～35 个小窠。 ··· 2. 梨果仙人掌

2. 分枝鲜绿色，具光泽，薄而波皱，基部渐狭至柄状；瓣状花被片深黄色；花丝淡绿色；浆果每侧有 10～20 个小窠。 ·················· 3. 单刺仙人掌

1. 仙人掌

学名：Opuntia dillenii（Ker-Gawl.）Haw.

物候期：花期 5~7 月，果期 9~11 月。

生态习性：生于海拔 500~2500 m 的干旱河谷、灌丛、草坡。

分布：原产墨西哥东海岸、美国南部及东南部沿海地区、西印度群岛、百慕大群岛和南美洲北部；在加那利群岛、印度和澳大利亚东部逸生；我国于明末引种，现攀枝花市及凉山州各县市栽培或逸为野生。

用途：浆果酸甜可食。通常栽作围篱，根及全株药用，具有健胃、利尿、消肿解毒功效。

2. 梨果仙人掌

学名：Opuntia ficus-indica（L.）Mill.

物候期：花期 5~6 月。

生态习性：喜温暖，光照较强地区生长。

分布：在攀西地区海拔 600~2900 m 的干热河谷逸为野生。

用途：浆果味美可食。植株可放养胭脂虫，生产天然洋红色素。

3. 单刺仙人掌

别名：仙人掌、扁金铜、绿仙人掌。

学名：Opuntia monacantha（Willd.）Haw.

物候期：花期 4~8 月。

生态习性：喜光热，不耐寒，在土质肥沃的土壤中生长良好。

分布：原产巴西、巴拉圭、乌拉圭及阿根廷，凉山州盐源县城附近有栽培。

用途：在温暖地区植作围篱，浆果酸甜可食。茎（仙巴掌）为民间草药：苦、凉，清热解毒，消肿散结，用于疟腮、乳痈、疔疮痈肿、毒蛇咬伤、火烫伤。茎汁液凝结物（玉芙蓉）：甘、寒，用于便血、疔肿。

三十六、胡颓子科 ELAEAGNACEAE

（一）沙棘属（Hippophae Linn.）

落叶直立灌木或小乔木，具刺；幼枝密被鳞片或星状绒毛，老枝灰黑色；冬芽小，褐色或锈色。单叶互生、对生或三叶轮生，线形或线状披针形，两端钝形，两面具鳞片或星状柔毛，成熟后上面通常无毛，无侧脉或不明显；叶柄极短，长 1~2 mm。单性花，雌雄异株；雌株花序轴发育成小枝或棘刺，雄株花序轴花后脱落；雄花先开放，生于早落苞片腋内，无花梗，花萼 2 裂，雄蕊 4，2 枚与花萼裂片互生，2 枚与花萼裂片对生，花丝短，花药矩圆形，雌花单生叶腋，具短梗，花萼囊状，顶端 2 齿裂，子房上位，1 心皮，1 室，1 胚珠，花柱短，微伸出花外，急尖。果实为坚果，为肉质化的萼管包围，核果状，近圆形或长矩圆形，长 5~12 mm；种子 1 枚，倒卵形或椭圆形，骨质。

本属有 4 种，分布于亚洲和欧洲的温带地区。我国有 4 种和 5 亚种，产于北部、西部和西南地区。攀西地区产 1 种 1 变种。

1a. 沙棘

别名：醋柳、酸刺、黑刺。

学名：Hippophae rhamnoides Linn.

形态特征：落叶灌木或乔木，高 1~5 m，高山沟谷可达 18 m，棘刺较多、粗壮，顶生或侧生；嫩枝褐绿色，密被银白色而带褐色鳞片或有时具白色星状柔毛，老枝灰黑色，粗糙；芽大，金黄色或锈色。单叶通常近对生，与枝条着生相似，纸质，狭披针形或矩圆状披针形，长 30~80 mm，宽 4~10（13）mm，两端钝形或基部近圆形，基部最宽，上面绿色，初被白色盾形毛或星状柔毛，下面银白色或淡白色，被鳞片，无星状毛；叶柄极短，几无或长 1~1.5 mm。果实圆球形，直径 4~6 mm，橙黄色或橘红色；果梗长 1~2.5 mm；种子小，阔椭圆形至卵形，有时稍扁，长 3~4.2 mm，黑色或紫黑色，具光泽。

物候期：花期 4~5 月，果期 9~10 月。

生态习性：适应性强，喜光，又耐一定程度的遮阴，抗寒又耐高温，抗病虫害，具有一定的抗水湿、耐盐碱性，不怕风蚀，耐沙埋，不苛求土壤，根系发达，根蘖性强，且具有根瘤。分布在海拔 1600~3600 m 向阳的山脊、谷地、山坡、多砾石或沙质土壤或黄土上。

分布：凉山州木里、冕宁、德昌县。

用途：沙棘是一种含有多种维生素、多种微量元素、多种氨基酸和其他生物活性物质的药用食物。食品工业用果汁加适量的糖，可制成果糕、果酱、果泥、果脯；将果汁发酵，可酿成透明、浓香、甜酸、清凉可口的沙棘酒，也可制成果子露和果汁作饮料。但沙棘果实含硫，食用时将果汁煮沸脱硫后，才能食用。沙棘的根、叶、花、果、籽均可入药，特别是果实含有人体不能合成的但人的身心健康不可少的多种维生素，享有"世界植物之奇""维生素宝库"之称。

1b. 高沙棘

学名：Hippophae rhamnoides Linn. var. procera Rehd.

形态特征：本变种与原变种（沙棘）的区别在于植物体高大，高 3~15 m，稀 1~2 m，幼枝和叶片上面具白色星状柔毛。

生态习性：生于海拔 1500~3500 m 的高山峡谷的河流两岸或林缘。

分布：凉山州木里。

用途：其经济意义与沙棘相同，但结果实较多，单株产量更高。

（二）胡颓子属（Elaeagnus L.）

落叶或常绿灌木，直立或有时攀援状，有刺或无刺，全部密被银色或淡褐色、盾状鳞片；叶互生；花通常两性，有时杂性，常单生或簇生于叶腋内；花萼管状或钟状，在子房之上收缩，裂片 4；雄蕊 4，花丝极短；坚果包藏于花后增大的肉质萼管内。本属经济价值颇大，是一类野生核果类植物，不少种类的果实富有维生素、糖类及有机酸，可作果脯、果酱、果酒、果汁、果糕等果品加工原料。

本属约 80 种，我国约 55 种，攀西地区有 11 种 1 亚种 1 变种。

胡颓子属分种检索表

1. 植株常绿；花秋、冬季开放，常 1~7 花簇生于小枝上呈伞形状总状花序；果实春夏季成熟。 …………………………………………………… 常绿组

2. 萼筒较短，四角形或杯状，在裂片下面常急骤收缩，花萼裂片通常长于萼筒或等长，稀较短。 ……………………………………………… 1. 角花胡颓子

2. 萼筒较长，圆筒形、钟形或漏斗形，有时微具 4 肋，花萼裂片基部不收缩或微收缩，裂片通常短于萼筒，稀等长。

3. 花柱无毛。

4. 侧脉与中脉开展成 50~60 度的角，网状脉在上面明显可见；叶片厚革质，椭圆形至阔椭圆形，稀矩圆形，两端钝形或基部圆形，侧脉 7~9 对；萼筒长 5.5~7 mm；具刺。 ……………………………………………… 2. 胡颓子

4. 侧脉与中脉开展成 45~50 度的角，网状脉在上面不明显。花深褐色，萼筒钟形，长 5 mm；叶纸质，椭圆形至椭圆状披针形，下面灰褐色。 …………
………………………………………………………………… 3. 巴东胡颓子

3. 花柱具星状柔毛。

5. 果实长 12~16 mm，褐色或锈色，稀淡白色；叶片椭圆形至阔椭圆形或椭圆状披针形至披针形。

6. 幼枝淡黄白色或淡褐色，叶披针形或椭圆状披针形至长椭圆形，下面银白色，密被银白色鳞片和鳞毛，散生少数褐色鳞片；叶柄长 5~7 mm，花梗长 3~5 mm；萼筒长 5~6 mm；裂片长 2.5~3 mm；花柱几无毛或疏生极少数星状柔毛。 ……………………………………………… 4a. 披针叶胡颓子

6. 幼枝锈色；叶片椭圆形，下面淡褐色，具较多的锈色或褐娜色鳞片，叶柄长 10~15 mm；花梗长 6~8 mm，萼筒长 6~7 mm，裂片长 3~4 mm，花柱疏生柔毛。 ……………………………………………… 4b. 大披针叶胡颓子

5. 果实长 8~12 mm，密被银白色和散生少数褐色鳞片；叶片窄披针形至窄椭圆形，稀椭圆形。

7. 通常具粗壮的刺；叶窄椭圆形或窄矩圆形，稀椭圆形，长 4~9 cm，宽 1~3.5 cm，花柱密被淡白色星状柔毛。果实短矩圆形，长 9~10 mm，果梗长

4～6 mm。 ·· 5a. 长叶胡颓子

7. 幼枝几无刺；叶窄矩圆状椭圆形，长 3～10 cm，宽 0.8～1.5 cm；花柱近无毛；果实椭圆形，被银白色鳞片，长 12 mm；果梗长 10～13 mm。·········
·· 5b. 木里胡颓子

1. 落叶或半常绿直立灌木或乔木；花常春夏季开放，常 1～3 花簇生新枝基部叶腋，果实夏秋季成熟。 ·································· 落叶组

8. 叶片下面或多或少具星状绒毛或柔毛，侧脉在上面通常凹下；幼枝和花各部均具星状绒毛；萼筒圆筒形；果梗极短，长 0.5～2 mm；叶柄长 2～4 mm，星状绒毛无柄。 ······································ 6. 星毛胡颓子

8. 叶片下面秃净无毛，侧脉在上面通常平或微凸。

9. 果实卵圆形，长 5～7 mm；萼筒漏斗形或圆筒状漏斗形。·········
··· 7. 牛奶子

9. 果实椭圆形或长椭圆形，长 12～16 mm；萼筒圆筒形或钟形。

10. 果梗直立，长 3～18 mm。

11. 幼枝、花和果实密被银白色鳞片，萼筒长 8～10 mm。·············
··· 8. 银果牛奶子

11. 幼枝和果实密被锈色或褐黄色鳞片，萼筒长 5～6 mm。·············
··· 9. 南川牛奶子

10. 果梗下弯，长 15～45 mm。

12. 花柱无毛，不超过雄蕊；萼筒圆筒形，长 5～10 mm，裂片长 4～5.5 mm；叶片上面通常具白色鳞片。 ···················· 10. 木半夏

12. 花柱密被星状柔毛，超过雄蕊；萼筒阔钟形，长 4～5 mm，裂片与萼筒等长或稍短。 ·································· 11. 窄叶木半夏

1. 角花胡颓子

学名：Elaeagnus gonyanthes Benth.

物候期：花期 10～11 月，果期次年 2～3 月。

生态习性：生于海拔 1000 m 以下的灌木丛、草地。

分布：凉山州金阳等县。

用途：果实可食，生津止渴，可治肠炎、腹泻；全株治痢疾、跌打、淤积；叶治肺病、支气管哮喘、感冒咳嗽。本种为优良绿化造林树种，可在庭园栽植作绿篱，供绿化和观赏。

2. 胡颓子

别名：羊奶子、甜棒捶、野枣子、野枇杷、柿蒲、卢都子。

学名：Elaeagnus pungens Thunb.

物候期：花期 9～12 月，果期次年 4～6 月。

生态习性：生于海拔 930～2500 m 的向阳山坡或路旁杂、灌木丛中。

分布：攀枝花市及凉山州各县市。

用途：果富含维生素，可生食或酿酒。果生津止渴，治痢疾、咳喘，叶治咳喘、痈疽、外伤出血等；茎皮纤维可造纸；植株也可作为绿篱和城市绿化树种。

3. 巴东胡颓子

学名：Elaeagnus difficilis Serv.

物候期：花期 11 月～次年 3 月，果期 4～5 月。

生态习性：生于海拔 1000～2100 m 的向阳山坡林、灌丛中。

分布：美姑等县。

用途：果可食。

4a. 披针叶胡颓子

学名：Elaeagnus lanceolata Warb. ex Diels.

物候期：花期 8～10 月，果期次年 4～5 月。

生态习性：生于海拔 800～2500 m 的向阳山地、河边、林中或灌木丛中。

分布：攀枝花市及凉山州各县。

用途：果微酸涩，可加工果酱、果酒、果汁。水土保持和观赏树种，亦可作绿篱等。果实治痢疾，根、叶供药用，具有祛寒湿功效。

4b. 大披针叶胡颓子

学名：Elaeagnus lanceolata Warb. subsp. grandifolia Serv.

形态特征：与原亚种的区别——本亚种幼枝锈色；叶片椭圆形，下面淡褐色，具较多的锈色或褐娜色鳞片，叶柄长 10～15 mm；花梗长 6～8 mm，萼筒长 6～7 mm，裂片长 3～4 mm，花柱疏生柔毛。

物候期：花期 8～10 月，果期次年 4～5 月。

生态习性：生于海拔 1400～2900 m 的山地林中或灌木丛中。

分布：雷波等县。

用途：与披针叶胡颓子相同。

5a. 长叶胡颓子

别名：牛奶果、牛奶子。

学名：Elaeagnus bockii Diels.

物候期：花期 10～11 月，果期次年 4 月。

生态习性：生于海拔 1800～2800 m 的河谷、疏林、灌丛。

分布：攀枝花市及凉山州各县。

用途：果实食用或酿酒。根、枝、叶供药用，根治哮喘及牙痛，枝、叶具有顺气、化痰、疗痔疮等功效。

5b. 木里胡颓子

学名：Elaeagnus bockii Diels var. muliensis C. Y. Chang.

形态特征：与原变种的区别——本变种幼枝几无刺；叶片狭长，窄矩圆状椭圆形或近条形，长 3～14 cm，宽 0.5～2 cm，顶端圆形或两端钝形；花柱近无毛；果实长椭圆形，被银白色鳞片，长 12 mm，直径 5 mm；果梗长 10～25 mm。

物候期：花期 10～11 月，果期次年 4～5 月。

生态习性：生于海拔 1600～2900 m 的向阳河边、灌木丛中或路边。

分布：凉山州木里、冕宁等县。

用途：与原变种相同。

6. 星毛胡颓子

别名：星毛羊奶子、牛奶、马奶。

学名：Elaeagnus stellipila Rehd.

物候期：花期 3～4 月，果期 7～8 月。

生态习性：生于海拔 2000～2700 m 的山沟、灌丛、向阳丘陵地区、潮湿的溪边矮林中或路旁、田边。

分布：攀枝花市及凉山州会理等县。

用途：果饲用。根、叶、果可散淤、清热，治跌打损伤、痢疾等病。

7. 牛奶子

别名：甜枣、阳春子、麦粒子、岩麻子、羊奶子。

学名：Elaeagnus umbellata Thunb.

物候期：花期 4～5 月，果期 7～8 月。

生态习性：本种为亚热带和温带地区常见的植物，生于海拔 20～3000 m 的向阳的林缘、灌丛中、荒坡上和沟边。由于环境的变化和影响，因此植物体各部形态、大小、颜色、质地均有不同程度的变化。

分布：攀枝花市及凉山州各县。

用途：果实可生食，制果酒、果酱等。根、果、叶供药用，具有清热利尿、止咳止血功效；叶还可作土农药杀棉蚜虫；优良水土保持树种，可作绿篱，亦是观赏植物；优良蜜源植物。

8. 银果胡颓子

别名：银果牛奶子。

学名：Elaeagnusmagna Rehd.

物候期：花期 4～5 月，果期 6 月。

生态习性：生于海拔 1800～2300 m 的灌丛、草地、山地、路旁、林缘、河边向阳的沙质土壤上。

分布：凉山州昭觉等县。

用途：果实可生食和酿酒，或饲用；观赏植物。

9. 南川牛奶子

学名：Elaeagnus nanchuanensis C. Y. Chang.

物候期：花期4~5月，果期6~7月。

生态习性：生于海拔750~1570 m的向阳山坡或沟旁。

分布：凉山州雷波、越西、美姑等县。

用途：果实可生食，也可加工。果、根、叶入药，可清热利尿、止咳止血；叶还可作土农药杀棉蚜虫；植株也是很好的水土保持树种，可作绿篱，也是很好的蜜源植物。

10. 木半夏

别名：多花胡颓子。

学名：Elaeagnus multiflora Thunb.

物候期：花期5月，果期6~7月。

生态习性：生于海拔1200~2100 m的灌丛、草地。

分布：凉山州布拖、美姑等县。

用途：果实可食或酿酒；果、根、叶供药用，治跌打损伤、痢疾、哮喘。果实在医药上亦作收敛用；果饲用。

11. 窄叶木半夏

学名：Elaeagnus angustata（Rehd.）C. Y. Chang.

物候期：花期4~5月，果期7~8月。

生态习性：生于海拔2100~3100 m的向阳而又潮湿灌木丛中或溪谷两岸。

分布：攀枝花市及凉山州冕宁、会东、金阳、雷波等县。

用途：果实含糖分，可生食或作果酒。果、根供药用，具有收敛、治肿毒功效。

三十七、桃金娘科 MYRTACEAE

番石榴属（Psidium Linn.）

乔木；树皮平滑，灰色；嫩枝有毛。叶对生，羽状脉，全缘；有柄。花较大，通常1~3朵腋生；苞片2；萼管钟形或壶形，在花蕾时萼片连接而闭合，开花时萼片不规则裂为4~5，花瓣4~5，白色；雄蕊多数，离生，排成多列，着生于花盘上，花药椭圆形，近基部着生，药室平行，纵裂；子房下位，与萼管合生，花柱线形，柱头扩大，4~5室或更多，胚珠多数。浆果多肉，球形或梨形，顶端有宿存萼片，胎座发达，肉质；种子多数，种皮坚硬。

本属约150种，产美洲热带。我国引种2种，攀西地区番石榴已经逸为野生。

番石榴

别名：拔子、秋果、鸡矢果、百子树、饭桃、郊桃、番桃树、广东石榴、喇叭果、东果、白子、红心果。

学名：Psidium guajava L.

形态特征：常绿灌木或小乔木，高 2～13 m。树皮浅黄褐色或灰色；茎干幼时树皮较薄，老后平滑，片状脱落；嫩枝四方形，具白色短毛，老则脱落；芽密被白色短毛。单叶互生，稀有轮生，全缘，矩圆状椭圆形至卵圆形，长 5～12 cm，宽 3～6 cm，革质，先端圆钝或短尖，基部钝至圆形，上面深绿色，叶脉微凹或平坦，嫩时疏生短毛，下面浅绿色，疏生小腺体，密被短柔毛，主脉隆起，侧脉 7～11 对，亦隆起，斜出将近叶缘而弯曲；叶柄长约 5 mm。花两性，白色有芳香味，腋生 1～4 朵；萼管钟状，裂片 4～5 片，绿色，卵圆形，外被短柔毛；花瓣白色，卵形，长 1～2 cm；雄蕊多数，与花瓣等长，花丝白色，花药浅黄色，纵裂；雌蕊 1，花柱长于花丝，柱头圆形，子房下位，3～5 室，胚珠多数。浆果球形、卵圆形或梨状，长 3～8 cm，径 3～5 cm，果皮平滑，成熟时多黄绿色，果肉通常黄色，也有白色或胭脂红色。种子卵圆形，淡白色。

物候期：攀西地区野生番石榴的花期、果期都较长，花可从当年 4 月至 6 月；果实成熟可从当年 8 月直到翌年 2 月，盛果期集中在 8 月至 10 月。

生态习性：喜生于海拔 1200～2000 m 排水良好的沙壤土上，以金沙江、雅砻江、安宁河等干热河谷较多。

分布：原产热带美洲，攀枝花市及凉山州西昌、德昌、会理、会东、宁南、普格、金阳等县有栽培或逸为野生。

用途：果供鲜食，亦可榨果汁、酿酒，干果有解热止痛、止泻止痢功效；树皮、未熟果含单宁，可提取栲胶；嫩叶可制茶；叶含芳香油，为芳香原料；干燥的嫩叶可止泻，也治湿疹及创伤，同时还具有降血糖、降血脂及降压、抗病毒、抗消炎等药用功效。

三十八、野牡丹科 MELASTOMATACEAE

野牡丹属（Melastoma Linn.）

灌木或亚灌木；叶对生，有基出脉 3～9 条；花 5 数，大而美丽，单生或数朵组成圆锥花序生于枝顶；萼坛状球形，外面被粗毛或鳞片，檐 5（6）裂，常有等数的附属体；花瓣红色或紫红色，倒卵形；雄蕊 10，花药长，顶孔开裂，其中 5 枚较大，药隔下延成一个弯曲、末端 2 裂的附属体；子房半下位，5（6）室；蒴果卵形，包于宿萼中，顶孔开裂或横裂。

本属约 100 种，分布于亚洲南部至大洋洲北部以及太平洋诸岛。我国有 9 种

1 变种，分布于长江流域以南各省区。攀西地区所产地菍果可食，亦可酿酒。

地菍果

别名：铺地锦。

学名：Melastoma dodecandrum Lour.

形态特征：小灌木，长 10～30 cm；茎匍匐上升，逐节生根。叶片坚纸质，卵形或椭圆形，顶端急尖，基部广楔形，长 1～4 cm，宽 0.8～2（3）cm，全缘或具密浅细锯齿，3～5 基出脉，叶面通常仅边缘被糙伏毛，有时基出脉行间被 1～2 行疏糙伏毛，背面仅沿基部脉上被极疏糙伏毛，侧脉互相平行；叶柄长 2～6 mm，有时长达 15 mm，被糙伏毛。聚伞花序，顶生，有花（1）3 朵，基部有叶状总苞 2，通常较叶小；花梗长 2～10 mm，被糙伏毛，上部具苞片 2；苞片卵形，长 2～3 mm，宽约 1.5 mm，具缘毛，背面被糙伏毛；花萼管长约 5 mm，被糙伏毛，毛基部膨大呈圆锥状，有时 2～3 簇生，裂片披针形，长 2～3 mm，被疏糙伏毛，边缘具刺毛状缘毛，裂片间具 1 小裂片，较裂片小且短；花瓣淡紫红色至紫红色，菱状倒卵形，上部略偏斜，长 1.2～2 cm，宽 1～1.5 cm，顶端有 1 束刺毛，被疏缘毛；雄蕊长者药隔基部延伸，弯曲，末端具 2 小瘤，花丝较伸延的药隔略短，短者药隔不伸延，药隔基部具 2 小瘤；子房下位，顶端具刺毛。果坛状球状，平截，近顶端略缢缩，肉质，不开裂，长 7～9 mm，直径约 7 mm；宿存萼被疏糙伏毛。

物候期：花期 5～7 月，果期 7～9 月。

生态习性：为酸性土壤常见的植物，喜生于海拔 900～1200 m 酸性土壤的山坡。

分布：凉山州雷波等县。

用途：果可食，亦可酿酒。全株供药用，有涩肠止痢、舒筋活血、补血安胎、清热燥湿等作用；捣碎外敷可治疮、痈、疽、疖。根可解木薯中毒。

三十九、菱科 TRAPACEAE

菱属（Trapa L.）

浮水草本；根二型，即除吸收根外，尚有一种含叶绿素、沉于水中的同化根排列于叶柄基部的两侧；叶菱形，旋叠状，突出水面，边缘有小锯齿，叶柄膨大，海绵质；花小，白色，腋生，单生；萼片 4，有时具刺；花瓣 4；雄蕊 4；花盘波状；子房半下位，2 室，胚珠单生，下垂；果革质，有角 2 或 4。

本属约 30 种和变种。我国有 15 种 11 变种，产于全国各地，以长江流域亚热带地区分布与栽培最多。攀西地区产 2 种 2 变种。

菱属分种检索表

1. 果具 2 角，先端向上直伸或向下弯曲成牛角形；外果皮紫红色，后变黑

色；仅一对萼具毛。………………………………………………… 1. 乌菱

1. 果锚状三角形，具 4 刺角。

2. 果冠发达；四刺角短粗，二肩角间端宽 4.5～5.5 cm，二短肩角平伸微下弯，2 腰角微短内弯，周围洼陷不明显。……………………… 2. 短四角菱

2. 果冠不明显。

3. 果高 2 cm，刺角粗或细、扁或圆锥状；腰角圆锥状，基部增粗；叶斜方菱形，锯齿缺刻状，多数据齿端不裂，叶背面有棕色斑块，基部阔楔形或近圆形；萼脊无毛或少毛。……………………………………………… 3. 野菱

3. 果高 1～2 cm，表面平滑；花盘全缘；叶基部近圆截形；边缘浅圆齿；萼筒密被短毛；萼沿脊被毛。……………………………………… 4. 细果野菱

1. 乌菱

学名：T. bicornis Osbeck.

物候期：花期 4～8 月，果期 7～9 月。

生态习性：生于海拔 1800 m 以下的水塘、湖泊中。

分布：凉山州西昌市邛海中引入种植，现有逸为野生。

用途：菱种子白色脆嫩，含淀粉，供蔬菜或加工制成菱粉或煮熟食用。

2. 短四角菱

学名：Trapa quadrispinosa Roxb. var. yongxiuensis W. H. Wan.

物候期：花期 5～10 月，果期 6～11 月。

生态习性：生于海拔 1400 m 左右的水塘中。

分布：凉山州会理等县。

用途：果实小，富含淀粉，可食。

3. 野菱

别名：菱角、菱角泡。

学名：Trapa incisa Sieb. et Zucc. var. quadricaudata Gluck.

物候期：花期 7～8 月，果期 8～10 月。

生态习性：生于海拔 1520 m 湖泊、池塘、鱼塘中。

分布：凉山州西昌市邛海中。

用途：果实含淀粉，供食用或酿酒，亦可供药用。

4. 细果野菱

学名：Trapa maximowiezii Korsh.

别名：四角马氏菱、小果菱。

物候期：花期 6～7 月，果期 8～9 月。

生态习性：生于海拔 1520 m 左右的湖泊、池塘。

分布：凉山州西昌市邛海引种栽培，也有逸为野生。

用途：果实小，富含淀粉，可食。

四十、山茱萸科 CORNACEAE

（一）梾木属（Swida Opiz）

落叶乔木或灌木，稀常绿。叶对生，纸质，稀革质，卵圆形或椭圆形，边缘全缘，通常下面有贴生的短柔毛。伞房状或圆锥状聚伞花序，顶生，无花瓣状总苞片；花小，两性；花萼管状，顶端有齿状裂片 4；花瓣 4，白色，卵圆形或长圆形，镊合状排列；雄蕊 4，着生于花盘外侧，花丝线形，花药长圆形，2 室；花盘垫状；花柱圆柱形，柱头头状或盘状；子房下位，2 室。核果球形或近于卵圆形，稀椭圆形；核骨质，有种子 2 枚。

本属约有 42 种，多分布于两半球的北温带至北亚热带，少数达于热带山区。我国有 25 种，以西南地区的种类为多。攀西低地区产 11 种 1 亚种 2 变种。其中 5 种果实可食或为木本油料植物。

1. 毛梾

别名：红零子、车梁木、油树、黑椋子。

学名：Swida walteri Wanger.

形态特征：落叶乔木，高 6～15 m；树皮厚，黑褐色，纵裂而又横裂成块状；幼枝对生，绿色，略有棱角，密被贴生灰白色短柔毛，老后黄绿色，无毛。冬芽腋生，扁圆锥形，长约 1.5 mm，被灰白色短柔毛。叶对生，纸质，椭圆形、长圆椭圆形或阔卵形，长 4～12（15.5）cm，宽 1.7～5.3（8）cm，先端渐尖，基部楔形，有时稍不对称，上面深绿色，稀被贴生短柔毛，下面淡绿色，密被灰白色贴生短柔毛，中脉在上面明显，下面凸出，侧脉 4（5）对，弓形内弯，在上面稍明显，下面凸起；叶柄长（0.8～）3.5 cm，幼时被有短柔毛，后渐无毛，上面平坦，下面圆形。伞房状聚伞花序顶生，花密，宽 7～9 cm，被灰白色短柔毛；总花梗长 1.2～2 cm；花白色，有香味，直径 9.5 mm；花萼裂片 4，绿色，齿状三角形，长约 0.4 mm，与花盘近于等长，外侧被有黄白色短柔毛；花瓣 4，长圆披针形，长 4.5～5 mm，宽 1.2～1.5 mm，上面无毛，下面有贴生短柔毛；雄蕊 4，无毛，长 4.8～5 mm，花丝线形，微扁，长 4 mm，花药淡黄色，长圆卵形，2 室，长 1.5～2 mm，丁字形着生；花盘明显，垫状或腺体状，无毛；花柱棍棒形，长 3.5 mm，被有稀疏的贴生短柔毛，柱头小，头状，子房下位，花托倒卵形，长 1.2～1.5 mm，直径 1～1.1 mm，密被灰白色贴生短柔毛；花梗细圆柱形，长 0.8～2.7 mm，有稀疏短柔毛。核果球形，直径 6～7（8）mm，成熟时黑色，近于无毛；核骨质，扁圆球形，直径 5 mm，高 4 mm，有不明显的肋纹。

物候期：花期 5 月，果期 9 月。

生态习性：生于海拔 1000~2350 m 的山坡、杂木林或密林下。

分布：凉山州金阳等县。

用途：果实可食，本种是木本油料植物，果实含油可达 27%~38%，供食用或作高级润滑油，油渣可作饲料和肥料。木材坚硬，纹理细密、美观，可作家具、车辆、农具等用；叶和树皮可提制栲胶，又可作为"四旁"绿化和水土保持树种。枝叶供药用，可治漆疮。

2. 红瑞木

别名：凉子木、红瑞山茱萸。

学名：Swida alba Opiz.

形态特征：灌木，高达 3 m；树皮紫红色；幼枝有淡白色短柔毛，后即秃净而被蜡状白粉，老枝红白色，散生灰白色圆形皮孔及略为突起的环形叶痕。冬芽卵状披针形，长 3~6 mm，被灰白色或淡褐色短柔毛。叶对生，纸质，椭圆形，稀卵圆形，长 5~8.5 cm，宽 1.8~5.5 cm，先端突尖，基部楔形或阔楔形，边缘全缘或波状反卷，上面暗绿色，有极少的白色平贴短柔毛，下面粉绿色，被白色贴生短柔毛，有时脉腋有浅褐色髯毛，中脉在上面微凹陷，下面凸起，侧脉（4~）5（~6）对，弓形内弯，在上面微凹下，下面凸出，细脉在两面微显明。伞房状聚伞花序顶生，较密，宽 3 cm，被白色短柔毛；总花梗圆柱形，长 1.1~2.2 cm，被淡白色短柔毛；花小，白色或淡黄白色，长 5~6 mm，直径 6~8.2 mm，花萼裂片 4，尖三角形，长约 0.1~0.2 mm，短于花盘，外侧有疏生短柔毛；花瓣 4，卵状椭圆形，长 3~3.8 mm，宽 1.1~1.8 mm，先端急尖或短渐尖，上面无毛，下面疏生贴生短柔毛；雄蕊 4，长 5~5.5 mm，着生于花盘外侧，花丝线形，微扁，长 4~4.3 mm，无毛，花药淡黄色，2 室，卵状椭圆形，长 1.1~1.3 mm，丁字形着生；花盘垫状，高约 0.2~0.25 mm；花柱圆柱形，长 2.1~2.5 mm，近于无毛，柱头盘状，宽于花柱，子房下位，直径 1 mm，被贴生灰白色短柔毛；花梗纤细，长 2~6.5 mm，被淡白色短柔毛，与子房交接处有关节。核果长圆形，微扁，长约 8 mm，直径 5.5~6 mm，成熟时乳白色或蓝白色，花柱宿存；核棱形，侧扁，两端稍尖呈喙状，长 5 mm，宽 3 mm，每侧有脉纹 3 条；果梗细圆柱形，长 3~6 mm，有疏生短柔毛。

物候期：花期 6~7 月，果期 8~10 月。

生态习性：生于海拔 1900~3100 m 的杂木林或针阔叶混交林中。

分布：宁南等县。

用途：种子含油量约为 30%，可供工业用；常引种栽培作庭园观赏植物。

3. 长圆叶梾木

别名：黑皮楠、臭条子、矩圆叶、梾木。

学名：Swida oblonga（Wall.）Sojak.

形态特征：常绿小乔木，高 2～12 m。叶对生，革质，长圆形或长圆椭圆形，长 6～13 cm，宽 1.6～4 cm，先端渐尖或尾状，基部楔形，边缘微反卷，上面深绿色，无毛，下面粉白色，粗糙，疏被淡灰色平贴短柔毛及乳头状突起，中脉在上面显著，下面凸出，侧脉 4～5 对，在上面凹下，下面隆起；叶柄近于圆柱形，长 6～19 mm，被灰色或黄灰色短柔毛，上面平坦或有浅沟，下面圆形。圆锥状聚伞花序顶生，包括 1～1.5 cm 长的总花梗在内长达 6～6.5 cm，宽 6～8 cm，被灰白色平贴短柔毛；花小，白色，直径 8 mm，花萼裂片 4，三角状卵形，长于或略短于花盘，长约 5 mm，外侧疏被灰色短柔毛；花瓣 4，长椭圆形，长 4 mm，宽 1.3 mm；雄蕊 4，长于花瓣，常长达 6.3 mm，花丝长线形，无毛，长 5 mm，花药椭圆形，2 室，紫黄色，长 2.7 mm，丁字形着生；花盘垫状，无毛，略有浅裂，厚约 0.4～0.5 mm；子房下位，花托倒卵形，长 1.1 mm，直径 1 mm，被有疏生灰色短柔毛，花柱圆柱形，长 2.6～2.8 mm，近于无毛，柱头小，近于头形。核果尖椭圆形，长 7 mm，直径 4～6 mm，幼时微被平贴短柔毛，成熟时黑色；核骨质，尖椭圆形，长 6 mm，直径 3.8 mm，略有肋纹。

物候期：花期 9～10 月，果期次年 5～6 月。

生态习性：生于海拔 1000～3000 m 的溪边疏林内或常绿阔叶林中。

分布：西昌、德昌、会理、会东、冕宁、盐源、木里、越西等县。

用途：果实可以榨油，并可代枣皮作药用；树皮含芳香油和单宁可以提取供工业用。

4. 红椋子

别名：青构。

学名：Swida hemsleyi (Schneid. et Wanger.)。

形态特征：灌木或小乔木，树皮红褐色或黑灰色；幼枝红色，略有四棱，被贴生短柔毛；老枝紫红色至褐色，无毛，有圆形黄褐色皮孔。冬芽顶生和腋生，狭圆锥形，长 3～8 mm，疏被白色短柔毛。叶对生，纸质，卵状椭圆形，长 4.5～9.3 cm，宽 1.8～4.8 cm，先端渐尖或短渐尖，基部圆形，稀阔楔形，有时两侧不对称，边缘微波状，上面深绿色，有贴生短柔毛，下面灰绿色，微粗糙，密被白色贴生短柔毛及乳头状突起，沿叶脉有灰白色及浅褐色短柔毛，中脉在上面凹下，下面凸起，侧脉 6～7 对，弓形内弯，在上面凹下，下面凸出，脉腋多少具有灰白色及浅褐色丛毛，细脉网状，在上面稍凹下，下面略显明；叶柄细长，长 0.7～1.8 cm，淡红色，幼时被灰色及浅褐色贴生短柔毛，上面有浅沟，下面圆形。伞房状聚伞花序顶生，微扁平，宽 5～8 cm，被浅褐色短柔毛；总花梗长 3～4 cm，被淡红褐色贴生短柔毛；花小，白色，直径 6 mm；花萼裂片 4，卵状至长圆状舌形，长 2.5～4 mm，宽 1.1～1.6 mm；雄蕊 4，与花瓣互生，长 4～6.5 mm，伸出花外，花丝线形，白色，无毛，花药 2 室，卵状长圆形，浅蓝色至灰白色，丁字形着生，长 1~1.5 mm；花盘垫状，无毛或略有小柔毛，边缘波状，厚约 0.3~0.4 mm；花柱圆柱形，长 1.8~3 mm，稀被贴生短柔毛，柱头盘状扁头形，稍宽于花柱，略有 4 浅裂，子房下位，花托倒卵形，长 0.8~1.2 mm，宽 0.7~1 mm，密被灰色及浅褐色贴生短柔毛；花梗细圆柱形，长 1~5 mm，有浅褐色短柔毛。核果近于球形，直径 4 mm，黑色，疏被贴生短柔毛；核骨质，扁球形，直径 2.3 mm，高 2 mm，有不明显的肋纹 8 条。

物候期：花期 6 月，果期 9 月。

生态习性：生于海拔 1350~3700 m 的溪边或杂木林中。

分布：攀枝花市及凉山州越西、美姑、雷波、会东、木里等县。

用途：本种的种子榨油可供工业用。

5. 灰叶梾木

别名：黑椋子。

学名：Swida poliophylla (Schneid. et Wanger.).

形态特征：落叶灌木或小乔木，通常高 1.5~8 m。叶对生，纸质，卵状椭圆形，稀长椭圆形，长 6~11.5 (13) cm，宽 2~7 cm，先端突尖或渐尖，基部近于圆形，稀阔楔形至楔形，边缘全缘或微波状反卷，上面深绿色，疏生卷曲毛，下面灰绿色，密被乳头状突起及卷曲毛，尤以沿中脉为多，中脉在上面明显或微凹下，下面凸出，侧脉 7~8 对，稀 6 对或 9 对，弓形内弯，在上面微凹下，下面凸起；叶柄红色，长 1~2.5 cm，被黄褐色短柔毛，上面有浅沟，下面圆形。顶生伞房状聚伞花序微凸，长 2.5~4.5 cm，宽 4~9 cm，稀被黄褐色短柔毛；总花梗圆柱形，长 3.5~5.5 cm，稀被短柔毛；花白色，直径 7~8 mm；花萼裂片 4，披针形，长约 0.4~0.5 mm，长于花盘，外侧被短柔毛；花瓣 4，舌状长圆形或卵状披针形，长 3.2~3.5 mm，宽 1~1.5 mm，先端尖，上面无毛，下面有贴生短柔毛；雄蕊 4，着生于花盘外侧，伸出花外，长 4.2~5 mm，花丝线形，白色，长 3.5~4.3 mm，无毛，花药长圆形，2 室，长 1.3~1.5 mm，浅蓝色至灰色，丁字形着生；花盘垫状，无毛；花柱圆柱形，长 2~3 mm，白色，稀被白色贴生短柔毛，柱头盘状，较花柱略宽，有时稍具浅裂，子房下位，花托倒卵形，长约 1.4 mm，直径 1.1 mm，被淡褐色及灰白色贴生短柔毛；花梗圆柱形，长 1~6 mm，密被浅褐色短柔毛。核果球形，直径 5~6 mm，成熟时黑色，微被贴生短柔毛；核骨质，近于卵圆形，长 3~3.2 mm，宽 2.8~3.5 mm，有 8 条脉纹。

物候期：花期 6 月，果期 10 月。

生态习性：生于海拔 1100~3100 m 的密林或杂木林中。

分布：雷波、昭觉、越西、布拖、金阳等县。

（二）灯台树属（Bothrocaryum（Koehne）Pojark.）

落叶乔木或灌木。冬芽顶生或腋生，卵圆形或圆锥形，无毛。叶互生，纸质或厚纸质，阔卵形至椭圆状卵形，边缘全缘，下面有贴生的短柔毛。伞房状聚伞花序，顶生，无花瓣状总苞片；花小，两性；花萼管状，顶端有齿状裂片4；花瓣4，白色，长圆披针形，镊合状排列；雄蕊4，着生于花盘外侧，花丝线形，花药椭圆形，2室；花盘褥状；花柱圆柱形，柱头小，头状，子房下位，2室。核果球形，有种子2枚；核骨质，顶端有一个方形孔穴。

本属有2种，分布于东亚及北美亚热带及北温带地区。我国有1种，攀西有产。

灯台树

别名：六角树、瑞木。

学名：Bothrocaryum controversum（Hemsl.）Pojark.

形态特征：落叶乔木，高6～20 m。叶互生，纸质，阔卵形、阔椭圆状卵形或披针状椭圆形，长6～13 cm，宽3.5～9 cm，先端突尖，基部圆形或急尖，全缘，上面黄绿色，无毛，下面灰绿色，密被淡白色平贴短柔毛，中脉在上面微凹陷，下面凸出，微带紫红色，无毛，侧脉6～7对，弓形内弯，在上面明显，下面凸出，无毛；叶柄紫红绿色，长2～6.5 cm，无毛，上面有浅沟，下面圆形。伞房状聚伞花序，顶生，宽7～13 cm，稀生浅褐色平贴短柔毛；总花梗淡黄绿色，长1.5～3 cm；花小，白色，直径8 mm，花萼裂片4，三角形，长约0.5 mm，长于花盘，外侧被短柔毛；花瓣4，长圆披针形，长4～4.5 mm，宽1～1.6 mm，先端钝尖，外侧疏生平贴短柔毛；雄蕊4，着生于花盘外侧，与花瓣互生，长4～5 mm，稍伸出花外，花丝线形，白色，无毛，长3～4 mm，花药椭圆形，淡黄色，长约1.8 mm，2室，丁字形着生；花盘垫状，无毛，厚约0.3 mm；花柱圆柱形，长2～3 mm，无毛，柱头小，头状，淡黄绿色；子房下位，花托椭圆形，长1.5 mm，直径1 mm，淡绿色，密被灰白色贴生短柔毛；花梗淡绿色，长3～6 mm，疏被贴生短柔毛。核果球形，直径6～7 mm，成熟时紫红色至蓝黑色；核骨质，球形，直径5～6 mm，略有8条肋纹，顶端有一个方形孔穴；果梗长约2.5～4.5 mm，无毛。

物候期：花期5～6月，果期7～8月。

生态习性：生于海拔250～2600 m的常绿阔叶林或针阔叶混交林中。

分布：攀枝花市及凉山州各县市。

用途：果实可以榨油，为木本油料植物；树冠形状美观，夏季花序明显，可以作为行道树种。

（三）四照花属（Dendrobenthamia Hutch.）

常绿或落叶小乔木或灌木。冬芽顶生或腋生。叶对生，亚革质或革质，稀纸质，卵形，椭圆形或长圆披针形，侧脉 3～6（7）对；具叶柄。头状花序顶生，有白色花瓣状的总苞片 4，卵形或椭圆形；花小，两性；花萼管状，先端有齿状裂片 4，钝圆形、三角形或截形；花瓣 4，分离，稀基部近于合生；雄蕊 4，花丝纤细，花药椭圆形，2 室；花盘环状或垫状；子房下位，2 室，每室 1 胚珠，花柱粗壮，柱头截形或头形。果为聚合状核果，球形或扁球形。

本属 10 种，分布于喜马拉雅至东亚各地区。我国全有。攀西地区产 5 种。本属植物的木材坚硬，可作农具和工具柄；成熟的聚合果为酿酒原料；少数种类可作为庭园观赏植物。

四照花属分种检索表

1. 叶纸质。

2. 叶卵形或卵状椭圆形，长 6～12 cm，基部圆形或阔楔形，侧脉 3～4（5）对，下面脉腋具白色簇生的绢状毛。……………………… 1. 日本四照花

2. 叶长椭圆形至卵状椭圆形，长 6～13 cm，基部楔形，侧脉 6（7）对，下面脉腋具簇生的白毛或近于无毛。……………………… 2. 多脉四照花

1. 叶亚革质或革质。

3. 叶下面密被或疏被贴生的粗毛，侧脉 4（5）对。……… 3. 头状四照花

3. 叶下面密被或疏被贴生短柔毛，稀仅有散生的毛被残点。

4. 叶革质，长圆椭圆形，稀阔卵形、倒卵状椭圆形或披针形，长 7～9（11.5）cm，宽 2.5～4.2（6）cm，侧脉 3～4 对，下面密被白色贴生短柔毛。……………………………………………… 4. 尖叶四照花

4. 叶亚革质，老枝无皮孔；椭圆形至长椭圆形，长 6～10 cm，宽 2.7～5 cm，侧脉 3（4）对，下面仅在脉腋或多或少具有黑褐色的髯毛。………………………………………………………………… 5. 黑毛四照花

1. 四照花

学名：Dendrobenthamia japonica（DC.）Fang var. chinensis（Osborn）Fang.

分布：凉山州金阳、雷波等县。

用途：果实成熟时紫红色，味甜可食，又可作为酿酒原料。本种植株可在庭园、街道、房前屋后等处栽植，供绿化和观赏。

2. 多脉四照花

别名：巴蜀四照花。

学名：Dendrobenthamia multinervosa（Pojark.）Fang.

物候期：花期 5～6 月，果期 10～11 月。

生态习性：生于海拔 1800～3100 m 的森林中。

分布：雷波等县。

3. 头状四照花

别名：羊梅、节节树、土荔枝、山荔枝、野荔枝。

学名：Dendrobenthamia capitata（Wall.）Hutch.

物候期：花期 5～6 月，果期 9～10 月。

生态习性：生于海拔 1200～3200 m 之间。

分布：攀枝花市及凉山州的西昌、德昌、普格、布拖、越西、冕宁、金阳、雷波、美姑、木里、盐源、宁南、会理等县市。

用途：果可食，亦可酿酒。树皮、叶、果供药用，具有清热解毒、利胆行水、消积杀虫、消肿镇痛功效，可治乳痛、牙痛、疝气、咳嗽等症。枝、叶可提取单宁。

4. 尖叶四照花

别名：狭叶四照花。

学名：Dendrobenthamia angustata（Chun）Fang.

物候期：花期 6～7 月，果期 10～11 月。

生态习性：生于海拔 500～1400 m 的山坡、沟谷混交林中。

分布：凉山州雷波等县。

用途：本种植株可在庭园、街道、房前屋后等处栽植，供绿化和观赏。果为野生果实，可生食及酿造用。

5. 黑毛四照花

别名：光叶四照花。

学名：Dendrobenthamia melanotricha（Pojark.）Fang.

物候期：花期 5～6 月，果期 10～11 月。

生态习性：生于海拔 1500～1800 m 的森林中。

分布：雷波等县。

用途：木材坚韧，是农具和工具柄的良好材料；花有消肿的功效，可治牙痛、乳痛和喉蛾风等病。

四十一、杜鹃花科 ERICACEAE

越橘属（Vaccinium Linn.）

灌木或小乔木，通常地生，少数附生。叶常绿，少数落叶。总状花序，顶生、腋生或假顶生，稀腋外生，或花少数簇生叶腋，稀单花腋生；通常有苞片和小苞片；花小形；花梗顶端不增粗或增粗，与萼筒间有或无关节；花萼（4）5 裂，稀檐状不裂；花冠坛状、钟状或筒状，5 裂，裂片短小，稀 4 裂或4 深裂至近基部，裂片反折或直立；雄蕊 10 或 8，稀 4，内藏稀外露，花丝分离，被毛或无毛，花药顶部形成 2 直立的管，管口圆形孔裂，或伸长缝裂，背部有 2 距，稀无距；花盘垫状，无毛或被毛；子房与萼筒通常完全合生，稀与萼筒的大部分合生，(4) 5 室，或因假隔膜而成 8~10 室，每室有多数胚珠；花柱不超出或略超出花冠，柱头截平形，稀头状。浆果球形，顶部冠以宿存萼片。

本属约 450 种，分布北半球温带、亚热带，美洲和亚洲的热带山区，而以马来西亚地区最为集中，有 235 种以上，少数产非洲南部、马达加斯加岛，但不产热带非洲高山和热带低地，也不产南温带。我国已知 91 种 24 变种 2 亚种，南、北各地均产，主产西南、华南。攀西地区产 11 种 1 变种，其中 7 种果实可食或加工成食品或饮品。

1. 苍山越橘

学名：Vaccinium delavayi Franch.

形态特征：常绿小灌木；分枝多，短而密集，幼枝被灰褐色短柔毛，杂生褐色具腺长刚毛。叶密生，叶片革质，倒卵形或长圆状倒卵形，长 0.7~1.5 cm，宽 0.4~0.9 cm，顶端圆形，微凹，基部楔形，边缘有软骨质边，通常有疏、浅的小齿，或近于全缘，疏生易落的具腺短缘毛，近基部两侧各有 1 腺体，两面无毛，中脉和侧脉在表面下陷，在背面平坦，仅中脉稍隆起；叶柄长 1~1.5 mm，被短柔毛。总状花序顶生，长 1~3 cm，有多数花；序轴上被与茎相同的毛；苞片卵形，长 5~6 mm，早落；小苞片披针形，长 3 mm；花梗长 2~4 mm，被短柔毛；萼筒无毛，萼齿宽三角形，长不及 1 mm，通常有短缘毛；花冠白色或淡红色，坛状，长 3~5 mm，外面无毛，内面上部有短柔毛，裂片短小，通常直立；雄蕊比花冠短，长约 2.5 mm，花丝扁平，长约 1 mm，顶部有少数疏柔毛，下部无毛或近无毛，药室背部有 2 斜伸的短距，药管与药室近等长。浆果球形，成熟时紫黑色，直径 4~8 mm。

物候期：花期 3~5 月，果期 7~11 月。

生态习性：生于海拔 2400~3300 m 阔叶林、干燥山坡、铁杉-杜鹃林或高山杜鹃灌丛中，有时附生在岩石上或树干上。

分布：攀枝花市及凉山州布拖等县。

用途：浆果可食。

2. 软骨边越橘

学名：Vaccinium gaultheriifolium（gualtheriaefolium）（Griff.）Hook. f.

形态特征：常绿灌木；分枝少，枝条细长，稍侧扁，有细棱，无毛。叶散生，叶片革质，椭圆形，长 7~13 cm，宽 4~6.5 cm，顶端短渐尖，基部阔楔形到钝圆形，两侧下延到叶柄中部，边缘有淡黄色软骨质边，全缘或有时疏生腺头小锯齿，近基部每侧有 3 个腺体，背面鲜时灰白色，干后通常淡褐色，表面无毛，背面沿中脉疏生腺头短刚毛，其余无毛，中脉和网脉在表面略微下陷，在背面突起；叶柄略扁，腹面无凹槽，长 4~6 mm，无毛。总状花序腋生，比叶短得多，长 2~3.5 cm，无毛；苞片椭圆形，长约 1.2 cm，宽 0.5~0.6 mm，早落，小苞片线形，长 5~6 mm，早落；花梗长 0.6~1.2 cm，上部稍增粗，与萼筒间明显有关节；萼筒无毛，裂齿很短，长约 1 mm；雄蕊和花冠近等长，花丝扁平，长约 3 mm，密被短柔毛，药室背部有 2 上举的距，药管与药室近长或稍短，药室连同药管的长度与花丝相等，花柱顶部有微长毛。浆果紫黑色，被白色粉，直径 8~9 mm；果梗长 1~1.7 cm。

生态习性：生于海拔 2800~3100 m 的林下、灌丛、沟谷。

分布：凉山州普格等县。

用途：牛和羊食用叶、果。

3. 红花越橘

学名：Vaccinium urceolatum Hemsl.

形态特征：常绿灌木或小乔木；分枝少，枝条稍粗壮，幼枝被短柔毛，稀无毛，老枝灰褐色，有棱。叶散生，叶片卵形至长圆形，长 6~13 cm，宽 2.5~5.5 cm，顶端渐尖或骤然渐尖成尾状，基部圆形至微心形，边缘全缘，稍微反卷，革质，幼叶两面被短柔毛或无毛，成长叶表面近于无毛，仅背面被短毛，中脉在两面隆起，侧脉纤细，显见的有 4~5 对，近边缘网结，与细网脉在表面明显突起，在背面通常平坦，有时突起；叶柄粗短，长 2~3 mm，被短柔毛。总状花序腋生，长 3~5 cm，多花；序轴无毛；苞片宽卵形，长 6~8 mm，被缘毛，小苞片线形，长约 4 mm，早落；花梗长 2~5 mm，无毛；萼筒无毛，萼齿三角形，长 1~1.5 mm，无毛；花冠淡红色或淡黄绿色微带红色，坛状或钟状，长 4~5 mm；雄蕊 10，稍露出，花丝短，扁平，长约 1 mm，近无毛或有微毛，药室背部有 2 上举的距，药管长约为药室的 1.5~2 倍。浆果球形，熟时紫黑色，直径 4~6 mm。

物候期：花期 5~7 月，果期 6~9 月。

生态习性：通常生于海拔 750~2000 m 以壳斗科植物为主的常绿阔叶林下或灌丛中。

分布：甘洛等县。

4. 南烛

别名：乌饭叶、苞越橘、乌饭树。

学名：Vaccinium bracteatum Thunb.

形态特征：常绿灌木或小乔木；分枝多，幼枝被短柔毛或无毛，老枝紫褐色，无毛。叶片薄革质，椭圆形、菱状椭圆形、披针状椭圆形至披针形，长 4~9 cm，宽 2~4 cm，顶端锐尖、渐尖，稀长渐尖，基部楔形、阔楔形，稀钝圆，边缘有细锯齿，表面平坦有光泽，两面无毛，侧脉 5~7 对，斜伸至边缘以内网结，与中脉、网脉在表面和背面均稍微突起；叶柄长 2～8 mm，通常无毛或被微毛。总状花序顶生和腋生，针形，长 0.5～2 cm，两面沿脉被微毛或两面近无毛，边缘有锯齿，宿存或脱落，小苞片 2，线形或卵形，长 1～3 mm，密被微毛或无毛；花梗短，长 1～4 mm，密被短毛或近无毛；萼筒密被短柔毛或茸毛，稀近无毛，萼齿短小，三角形，长 1 mm 左右，密被短毛或无毛；花冠白色，筒状，有时略呈坛状，长 5～7 mm，外面密被短柔毛，稀近无毛，内面有疏柔毛，口部裂片短小，三角形，外折；雄蕊内藏，长 4～5 mm，花丝细长，长 2～2.5 mm，密被疏柔毛，药室背部无距，药管长为药室的 2～2.5 倍；花盘密生短柔毛。浆果直径 5～8 mm，熟时紫黑色，外面通常被短柔毛，稀无毛。

物候期：花期 6～7 月，果期 8～10 月。

生态习性：生于海拔 1300～3200 m 的亚热带地区荒坡、灌丛中和林下与林边。

分布：攀枝花市及凉山州冕宁、西昌、宁南、会理等县市。

用途：果实味甜可生食，干燥果实含糖分约 20％，游离酸 7.02％（以苹果酸为主，柠檬酸、酒石酸少量）。果实和根入药能益肾固精，强筋明目，治久泄梦遗、久痢久泻、赤白带下。

5. 江南越橘

别名：米饭花。

学名：Vaccinium mandarinorum Diels.

形态特征：常绿灌木或小乔木。叶片厚革质，卵形或长圆状披针形，长 3～9 cm，宽 1.5～3 cm，顶端渐尖，基部楔形至钝圆，边缘有细锯齿，两面无毛，或有时在表面沿中脉被微柔毛，中脉和侧脉纤细，在两面稍突起；叶柄长 3～8 mm，无毛或被微柔毛。总状花序腋生和生枝顶叶腋，长 2.5～7（10）cm，有多数花，序轴无毛或被短柔毛；苞片未见，小苞片 2，着生花梗中部或近基部，线状披针形或卵形，长 2～4 mm，无毛；花梗纤细，长（2）4～8 mm，无毛或被微毛；萼筒无毛，萼齿三角形或卵状三角形或半圆形，长 1～1.5 mm，无毛；花冠白色，有时带淡红色，微香，筒状或筒状坛形，口部稍缢缩或开放，长 6～7 mm，外面无毛，内面有微毛，裂齿三角形或狭三角形，直立或反折；雄蕊内藏，药室背部有短距，药管长为药室的 1.5 倍，花丝扁平，密被毛；花柱内藏或微伸出花冠。浆果，熟时紫黑色，无毛，直径 4～6 mm。

物候期：花期 4～6 月，果期 6～10 月。

生态习性：生于灌木丛中。

分布：攀枝花市及凉山州各县市。

6. 乌鸦果

别名：乌饭果、蚂蚁果、土千年健。

学名：Vaccinium fragile Franch.

形态特征：常绿矮小灌木；茎多分枝，有时丛生，枝条疏被或密被具腺长刚毛和短柔毛。叶密生，叶片革质，长圆形或椭圆形，长 1.2~3.5 cm，宽 0.7~2.5 cm，面端锐尖、渐尖或钝圆，基部钝圆或楔形渐狭，边缘有细锯齿，齿尖锐尖或针芒状，两面被刚毛和短柔毛，或仅有少数刚毛，或仅有短柔毛，或两面近无毛，除中脉在两面略突起外，侧脉均不明显，叶柄短，长 1~1.5 mm。总状花序生枝条下部叶腋和生枝顶叶而呈假顶生，长 1.5~6 cm，有多数花，偏向花序一侧着生；序轴被具腺长刚毛和短柔毛，有时仅有短柔毛；苞片叶状，有时带红色，长花梗中、下部，毛被同苞片；花梗长 1~2 mm，被毛；花萼通常绿色带暗红色，有 5 条红色脉纹，长 5~6 mm，口部缢缩，外面无毛或有时有短柔毛，内面密生白色短柔毛，裂齿短小，三角形，直立或略向外反折；雄蕊内藏，短于花冠，药室背部有 2 上举的距，药管与药室近等长，花丝长 2 mm，被疏柔毛；花柱内藏。浆果球形，绿色变红色，成熟时紫黑色，径 4~5 mm。

物候期：花期春夏到秋季，果期 7~10 月。

生态习性：喜生于海拔 1300~3000 m 的向阳坡地、松林、山坡灌丛或草坡，为酸性土壤的指示植物。

分布：攀枝花市及凉山州各县市。

用途：果实成熟时味酸甜，可食。药用根、叶，可舒筋活血、止痛消炎，主治腮腺炎、牙痛等。

7. 黄背越橘

学名：Vaccinium iteophyllum Hance.

形态特征：常绿灌木或小乔木。幼枝被淡褐色至锈色短柔毛或短绒毛，老枝灰褐色或深褐色，无毛。叶片革质，卵形、长卵状披针形至披针形，长 4~9 cm，宽 2~4 cm，顶端渐尖至长渐尖，基部楔形至钝圆，边缘有疏浅锯齿，有时近全缘，表面沿中脉被微柔毛，其余部分通常无毛，稀被短柔毛，背面被短柔毛，沿中脉尤明显，侧脉纤细，在两面微突起；叶柄短，长 2~5 mm，密被淡褐色短柔毛或微柔毛。总状花序生枝条下部和顶部叶腋，长 3~7 cm，序轴、花梗密被淡褐色短柔毛或短绒毛；苞片披针形，长 3~7 mm，被微毛，小苞片小，线形或卵状披针形，被毛，早落；花梗长 2~4 mm；萼齿三角形，长约 1 mm；花冠白色，有时带淡红色，筒状或坛状，长 5~7 mm，外面沿 5 条肋上有微毛或无毛，裂齿短小，三角形，直立或反折；雄蕊药室背部有长约 1 mm 的细长的距，药管长约 2.5 mm，约为药室长的 4 倍，花丝长约 1.5~2 mm，密被毛；花柱不伸出。浆果球形，直径 4~5 mm，或疏或密被短柔毛。

物候期：花期 4~5 月，果期 6 月以后。

生态习性：生于海拔 2100~2600 m 的山地灌丛中或山坡疏、密林内。

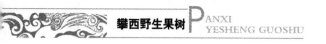

分布：凉山州会理等县。

用途：果可食。全株入药可祛风除湿、舒筋活络。

四十二、柿科 EBENACEAE

柿属（Diospyros Linn.）

落叶或常绿乔木或灌木。无顶芽，叶互生，偶或有微小的透明斑点。花单性，雌雄异株或杂性；雄花常较雌花为小，组成聚伞花序，雄花序腋生在当年生枝上，或很少在较老的枝上侧生，雌花常单生叶腋；萼通常深裂，4（3～7）裂，有时顶端截平，绿色，雌花的萼结果时常增大；花冠壶形、钟形或管状，浅裂或深裂，4～5（3～7）裂，裂片向右旋转排列，很少覆瓦状排列；雄蕊4至多数，通常16枚，常2枚连生成对而形成两列；子房2～16室；花柱2～5枚，分离或在基部合生，通常顶端2裂，每室有胚珠1～2颗；在雌花中有退化雄蕊1～16枚或无雄蕊。浆果肉质，基部通常有增大的宿存萼；种子较大，通常两侧压扁。

本属约500种，主产于全世界的热带地区。我国有57种6变种1变型1栽培种，攀西地区产4种1变种。

柿属分种检索表

1. 叶小，长2～6 cm，宽在2.5（3）cm以下，上面多小泡状突起，或多或少薄被柔毛，下面密被柔毛或沿中脉密被，余处疏被黄棕色柔毛；雄花花冠脊上有白色的长柔毛线。······························ 1. 岩柿

1. 叶较大，长7 cm以上。

2. 枝无毛，极少稍被毛；幼枝褐色或棕色；叶椭圆形至长椭圆形，宽2.5～6 cm；冬芽带棕色，平滑无毛；果球形或椭圆形，直径1～2 cm。··· 2. 君迁子

2. 小枝或嫩枝通常明显被毛。

3. 果无毛；果直径2～5 cm。························· 3. 野柿

3. 果有柔毛，粗伏毛或绒毛，或变无毛。

4. 叶两面有黄色柔毛，老叶上面变无毛，叶长6.5～17 cm，宽3.5～10.5 cm，基部圆形或两侧略不等，或阔楔形，侧脉每边7～9条；果较大，略呈钝四棱形或扁球形，长约（3）4.5～7 cm，直径5（8）cm，有黄色柔毛；宿存萼外面有灰黄色或灰褐色柔毛，里面有浅棕色绢。··················· 4. 油柿

4. 叶下面或上面脉上有微柔毛，或下面中脉上疏生长伏毛，或下面有暗黄色长柔毛。叶长圆形至长圆状椭圆形，长5～15 cm，宽2.5～7 cm，先端急尖至渐尖，基部圆形，老叶上面秃净，下面脉上有微柔毛，侧脉每边9～11条；叶柄

长 5~12 mm。 ·· 5. 异萼柿

1. 岩柿

别名：石柿、崖柿、小叶柿。

学名：Diospyros mollifoia Rehd. et Wils.

物候期：花期 5 月，果期 7~8 月。

生态习性：常生于海拔 2700 m 以下的沟谷、溪边、灌丛中。

分布：攀枝花市及凉山州的各县市。

用途：木材可作小家具；果可提取柿漆；叶供药用，具有清热、消炎、健脾胃等功效。

2. 君迁子

别名：黑枣、野柿子、软枣、乌枣、红蓝枣。

学名：Diospyros lotus Linn.

物候期：花期 5~6 月，果期 10~11 月。

生态习性：为阳性树种，能耐半荫，枝叶多呈水平伸展，抗寒抗旱的能力较强，也耐瘠薄的土壤，生长较速，寿命较长。生于海拔 2800 m 以下的山坡、沟谷、田边地角、房前屋后。

分布：攀枝花市及凉山州各县市分布或有栽培。

用途：成熟果实可供食用，亦可制成柿饼，又可供制糖、酿酒、制醋；果实入药可止渴、去烦热；果实、嫩叶均可供提取维生素 C；未熟果实可提制柿漆，供医药和涂料用。木材质硬，耐磨损，可作纺织木梭、雕刻、小用具等，又材色淡褐，纹理美丽，可作精美家具和文具。树皮可供提取单宁和制人造棉。本种的实生苗常用作柿树的砧木，但有角斑病严重危害。

3. 野柿

别名：山柿、油柿。

学名：Diospyros kaki Thunb. var. silvestris Makino.

形态特征：为栽培柿（Diaspyros kukivar. Sylvestris）的变种，与栽培柿的主要区别在于小枝及叶柄常密被黄褐色柔毛，叶较栽培柿树的叶小，叶片下面的毛较多，花较小，果亦较小，直径约 2~5 cm。

物候期：花期 5~6 月，果期 9~10 月。

生态习性：生于山地自然林或次生林中，或在山坡灌丛中，垂直分布约达 1600 m。

分布：木里。

用途：未成熟柿子用于提取柿漆。果脱涩后可食，亦有在树上自然脱涩的。木材用途同于柿树。树皮亦含鞣质。实生苗可作栽培柿树的砧木。

4. 油柿

别名：油绿柿、绿柿。

学名：Diospyros oleifera Cheng.

生态习性：性喜光，生于较干旱的田园、路边。

分布：凉山州会理等县。

用途：果实供食用，糖味浓郁、水分较多，果可在树上自然成熟后变软，自然脱涩，亦可在未成熟时脱涩食用；宿存花萼（果蒂）入药。民间常用本种作柿树的砧木。

5. 异萼柿

学名：Diospyros anisocalyx C. Y. Wu.

生态习性：生于海拔 1600～2000 m 的灌丛、山坡阳处、疏林及溪边。

分布：攀枝花市盐边及凉山州德昌、冕宁、西昌等县市。

用途：果可食，植株作砧木。

四十三、木犀科 OLEACEAE

木犀榄属（Olea Linn.）

常绿灌木或小乔木；叶对生，全缘或有疏齿；花两性或单性，排成腋生的圆锥花序或丛生花序；萼短，4 齿裂；花冠白色或很少粉红色，4 裂几达中部或缺；雄蕊 2；子房 2 室，每室有胚珠 2 颗；果为核果。

本属约 40 多种，我国产 15 种 1 亚种 1 变种，分布于华南、西南至西藏，攀西地区产 5 种 1 变种，其中 2 种为野生果树资源。

1. 尖叶木犀榄

别名：岩刷子、锈鳞木犀榄。

学名：Olea cuspidata Wall.

形态特征：灌木或小乔木，高 3～10 m。枝灰褐色，圆柱形，粗糙，小枝褐色或灰色，近四棱形，无毛，密被细小鳞片。叶片革质，狭披针形至长圆状椭圆形，长 3～10 cm，宽 1～2 cm，先端渐尖，具长凸尖头，基部渐窄，叶缘稍反卷，两面无毛或在上面中脉被微柔毛，下面密被锈色鳞片，中脉在上面凹入，下面凸起，侧脉多对，不甚明显，两面微凸起，在近叶缘处汇合成一直线；叶柄长 3～5 mm，被锈色鳞片，无毛。圆锥花序腋生，长 1～4 cm，宽 1～2 cm，花序梗长 4～11 mm，具棱，稍被锈色鳞片；苞片线形或鳞片状，长约 1 mm；花梗长 0～1 mm；花白色，两性；花萼无毛，小，杯状，长约 1 mm，裂齿，极短，宽三角形或近截形；花冠长 2.5～3.5 mm，花冠管与花萼近等长，裂片椭圆形，长 1.5～2 mm，宽约 1.5 mm；花丝极短，花药长椭圆形，长约 1.5 mm，内藏，稍短于花冠裂片；子房近圆形，无毛，花柱短，与花冠管近等长，柱头头状。果宽椭圆形或近球形，长 7~9 mm，径 4~6 mm，成熟时呈青褐色；果梗长 1~5 mm。

物候期：花期 4~8 月，果期 8~11 月。

生态习性：耐干旱、瘠薄，在微酸性红黄砂土或中性褐色土均能生长。生于海拔 2000~2800 m 的地带。

分布：攀枝花市米易及凉山州盐源、木里等县。

用途：主要用作油橄榄嫁接砧木；果实可用作饲料。另据资料：果可食，也可榨油。种子含油，是名贵优质的木本油料树种。

2. 云南木犀榄

别名：尖叶木犀榄、岩刷子、山桂花。

学名：Olea yunnanensis Hand. -Mand.

形态特征：灌木或乔木，高 3~15 m；树皮灰白色。枝灰白色或褐色，圆柱形，被白色圆形突起的皮孔，小枝栗色或灰色，圆柱形，被短柔毛，节处稍压扁。叶片革质，倒披针形、倒卵状椭圆形或椭圆形，长 3~13 cm，宽 1.5~6 cm，先端通常锐尖或渐尖，稀钝或圆，基部渐狭或楔形，常全缘或具不规则的锯齿，叶缘稍反卷，上面深绿色，下面淡绿色，中脉上面有时被微柔毛或黄色短茸毛，下面有时被疏柔毛，在上面凹入，下面凸起，侧脉 4~11 对，上面稍凹入，下面平坦，有时微凸起或凸起不明显；叶柄长 0.5~1 cm，被短柔毛或短茸毛上面具深沟。花序腋生，圆锥状，有时呈总状或伞形，稍疏散，常被微柔毛，有时密被黄色茸毛；苞片钻形，长 1~1.5 mm，有时呈小叶状，长可达 9 mm；花白色、淡黄色或红色，杂性异株。雄花序长 2~15 cm；花梗纤细，长 1~5 mm，无毛；花萼长 1~1.5 mm，裂片宽三角形或卵形，长 0.7~1 mm，先端锐尖或钝，边缘具睫毛；花冠长 3~3.5（4.5）mm，裂片宽三角形，长 0.5~1.2 mm；雄蕊花丝扁平，极短，着生于近花冠的基部，花药椭圆形，长约 1 mm。两性花序长 1~6（10.5）cm；花梗短粗，长 0~2 mm；花萼同雄花；花冠长（3）4~4.5 mm，裂片长 1~1.5 mm；雄蕊 2 枚，稀 4 枚，花丝短，着生于花冠管中部，花药宽雪卵形，长约 0.8 mm；子房卵球形，花柱长约 0.5 mm，柱头头状。果卵球形、长椭圆形或近球形，长 0.6~1.3 cm，径 3~9 mm，先端短尖，呈紫黑色；果梗长 2~4 mm。

物候期：花期 2~11 月，果期 7~11 月。

生态习性：生于海拔 900~2100 m 的山坡疏、密林或灌木丛中。

分布：攀枝花市米易及凉山州木里、德昌、会理、会东、西昌等县市。

用途：种子含油，是名贵优质的木本油料树种。木材致密坚硬，可作农具用材。

四十四、茄科 SOLANACEAE

（一）茄属（Solanum Linn.）

草本、灌木或小乔木。叶常为单叶，极少为复叶。花单生、簇生或聚伞花序，花为5基数，辐射对称，极少两侧对称，有时第5枚雄蕊退化，子房由2心皮合生而成，2心皮偏斜。浆果或蒴果；种子胚乳丰富，肉质；胚弯曲成钩状、环状或螺旋状卷曲，位于周边而埋藏在胚乳中，若胚直立则位于中轴位上。

本属约1500～2000余种，分布于热带和温带地区，我国有39种，各省均产之。攀西地区所产龙葵和少花龙葵具有重要的经济价值。

1. 龙葵

别名：野辣虎、野海椒、小苦菜、石海椒、野伞子、野海角、灯笼草、山辣椒、野茄秧。

学名：Solanum nigrum L.

形态特征：一年生直立草本，高0.25～1 m，茎无棱或棱不明显，绿色或紫色，近无毛或被微柔毛。叶卵形，长2.5～10 cm，宽1.5～5.5 cm，先端短尖，基部楔形至阔楔形而下延至叶柄，全缘或每边具不规则的波状粗齿，光滑或两面均被稀疏短柔毛，叶脉每边5～6条，叶柄长约1～2 cm。蝎尾状花序腋外生，由3～6（10）花组成，总花梗长约1～2.5 cm，花梗长约5 mm，近无毛或具短柔毛；萼小，浅杯状，直径约1.5～2 mm，齿卵圆形，先端圆，基部两齿间连接处成角度；花冠白色，筒部隐于萼内，长不及1 mm，冠檐长约2.5 mm，5深裂，裂片卵圆形，长约2 mm；花丝短，花药黄色，长约1.2 mm，约为花丝长度的4倍，顶孔向内；子房卵形，直径约0.5 mm，花柱长约1.5 mm，中部以下被白色绒毛，柱头小，头状。浆果球形，直径约8 mm，熟时黑色。种子多数，近卵形，直径约1.5～2 mm，两侧压扁。

物候期：全年可开花结果。

生态习性：广布较低海拔田边、沟边。

分布：攀枝花及凉山州各县市。

用途：龙葵有很高的营养价值和药用价值，它含有人体所需的多种营养元素、17种氨基酸、维生素、糖分和蛋白质等。龙葵除有抑菌作用外，还对癌细胞有一定的抑制作用，有望成为抗癌新药。幼苗可食用，浆果是制作果酒和饮料的好原料。

2. 少花龙葵

学名：Solanum photeinocarpum Nakam. & Odash.

形态特征：纤弱草本，茎无毛或近于无毛，高约1米。叶薄，卵形至卵状长圆形，长4～8 cm，宽2～4 cm，先端渐尖，基部楔形下延至叶柄而成翅，叶缘近全缘，波状或有不规则的粗齿，两面均具疏柔毛，有时下面近于无毛；叶柄纤细，长约 1~2 cm，具疏柔毛。花序近伞形，腋外生，纤细，具微柔毛，着生 1~6 朵花，总花梗长约 1~2 cm，花梗长约 5~8 mm，花小，直径约 7 mm；萼绿色，直径约 2 mm，5 裂达中部，裂片卵形，先端钝，长约 1 mm，具缘毛；花冠白色，筒部隐于萼内，长不及 1 mm，冠檐长约 3.5 mm，5 裂，裂片卵状披针形，长约 2.5 mm；花丝极短，花药黄色，长圆形，长 1.5 mm，约为花丝长度的 3~4 倍，顶孔向内；子房近圆形，直径不及 1 mm，花柱纤细，长约 2 mm，中部以下具白色绒毛，柱头小，头状。浆果球状，直径约 5 mm，幼时绿色，成熟后黑色；种子近卵形，两侧压扁，直径约 1~1.5 mm。

物候期：几乎全年均开花结果。

生态习性：广布较低海拔田边、沟边。

分布：攀枝花及凉山州各县市。

用途：同龙葵。

（二）枸杞属（Lycium L.）

落叶或常绿灌木，有刺或无刺；叶互生，常成丛，小而狭；花淡绿色至青紫色，腋生，单生或成束；萼钟状，2~5 齿裂，裂片花后不甚增大；花冠漏斗状，稀筒状或近钟状，檐 5 裂，很少 4 裂，裂片基部常有显著的耳片，冠筒喉部扩大，雄蕊 5，着生于冠筒的中部或中部以下，花丝基部常有毛环，药室纵裂；子房 2 室，柱头 2 浅裂，胚珠多数或少数；果为一浆果，有种子数至多颗，通常大红色。

本属约 80 种，分布于温带地区，我国有 7 种，主产西北部和北部，攀西地区产枸杞。

枸杞

别名：狗地牙。

学名：Lycium chinense Mill.

形态特征：多分枝灌木，高 0.5~1 m，栽培时可达 2 m 多；枝条细弱，弓状弯曲或俯垂，淡灰色，有纵条纹，棘刺长 0.5~2 cm，生叶和花的棘刺较长，小枝顶端锐尖成棘刺状。叶纸质或栽培者质稍厚，单叶互生或 2~4 枚簇生，卵形、卵状菱形、长椭圆形、卵状披针形，顶端急尖，基部楔形，长 1.5~5 cm，宽 0.5~2.5 cm，栽培者较大，可长达 10 cm 以上，宽达 4 cm；叶柄长 0.4~1 cm。花在长枝上单生或双生于叶腋，在短枝上则同叶簇生；花梗长 1~2 cm，向顶端渐增粗。花萼长 3~4 mm，通常 3 中裂或 4~5 齿裂，裂片多少有缘毛；花冠漏斗状，长 9~12 mm，淡紫色，筒部向上骤然扩大，稍短于或近等于檐部裂片，5 深裂，裂片卵形，顶端圆钝，平展或稍向外反曲，边缘有缘毛，基部耳显著；雄蕊较花冠稍短，或因花冠裂片外展而伸出花冠，花丝在近基部处密生一圈绒毛并交织成椭圆状的毛丛，与毛丛等高处的花冠筒内壁亦密生一环绒毛；花柱稍伸出雄蕊，上端弓弯，柱头绿色。浆果红色，卵状，栽培者可成长矩圆状或长椭圆状，顶端尖或钝，长 7~15 mm，栽培者长可达 2.2 cm，直径 5~8 mm。种子扁肾脏形，长 2.5~3 mm，黄色。

物候期：花果期 6~11 月。

生态习性：生于海拔 1400~3400 m 的山坡、荒地、丘陵地、盐碱地、路旁及村边宅旁。

分布：攀枝花市米易及凉山州会理、德昌、昭觉、盐源、冕宁等县。

用途：枸杞含粗脂肪、粗蛋白、碳水化合物、粗纤维、钙、磷、铁、胡萝卜素等，此外还含 18 种氨基酸、枸杞多糖、生物碱类、内脂及色素等成分。可用于食品、饮料、化妆品等方面。嫩茎叶可作蔬菜食用；根皮和果实供药用，具有清热凉血、滋补肝肾功效，可治糖尿病、肺结核等病症。

（三）酸浆属（Physalis L.）

一年生或多年生草本；叶互生，但常 2 枚聚生，单叶，常具不规则的深波状齿，稀羽状深裂；花通常腋生或腋上生，蓝色、深黄色或白色；花萼钟状，5 齿裂，结果时扩大而成囊状，完全包围浆果；有 10 纵肋；花冠辐状或辐状钟形，有褶襞，5 浅裂或五角形；雄蕊 5，着生于花冠近基部，花丝基部扩大，花药纵裂；花盘不明显或缺；子房 2 堂，柱头不明显浅裂；胚珠多数；浆果球形，包藏于囊状的萼内；种子多颗。

本属计约 120 种，我国仅 5 种 2 变种。攀西地区产 2 种，其中灯笼果果实可食。

灯笼果

别名：小果酸浆。

学名：Physalis peruviana L.

形态特征：多年生草本，高 45~90 cm，具匍匐的根状茎。茎直立，不分枝或少分枝，密生短柔毛。叶较厚，阔卵形或心脏形，长 6~15 cm，宽 4~10 cm，顶端短渐尖，基部对称心脏形，全缘或有少数不明显的尖牙齿，两面密生柔毛；叶柄长 2~5 cm，密生柔毛。花单独腋生，梗长约 1.5 cm。花萼阔钟状，同花梗一样密生柔毛，长 7~9 mm，裂片披针形，与筒部近等长；花冠阔钟状，长 1.2~1.5 cm，直径 1.5~2 cm，黄色而喉部有紫色斑纹，5 浅裂，裂片近三角形，外面生短柔毛，边缘有睫毛；花丝及花药蓝紫色，花药长约 3 mm。果萼卵球状，长 2.5~4 cm，薄纸质，淡绿色或淡黄色，被柔毛；浆果直径约 1~1.5 cm，成熟时黄色。种子黄色，圆盘状，直径约 2 mm。

物候期：夏季开花结果。

生态习性：生于海拔 1000~2000 m 的山坡、沟谷、旷野、路旁。

分布：原产热带美洲。凉山州会理等县栽培或逸为野生。

用途：果实味酸甜，可生食或做果酱；全草供药用，具有清热消炎、明目利尿功效，可治感冒发烧、支气管炎等症。

（四）假酸浆属（Nicandra Adans.）

叶互生，具柄；花单生于叶腋；花萼球形，5深裂，裂片基部心状箭形，有2枚尖锐的耳片，果时极度增大成五棱形，有明显的网纹；花冠钟状；檐部折襞，不明显5浅裂；雄蕊5，着生于冠筒近基部，花丝基部扩大，花药纵裂；子房3~5室，有极多的胚珠，柱头近头状，3~5浅裂；浆果球形，比宿存的花萼小；种子近圆盘状，压扁，表面有很多小窝孔。

本属1种，原产南美洲。我国有栽培或逸出而成野生，攀西有大量野生。

假酸浆

别名：冰粉子、鞭打绣球。

学名：Nicandra physaloides（L.）Gaertn.

形态特征：茎直立，有棱条，无毛，高0.4~1.5 m，上部交互不等的二歧分枝。叶卵形或椭圆形，草质，长4~12 cm，宽2~8 cm，顶端急尖或短渐尖，基部楔形，边缘有具圆缺的粗齿或浅裂，两面有稀疏毛；叶柄长约为叶片长的1/3~1/4。花单生于枝腋而与叶对生，通常具较叶柄长的花梗，俯垂；花萼5深裂，裂片顶端尖锐，基部心脏状箭形，有2尖锐的耳片，果时包围果实，直径2.5~4 cm；花冠钟状，浅蓝色，直径达4 cm，檐部有折襞，5浅裂。浆果球状，直径1.5~2 cm，黄色。种子淡褐色，直径约1 mm。

物候期：春季开花，果期夏秋季。

生态习性：通常生于田边、荒地或宅旁附近。

分布：原产南美，现在攀枝花市及凉山州越西、普格、德昌、会东、木里等县市有栽培或逸为野生。

用途：假酸浆是制作凉粉（又称冰粉）的原料。将假酸浆种子用水浸泡足够时间后，滤去种子，加适量的凝固剂（如石灰水等），凝固一段时间后便制成了晶莹剔透、口感凉滑的凉粉，是一种消炎利尿、消暑解渴的夏季保健食品。该种栽培作观赏，为插花高级花材。假酸浆又是一种中草药，全草入药。叶含假酸浆酮、魏察假酸浆酮；全草含假酸浆甙苦素；根含托品酮、古豆碱。全草具有镇静、祛痰、清热、解毒、止咳功效，治精神病、狂犬病、感冒、风湿痛、疥癣等症。种子入药，名为假酸浆籽，含油18.6%，其中饱和脂肪酸11.1%、亚油酸20.8%、油酸64.4%及不皂化物质（豆甾醇、谷甾醇）0.83%，有清热退火、利尿、祛风、消炎等功效，治发烧、风湿性关节炎、疮痈肿痛等症。花入药，名为假酸浆花，能祛风、消炎、治鼻炎。

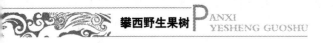

四十五、忍冬科 CAPRIFOLIACEAE

（一）忍冬属（Lonicerag Linn.）

小枝髓部白色或黑褐色，枝有时中空，老枝树皮常作条状剥落。冬芽有 1 至多对鳞片。叶对生，很少 3 或者 4 枚轮生，全缘，极少具齿或分裂，无托叶或很少具叶柄间托叶或线状凸起，有时花序下的 1~2 对叶相连成盘状。花通常成对生于腋生的总花梗顶端，简称"双花"，或花无柄而呈轮状排列于小枝顶，每轮 3 至 6 朵；每双花有苞片和小苞片各 1 对，苞片小或形大叶状，小苞片有时连合成杯状或坛状壳斗而包被萼筒，稀缺失；相邻两萼筒分离或部分至全部连合，萼檐 5 裂或有时口缘浅波状或环状，很少向下延伸成帽边状突起；花冠钟状、筒状或漏斗状，整齐或近整齐 5 或者 4 裂，或二唇形而上唇 4 裂，花冠筒基部常一侧肿大或具浅或深的囊；雄蕊 5，花柱纤细。果实为浆果，红色、蓝黑色或黑色，具少数至多数种子；种子具浑圆的胚。

该属共约 200 种，产北美洲、欧洲、亚洲和非洲北部的温带和亚热带地区。中国有 98 种，广布于全国各省区，而以西南部种类最多。攀西地区刚毛忍冬为野生果树资源。

刚毛忍冬

别名：刺果忍冬。

学名：Lonicera hispida Pall. ex Roem. et Schult.

形态特征：落叶灌木，高 2~3 m；幼枝常带紫红色，连同叶柄和总花梗均具刚毛或兼具微糙毛和腺毛，很少无毛，老枝灰色或灰褐色。冬芽长达 1.5 cm，有 1 对具纵槽的外鳞片，外面有微糙毛或无毛。叶厚纸质，形状、大小和毛被变化很大，椭圆形、卵状椭圆形、卵状矩圆形至矩圆形，有时条状矩圆形，长（2）3~7（8.5）cm，顶端尖或稍钝，基部有时微心形，近无毛或下面脉上有少数刚伏毛或两面均有疏或密的刚伏毛和短糙毛，边缘有刚睫毛。总花梗长（0.5）1~1.5（2）cm；苞片宽卵形，长 1.2~3 cm，有时带紫红色，毛被与叶片同；相邻两萼筒分离，常具刚毛和腺毛，稀无毛；萼檐波状；花冠白色或淡黄色，漏斗状，近整齐，长（1.5）2.5~3 cm，外面有短糙毛或刚毛或几无毛，有时夹有腺毛，筒基部具囊，裂片直立，短于筒；雄蕊与花冠等长；花柱伸出，至少下半部有糙毛。果实先黄色后变红色，卵圆形至长圆筒形，长 1~1.5 cm；种子淡褐色，矩圆形，稍扁，长 4~4.5 mm。

物候期：花期 5~6 月，果期 7~9 月。

生态习性：分布在海拔 3700~4000 m 区域。

分布：木里等县。

用途：果可食。花蕾供药用，功能清热解毒，新疆民间用以治感冒、肺炎等症。

（二）荚蒾属（Viburnum Linn.）

直立灌木，稀为小乔木；叶对生，单叶，常绿或脱落，托叶微小或无托叶；花小，排成顶生的圆锥花序或伞形花序式的聚伞花序，有些种类的缘花放射状，不结实；萼有5微齿；花冠轮状或钟状，稀管状；雄蕊5；子房下位，1室，有胚珠1至多颗；花柱极短，头状或浅2~3裂；果为核果。

全世界约有200种，分布于温带和亚热带地区；亚洲和南美洲种类较多。我国约有74种，广泛分布于全国各省区，以西南部种类最多。攀西地区产36种5变种，其中10种2变种为野生果树资源。

1. 心叶荚蒾

学名：Viburnum cordifolium Wall.

形态特征：落叶灌木或小乔木，高至8 m；当年生枝被棕褐色星状毛，老枝粗壮，黑褐色，无毛。冬芽裸露，被红棕色星状毛。叶纸质，卵形、宽卵形，稀近圆形，长8~18 cm，宽5~15 cm，顶端短渐尖至渐尖，基部心形，边缘具不整齐钝锯齿，上面初被星状毛，后脱落仅中脉有毛，下面除脉上被棕色星状毛外，脉间常有白色丁字毛或星状毛，初时毛密，后渐稀疏，侧脉每边8~10条，上面下陷，下面凸起；叶柄长1.5~4 cm，上面疏被下面密被棕色垦状毛；托叶缺或极短。伞形式聚伞花序，5~7个聚生枝顶，无总花梗，长5~7 cm，花序轴被星状毛，无大型不孕边花；萼齿卵形，近无毛；花冠辐状，白色，冠筒短，冠裂片比冠筒至少长1倍；雄蕊长为冠裂片之半；子房1室，胚珠1颗，花柱短。核果倒卵状椭圆形，长6~8 m，紫红色，熟后变黑色；核扁，具1条浅背沟和1条深腹沟。

物候期：花期4~6月，果期8~9月。

生态习性：生于海拔2000~2400 m的针叶林或混交林内或林缘或灌丛中。

分布：攀枝花市及凉山州各县。

用途：果可食。

2. 烟管荚蒾

别名：有用荚蒾、黑汉条。

学名：Viburnum utile Hemsl.

形态特征：常绿灌木，高达2 m；叶下面、叶柄和花序均被由灰白色或黄白色簇状毛组成的细绒毛；当年小枝被带黄褐色或带灰白色绒毛，后变无毛，翌年变红褐色，散生小皮孔。叶革质，卵圆状矩圆形，有时卵圆形至卵圆状披针形，长2~5（8.5）cm，顶端圆至稍钝，有时微凹，基部圆形，全缘或很少有少数不明显疏浅齿，边稍内卷，上面深绿色有光泽而无毛，或暗绿色而疏被簇状毛，侧脉5~6对，近缘前互相网结，上面略凸起或不明显，下面稍隆起，有时被锈色簇状毛；叶柄长 5～10（15）mm。聚伞花序直径 5～7 cm，总花梗粗壮，长 1～3 cm，第一级辐射枝通常 5 条，花通常生于第二至第三级辐射枝上；萼筒筒状，长约 2 mm，无毛，萼齿卵状三角形，长约 0.5 mm，无毛或具少数簇状缘毛；花冠白色，花蕾时带淡红色，辐状，直径 6～7 mm，无毛，裂片圆卵形，长约 2 mm，与筒等长或略较长；雄蕊与花冠裂片几等长，花药近圆形，直径约 1 mm；花柱与萼齿近于等长。果实红色，后变黑色，椭圆状矩圆形至椭圆形，长（6）7～8 mm；核稍扁，椭圆形或倒卵形，长 5～7 mm，直径 4～5 mm，有 2 条极浅背沟和 3 条腹沟。

物候期：花期 3～4 月，果期 8 月。

生态习性：生于海拔 1300～2800 m 山坡林缘或灌丛中。

分布：西昌、冕宁、德昌、普格、会理等县。

用途：果可食或酿酒，茎枝民间用来制作烟管。

3. 聚花荚蒾

别名：球花荚蒾。

学名：Viburnum glomeratum Maxim.

形态特征：落叶灌木或小乔木，高达 3～5 m；当年小枝、芽、幼叶下面、叶柄及花序均被黄色或黄白色簇状毛。叶纸质，卵状椭圆形、卵形或宽卵形，稀倒卵形或倒卵状矩圆形，长（3.5）6～10（15）cm，顶钝圆、尖或短渐尖，基部圆或多少带斜微心形，边缘有牙齿，上面疏被簇状短毛，下面初时被由簇状毛组成的绒毛，后毛渐变稀，侧脉 5～11 对，与其分枝均直达齿端；叶柄长 1～2（3）cm。聚伞花序直径 3～6 cm，总花梗长 1～2.5（7）cm，第一级辐射枝（4）5～7（9）条；萼筒被白色簇状毛，长 1.5～3 mm，萼齿卵形，长 1～2 mm，与花冠筒等长或为其 2 倍；花冠白色，辐状，直径约 5 mm，筒长约 1.5 mm，裂片卵圆形，长约等于或略超过筒；雄蕊稍高出花冠裂片，花药近圆形，直径约 1 mm。果实红色，后变黑色；核椭圆形，扁，长 5～7（9）mm，直径 4～5 mm，有 2 条浅背沟和 3 条浅腹沟。

物候期：花期 4～6 月，果期 7～9 月。

生态习性：生于海拔 1600～2000 m 的灌丛、林缘、林下、草地。

分布：凉山州甘洛、冕宁等县。

用途：果可食，叶、花饲用。

4. 甘肃荚蒾

别名：甘肃琼花。

学名：Viburnum kansuense Batal.

形态特征：落叶灌木，高达 3 m；当年小枝略带四角状，二年生小枝灰色或灰褐色，近圆柱形，散生皮孔。冬芽具 2 对分离的鳞片。叶纸质，轮廓宽卵形至矩圆状卵形或倒卵形，长 3～5（8）cm，中 3 裂至深 3 裂或左右二裂片再 2 裂，掌状 3～5 出脉，基部截形至近心形或阔楔形，中裂最大，顶端渐尖或锐尖，各裂片均具不规则粗牙齿，齿顶微突尖，上面全面或仅脉上疏被簇状短伏毛，下面脉上被长伏毛，脉腋密生簇状短柔毛；叶柄紫红色，长 1～2.5（4.5）cm，无毛，基部常有 2 枚钻形托叶。复伞形式聚伞花序直径 2～4 cm，不具大型的不孕花，被微毛，总花梗长 2.5～3.5 cm，第一级辐射枝 5～7 条，花生于第二至第三级辐射枝上；萼筒紫红色，无毛，萼檐浅杯状，有三角状卵形的小齿或有时齿不明显；花冠淡红色，辐状，直径约 6 mm，裂片近圆形，基部狭窄，长宽各约 2.5 mm，稍长于筒，边缘稍啮蚀状；雄蕊略长于花冠，花药红褐色，圆形，直径约 0.8 mm；柱头 2 裂。果实红色，椭圆形或近圆形，长 8～10 mm，直径 7～8 mm；核扁，椭圆形，长 7～9 mm，直径约 5 mm，有 2 条浅背沟和 3 条浅腹沟。

物候期：花期 6～7 月，果期 9～10 月。

生态习性：生于海拔 1500～3600 m 的灌丛、草地。

分布：凉山州美姑、昭觉、雷波、会东、冕宁、盐源、木里等县。

用途：果可食，叶、花饲用，茎皮纤维可制绳索和造纸。

5. 鳞斑荚蒾

别名：点叶荚蒾。

学名：Viburnum punctatum Buch. -Ham. ex D. Don.

形态特征：常绿灌木或小乔木，高可达 9 m；幼枝、芽、叶下面、花序、苞片和小苞片、萼筒、花冠外面及果实均密被铁锈色、圆形小鳞片而无寻常的毛被；当年小枝密生褐色点状皮孔，初时有鳞片，后变光秃；枝灰黄色，后变灰褐色。冬芽裸露。叶硬革质，矩圆状椭圆形或矩圆状卵形，少有矩圆状倒卵形，全缘或有时上部具少数不整齐浅齿，边内卷，长 8～14（18）cm，顶端骤尖而钝尖，有时尾尖，基部宽短尖，上面榄绿色有光泽，侧脉 5～7 对，弧形，下面凸起，小脉不明显；叶柄粗壮，长 1～1.5 cm，上面有深沟。聚伞花序复伞形式，平顶，直径 7～10 cm，总花梗无或极短，第一级辐射枝 4～5 条，长约 2 cm，第二级辐射枝长达 8 mm，花生于第三至第四级辐射枝上；萼筒倒圆锥形，长约 1.5 mm，萼齿短，宽卵形，顶圆或钝形，边缘膜质；花冠白色，辐状，直径约 6 mm，裂片宽卵形，顶圆形，长约 2 mm；雄蕊约与花冠裂片等长或略超出，花药宽椭圆形；柱头头状。果实先红色后转黑色，宽椭圆形，扁，长 8～10 mm，直径 6～8 mm；核扁，两端圆形，有 2 条背沟和 3 条浅腹沟。

物候期：花期 4～5 月，果期 10 月。

生态习性：生于海拔 1500～2000 m 的山坡林地或灌木丛中。

分布：凉山州德昌等县。

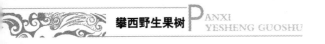

用途：果可食。

6. 水红木

别名：水红木莲、狗肋巴、抽刀红。

学名：Viburnum cylindricum Buch. -Ham. ex D. Don.

形态特征：常绿灌木或小乔木，高达 8～15 m；枝带红色或灰褐色，散生小皮孔，小枝无毛或初时被簇状短毛。冬芽有 1 对鳞片。叶革质，椭圆形至矩圆形或卵状矩圆形，长 8～16（24）cm，顶端渐尖或急渐尖，基部渐狭至圆形，全缘或中上部疏生少数钝或尖的不整齐浅齿，通常无毛，下面散生带红色或黄色微小腺点（有时扁化而类似鳞片），近基部两侧各有 1 至数个腺体，侧脉 3～5（18）对，弧形；叶柄长 1～3.5（5）cm，无毛或被簇状短毛。聚伞花序伞形式，顶圆形，直径 4～10（18）cm，无毛或散生簇状微毛，连同萼和花冠有时被微细鳞腺，总花梗长 1～6 cm，第一级辐射枝通常 7 条，苞片和小苞片早落，花通常生于第三级辐射枝上；萼筒卵圆形或倒圆锥形，长约 1.5 mm，有微小腺点，萼齿极小而不显著；花冠白色或有红晕，钟状，长 4～6 mm，有微细鳞腺，裂片圆卵形，直立，长约 1 mm；雄蕊高出花冠约 3 mm，花药紫色，矩圆形，长 1～1.8 mm。果实先红色后变蓝黑色，卵圆形，长约 5 mm；核卵圆形，扁，长约 4 mm；直径 3.5～4 mm，有 1 条浅腹沟和 2 条浅背沟。

物候期：花期 6～10 月，果期 10～12 月。

生态习性：生于海拔 750～3600 m 的山坡、沟谷林地或灌木丛中等阴湿环境。

分布：攀枝花市的米易、盐边及凉山州布拖、美姑、金阳、雷波、普格、会东、会理、德昌、西昌、冕宁等县市。

用途：果可食。叶、树皮、花和根供药用。树皮和果实可提制栲胶。种子含油 35%，可制肥皂。

7a. 臭荚蒾

学名：Viburnum foetidum Wall.

形态特征：落叶灌木，高达 4 m；当年生小枝连同叶柄和花序均被簇状短毛，二年生小枝紫褐色，无毛。叶纸质至厚纸质，卵形、椭圆形至矩圆状菱形，长 4～10 cm，顶端尖至短渐尖，基部楔形至圆形，边缘有少数疏浅锯齿或近全缘，上面除中脉密生短柔毛外均无毛，下面中脉及侧脉被簇状短毛，脉腋集聚簇状毛，近基部两侧有少数暗色腺斑，侧脉 2～4 对，弧形而达齿端，基部一对常作离基 3 出脉状，连同中脉上面略凹陷，下面明显凸起，小脉横列，下面稍凸起；叶柄长 5～10 mm；通常无托叶。复伞形式聚伞花序生于侧生小枝之顶，直径 5～8 cm，总花梗长（0.5）2～5 cm，第一级辐射枝 4～8 条，花通常生于第二级辐射枝上；萼筒筒状，长约 1 mm，被簇状短毛和微细腺点，萼齿卵状三角形，极短，被簇状短毛；花冠白色，辐状，直径约 5 mm，散生少数短柔毛，裂片圆卵形，长约 1.5 mm，超过筒，有极小腺缘毛；雄蕊与花冠等长或略超出，花药黄白色，椭圆形，长不到 1 mm；花柱高出萼齿。果实红色，圆形，扁，长 6~8 mm；核椭圆形，扁，有 2 条浅背沟和 3 条浅腹沟。

物候期：花期 7 月，果期 9 月。

生态习性：生于海拔 1560~2700 m 林缘灌丛中。

分布：西昌的县市。

用途：果可食。

7b. 直角荚蒾

别名：臭荚蓬、半牛尾藤、豆搭子。

学名：Viburnum foetidum Wall. var. rectangulatum (Graebn.) Rehd.

形态特征：落叶灌木，高达 4 m；当年生小枝连同叶柄和花序均被簇状短毛，二年生小枝紫褐色，无毛。叶纸质至厚纸质，卵形、椭圆形至矩圆状菱形，长 4~10 cm，顶端尖至短渐尖，基部楔形至圆形，边缘有少数疏浅锯齿或近全缘，上面除中脉密生短柔毛外均无毛，下面中脉及侧脉被簇状短毛，脉腋集聚簇状毛，近基部两侧有少数暗色腺斑，侧脉 2~4 对，弧形而达齿端，基部一对常作离基 3 出脉状，连同中脉上面略凹陷，下面明显凸起，小脉横列，下面稍凸起；叶柄长 5~10 mm；通常无托叶。复伞形式聚伞花序生于侧生小枝之顶，直径 5~8 cm，总花梗长（0.5）2~5 cm，第一级辐射枝 4~8 条，花通常生于第二级辐射枝上；萼筒筒状，长约 1 mm，被簇状短毛和微细腺点，萼齿卵状三角形，极短，被簇状短毛；花冠白色，辐状，直径约 5 mm，散生少数短柔毛，裂片圆卵形，长约 1.5 mm，超过筒，有极小腺缘毛；雄蕊与花冠等长或略超出，花药黄白色，椭圆形，长不到 1 mm；花柱高出萼齿。果实红色，圆形，扁，长 6~8 mm；核椭圆形，扁，有 2 条浅背沟和 3 条浅腹沟。

物候期：花期 7 月，果期 9 月。

生态习性：生于海拔 800~2000 m 的山坡、沟谷林地或杂灌木丛中。

分布：攀枝花市米易及凉山州内各县市。

用途：果可食。

7c. 珍珠荚蒾

别名：珍珠花。

学名：Viburnum foetidum Wall. var. ceanothoides (C. H. Wright) Hand.-Mazz.

形态特征：植株直立或攀援状；枝披散，侧生小枝较短。叶较密，倒卵状椭圆形至倒卵形，长 2~5 cm，顶端急尖或圆形，基部楔形，边缘中部以上具少数不规则、圆或钝的粗牙齿或缺刻，很少近全缘，下面常散生棕色腺点，脉腋集聚簇状毛，侧脉 2~3 对。总花梗长 1~2.5（8）cm。

物候期：花期 4~6（10）月，果期 9~12 月。

生态习性：生于海拔 900~2600 m 山坡密林或灌丛中。

分布：冕宁大桥。

用途：果可酿酒或制作果汁；种子含油约 10%，供制润滑油、油漆和肥皂。

8. 茶荚蒾

别名：汤饭子。

学名：Viburnum setigerum Hance.

形态特征：落叶灌木，高达 4 m；芽及叶干后变黑色、黑褐色或灰黑色；当年小枝浅灰黄色，多少有棱角，无毛，两年生小枝灰色，灰褐色或紫褐色。冬芽通常长 5 mm 以下，最长可达 1 cm 许，无毛，外面 1 对鳞片为芽体长的 1/3~1/2。叶纸质，卵状矩圆形至卵状披针形，稀卵形或椭圆状卵形，长 7~12（15）cm，顶端渐尖，基部圆形，边缘基部除外疏生尖锯齿，上面初时中脉被长纤毛，后变无毛，下面仅中脉及侧脉被浅黄色贴生长纤毛，近基部两侧有少数腺体，侧脉 6~8 对，笔直而近并行，伸至齿端，上面略凹陷，下面显著凸起；叶柄长 1~1.5（2.5）cm，有少数长伏毛或近无毛。复伞形式聚伞花序无毛或稍被长伏毛，有极小红褐色腺点，直径 2.5~4（5）cm，常弯垂，总花梗长 1~2.5（3.5）cm，第一级辐射枝通常 5 条，花生于第三级辐射枝上，有梗或无，芳香；萼筒长约 1.5 mm，无毛和腺点，萼齿卵形，长约 0.5 mm，顶钝形；花冠白色，干后变茶褐色或黑褐色，辐状，直径 4~6 mm，无毛，裂片卵形，长约 2.5 mm，比筒长；雄蕊与花冠几等长，花药圆形，极小；花柱不高出萼齿。果序弯垂，果实红色，卵圆形，长 9~11 mm；核甚扁，卵圆形，长 8~10 mm，直径 5~7 mm，有时则遥小，间或卵状矩圆形，直径仅 4~5 mm，凹凸不平，腹面扁平或略凹陷。

物候期：花期 4~5 月，果期 9~10 月。

生态习性：生于海拔 2500~2800 m 的山坡林地或灌木丛。

分布：凉山州美姑县。

用途：果可酿酒。汤饭子的果实可提取汤饭子红色素，该色素为天然着色剂，有特殊清香和良好的保健作用，适于各种饮料、饼干、糕点、膨化食品等的着色。

9. 桦叶荚蒾

别名：山杞子。

学名：Viburnum betulifolium Btal.

形态特征：落叶灌木或小乔木，高可达 7 m；小枝紫褐色或黑褐色，稍有棱角，散生圆形、凸起的浅色小皮孔，无毛或初时稍有毛。冬芽外面多少有毛。叶厚纸质或略带革质,干后变黑色,宽卵形至菱状卵形或宽倒卵形,稀椭圆状矩圆形,长 3.5~8.5(12)cm,顶端急短渐尖至渐尖,基部阔楔形至圆形,稀截形,边缘离基 1/3~1/2 以上具开展的不规则浅波状牙齿,上面无毛或仅中脉有时被少数短毛,下面中脉及侧脉被少数短伏毛,脉腋集聚簇状毛,侧脉 5~7 对;叶柄纤细,长 1~2(3.5)cm,疏生简单长毛或无毛,近基部常有 1 对钻形小托叶。复伞形式聚伞花序顶生或生于具 1 对叶的侧生短枝上,直径 5~12 cm,通常多少被疏或密的黄褐色簇状短毛,总花梗初时通常长不到 1 cm,果时可达 3.5 cm,第一级辐射枝通常 7 条,花生于第(3~)4(~5)级辐射枝上;萼筒有黄褐色腺点,疏被簇状短毛,萼齿小,宽卵状三角形,顶钝,有缘毛;花冠白色,辐状,直径约 4 mm,无毛,裂片圆卵形,比筒长;雄蕊常高出花冠,花药宽椭圆形;柱头高出萼齿。果实红色,近圆形,长约 6 mm;核扁,长 3.5~5 mm,直径 3~4 mm,顶尖,有 1~3 条浅腹沟和 2 条深背沟。

物候期:花期 6~7 月,果期 9~10 月。

生态习性:生于海拔 1100~3400 m 的山地林中或杂灌木丛中。

分布:攀枝花市及凉山州金阳、美姑、雷波、甘洛、普格、德昌、西昌、冕宁、盐源等县市。

用途:果可食。

10. 宜昌荚蒾

学名:Viburnum erosum Thunb.

形态特征:落叶灌木,高达 3 m;当年小枝连同芽、叶柄和花序均密被簇状短毛和简单长柔毛,二年生小枝带灰紫褐色,无毛。叶纸质,形状变化很大,卵状披针形、卵状矩圆形、狭卵形、椭圆形或倒卵形,长 3~11 cm,顶端尖、渐尖或急渐尖,基部圆形、阔楔形或微心形,边缘有波状小尖齿,上面无毛或疏被叉状或簇状短伏毛,下面密被由簇状毛组成的绒毛,近基部两侧有少数腺体,侧脉 7~10(14)对,直达齿端;叶柄长 3~5 mm,被粗短毛,基部有 2 枚宿存、钻形小托叶。复伞形式聚伞花序生于具 1 对叶的侧生短枝之顶,直径 2~4 cm,总花梗长 1~2.5 cm,第一级辐射枝通常 5 条,花生于第二至第三级辐射枝上,常有长梗;萼筒筒状,长约 1.5 mm,被绒毛状簇状短毛,萼齿卵状三角形,顶钝,具缘毛;花冠白色,辐状,直径约 6 mm,无毛或近无毛,裂片圆卵形,长约 2 mm;雄蕊略短于至长于花冠,花药黄白色,近圆形;花柱高出萼齿。果实红色,宽卵圆形,长 6~7(9)mm;核扁,具 3 条浅腹沟和 2 条浅背沟。

物候期:花期 4~5 月,果期 8~10 月。

生态习性:生于海拔 900~2600 m 山坡、灌丛、沟谷或常绿阔叶林下。

分布:凉山州美姑、雷波等县。

用途:果可食或酿酒;种子含油约 40%,供制肥皂和润滑油;茎皮纤维可

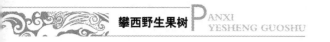

制绳索及造纸；枝条供编织用。

四十六、葫芦科 CUCURBITACEAE

茅瓜属（Solena Lour.）

多年生攀援草本，具块状根。卷须单一，光滑无毛。叶柄极短或近无；叶片多型，变异极大，全缘或各种分裂，基部深心形或戟形。花雌雄异株或同株。雄花：多数花生于一短的总梗上呈伞形状或伞房状花序；花萼筒钟状，裂片5，近钻形；花冠黄色或黄白色，裂片三角形或宽三角形；雄蕊3，2枚2室，1枚1室，花丝短，花药长圆形，药室弧曲或之字形折曲。雌花单生，子房长圆形，胚珠少数，水平着生；退化雄蕊3，着生在花萼筒的基部。果实长圆形或卵球形，不开裂，外面光滑。种子几枚，圆球形。

本属2种，分布于印度半岛和中南半岛。我国2种均产。攀西地区产1种。

茅瓜

别名：杜瓜。

学名：Solena amplexicaulis（Lam.）

形态特征：攀援草本，块根纺锤状，径粗1.5~2 cm。茎、枝柔弱，无毛，具沟纹。叶柄纤细，短，长仅0.5~1 cm，初时被淡黄色短柔毛，后渐脱落；叶片薄革质，多型，变异极大，卵形、长圆形、卵状三角形或戟形等，不分裂、3~5浅裂至深裂，裂片长圆状披针形、披针形或三角形，长8~12 cm，宽1~5 cm，先端钝或渐尖，上面深绿色，稍粗糙，脉上有微柔毛，背面灰绿色，叶脉凸起，几无毛，基部心形，弯缺半圆形，有时基部向后靠合，边缘全缘或有疏齿。卷须纤细，不分歧。雌雄异株。雄花：10~20朵生于2~5 mm长的花序梗顶端，呈伞房状花序；花极小，花梗纤细，长2~8 mm，几无毛；花萼筒钟状，基部圆，长5 mm，径3 mm，外面无毛，裂片近钻形，长0.2~0.3 mm；花冠黄色，外面被短柔毛，裂片开展，三角形，长1.5 mm，顶端急尖；雄蕊3，分离，着生在花萼筒基部，花丝纤细，无毛，长约3 mm，花药近圆形，长1.3 mm，药室弧状弓曲，具毛。雌花：单生于叶腋；花梗长5~10 mm，被微柔毛；子房卵形，长2.5~3.5 mm，径2~3 mm，无毛或疏被黄褐色柔毛，柱头3。果实红褐色，长圆状或近球形，长2~6 cm，径2~5 cm，表面近平滑。种子数枚，灰白色，近圆球形或倒卵形，长5~7 mm，径5 mm，边缘不拱起，表面光滑无毛。

物候期：花期5~8月，果期8~11月。

生态习性：生于海拔550~2100 m的荒坡、沟谷、地边。

分布：攀枝花市及凉山州西昌、会理、金阳等县市。

用途：果熟时红赤色，有甜味，可生食；茎枝叶饲用；根供药用，能清热解毒、消肿散结。

单子叶植物 MONOCOTYLEDONEAE

四十七、禾本科 GRAMINEAE

甘蔗属（Saccharum Linn.）

多年生草本。秆高大粗壮，常实心，具多数节，基部数节生有气生根。叶舌发达，或具纤毛；叶片线形宽大，中脉粗壮。顶生圆锥花序大型稠密，由多数总状花序组成；小穗孪生，一无柄，一有柄，均含 1 两性小花；总状花序轴逐节折断；有柄小穗自柄上脱落，无柄小穗连向小穗柄一并脱落；两颖近等长；草质或上部膜质，背部无毛或具长柔毛，第一颖常具 2 脊，第二颖常为舟形；基盘多具长于其小穗的丝状柔毛；外稃透明膜质，边缘具纤毛，第一外稃内空，有时具 1 脉；第二外稃窄线形，顶端无芒；第二内稃常存在；雄蕊 3 枚；柱头自小穗中部之两侧伸出，花柱短，多不露出于小穗之外。

本属 8 种，大多分布于亚洲的热带与亚热带，我国有 5 种，其中甜根子草为攀西野生果树资源。

甜根子草

学名：Saccharum spontaneum Linn.

形态特征：多年生，具发达横走的长根状茎。秆高 1~2 m，直径 4~8 mm；中空，具多数节，节具短毛，节下常敷白色蜡粉，紧接花序以下部分被白色柔毛。叶鞘较长或稍短于其节间，鞘口具柔毛，有时鞘节或上部边缘具有柔毛，稀为全体被疣基柔毛；叶舌膜质，长约 2 mm，褐色，顶端具纤毛；叶片线形，长 30~70 cm，宽 4~8 mm，基部多少狭窄，无毛，灰白色，边缘呈锯齿状粗糙。圆锥花序长 20~40 cm，稠密，主轴密生丝状柔毛；分枝细弱，下部分枝之基部多少裸露，直立或上升；总状花序轴节间长约 5 mm，顶端稍膨大，边缘与外侧面疏生长丝状柔毛，小穗柄长 2~3 mm；无柄小穗披针形，长 3.5~4 mm，基盘具长于小穗 3~4 倍的丝状毛；两颖近相等，无毛，下部厚纸质，上部膜质，渐尖；第一颖上部边缘具纤毛；第二颖中脉成脊，边缘具纤毛；第一外稃卵状披针形，等长于小穗，边缘具纤毛；第二外稃窄线形，长约 3 mm，宽约 0.2 mm；边缘具纤毛，第二内稃微小；鳞被倒卵形，长约 1 mm，顶端具纤毛；雄蕊3 枚，花药长 1.8~2 mm；柱头紫黑色，长 1.5~2 mm，自小穗中部两侧伸出。有柄小穗与无柄者相似，有时较短或顶端渐尖。

物候期：花果期 7~8 月。

生态习性：植株具横走的长根状茎、能早萌生、快发芽、分蘖多、生长快、抗性强、耐旱、耐瘠、宿根性好等特性。生于海拔 2000 m 以下的平原和山坡、河旁溪流岸边、砾石沙滩荒洲上，常连片形成单优势群落。

分布：凉山州盐源、德昌、甘洛等县。

用途：甜根子草是栽培甘蔗进行有性杂交育种的主要野生材料；秆供造纸，嫩枝叶是牲畜的饲料；花序作垫料；根状茎发达，固土力强，能适应干旱沙地生长，是巩固河堤的保土植物。

四十八、泽泻科 ALISMATACEAE

慈姑属（Sagittaria Linn.）

水生草本；叶变异大，沉水的带状，浮水的或突出水面的卵形或戟形；花单性或两性，为穗状或圆锥花序式排列的花轮，上部的为雄性，下部的为雌性；花被片 6，2 列；雄蕊 6 至多数；心皮极多数，分离，集于一球形或长椭圆形的花托上，侧向压扁，有胚珠 1 颗；果由多数压扁或有翅的瘦果组成。

全属约 30 种，广布于世界各地，多数种类集中于北温带，少数种类分布在热带或近于北极圈。我国已知 9 种 1 亚种 1 变种，攀西地区原产 1 变种。

野慈姑

学名：Sagittaria trifolia L. Var. Angusti-folia（Sieb.）Kitag.

形态特征：多年生水生或沼生草本。根状茎横走，较粗壮，末端膨大或否。挺水叶箭形，叶片长短、宽窄变异很大，通常顶裂片短于侧裂片，比值约 1:1.2~1:1.5，有时侧裂片更长，顶裂片与侧裂片之间缢缩，或否；叶柄基部渐宽，鞘状，边缘膜质，具横脉，或不明显。花葶直立，挺水，高（15）20~70 cm，或更高，通常粗壮。花序总状或圆锥状，长 5~20 cm，有时更长，具分枝 1~2 枚，具花多轮，每轮 2~3 花；苞片 3 枚，基部多少合生，先端尖。花单性；花被片反折，外轮花被片椭圆形或广卵形，长 3~5 mm，宽 2.5~3.5 mm；内轮花被片白色或淡黄色，长 6~10 mm，宽 5~7 mm，基部收缩，雌花通常 1~3 轮，花梗短粗，心皮多数，两侧压扁，花柱自腹侧斜上；雄花多轮，花梗斜举，长 0.5~1.5 cm，雄蕊多数，花药黄色，长 1~1.5（2）mm，花丝长短不一，约 0.5~3 mm，通常外轮短，向里渐长。瘦果两侧压扁，长约 4 mm，宽约 3 mm，倒卵形，具翅，背翅多少不整齐；果喙短，自腹侧斜上。种子褐色。

物候期：花果期 5~10 月。

生态习性：野慈姑适应性强，喜光，喜在水肥充足的沟渠及浅水中生长。慈姑喜温暖湿润环境，生长的适宜温度为 20~25 ℃，宜肥沃的黏壤土。生于海拔 800~2700 m 的稻田、水沟或池塘。

分布：攀枝花市及凉山州西昌、金阳、会东、甘洛、德昌、冕宁等县市。

用途：球茎供食用，植株作鱼的饵料和家畜、家禽的饲料等。

四十九、芭蕉科 MUSACEAE

芭蕉属（Musa L.）

多年生丛生草本，具根茎，多次结实。假茎全由叶鞘紧密层层重叠而组成，基部不膨大或稍膨大，但绝不十分膨大呈坛状；真茎在开花前短小。叶大型，叶片长圆形，叶柄伸长，且在下部增大成一抱茎的叶鞘。花序直立、下垂或半下垂，但不直接生于假茎上密集如球穗状；苞片扁平或具槽，芽时旋转或多少覆瓦状排列，绿、褐、红、暗紫色或黄色，通常脱落，每一苞片内有花1或2列，下部苞片内的花在功能上为雌花，但偶有两性花上部苞片内的花为雄花，但有时在栽培或半栽培的类型中，其各苞片上的花均为不孕。合生花被片管状，先端具5（3+2）齿，二侧齿先端具钩、角或其他附属物或无任何附属物；离生花被片与合生花被片对生；雄蕊5；子房下位，3室。浆果伸长，肉质，有多数种子，但在单性结果类型中为例外；种子近球形、双凸镜形或形状不规则。

本属约40种，主产亚洲东南部。我国连栽培种在内有10余种，攀西地区原产2种1变种。

芭蕉属分种检索表

1. 花序苞片外面紫色或紫黑色。

2. 浆果几圆柱形，长10～13 cm，直径4.4 cm，果熟时深紫色，果柄长3.5～4.5 cm。 ………………………………………………… 1. 野芭蕉

2. 浆果长倒卵状或椭圆状，长7～9.5 cm，直径3.7～6.3 cm，果熟时上部绿色，下部黄绿色，果柄长约1 cm。 ………………………… 2. 德昌野芭蕉

1. 花序苞片外面淡黄色、黄绿色。 ………………………… 3. 雷波野芭蕉

1. 野芭蕉

学名：Musa wilsonii Tutch.

形态特征：植株高6～12 m，无蜡粉。假茎胸径15～25 cm，淡黄色，带紫褐色斑块。叶片长圆形，长1.8～2.5 m，宽60～80 cm，基部心形，叶脉于基部弯成心形；叶柄细而长，有张开的窄翼，长40～60 cm。花序下垂，序轴无毛；苞片外面紫黑色，被白粉，内面浅土黄色，每苞片内有花2列；花被片淡黄色，离生花被片倒卵状长圆形，先端具小尖头，合生花被片长为离生花被片的2倍或以上，先端3齿裂，中裂片两侧具小裂片。浆果几圆柱形，长10～13 cm，直径4.4 cm，果身直，成熟时灰深紫色，果柄长3.5～4.5 cm，深绿色，密被白色短毛，果内几乎全是种子。

生态习性：生于海拔1000～1100 m的山坡或地边。

分布：凉山州金阳、雷波等县。

　　用途：果食用或作培育新品种的育种材料，茎作饲料，花、假茎、根头做菜或当饭吃，假茎亦可作猪饲料。全株尚可入药。

2. 德昌野芭蕉

　　别名：野芭蕉。

　　学名：Musa dechangensis J. L. Liu et M. G. Liu.

　　形态特征：高大草本，高 5 m 以上，全株秃净，胸高直径可达 16 cm，绿色、黄绿色或绿褐色，外被蜡粉。叶长矩形，长 1.56～2.4 m，宽达 76 cm，正面深绿色，背面绿色或黄绿色，先端截形，基部心形，不对称，主脉下面黄绿色、紫绿色或紫色；叶柄长 0.59～1.2 m，连同部分主脉被蜡粉，基部抱茎处的边缘干膜质。花序长卵形，下垂，连同花序轴长达 1.3 m；苞片肉质，卵状长椭圆形，长 15～26 cm，宽 9～13.7 cm，外面紫色被蜡粉，内面淡紫色，萎蔫后具皱纹，顶端钝或圆，开放后不反卷或有时反卷，宿存或脱落；每苞片内有花 2 列，13～8 朵，两性；合生花被片上部金黄色，下部淡黄色，长矩形或卵状长矩形，长 3.3～3.7 cm，宽约 1 cm，先端具不等大的 3～5 裂，边缘膜质透明，和顶端常背卷，中裂片与两侧裂片背面顶端具角刺，离生花被片和合生花被片对生，无色，膜质透明，阔卵形或近圆形，长 1.4～1.7 cm，宽 1.5～1.7 cm，先端微凹缺或近圆形，具小尖头，其顶端具明显 2 齿或单一，基部微呈心形或近截形，雄蕊（3）4～5 枚，花丝淡黄色，长 1.6～1.9 cm，花药黄白色，2 室，条状披针形，长 2～2.3 cm，基部箭形，纵裂，子房乳白色，长倒卵状柱形，具不明显 4 棱，长 1～1.2 cm，花柱柱状，略呈 3 棱，长 2.9～3.2 cm，柱头 2 或 3 裂，不等长。浆果肉质，长倒卵状或椭圆状，长 7～9.5 cm，宽 3.7～6.3 cm，上部绿色，下部黄绿色，具 3～5 棱，果柄长约 1 cm。种子 15～35 个，硬骨质，黑色无光泽，不规则多棱形，具小凸起，种脐大。

　　物候期：花期 10～12 月，果期 11～12 月。

　　生态习性：生于海拔 1000～1500 m 的山沟、路边、林中，或种植于房前屋后。

　　分布：攀枝花市米易县及凉山州德昌、盐源等县。

　　用途：培育新芭蕉品种的育种材料；植株高大、株形优美，可在城镇、企事业单位、庭园等种植，供绿化和观赏；喂猪，为优良野生绿色饲料。

3. 雷波野芭蕉

　　学名：Musa luteola J. L. Liu var. leiboensis J. L. Liu et Q. Luo.

　　形态特征：新变种与芭蕉属其他种类的主要区别在于苞片淡黄色、黄绿色。与原变种黄色野芭蕉（Musaluteola J. L. Liu）主要区别在于子房具 5～9 钝状棱角；浆果较大，长（6.7）8.5～11.9 cm，宽 5～7.2 cm，具 5～9 钝状棱角，果柄较长，长 1～1.5 cm。

物候期：花期 5~7 月，果期 8~10 月。

生态习性：生于海拔 787~850 m 的山沟内或崖壁上。

分布：雷波西宁。

用途：可为芭蕉育种的新材料；植株高大、株形优美，可在城镇、企事业单位、庭园等种植，供绿化和观赏；喂猪，为优良野生绿色饲料。

第三章 野生果树资源的栽培驯化

一、银杏 Ginkgo Linn.

银杏在攀西地区各城镇作为绿化观赏植物广为栽培,其果具有很高的食用价值和药用价值,冕宁等部分县政府已经大力鼓励村民栽培银杏。银杏有播种、扦插、嫁接和分蘖等几种繁殖方法,但一般以播种育苗为主。

(一) 繁殖方法

1. 实生播种

银杏4、5月开花,9月果熟。果实成熟后,采集80～90年树龄生树上的大果实,种子约350～420粒/kg,发芽率为60%～90%。采后堆于阴凉处,除去果肉,洗净,晾干沙藏,或装入瓦缸中密封窖藏,每天翻动3～5次,防止温度过高造成种子霉烂。当外种皮腐软时进行搓洗,用清水冲后放置阴凉通风处阴干,在11月上旬用湿沙(用手握成团松手即散)按种、沙的比例1:3混拌窖内贮藏。贮藏期间窖内温度控制在1～3 ℃,并定期翻动,保持沙子湿度。4月初将种子放到温室中催芽,当有30%以上种子裂口时即可播种。

经过贮藏的种子,首先进行粒选,清除虫蛀、腐烂种子,然后用0.5%硫酸铜溶液浸种6 h,再用温水浸种2昼夜,捞出种子与2～3倍湿沙拌匀,置于室内架好的木板上,摊平,用麻袋或草帘覆盖,每日翻倒3～4次,每次边翻边喷洒温水,以保持温度和湿度适中,上下均匀一致。经10天后当裂口率占种子1/3时即可播种,一般采取春播,当土壤解冻后,在早春抢墒播种,采用纵条播或点播。

采用床播,苗圃应选择地势平坦、开阔、排灌良好、背风向阳、土壤肥沃地块,以沙壤土、壤土或轻黏壤土为宜。为排水方便,又防止水土流失,沿等高线作床,铺施腐熟农家肥后做床,床宽1.2 m、高20 cm,步道25 cm。整地包括翻耕土壤、耕地与镇压,适当深耕,全面耕到,精细耙耢,均匀碎土,除净石块和草根,要求平整土地。耙碎搂平,按行、株距20 cm×15 cm播种,覆土3～5 cm,用木板在上面将土压实,以免风干,苗床约需种子200～300 kg/667m²。

于播种前 5～7 天，在床面上浇洒 1‰～3‰ 的硫酸亚铁溶液，1.5～2.5 kg/667m² 呋喃丹结合整地施入，防治病虫害。

夏季高温时适当遮阳，及时除草、浇水和松土。播种当年，幼苗侧根不发达，生长相当缓慢，苗高一般为 20～30 cm，不宜出圃或供嫁接。一般需经换床培育 2～3 年，待苗高 60～70 cm 时方可出圃。银杏为雌雄异株，采用此种育苗方法繁殖的苗木会出现 50% 左右的雄株，雌株需 20 年左右才能开花结果。因此，该方法适用于繁殖砧木和绿化苗木。

播种后半个月内，要特别注意保持土壤湿润，15 天以后即可发芽出土。苗木出土后，组织幼嫩，抵抗力弱，要因地制宜遮阴、灌溉、排水、松土、除草、间苗、补苗、合理定苗、施肥、防治病虫害等，确保苗木苗壮成长。产苗 1 万～2 万株/667m²，1 年生苗高 40 cm 左右。再移植 1 年，苗高达 1.5 m 左右，即可出圃栽植。

2. 硬枝扦插

选择沙壤土的地块。将地整平耙细，作成龟背形畦面，畦宽 1.2 m、高 25 cm，中间稍高，四边略低，四周挖排水沟，防止积水。入冬银杏树完全落叶后，在产量高的树上剪取一年生枝做插条（雌、雄株比例为 7∶3）放入窖内贮藏。扦插前剪成长 20 cm 的插条，插条上端平剪，下端斜剪成马蹄形，用 50 mg/kg 萘乙酸溶液浸泡插条基部 24 小时，4 月上旬进行扦插，入土深度 10 cm 左右。银杏的扦插成活率比一般容易生根的树种低，但用扦插法繁殖的苗木可保持母株特性，无变异，该方法适用于建造经济林所用的苗木。

3. 分株

银杏植株基部会萌发大量的根蘖，选用 2～3 年生的根蘖苗，在春季土壤化冻后萌芽前进行分株建园，要稍带有部分老根及须根，有利于成活。分株苗定植 10 年左右即可开花结实，比实生树早 10 年。根蘖苗也可用作砧木，再进行嫁接，该方法适用于建造经济林所用的苗木。

4. 嫁接

用嫁接法繁殖的银杏树 10 年生左右即可开花结果，且树体矮小，便于管理。秋季嫁接银杏以 8 月中旬到 9 月中下旬为宜。选择当地已开始开花、结果、生长发育健壮、抗性强的优良银杏树种作采穗母树，选取树冠中部、外围、向阳、无病虫害、生长健壮的枝条作接穗。在新梢停止生长、枝条木质化时采集，雌、雄母树分别采集、分区嫁接，剪取的接穗应是当年发育良好的一年新生新梢，为防止接穗失水，剪下后立即摘除叶片。如果用芽接法，在摘除叶片时要留叶柄；如果用枝接法，则不留叶柄，枝条要随采随运随嫁接。在田间嫁接时，要放在有少许水的脸盆或木桶内，并用湿布盖好，随接随取。采用小苗嫁接，即用 2～3 年生银杏实生苗作砧木，在距地面 30～50 cm 的部位嫁接，用 1 年生枝条作接穗。

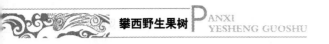
嫁接方法有两种。

（1）劈接法

劈接法断砧高度根据接穗长短来决定，一般截留的砧木高度是接穗长度的2倍。接穗可留3～4个芽。在接穗下端两侧各削1个长3～5 cm的马耳形斜面，削成外面稍厚、里面稍薄的楔形削面，在距地面30～50 cm处用刀在砧木剪口正中纵劈一刀，深度视接穗粗细而定，粗深细浅。在接穗下端正反各削一刀，使成楔形，2个削面中间的木质层，要一边稍厚、一边稍薄，削面要平整光滑。将接穗插入劈口，使砧木与接穗的形成层紧密吻合，双方形成层对齐（至少有1面对齐），接穗的削面要高出砧木接口0.2 cm，最后用绑缚材料扎紧。

（2）舌接法

又称皮下接（插皮接），接穗长度和截留砧木的高度与劈接法相同，砧木与接穗的直径最好相等，如果不等，接穗直径应小于砧木直径。在接穗下部削1个平直的长斜面，斜面长4～5 cm，在长斜面的背面削1个短斜面，其长度约为长斜面的1/5～1/4，使成舌状，互相嵌入，如接穗砧木相同，则两边形成层对齐，如砧木稍粗，可一边对齐，用刀在砧木光滑平整处纵切1刀，用刀的尾翘或撬子将砧木皮层撬开，然后把接穗长斜面朝向砧木木质部，形成层向下插入，接穗的削面要露出0.2～0.3 cm，即所谓的"露白"。这样可以使接穗露白处的愈伤组织和砧木横断面相连接，有利愈合，用塑料条把接口包严扎紧。

秋季嫁接温度较高，只要保持适宜的湿度，及时进行除草、施肥等管理措施，接口就能快速愈合，接穗还可萌芽。但在次年春萌芽后方能解绑。以上两种嫁接方法必须进行嫁接枝条松绑，即翌年清明后，接穗长成新的枝条后进行松绑，用刀轻轻划破塑料条，塑料条即脱落。如果不及时松绑，枝条长粗了以后，就会束住绑缠部位，阻碍营养向根部的输送，时间一长，就会在嫁接口处长一疙瘩，导致折断。

（二）定植建园

1. 栽植时间

栽植银杏在落叶前至翌春萌芽前都可以进行，最好落叶后至封冻前移栽，以在早春萌芽前移植最好，春季栽植，银杏容易移植成活。裸根移植即可，此时地温尚高，利于受伤根系的愈合，进入休眠期后新陈代谢基本停止，树木经历了冬眠，植物的生理代谢趋于复苏易成活。

2. 栽植模式

（1）矮秆密植

矮秆密植早果丰产园栽植密度大的330～440株/667m²，株行距为1m×2 m、1m×1.5 m；密度小的41～85株/667m²，株、行距可按2 m×4 m、2 m×3 m、

4 m×4 m 规格栽植。只要加强抚育管理，栽植后 3～4 年就开始结果，5～6 年就有较高的产量。这种密植园银杏主干矮（20～40 cm）、密度高，可以充分利用地力，提高光能利用率，提早结果，增加早期单位土地面积果品产量。

（2）高干稀植

高干稀植丰产园是我国历史上一直沿用的果用银杏栽培模式，株、行距一般采用 4 m×5 m、5 m×6 m、6 m×6 m、8 m×8 m 等。定干高度一般在 1 m 以上，若管理措施得当，4～5 年也能结果，后期产量较高，且管理方便，在结果之前，还可以间作，增加前期收入。实践证明，这种模式具有较好的发展前景。

3. 栽植方法

选择地势高燥、土层深厚、土壤肥沃、排水良好的沙壤土或壤土及日照充足的地块建园，以微酸至中性的壤土生长旺盛。低洼潮湿、盐碱重和土壤黏重地都不宜建园。

（1）整地

造林地一般于立冬前后深翻或春季造林前深耕，清除杂物、杂草，整平土地，实行全面整地的方式。整地前全面撒施腐熟的厩肥 5000 kg/667m²、磷肥或复合肥 50 kg/667m² 作基肥，肥料与土壤混匀，浅松耙平。

（2）栽植

开塘规格视苗木大小而定，一般比苗木根幅大 20～30 cm，一般采用穴状整地，穴径 60 cm，深 60～80 cm，开挖时心、表土分开。栽植时挖坑宽、深 1×0.8 m，坑施腐熟农家肥 10～15 kg，配植雄株做授粉树，其花粉轻而多，传播较远，雌、雄株可按 30∶1 比例配植，并将雄株栽于上风口（按花期风向）。栽植苗时要尽可能少伤根系，以致延长缓苗期，影响生长和结实。在移植或定植中，植株挖起后应将主根略加修剪，侧根要尽量少伤或不伤，先填表土后填新土，待回土至塘深 2/3 时，将所要移栽的苗木修剪，去过长、受伤根系，放入栽植穴，回填心土。栽植时将苗轻轻提起，使根系自然舒展，与土接触后，然后再浇足水，待水渗下后再填土，栽植后要浇透水，1 周后再浇。栽植深度一般与苗木在苗圃中的原深度持平，不能过深，采用浅栽堆土法。总之是做到"大塘浅栽、适量基肥、足水踏实"。

4. 果园土、肥、水管理

定植后在春季发芽前或秋季落叶后施肥 1 次，对生长发育有良好的效果。幼龄银杏树根系不发达、生长缓慢且停止生长早，必须加强肥水管理，促进植株生长。追肥可明显促进生长，5～6 月份是银杏生长的旺期，每株可追施速效尿素 0.1～0.3 kg。在结实前期，5～10 年生左右的树在落叶前施用厩肥 20 kg/株，施肥时应注意不能离幼树太近，以免烧根。生长季节要多次除草松土，遇干旱应及时浇水。

结实树的管理根据产量和树体状况施肥。植株萌芽后追施速效氮肥尿素0.5~1.0 kg/株，6~7月果实膨大期再追肥1次，施复合肥0.8~1 kg/株或浇施人粪尿。秋季落叶前施用厩肥10 kg/株，银杏忌湿涝，雨季应注意地面排水。

5. 病虫害防治

银杏树体内含多种有机物，如白果酸、白果酚、白果酮等，具有抑菌杀虫作用，比其他树种病虫害少，但随大气污染及栽培管理不当，也可导致病虫害大量发生。银杏的病害主要有茎腐病和立枯病，主要发生在苗期和幼树期。

（1）立枯病

幼苗出土后，嫩茎尚未木质化，病菌自根茎处侵入，产生褐色斑点，迅速扩大呈水渍状，随后苗木倒伏。防治方法：要选沙壤土或壤土的地块做苗圃地，播种前用五氯硝基苯与敌克松混合，混合比例为3∶1，然后与土配成药土即1m³土拌入4~6 g敌克松与五氯硝基苯混合物，播种后用药土覆盖种子。当幼苗开始生长时，间隔7~10天连续喷布2~3次立枯净。

（2）茎腐病

主要危害1~3年生幼树。发病初期茎基部呈褐色，叶片失去正常绿色，叶片下垂不脱落，后期病部皮层皱缩，导致茎基部腐烂后全株枯死。防治方法应采取及时进行田间除草、松土，降低湿度，促进植株生长健壮。6月上旬喷布50％的多菌灵500倍液，10天左右喷布1次，连续喷布3~4次。

（3）小卷叶蛾

以幼虫为害叶片，应在发现幼虫时及时喷布敌杀死1500倍液，利用成虫多在每天6~8时栖息树干的习性，采用人工捕杀的防治措施。

当枝上出现叶片和幼果枯萎时，剪除被害枝烧毁，可消灭枝内幼虫。成虫羽化盛期，用50％杀螟松乳油250倍液和2.5％溴氰菊酯乳油500倍液配成1∶1混合液，用喷雾器喷湿树干，对刚羽化出的成虫杀死率为100％。喷布时应选择无风天气，注意药液不能喷布到叶片上，否则，易造成药害。

二、桑 Morus alba L.

桑树为多年生木本植物，是寿命较长的树种，自然生长的桑树其寿命最长的可达千年以上。人工栽培的桑树受人工剪伐长期采叶等影响，寿命较短，但盛产期也达数十年以上。

（一）繁殖方法

1. 实生播种

桑树育苗常采用春播和夏播两种方式，春播采用成年种，夏播采用新鲜种。可通过色泽、重量、含油量、发芽率鉴定判断桑籽优劣，常见的播种方式有条播、点播、撒播。实生桑的根由胚根发育而成，称为主根，根粗大，垂直向下生长，并逐级分化出侧根、支根、须根，侧根、支根也大而多。

2. 扦插繁殖

该方法取材容易、方法简捷，成苗快。扦插有绿枝扦插和硬枝扦插。该法没有明显的主根，但具有数条粗大根系，向下生长或向四周扩散。

3. 压条繁殖

压条繁殖法，即选择一年生的优良枝条压入土中，促使压入部位发根，然后再剪离母体成独立新植株的繁殖方法。压条繁殖植株根系没有明显的主根，向下生长或向四周扩散。

4. 嫁接

可采取春芽接、切皮接、腹接、锯桩嫁接、撕皮根接、螺旋形嫁接的方法。

（1）简易芽接

简易芽接又称春芽接，于2月上旬至3月中旬进行。选择冬芽饱满、无病虫害的良桑作为穗条，在1月中下旬前剪下，储藏于阴凉的房屋内或阴沟边，下铺湿沙，上盖稻草。选择砧木皮层光滑处划一弧形口，切断皮层以不伤木质部为度，弧形口的大小与接芽大小相适应；选健壮芽从叶痕中央下第一刀，向下削去叶痕突出部分和叶痕下的粗皮见青，削至叶痕下0.7 cm时将刀放立横切一刀，深入木质部；第三刀用刀尖由芽的顶端轻轻嵌入穗芽和枝条之间，在芽基处刀口斜向木质部切断芽基皮部并立即将刀口放平推刀向下达到第二刀处切下芽片。扳开砧木袋口，将芽片削面方上对皮层插入袋口，插深插紧不破皮层，微露牙尖，芽片插好后用薄膜条捆扎，在嫁接部位上方0.1～0.15 m处剪去砧木，以促进接穗成活。

（2）切皮接

又称芽接，在树液没有流动的12月中旬至1月下旬进行，在砧木上选择一年生或两年生枝条，于光滑部位横切一刀，再在横线下方垂直切一刀，形成一"T"形切口。在离芽基部下1 cm处横切一刀，深达木质部；再在芽基部上1 cm处下第二刀，由上而至第一刀处，即成为约2 cm的芽片。要求削面光滑、三点现（即托叶迹2点、叶迹1点）、芽心全、不带木质部。将穗芽片插入砧木切口皮层基部，削面面向切口木质部，用留下的2/5皮层包住穗芽叶痕基部，使穗芽紧贴砧木切口。用塑料薄膜将穗芽片周围扎紧，只露出芽孢，在嫁接部位上方0.1～0.15 m处，剪去砧木上部，为防止雨水和露水流入嫁接口，最好在芽片反向剪成45°斜口。

（3）腹接

又称抱娘接、高接，多用于已定植2～3年的实生桑改造和老树更新，两刀完成。首先在穗条节间部位斜削一刀，斜面长5～6 cm，第二刀削面先端过长部分削去；接着在削面反面轻轻刮去表皮，然后留2～3芽剪下穗头。穗头顶芽一定要健壮饱满,位置最好在削面的两侧或同一方向。在适当的嫁接高度,选择树皮光滑处,用刀划成"A"形切口,深达木质部,切口两边的长度和角度,要视接穗的粗细而定。切口划好后,再用光滑的竹片轻轻撬开砧木切口皮层边,将接穗削面接口朝外慢慢插入砧木切口中,以削面全部插入为度,严防用力过猛而插破皮口切部,影响成活。接穗插好后,立即用湿泥土涂在切口上,再用塑料薄膜包扎嫁接处,以保持湿度,防止外界雨水、病虫侵入。包扎时注意将接穗露在外面。嫁接后,在接口上方留约 30 cm 将砧木锯断,作为枝桩,把所发新芽绑缚于枝桩上,防风吹折,晚秋落叶后再锯除支桩,需要培育枝干的,可摘心分枝,培养树型。

(4) 锯桩嫁接

在皮层完好、高度适当处锯去衰老或过高的枝干,要求锯面平滑,不破皮层。根据树干大小,在切断面周围选择 2~3 个适当部位,直划一刀或划成碗形。用竹片轻轻挑开皮层,立即将接穗的削面向外全部插入,接穗的削法和接后的扎缚与腹接法相同,用桑皮、麻、塑料薄膜等从袋口下方向上捆扎到切口处为止。

(5) 撕皮根接

又称桩根接或皮根接,此法可利用不适于袋接的过粗穗条和较细的桑根,在室内袋接,再移栽培育成苗。

(6) 螺旋形嫁接

螺旋形嫁接法是当年留定主干,并人为地在三个不同方位嫁接良桑,枝条分布合理,达到快速丰产的目的。

(二)定植建园

家庭密植小桑园利用房前屋后的小块土地或蔬菜地栽植,成片密植桑园利用好田好土成片栽植。

1. 栽植时间

种植时期一般以冬季和早春种植较好,以土温稳定在 10~12 ℃时为最佳。

2. 栽植模式

根据土壤肥力确定。原则是土壤肥力高,栽培密度大,良种桑栽植密度以栽植 4000~4500 株/ $667m^2$ 为宜。

3. 栽植方法

选地在远离污染的地方选择土层深厚、疏松、肥沃、成片的土壤,要求能灌能排,另外零星的山地、坡地、河滩地等均可种植桑树。

(1) 整地

冬季深耕土壤,促进心土氧化,增强通气性和透水性。并根据不同栽植密度设计开挖排水沟。在桑树栽植前,最好开挖深、宽各 0.5 m 的栽植沟,施充分腐熟的猪牛粪及土杂肥 2500～3000 kg/667m² 作基肥，在基肥面上盖 8 cm 左右的表土。

（2）栽植

新桑园的建立苗木选择和处理应选用不带病虫的良种桑的健壮苗木。夏秋季节种桑，起苗时尽量不伤根，保全桑苗根系；冬春种桑，应轻度修剪过长的主根，促使侧根多发。种植前，用混有磷肥的泥浆蘸根，以利于发根成活。把桑苗根部埋入桑行线土中，盖土轻提使根伸展，踩实再壅 1 层松土，要求壅过根茎部 3 cm，淋足定根水，种后 2 d 内进行植株剪定，留株高 10～20 cm，嫁接良桑留主干高 35 cm 左右，剪去梢端，达到统一高度。

栽上后，用稻草、杂草覆盖地面或桑行，保水防旱，减轻植株失水，抑制杂草丛生，防止土壤板结，培肥土壤。保持土壤适宜的水分是新桑成活和生长的关键，土壤干旱及时淋水，多雨时及时排水。雨后土壤容易板结，结合除草进行松土，有利于桑根生长，桑园缺株会影响产量，发现缺株应及时补植。在种桑时应留一些预备株，用以补缺同时加强管理，促使其生长跟上。桑园发生缺株会造成桑园空隙增多，降低光能利用率。影响单位面积桑叶产量。故桑园发生缺株要及时补植。补植宜在秋冬进行，用二年生的幼树移栽补缺。挖根的范围要大些，留根要多，种植穴要挖得深而大，多施基肥并与土壤混合踏实。补植的桑树要随挖随栽，栽后壅土踏实，土壤干时要浇水。成活后加强肥水管理，并来年进行春伐，就能迅速赶上其他大树。也可用压条方法补缺，压条成活率较高，且生长快。

桑园在年底桑叶黄落后耕翻冬晒 1 次，春、夏、秋季各除草 1 次，结合除草中耕行间。

4. 果园土、肥、水管理

桑园施肥不仅能使桑叶丰产，而且也是提高桑叶质量、保证蚕茧丰收和获得优质蚕种的重要措施。全面清除桑园内的枯枝、落叶、杂草以及路旁四周杂草，所清杂物一并集中焚毁。清园工作结束后，于 11 月下旬 12 月上旬着手施冬肥。冬肥以有机肥料为佳，每亩施猪、牛、羊栏肥 20 担，结合冬耕肥翻入土壤中。冬耕在土壤封冻前进行，耕深 20 cm 左右，行间宜深，桑株附近宜浅，以不伤断粗根为原则。冬耕不仅能很好地改善土壤团粒结构，而且使钻入地下越冬的许多害虫，如桑叶蝉幼虫、斜纹夜蛾蛹、金龟子幼虫或成虫、桑瘿蚊的囊孢幼虫等暴露于地表，通过风吹日晒、冷冻、鸟食、人工捡拾等被杀死。土壤肥力不高的桑园，每生产 100 kg 桑叶需施纯氮 1.9～2.0 kg，P_2O_5 0.75～1.0 kg，K_2O 1.03～1.13 kg。肥料种类主要有粪肥、饼肥、土杂肥、堆肥、塘泥、绿肥等有机肥料；复合肥、尿素、过磷酸钙、氯化钾、硫酸钾、草木灰、石灰等无机肥料以及微量元素肥等。

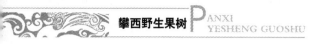
（1）有机肥

粪肥、饼肥等一般要经过腐熟后再施入桑园。一般在冬伐后施入，也可在夏伐后及其他时期使用，开沟施入，土杂肥、绿肥量多也可铺在行间。发芽阶段淋粪肥加尿素肥效较快，复合肥、尿素、过磷酸钙、有机复合肥等也可作基肥，一般应开沟施入。

（2）造桑造肥施肥法

在桑树发芽时施尿素 15 kg/667m² 时作催芽肥，以后在每养一季蚕后 3 d 内追施化肥 1 次，每次施尿素 15 kg/667m²、过磷酸钙 10 kg/667m² 或复合肥 25 kg/667m²，也可施尿素 10 kg/667m² 加复合肥 12 kg/667m² 或施粪水 1500～2000 kg/667m²。全年二回施肥法可将全年施肥量合并分春、夏 2 次开深沟施下，上半年量占 60％，下半年量占 40％。覆土压实后加盖杂草或绿肥。也可叶面喷施磷酸二氢钾、叶面宝、喷施宝、沼液等叶面肥，对增产桑叶或提高叶质有一定效果，叶面肥一般在桑树生产阶段养蚕用叶前 15d 以上使用。

（3）灌溉与排水

桑叶含水量一般为 70％～80％，低于该含水量桑叶受影响，低于 50％时要及时灌溉，可用漫灌、沟灌、喷灌和淋水等方法灌溉。土壤水分也不能过多，雨季土地低洼，地下水位较高，此时应排除积水。

5. 整形修剪

重剪梢结束后，及时修拳整枝。用锯剪齐基部除去桑树的死拳、枯桩、病虫害枝和细小的无效枝条，剪下来的死拳、枯桩等要集中烧毁。这样可以减少桑树的养分消耗，增强树势，同时死拳、枯桩又是病菌害虫寄生的地方，从而达到减少病虫害，特别对消灭桑象虫效果显著。结合修拳整枝的同时，用石灰＋黄泥调成糊，堵塞桑树缝孔洞，消灭栖息在其中越冬的害虫。

（1）夏伐

夏伐一般采用根的方法，即平地剪伐地上部分，该剪伐方式适合采叶片，也便于管理，但夏伐后第 1 次养蚕时泥沙叶较多；嫁接良桑夏伐采用齐拳剪伐的方式（主干上留 3 主枝，主枝留高 15～20 cm，夏伐养拳，拳位离地 50 cm 左右），每次剪伐都在同一部位而形成拳头树杈。齐拳剪伐即在拳部树杈处的枝条基部平剪枝条，该方式枝条数量较多，产量较稳定。桑树夏伐后要及时施肥，否则多年连续夏伐后会造成桑树的树势衰败。

（2）冬伐

随着冬季的到来，气温的不断下降，桑树的正常生长发育逐渐停滞。为了保证来年春天桑树的发芽生长，获得稳产高产，搞好桑园冬季管理十分重要，一般采用齐拳剪伐的方式。桑树落叶后冬耕前用稻草把枝条集中束缚起来，束缚不宜过紧，以免损伤冬芽。这样不仅便于施肥冬耕等田间作业，而且还可以校正枝条姿势，引诱害虫潜入束草越冬，便于捕杀害虫。于翌年三月桑树发芽前，春季桑园作业结束后，解去束草，解下来的束草要集中烧毁，防止病虫害的扩散传播，重剪梢一般在 12 月中旬进行。一般枝条长 117 m 以上的剪去 1/4，枝条长 113 m 以上的剪去 1/5，枝条长 1 m 左右的剪去未木栓化的梢端。重剪梢后不仅能使次年桑叶增产 10％左右，还能除去桑黄化型萎缩病的传播媒介菱纹叶蝉越冬卵的 60％左右及野蚕卵、桑蟥卵等病虫源。

6. 关门治虫

秋蚕上蔟后，野蚕、桑螟、桑尺蠖、桑毛虫等桑园害虫，正值幼虫或成虫期，此时用菊酯类农药将桑园全面、彻底喷布一遍，可杀死大量越冬害虫。

三、山楂 Crataegus pinnatifida Bunge.

山楂是小型果，营养丰富，果实酸甜可口，能生津止渴，也是防治心血管病的理想保健食品和有较好疗效的食品。攀西地区部分县市山区有分布，山楂树适应能力强，容易栽培，树冠整齐，枝叶繁茂，病虫危害少，花果鲜美可爱，因而也是田旁、宅园绿化的良好观赏树种。

（一）繁殖方法

1. 实生繁殖

山楂果实较小，类球形，直径 0.8～1.4 cm，有的压成饼状。表面棕色至棕红色，并有细密皱纹，顶端凹陷，有花萼残迹，基部有果梗或已脱落。核内种仁常有退化现象，严重的只有 25％～30％具有种仁，育苗时应加大播种量。由于种仁外的核壳骨化，通气和吸水困难，用常规方法采种层积，播种后发芽率极低，有时需播后 2～3 年才出苗，因此需在种胚形成而核壳未硬化时提前采种层积。正常采收的种子，经破壳后用 0.01％浓度的赤霉素处理，然后沙藏，也可大大提高种子的萌发率，常见的播种方式有条播、点播、撒播。

采用床播，苗圃应选择地势平坦、开阔、排灌良好、背风向阳、土壤肥沃地块，以沙壤土、壤土或轻黏壤土为宜。整地包括翻耕土壤、耕地与镇压，应适当深耕，全面耕到，精细耙耱，平整土地，均匀碎土，除净石块和草根。

2. 嫁接

繁殖和栽植大量山楂苗木多用嫁接法，砧木用野山楂或栽培品种都可以，嫁接繁殖速度慢，常规的繁殖方法是先育砧木然后嫁接，按常规嫁接方法操作。

3. 根蘖

繁殖少量砧木时也可利用自然根蘖，或直接利用 0.5～1 cm 粗的山楂根段剪成 15 cm 左右长度，在春季进行根插育苗，或在根段上枝接接穗后扦插育苗。

4. 组培苗生产

利用山楂胚和茎尖进行离体培养，或采取山楂顶芽、腋芽和混合芽的芽外植体都可成功地诱导组培苗。其中以顶芽的诱导分化丛生芽率最高，达90%以上，而且无论是冬、春，乃至盛夏、秋季采取的芽，经低温处理后，都能诱导分化丛生芽。山楂试管苗生根后，适时移栽到直径7 cm的塑料移植钵中，上罩塑料钵，置于温室直射光下培育。

（二）定植建园

建园以选土层较厚、土质较松的山地为佳，视坡度大小掀开梯田或等高撩壕。

1. 栽植时间

春季秋季栽植均可，春季栽植最佳。在落叶后至春发芽前定植；或春末夏初雨水充足，亦宜定植。

2. 栽植模式

视土壤肥力而定，株行距按4 m×5 m或3 m×4 m，种植密度为200株/667m²。

3. 栽植方法

（1）土壤管理

在春季萌芽前施肥浇水后，果园覆草或覆秸秆，将麦草或秸秆粉碎至10 cm以下，平铺树冠下，厚度达15~20 cm，上面压一层薄土，防止被风刮走和火灾的发生，以后每年补充，维持覆盖厚度，连续3~4年后深翻入土壤，提高土壤肥力和蓄水能力。

深翻时期一般在夏、秋两个季节进行，同时结合扩穴压入绿肥植物。秋季无灌水条件的果园应在夏末秋初雨季结束前进行，压绿肥以豆科植物木樨、紫花苜蓿、白三叶草为好，也可就地取材，利用荆条等绿色植物做肥源。

（2）栽植

山楂苗定植后，当年发根较晚。因此，定植当年地上部生长较弱，第2年缓苗后，长势转旺，以后便一年比一年旺。中耕早春刨树盘应在土壤解冻后进行，刨后平整保墒，深度在20 cm左右，生长季进行中耕除草3~4次，清除根蘖，减少养分和水分的消耗。

4. 果园土、肥、水管理

（1）基肥

将腐熟好的有机肥作为基肥在当年果实采收后至落叶前一次性施入，有机肥施用量幼树为5 kg/株，盛果期树为75~100 kg/株，也可以按产1.0 kg鲜果，施足1.0~2.0 kg有机肥的比例施入。同时需配合施入一定量的化肥，盛果期大树每株施尿素1.5~2 kg、过磷酸钙3~4 kg、硫酸钾1.5~2 kg，将化肥与有机肥混合均匀后施入土中30~50 cm左右深处，环状沟施、放射沟施、条沟施、穴施均可。

（2）追肥

在萌芽后至开花前追施，此次追肥主要是氮肥，施用量幼树为 0.5~1 kg/株，盛果期树 1.5~2 kg/株。在 7 月中旬，以磷、钾肥为主，配合少量氮肥，能促进花芽分化和幼果生长。在 8 月中下旬以磷、钾肥为主，可选用复合肥，施用量幼树为 0.5~1 kg/株，盛果期树 1.5~2 kg/株，能明显增加单果重和促进果实着色，提高产量和改善果品质量。追肥后配合浇水肥，不能浇水的果园要选择在雨后追施，叶面喷肥可结合病虫害防治同时进行，新梢速长期每 10 d 喷 1 次 0.3% 的尿素液，共 2 次。8 月份果实膨大期每 15 d 喷一次 0.3% 的磷酸二氢钾，共 2 次。秋季果实采收后，喷 1 次 0.5% 的尿素液，也有较好效果。喷施叶面肥时间应在上午 10 时以前及下午 4 时以后，避开中午高温。在山楂采收前 20 d 禁止叶面喷肥，以防止对山楂果实产生污染。

（3）灌水

灌水一般结合秋施基肥进行，1 次浇透，早春土壤解冻后萌芽前结合追肥灌 1 次透水。果实膨大前期如果干旱少雨要及时灌水，有利于果实增大。

5. 整形修剪

双层 5 主枝分层形树形干高 60 cm 左右，第 1 层均匀分布 3 个主枝，主枝角度 60°~70°，配备 2~3 个背斜侧枝。第 2 层两个主枝，角度 50°~60°，配备 1~2 个背斜侧枝，层间距 80~120 cm，上层主枝长度不超过下层主枝的 2/3。开心形树形干高 50 cm 左右，全树 3~4 个主枝，基角 40°，每主枝配备 2~3 个背斜侧枝。合理控制树高，对解决通风透光条件，促进果实着色极为重要，树高控制在株距的 75%~80% 为宜。

（1）冬季修剪

①防止内膛光秃。

由于山楂树外围易分枝，常使外围郁闭，内膛小枝因为光照不足而生长势弱，枯死枝逐年增多，各级大枝的中下部逐渐秃裸。防止内膛光秃应采用疏、缩、截相结合的原则进行改造和更新复壮，疏去轮生骨干枝和外围密生枝、直立枝以及竞争枝、徒长枝、病虫枝，回缩冗长、衰弱的主侧枝。健壮部位复壮，选留适当部位的芽进行更新，培养健壮枝组。对弱枝重截复壮，对所萌发的分枝放缩结合，以利于结果和增加枝组。

②少短截。

山楂树进入结果期后，凡生长充实的新梢，其顶芽及其以下的 1~4 芽，均可分化为花芽，所以在山楂修剪中应少用短截的方法，以保护花芽。

③复壮。

山楂树进入结果期后，由于多年连续结果，导致枝条下垂，生长势逐渐减弱，骨干枝出现焦梢，产量下降。要及时进行枝条更新，以恢复树势。对于多年连续结果的枝或其他冗长枝、下垂枝、焦梢枝、多年生徒长枝，应回缩到后部强壮的分叉处，以增强生长势，促进产量的提高。

冬季修剪完成后较理想的留枝量是 120~140 个/m²，其中花枝量占 30%~40%。主枝背上不留大、中型直立旺长枝组，高度不超过 15 cm，粗度控制在主枝的 1/2 以内。

(2) 夏季修剪

①疏枝。

山楂抽生新梢能力较强，一般枝条顶端的 2~3 个侧芽均能抽生强枝，每年树冠外围分生很多枝条，使树冠郁闭，通风透光不良，应及早疏除位置不当及过旺的发育枝。对花序下部侧芽萌发的枝一律去除，克服各级大枝的中下部裸秃，防止结果部位外移，叶幕厚度保持在 30~45 cm。

②拉枝。

对生长旺而有空间的枝，在 7 月下旬新梢停止生长后，将枝条拉平，缓势促进成花，增加来年产量。

③摘心。

5 月上中旬，当树冠内膛枝长到 20 cm 时，选择有培养空间的留 15 cm 摘心，促进花芽形成，培养紧凑的结果枝组；7 月底之前对摘心后未停止生长或长度超过 30 cm 的直立新梢全部留 15 cm 左右短截，剪留后的顶芽当年即可成花；9 月份将冬剪时需要剪掉的各类长枝、密集枝疏除，减少冬季修剪量和降低养分消耗，改善树体光照条件，促进果实发育，提高树体营养贮备。

6. 病虫害防治

病虫害防治一定要贯彻预防为主、综合防治的原则。在防治病、虫害的过程中，提倡使用有机农药、生物性农药，尽可能少用或不用化学合成农药。

①结合刮树皮在 4 月上旬萌芽前（花芽鳞片松动期最好）喷 5°Bé 石硫合剂 1 次，喷细、喷均、喷到水洗状，可加 13% 的洗衣粉增加展着力。

②防治白粉病在花蕾期和花后进行，选择药剂为 70% 甲基托布津 800~1000 倍或 25% 粉锈宁 600~700 倍，共 2 次。

③在 5 月下旬~6 月上中旬喷 1 次蛾螨灵或 110% 阿维菌素 3000~4000 倍，防治山楂红蜘蛛和桃蛀螟。

④在 6 月下旬~7 月初蚧壳虫若虫孵化盛期喷 1~2 次 10% 氯氰菊酯 1500~2000 倍液，用药细致周到即可控制该虫的危害。

⑤在 7 月上中旬~9 月中旬，每隔 20 d 喷 1 次 800~1000 倍 70% 甲基托布津和 5000 倍 10% 吡虫啉或 10% 的氯氰菊酯乳油 1500~2000 倍液，防止食心虫危害，杀菌剂可以保护果面，使果面光洁，色彩艳丽。如果桃小食心虫发生严重，可在 6 月上中旬幼虫出土盛期，用 50% 的辛硫磷乳油 300 倍液喷撒地面，消灭

出土幼虫。用药前注意清除杂草，保证药剂和地面接触。

⑥落叶后清扫果园落叶、落果、病虫枝，集中销毁，清理果园卫生。

7. 花果管理

（1）疏除花序

在花期疏除花序，不仅能节约养分，明显提高坐果率，也是克服山楂大小年结果现象的有效措施。具体时间是在山楂花序分离前至花期进行，以早疏为好。疏除花序按营养枝和结果枝比例，即强树 1∶1、中庸树 1.5∶1、弱树 2∶1 的留量进行，采取疏除后部花序，留前端花序，疏除弱花序，留壮花序，疏除下垂花序，留直立花序的原则，并使花序分布均匀。

（2）应用植物生长调节剂

小年树盛花期和花后 10 d 各喷 1 次 0.05 g/kg "九二〇"，增加单果重，提早成熟。大年树在盛花期喷 1 次即可。

（3）花期喷硼

硼能促进花粉发芽和花粉管伸长，对子房发育也有一定作用。因此，山楂花期喷施 0.3％的硼砂，可以明显提高坐果率，增加产量。

（4）适期采收

适期采收可保证果实着色良好，果实整齐。过早采收未充分成熟果实，着色不良、含糖量下降、硬度大、产量降低，过晚采收会造成严重落果。一般在 9 月中下旬～10 月中旬进入采收期，山楂是小型果，很多地方采用击落和摇落的方法采收，这样采收的果实，虽然外观和手采果无明显差异，但果实不仅不耐贮藏，而且加工后果肉颜色发暗、变硬，降低商品价值，因此提倡手采。

四、火棘 Pyracantha fortuneana（Maxim.）Li

在攀西地区火棘和窄叶火棘是分布最广、数量最多的火棘属类群，目前这两种火棘广泛被当地居民作为绿篱应用。两种火棘的繁殖栽培雷同。

（一）繁殖方法

根据火棘的生理特性，采用科学的育苗技术，进行人工繁殖，工厂化育苗，大规模的生产火棘幼苗。

1. 种子繁殖

火棘果实 10 月成熟，可在树上宿存到次年 2 月，采收种子以 10～12 月为宜，采收后及时除去果肉，将种子冲洗干净后即可播下，也可放在干砂中藏至第二年春季再播。在整理好的苗床上按行距 20～30 cm，开深 5 cm 的长沟，撒播沟中，覆土 3 cm。

2. 扦插繁殖

取 1～2 年生枝，剪成长 10～12 cm 的插穗，下端马耳形，在整理好的插床上开深 10 cm 小沟，将插穗呈 30°。斜角摆放于沟边，穗条间距 10 cm，扦插深度约为插穗的 1/3 左右，覆土踏实。扦插时间从 11 月至翌年 3 月均可进行，梅雨季节扦插，成活率较高，一般在 90% 以上，扦插后注意保持基质湿润，约 2 个月就能生根。

（二）定植建园

选择最适宜生态区，火棘粗易生长，对建园地无严格要求，一般情况下均可大面积栽种火棘。

1. 栽植时间

火棘一年四季均可栽培，但以萌芽前最好。

2. 栽植模式

一般按长、宽各 50 cm，深 35 cm 挖树穴；选择最佳栽植密度，栽植密度参考为 400 株/667m²。

3. 栽植方法

（1）土壤管理

栽培火棘喜中性到微酸性土壤，排水良好、土质肥沃，大田栽培时要施足基肥，每株施有机肥 3~5 kg。

（2）栽植

选择高 1 m、主干直径为 1 cm 以上的无病虫害成苗，起苗时需深挖并带土团以免伤根，苗木运输过程中注意保护须根，避免机械损伤。每穴施入腐熟厩肥 5 kg 或优质复合肥 0.3 kg 作基肥，上盖一层薄土，将苗扶正使根系充分舒展后，填土踏实并浇透水。

4. 果园土、肥、水管理

火棘若想要它多结果，首先要给予充足的光照。在开花期间追施一次复合肥，每株施 50 g。根据火棘的需肥、需水量，花后也要施 1~2 次复合肥，进入秋季时，在果实膨大期再施 3 次饼肥水。在生长期，浇水要掌握见干见湿。

5. 整形修剪

火棘自然状态下，树冠杂乱而不规则，内膛枝条常因光照不足呈纤细状，结实力差，为促进生长和结果，在萌发前对植株进行短截修剪，保留一小部分结果枝，不要贪多。火棘成枝能力强，侧枝在干上多呈水平状着生，可根据造型需要进行修剪。合理修剪造型，可将火棘修剪成主干分层形、圆球形、方形等各种形状，对过繁的花枝要短截促其抽生营养枝。

6. 病虫害防治

进行病虫害的调查与防治，科学管理。如植株幼嫩枝叶上出现蚜虫危害，可用吡虫啉可湿性粉剂 2000 倍液喷杀或 40% 的氧化乐果乳油 1000 倍液喷杀。如枝叶上有介壳虫刺吸危害，可用 25% 的扑虱灵可湿性粉剂 2000 倍液喷杀。

五、刺梨 Rosa roxburghii Tratt.

刺梨在攀西地区广泛分布，特别是冕宁、喜德、西昌、越西等县在海拔1500~2000 m的平坝、沟坎、山坡、田埂等常见分布。地刺梨苗木的繁殖方法有播种、扦插、压条、嫁接等。生产上常用的是播种和扦插育苗。

（一）繁殖方法

1. 种子繁殖

刺梨种子无明显的休眠期。秋季种子成熟后立即播种，在适宜的条件下即可萌发生长，其发芽率及出苗率可达90%以上，一般秋播于9月下旬进行，春播于2月下旬进行，苗床式育苗可播种15~20 kg/ 667m²，出苗20~25万株/ 667m²。但由于种皮骨质化，透水透气性差，播种后在15~20 ℃时，一般要1个月左右才能萌芽出苗，故要求较高的播种质量和苗期管理。

2. 扦插繁殖

扦插繁殖方法简便，成苗快，结果早，成本低，可广泛用于刺梨苗木生产。

（1）绿枝扦插

夏、秋季均可进行，蔓插于5月中旬，当春梢基本木质化时，剪成8~10 cm长的插条（最好带点母枝），发根成活率可达90%以上，苗圃地应保持湿润，搭棚遮阴。

（2）硬枝扦插

春、夏、秋三季均可进行，以春插为好，做法是将冬季修剪下来的一年生枝条剪成10~12 cm长，下端在芽下方斜剪，上端在芽上方1 cm处抖势，以100根一捆藏于湿沙中，次年2月上中旬以株行距9 cm×24 cm斜插于苗圃中，露一芽在外，踏实插条周围床土。3月中旬萌芽，成活率达90%以上。

（二）定植建园

定植建园地要求地势平坦、排水良好，以水源充足、交通方便、集中连片的地块作为栽培地。

1. 栽植时间

定植适期一般为3月份，但以萌芽前最好。

2. 栽植模式

如在低丘红壤岗地或山地建园，应按等高线修成水平条带，带距1.5~2 m，带宽1~1.5 m，然后按株行距1.5 m×2 m挖定植穴，长、宽各60 cm，深50 cm，种植密度200株/667m²。

3. 栽植方法

（1）土壤管理

先全面翻耕，栽前每穴施土杂肥200~300 kg，钙镁磷肥250 g，与土拌匀，栽后覆土踩实，浇足定植水。栽后按常规管理，一般第二年刺梨便可开花结果，这时可结合中耕除草在开花前后施一次以氮肥为主的速效肥料。6月中下旬结合中耕除草再施1次以磷钾肥为主的肥料，可提高产量和品质。

（2）栽植

栽植时将苗轻轻提起，使根系自然舒展，与土接触后，然后再浇足水，待水渗下后再填土，栽植后要浇透水，1周后再浇。保持湿润，搭棚遮阴，认真管理。

4. 果园土、肥、水管理

施用有机肥可促进果树吸收根的发生，适当增施无机肥料对根系的发育也有好处。基肥以有机肥为主，在开花期间追施一次复合肥。基肥发挥肥效平稳而缓慢，当果树需肥急迫时必须及时补充，才能满足果树生长发育的需要。追肥既是当年壮树、高产、优质的保证，又给来年生长结果打下基础，是果树生产中不可缺少的施肥环节。

5. 整形修剪

自然状态下，树冠杂乱而不规则，内膛枝条常因光照不足呈纤细状，结实力差。为促进生长和结果，在萌发前对植株进行短截修剪，保留一小部分结果枝，不要贪多。合理修剪造型，对过繁的花枝要短截促其抽生营养枝。

6. 病虫害防治

危害刺梨的害虫主要有小猿叶虫、卷叶蛾、叶蝉、食心虫等，前三者主要为害叶片，发生时用800～1000倍敌敌畏加1000倍乐果的混合液喷射。食心虫为害果实，于5～6月发生时用800～1000倍乐果喷射。

危害刺梨的病害主要是白粉病，一般4月下旬出现，5月下旬至6月上旬蔓延较快，发病较重，可用1000倍甲基托布津防治。在7～8月份易出现高温干旱的地区，果实发生日灼病时，可喷射20％的石灰水2～3次进行预防。

7. 果实采集

采摘形态饱满、充分成熟的刺梨，

六、罗望子 Tamarindus indica L.

罗晃子攀西地区普称"酸角"，最适宜在温度高、日照长、气候干燥、干湿季节分明的地区生长。正常生长发育、开花结果需要在日平均温10 ℃以上，年积温7500 ℃左右，降雨量在1000 mm以下和日照时数在2200 h以上的环境条件下进行。罗晃子生长强健，寿命极长，不需太多管理就能获得很高的经济效益。攀西地区仅在凉山州会东河口和会理普隆栽培为多，也有逸为野生，生于海拔1200 m以下金沙江干热河谷及其支流地带。

（一）繁殖方法

主要通过实生繁殖，一株盛果期的罗晃子树，可结果 250～500 kg，果荚呈扁圆筒形，直或弯曲，肥厚，长 2～7 cm，宽 2～3.2 cm，内含种子 12 枚，呈暗褐色，种子光滑、扁平，近圆形或卵状圆形，其间有隔膜，种子直径 1.1～1.25 cm，通常成龄酸角树可产荚果 150～225 kg，甚至更高，果期 12 月至翌年 3 月份。

罗望子实生苗繁殖的后代变异性不大，能保留母株的优良特性，因此在育苗时应选择品质好、结果多的优良母株采集成熟果实，除去果皮和果肉，取出种子，洗净、晾干保存。待秋季或春季时在预先准备好的土壤肥沃、灌溉方便的苗床上播种（穴播、条播、占播均可），播种前若用 25～30 ℃的温水浸泡种子 5～6h，有助于萌发，在其上覆盖 2～3 cm 沙或细土，再盖上松针或禾草，注意保持土壤湿润，光照强时还要遮阴。

（二）定植建园

选择适宜生态区，酸角树抗旱、耐瘠，适宜各类土壤，易栽培管理，病虫害极少。

1. 栽植时间

罗晃子实生苗前期长势慢，成龄树的移植成活率低，移栽最好选在春季发芽前进行。

2. 栽植模式

植前选择排水良好的田块，选择最佳栽植密度。根据成龄酸豆的土球直径，挖掘直径 100 cm、深 80 cm 的圆形树穴，种植密度 150 株/667m²。

3. 栽植方法

（1）土壤管理

罗晃子对土壤条件要求不是很严，在质地疏松、较肥沃的南亚热带红壤、砖红壤和冲积沙质土壤均能生长发育良好，而在黏土和瘠薄土壤上生长发育较差。

（2）栽植

在幼苗高 6 cm 时移育苗袋内或继续留在苗床中生长，移栽时要施足基肥，特别是在贫瘠的土地上种植，窝穴要大、深，并施足有机肥，以利根系的扩展和地上部分生长。

4. 果园土、肥、水管理

管理移栽成活后，要注意加强管理，施氮肥和有机肥，以促进植株生长。基肥以有机肥为主，在开花期间追施一次复合肥。基肥发挥肥效平稳而缓慢，追肥则是当年壮树、高产、优质的保证，又给来年生长结果打下基础，是生产中不可缺少的施肥环节。

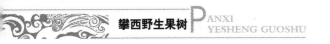

5. 整形修剪

罗望子耐高温，喜光照，光照充足时，结果多、品质好，相反，过阴则结果少、品质差。因此，每年都要对徒长枝、枯死枝、密集枝条进行修剪、整形，保证树体通风透光，促进萌发新枝，避免大、小年，有利稳产、高产和提高品质。修剪应在春末采果之后，春芽萌发之前进行。

6. 采收

于第 2 年的 3～4 月间成熟时采收，当外果皮与果肉分离、变干，果穗轴基部离层干脆即可采摘。采摘时应避免果壳破裂，影响果品的外观和价格，另外，也要注意避免损伤和折断营养枝，影响翌年的产量。罗望子果实耐贮运，采收的果实剪光枝叶晾晒后可在常温下贮藏，或按品种分类装入不同重量的塑料袋中待运输和销售。

七、余甘子 Phyllanthus emblica L.

余甘子果实富含丰富的多种维生素，供食用、药用，为保健食品。攀西地区安宁河、金沙江流域干热河谷常见有野生，目前德昌、盐源、攀枝花等县市有大量人工栽培。

（一）繁殖方法

1. 嫁接繁殖

（1）砧木苗培育

选择成熟的野生余甘子的果实作种，采种后将其堆积至腐烂后，洗干净，放在阴凉处晾干，硬壳会自然裂开取得种子。将种子置于阴凉处的湿沙层中贮藏，翌年 2～3 月份播种。苗床畦面宽 1～1.2 m，长度不定，畦高为 20～25 cm，畦距 40～45 cm，畦面撒施腐熟的有机肥或土杂肥作为基肥。播种前将种仁放入 40 ℃ 温水中浸泡 24 h 再播种。株行距一般为（10～12）cm×（15～20）cm，覆上一层 1～2 cm 的火烧土或细土，淋透水，再盖上草或拉遮阳网以遮阴保湿，浇水保持土壤湿润，30 d 左右小苗出土。当 50% 以上幼苗出土时，应除去覆盖的稻草，以免幼苗弯曲、长势弱。幼苗长出 4～5 对叶时，开始施稀薄粪水或液肥，每隔 7～10 d 一次，随着幼苗的长大、施肥量加大，逐渐减少施肥次数。

（2）嫁接时期和方法

一般砧木径粗达 0.8 cm 以上，即可嫁接。接穗最好选取优良品种母株树冠中上部健壮的 1～2 年生枝条。采穗前 7 d 对枝条进行摘心，采穗时的芽眼处于萌动活跃状态，有利于成活。

用芽片切接或单芽腹接，夏季嫁接最好。嫁接部位选择高出地面 10～15 cm 处，砧木茎粗 0.8 cm 以上，选择光滑平直的一面。芽片切接的接穗只用带芽眼长 2～2.5 cm 的芽片，具体做法与其他果树芽接相仿。

嫁接后 15～20 d 应及时抹去砧木上长出的芽，并检查成活情况，及时补接。苗木嫁接成活后，当接穗上长出的第一次新梢叶片转绿后可开始施肥。每 7～10 d 施一次稀薄粪水或液肥，1 个月后可加大肥量并减少为每月一次，当嫁接苗生长 2～3 次梢且充分老熟时，便可出圃。

（二）定植建园

1. 栽植时间

余甘子最适宜栽培区年平均气温为 20～20.5 ℃ ，冬天霜冻期长的地方不宜种植。余甘子以 2～4 月春植或 9～10 月秋植较好，尤以春植为佳。

2. 栽植模式

余甘子树冠扩展慢，种植株行距一般为 2 m×3 m，植 110 株/667 m²；或 2 m×4 m，植 80 株/667 m² 较为适宜。定植穴长、宽、深各 0.7～0.8 m，或挖宽 0.8 m、深 0.7 m 的条沟。

3. 栽植方法

（1）土壤管理

余甘子对土壤适应性广，壤土、沙壤土、砾质土都能生长，但选择土壤 pH 值微碱或微酸性、土层深厚、疏松、富含有机质、保水能力强、易排水的土地建园最好。

（2）栽植

穴内底层放杂草、土杂肥，按一层杂草一层土拌适量石灰（0.5 kg／穴）均匀回穴，近地面后每穴用 10 kg 充分腐熟的有机肥、0.5 kg 磷肥与表土充分拌均匀后做成长、宽各 0.8 m，高出地面 20～30 cm 的土墩，一个月后当土墩稍下沉即可种植。种植前苗木先用黄泥浆浆根后，再把苗放入定植穴内，深度与苗圃时深度一致，让根系疏散，用细土埋上后压实。栽好后以树苗为中心做一中间凹的树盘并盖上枯草，淋足定根水，保持土壤湿润。

幼龄果园，每年春季至秋季中耕除草 3～4 次，或用除草剂除草，可用草甘膦 1.5 kg/667 m² 兑水后，对杂草茎叶喷雾，每年 2～3 次。种植 2～3 年后，根系生长布满定植穴。每年冬季要进行扩穴，以利于根系生长，一般在定植后 2～4 年内完成全园的扩穴。

4. 果园土、肥、水管理

成年树每年冬末春初采果结束后，进行一次深翻改土，深度 40～50 cm，结合施有机肥改良土壤团粒结构，提高土壤肥力。

幼龄树种植成活后，当新梢长到 5 cm 长时，进行第一次施肥，每株施尿素 10 g、复合肥 15 g，用水稀释淋施，以后每隔半个月施肥一次。当第一批新梢老熟后，每批新梢施肥两次，抽梢前以氮肥为主，抽梢后配合磷钾肥，每株施腐熟的稀薄人畜粪水 5 kg 或 20~50 g 复合肥。

成年树一般追施肥料两次，第一次在 5 月左右施壮果肥，在树冠滴水线处开浅沟，每株施复合肥 0.5 kg、钾肥 0.4 kg、腐熟的有机肥 5 kg，肥料要求均匀撒下，然后盖土。第二次在 10~11 月，每株施钾肥 0.5 kg、磷肥 0.5 kg、土杂肥10 kg，在树冠滴水线处开浅沟施下，以利于树势的恢复。余甘子树比较耐旱，但在新梢抽生期、盛花期、幼果生长期要灌水保持树盘湿润，有利于提高坐果率和促进果实生长发育。

5. 整形修剪

（1）幼龄树修剪

余甘子枝细、木质脆，一个枝组如果结果多，往往会造成整个枝组或一个大枝折断。因此，要培养矮干、树冠矮化，主枝、侧枝、分枝紧凑，小枝分布均匀的自然圆头形树形。具体做法一般在幼苗高 50~60 cm 时短剪，萌芽后选留 3~5 个分布均匀的芽生长成主枝；当主枝老熟后，留 30 cm 长短剪，促进主枝基部萌发新梢，每条主枝再选留 2~3 条新梢作为侧枝，多余的剪去；侧枝老熟后，通过摘心，每侧枝再留 2~3 个分枝，以后让其自然分枝。

（2）成年树修剪

主要是在初春进行，由于余甘子的一年生结果母枝到第二年便发育成二年生结果母枝，因此每年落叶后到春季萌芽前的修剪，只对极少量一年或二年生以上的结果母枝基部留 2~3 条芽进行短剪；其余可根据树形进行轻度疏剪。对树势衰退的树可采取重剪更新，以恢复树势和树冠而恢复产量。余甘树每年抽生的枝条数较少，而且枝梢生长势不旺，修剪时要重、轻结合，尽量少重剪，避免枝条过少而产量下降。

6. 病虫害防治

余甘子的树皮较厚，抗各种病虫害能力相当强，几乎没有病虫害。稍为常见的病害有余甘子锈病，可用 65％的代森锌可湿性粉剂 300~500 倍或 50％的退菌特可湿性粉剂 500~800 倍液喷雾；虫害有蚜虫、介壳虫、尺镬、毒蛾等，可用 20％杀灭菊酯乳油 2500~3000 倍液等进行喷杀。

7. 采收

野生余甘果在 10~12 月成熟，人工栽培的余甘果成熟期在 8 月至次年 2 月。余甘果的采收方法可采用人工采摘和摇动树干震落采收。

八、拐枣 Hovenia acerba Lindl. var, acerba

拐枣的人工栽培和系列开发需建立一套成熟的果用林栽培技术模式，对结实规律、影响开花结实的因素、现代技术对促进结实的作用和方法，以及对果实成分的影响进行研究。以开发技术的研究带动栽培技术的研究，以产品市场开发带动栽培的扩展。

（一）繁殖方法

主要采取实生繁殖，在进行种质资源调查的基础上，应开展优良种源和优树的选择，选育出合适的用材型、果用型、果材两用型的优良家系或无性系。采种育苗霜降后，采收成熟脱落的果实，除去果梗，碾碎果壳，筛出种子，沙藏。圃地选择阳光充足排水良好的沙壤土，施足基肥，消毒土壤。3 月中下旬播种，在沙质壤土上生长良好。种子育苗，条播或撒播，播种量约 5 kg/667 m²，加强圃地管理，一年生苗高 80~120 cm，实生苗 3~5 年结果。

（二）定植建园

多生长在海拔 1200 m 上下阳坡、沟边和山谷中。造林地应选择光照充足、土壤条件好的荒山荒地，秋、冬季带状或穴状整地。

1. 栽植时间

开春 3 月植苗造林。

2. 栽植模式

株行距 7 m×2 m，栽植 200 株/667 m²，12 年生再一次抚育间伐，保留密度 80 株/667 m² 左右。

3. 栽植方法

（1）土壤管理

拐枣喜中性、微酸性土壤。植苗造林喜光，对土壤要求不严，但在土层深厚湿润且排水良好的地段生长快，能成大材，结实量也高。也可"四旁"植树。

（2）栽植

每年春、秋各除草松土一次，第三年秋砍抚一次。培育用材林，应进行修枝和抹芽，8~10 年进行一次中度抚育间伐，强度为株数的 30% 左右；果用林或果材两用林，应适当修剪，形成主干疏层形或主干冠型形，果材两用林采用主干形。

4. 果园土、肥、水管理

管理移栽成活后，要注意加强管理，施氮肥和有机肥，以促进植株生长。基肥以有机肥为主，在开花期间追施一次复合肥。基肥发挥肥效平稳而缓慢，追肥则是当年壮树、高产、优质的保证，又给来年生长结果打下基础，是生产中不可缺少的施肥环节。

5. 整形修剪

罗望子耐高温、喜光照，光照充足时，结果多、品质好；相反，过荫则结果少、品质差。因此，每年都要对徒长枝、枯死枝、密集枝条进行修剪、整形，保证树体通风透光，促进萌发新枝，避免大、小年，以利稳产、高产和提高品质，

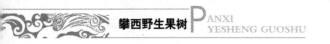

修剪宜在春末采果之后，春芽萌发之前进行。

6. 果实采集

采摘形态饱满、充分成熟的拐枣，同时剪去果柄，以防单宁溶入。

九、中华猕猴桃 Actinidia chinensis Planch.

中华猕猴桃及其变种——硬毛猕猴桃在攀西地区广泛分布，其生长旺盛，枝叶繁茂，叶大而稠，蒸发量大，因而对水分及空气湿度要求严格。中华猕猴桃不耐涝，长期积水会导致萎蔫枯死。中华猕猴桃要求空气相对湿度在70%～80%、年降雨量1000 mm上下。夏季高温干旱，空气过于干燥时叶片呈茶褐色，叶小黄化，甚至凋落，新梢会停止生长。气温不仅影响猕猴桃地理分布，而且制约其生长发育速度。据调查，中华猕猴桃在年平均气温10 ℃以上的地区可以生长，生长发育较正常的地区，年平均温度15～18.5 ℃，7月平均最高气温30～34 ℃，1月平均最低气温−4.5～5 ℃，无霜期210～290 d。中华猕猴桃喜光，但怕曝晒，对光照条件的要求随树龄而异。如强光曝晒，叶缘易焦枯，果实易灼伤，冬春的干、寒风，容易使活接芽干瘪死亡和枝条干枯，不能结果。成年树虽喜阴湿，但又要攀缘于树干高处，接受阳光，方能生长强壮，开花结果。

（一）繁殖方法

1. 实生繁殖

当果实在9月左右成熟采收，置常温下后熟变软，将种子与果肉分离，洗净阴干，用纱布袋或塑料袋贮存干燥处。播种前可采取层积、赤霉素浸种、变温法处理种子，播种前整好苗床，因种子细小，床土要细。3月下旬至4月上旬播种，先开宽约10 cm的平底浅沟，深约3～5 mm，沟距10 cm。然后浇足底水，水渗下后，将沙藏的种子带沙均匀撒沟中，用细筛筛一层细肥土覆盖种子，厚约2～3 mm，其上再盖一层稻草，保湿以利种子萌发。长出3～5片真叶，可行间苗，猕猴桃幼苗细弱，要防干、防晒、防止雨水冲刷。盖草全部揭除后，应立即搭棚遮阴。

2. 嫁接繁殖

（1）单芽腹接

实生苗茎粗达0.6 cm以上可供腹接，萌芽前或在生长期都可采用此法，但在生长期嫁接，需剪除接穗的叶片而留下叶柄。接穗只带一芽，按一般腹接法在芽下部削出接合面，再在芽上部约1.5 cm以上处剪短。将砧木的上部剪去，同时用塑料薄膜密封剪口，在剪口下一定距离，由上向下斜削一刀，最下部深度约达砧木茎粗的1/3。将接穗插入接口，芽眼向外，对好形成层，用塑料薄膜带将砧穗绑紧，密封各伤口，或仅露出芽眼，接后要勤除砧木的萌芽。数周后，接穗新梢开始木质化时方除去绑带。

（2）枝接

一般在早春猕猴桃伤流期前进行，砧木粗些更易接活，距地约 5～10 cm 处选光滑部位剪短砧木，剪口要平滑，于剪口中部或稍偏处纵切成接口。选优良的充实一年生枝作接穗，每一接穗留一芽，芽的上方要留一段枝条，按切接或劈接法削接穗，插入砧木接口中，接合处包扎与接后管理同腹接法。

3. 硬枝扦插

在早春采用硬枝扦插法繁殖中华猕猴桃苗木，技术简便且能保持母本品种的优良特性，繁殖系数大，当年即可出圃。苗床设置在避风处，一般要求床宽 1 m，高 20～30 cm，苗床基质以砾石混加细沙较为理想。对苗床基质需用浓度为 0.1％～0.3％的高锰酸钾溶液或 40％乐果 400 倍液进行消毒处理；也可将插穗基部沾 500～1000 倍多菌灵与克菌丹的混合水溶液进行消毒。应从品种纯正可靠、无病虫害、生长发育正常的中壮年结果树上采集插条，一般可结合冬剪时采集，采集的插条必须是生长充实、腋芽饱满的一年生枝，粗度以 0.4～0.8 cm 为宜，采后不能立即扦插的，应用湿沙保藏。方法是将插条按类型捆成小捆，挂好标签，然后平埋在干净的湿沙中，并经常翻动和洒水，保持沙子的湿润与通气，以防插条的干枯或腐烂。

4. 嫩枝插

选当年生半木质化枝条作插穗，亦可用封顶芽的枝条，长度随节间长度而定，一般 2～3 节。距上端芽约 1～2 cm 处平剪，并留一片或半片叶，下端紧靠节下剪成斜面或平面，剪口要平滑。

5. 根插

猕猴桃根易萌不定芽，将遗留土中的根挖出，剪取直径大于 0.5 mm、长约 5～8 cm 的根做插穗，直插、斜插或平埋均可。

6. 茎段组织培养育苗

于休眠前剪取优良的一年生枝条，长约 10 cm，用 1∶30 新吉尔灭水稀释液消毒 20 min，将此枝条纵向切分成 4～8 条，再横剪成 1～1.5 cm 长的小块，除去芽部，按常规接种在 MS 培养基上，约 25 天可成有根的芽苗。

（二）定植建园

建园必须选择背风的山坡地，开阔地上应建防风林带，大风、强风常使嫩枝折断，叶片破碎，果实摩擦碰伤而成黑凹伤痕，降低商品价值。中华猕猴桃喜土层深厚、肥沃、疏松的腐殖质土和冲积土。忌黏性重、易渍水及瘠薄的土壤，对土壤的酸碱度要求不高，在酸性及微酸性土壤（pH 值 5.5～6.5）生长较好，中性偏碱性土壤中生长不良。

1. 栽植时间

秋落叶后至春萌芽前定植。

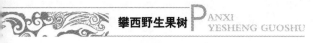

2. 栽植模式

猕猴桃是缠绕性藤本果树，依靠架材支撑才能正常生长结果。苗木栽植后，必须及时搭架拉丝。一般采用单篱壁架式或 T 形小棚架栽培，后一种架式较充分利用空间，提高单位产量。株距 4～5 m，行距 3～4.5 m。按此距离立柱建支架，柱高约 1.8～2 m，柱顶端架一横梁，长约 1.25～1.8 m，在同一行的横梁上拉 3～5 道铁丝，将苗木种在两柱之间，亦可种在柱旁 50 cm 处。配置授粉树，一般比例为雌株 6～8 株配备雄株 1 株。

3. 栽植方法

（1）土壤管理

土壤深翻熟化通过种植绿肥、深翻扩穴、增施有机肥等措施来熟化改良土壤。幼龄猕猴桃园，结合施基肥每年轮换位置挖深、宽各 50 cm 的条沟，逐年向外扩展，成年园待冬季清园后，全园深翻一遍，深度 15～20 cm。改良后的土壤耕作层的有机质含量比改良前增加 0.3%～0.4%，土壤 pH 值有所提高。

（2）行间合理套种，树盘覆盖保墒

幼龄猕猴桃行间，合理套种草莓、花生等，可改善园内生态条件，提高前期经济效益。夏秋伏旱季节，应特别注意树盘覆盖，以降低地表温度，增加土壤湿度，覆盖时间可在雨季结束前即 6 月下旬开始，厚度以 20 cm 左右为宜，材料可用青草、稻草、作物稿秆等。

4. 果园土、肥、水管理

分基肥和追肥两类，基肥以有机肥为主，如堆肥、饼肥、猪牛栏粪等，每年秋末冬初（10 月中下旬至 11 月中下旬）施入，每株施肥量为有机肥 25～30 kg、饼肥 1.5～2.0 kg、钙镁磷肥 1～2 kg、石灰 0.5～1 kg。追肥以速效肥为主，主要包括芽前肥（2 月下旬至 3 月初）、壮果肥（5 月中下旬至 6 月初）和采果肥（9 月中旬至 10 月初）3 次，视树势和结果状况确定施肥量、肥料种类，以尿素和复合肥为宜。

5. 整形修剪

（1）整形

主要是依据架式而定，单壁篱架一般采用双臂水平形和多主蔓扇形两种整枝方式，以前者的通风透光条件和结果性能更好，一般每株选留 50～60 个结果母蔓。T 形小棚架一般采用龙干式整枝方式，类似于葡萄整形上的"高、宽、垂"的整枝方式，这种方式通风透光好，管理方便，产量高，一般每隔 40～50 cm 留1 个结果母蔓。

（2）修剪

分冬剪和夏剪两个时期，冬剪是为了调整树势，合理布置结果母蔓，采用短截和疏枝相结合，长、中、短枝修剪相结合。修剪程度因品种、枝条粗细的不同而异，一般留 3～8 芽短剪，疏除短缩枝及纤弱枝。夏剪是为了改善通风透光条件，减少无效枝，促进花芽分化，增加产量。在 3～7 月间分多次进行，主要夏剪措施包括抹芽、除蘖，即抹除密生芽、副芽、位置不当的芽及实生萌蘖；疏枝，即疏除过密枝、内膛纤细枝及短缩枝；摘心，即结果枝在着果节上留 7～8 片叶摘心，营养枝视其长势留 10～20 片叶摘心。

6. 辅助措施

①每公顷园饲放两箱以上强旺蜂群。

②人工辅助授粉花期遇阴雨连绵天气，每天上午 10：00 之前进行，将花粉直接用小毛笔点于雌蕊柱头上。

③疏果在谢花后开始，一般应在 20 d 之内完成。主要是疏除畸形果、伤果、病虫果、侧果、果枝基部果，原则上短果枝留 1～2 个果，中果枝留 2～4 个果，长果枝留 5～7 个果。

④在新梢旺盛生长开始时应用植物生长调节剂，喷布 2000 mg/kg 的 PP_{333}，可有效地控制营养生长，促进花芽分化，提高产量和增加果实硬度。

十、胡颓子 Elaeagnus pungens Thunb.

在攀西地区胡颓子属野生果树类群中，胡颓子植物数量最多，且广泛分布于海拔 930～2500 m 的向阳山坡、路旁、杂灌丛或稀疏林中。其耐干旱和贫瘠，对环境适应性强。

(一) 繁殖方法

可用播种、压条、扦插及嫁接等方法繁殖，胡颓子育苗以播种、扦插为主。

1. 实生繁殖

在果实成熟后及时采种，堆放后熟，用清水洗净晾干后播种。5 月份果实成熟时采下，加工果实时取出种子后立即播种，胡颓子休眠期短，发芽对温度要求不高，对湿度要求高。选地势平、土层深厚、肥沃的土壤做苗床，并施足有机肥，清除杂草残根。要保持苗圃地土壤湿润，播种量 2～3 kg/667 m²，播后覆土 2～3 cm，保持苗圃地土壤湿润，出苗前遮阴，多采用秋季条播、点播或撒播，半月左右即可出苗，出苗后注意苗期管理如浇水、松土、除草和追肥。

2. 扦插繁殖

扦插可于梅雨期进行，采当年生半木质化的含 3～4 个芽的枝条进行扦插，可用绿枝、硬枝和根段进行扦插育苗。插条剪成长 15 cm 左右的短枝，每个插条留芽 3～4 个，用 3000ppm 吲哚丁酸浸渍 5 s 后埋入沙床中，露出先端 1～2 个芽进行催根，经常淋水保湿，10～20 d 后检查，根部长出白色愈伤组织时便可进行扦插，扦插时配一定浓度的 ABT（1000 mg/L 左右）效果更佳。

株行距可根据土地紧张程度自行安排，一般扦插株距 9 cm，行距 24 cm，斜插于苗床上，扦插时 1/2 枝条埋入土中，保持湿润；绿枝扦插宜在秋季进行，硬枝及根插在春秋两季均可进行，扦插一个月后可长出生根小苗，可施腐熟的稀薄粪水。

（二）定植建园

1. 栽植时间
春季可将幼苗带土定植。

2. 栽植模式
建园胡颓子树冠较常规果树小，适宜密植，一般以株行距 1.5 m×2 m 定植，密度 200～230 株/667 m² 为宜。

3. 栽植方法
（1）土壤管理

以农家肥为底肥，栽苗后浇透水。胡颓子对环境适应性强，不怕阳光曝晒，也具有较强的耐荫力，对土壤要求不严，在中性、酸性和石灰质土壤上均能生长。胡颓子不耐水涝，不论地栽还是盆栽，都应带有完好的土坨。

（2）栽植

苗高 30～35 cm 即可移栽，第 2 年春可将幼苗带土定植。定植前挖直径及深为 60～80 cm 的定植坑，栽植当年要适时中耕除草促进幼苗生长，以后每年中耕除草 1～2 次。

4. 果园土、肥、水管理
施肥以农家肥、有机肥为主，速效肥为辅，以农家肥为底肥，年施肥量氮肥 20 kg/667 m²、磷肥 20 kg/667 m²、钾肥 15 kg/667 m²。栽苗后浇透水，栽植当年要适时中耕除草和追施肥料促进幼苗生长。幼树施肥遵循少食多餐原则，一般繁殖苗 3～4 年可挂果。关键抓好芽前肥和壮稍肥，以氮肥为主；结果树要重施谢花肥和冬肥，以磷钾肥为主。

胡颓子属易开花结果树种，只要注意管理，施足肥料，年年硕果累累还是能做到的。

5. 整形修剪
早整形以利于矮化栽培，主干 35 cm 左右，培养 3、4 个主枝，及时缩剪外围枝和过长枝，疏除细弱密枝。成林后可按丛枝树形管理，剪去下垂枝和分蘖枝条，秋季剪去过密枝条，保持通风透光，3 年后进入结果期。

十一、沙棘 Hippophae rhamnoides Linn.

沙棘，胡颓子科沙棘属，又名酸柳、酸棘，果实富含有多种维生素、多种微量元素、多种氨基酸和其他生物活性物质的，是食用兼药用的果品。在凉山州的木里、德昌、冕宁有产。在木里普遍野生于海拔 3000～3500 m 区域的沟地、谷地、河流两岸、高山峡谷、河谷台阶、河漫滩、路旁。其中以海拔 3150～3400 m 的高山河谷、平坝分布最多、最集中。它适应性强，喜光，又耐一定程度的遮阴，抗寒又耐高温，抗病虫害，具有一定的抗水湿、耐盐碱性，不怕风蚀，耐沙埋，不苛求土壤，根系发达，根蘖性强，且具有根瘤。

（一）繁殖方法

主要为扦插繁殖，应选择 1 年生、生长旺盛的枝条，这样的枝条生根效果好。其次，以半木质化枝条扦插生根效果最好。识别半木质化枝条主要有两点：一看枝条色泽，呈棕绿色为好；二看硬度，枝条柔软弹性好。选用半木质化插条的生根率、成活率为全木质化插条的 1.3 倍、3.8 倍，而过嫩枝条几乎没有生根的。用嫁接刀或单面刀片削出斜切口，切口要平滑，在切口上边缘 0.3～0.5 cm 处留 1 个芽，以便早生根，插条长 15 cm 左右、茎粗 0.4～0.5 cm，将剪好的插条顶部的生长点及 3～5 个叶片留下，其余叶片剪掉。

（二）定植建园

1. 栽植时间

栽植时间春、秋皆可，要做到适时早栽，春季一般在发芽前，土壤解冻 20～30 cm 时进行。

2. 栽植模式

一般水土保持林株行距 2 m×1 m 或 1.5 m×1 m；沙棘园造林株行距可为 2.0 m×3.0 m。种植密度 300～400 株/667 m² 为宜。

3. 栽植方法

（1）整地

穴状整地，穴面长 50 cm、宽 40 cm，整地深度 30 cm。整地时间在造林前的 1 个季度至半年进行，提前 1 年进行整地效果更好，也可带状整地。

（2）栽植

一般以 1 年生、苗高 30 cm、地径 0.3 cm 以上的苗木为好。栽植前要按栽植设计要求确定栽植点，然后在栽植点上挖栽植穴，栽植穴能放入苗子即可，然后把苗子放入穴内，注意再稍提一下，使根系充分伸展，用植苗锹插入栽植穴边几厘米，将其挤实，用脚将植苗锹挖出的坑踏实，最后在坑穴表面覆盖一层松土，以保蓄土壤水分，称为窄缝栽植法，它比用铁锹的靠壁栽植法能更好地保墒蓄水。栽植密度依林种而定。在平缓坡地建园时，为防止水土流失，应沿等高线配置。沙棘园造林一定要选用果大、柄长、无刺、产量高的优质品种。

幼林抚育，造林成活后及时进行除草松土工作，防止杂草丛生。在比较干旱的荒山荒坡或比较黏重的土壤上，沙棘林较易发生干枯等衰老现象，故采取平茬复壮措施，平茬开始年限和间隔年限依不同条件和林种而不同。一般在树木休眠期都可进行，但以早春土壤未解冻前最好。平茬方式有"片砍""花砍""带砍"等，砍时尽量降低茬口，并保持平滑不裂。其枝干风干时一般为鲜重的50%～60%，平茬后散发枝条很多，新林当年生长量可达0.6 m左右。

4. 果园土、肥、水管理

基肥以有机肥为主，在开花期间追施一次复合肥。基肥发挥肥效平稳而缓慢，当果树需肥急迫时必须及时补充，才能满足果树生长发育的需要。追肥既是当年壮树、高产、优质的保证，也是果树生产中不可缺少的施肥环节。

5. 整形修剪

修剪造型自然状态下，树冠杂乱而不规则，为促进生长和结果，在萌发前对植株进行短截修剪，保留一小部分结果枝，不要贪多。合理修剪造型，对过繁的花枝要短截促其抽生营养枝。

6. 病虫害防治

目前危害沙棘的主要病虫害有沙棘木蠹蛾、沙棘蝇及干缩病等，一旦发现要及时防治。最简单的办法是把病株、虫株砍伐运走作薪炭材烧掉，也可酌情采取其他防治措施，但一定要本着"以预防为主，防治并重"和"治早、治小、治了"的原则，确保沙棘的速生丰产。

十二、番石榴 Psidium guajava L.

番石榴原产南美，果实具有很高的食用价值和药用价值。现攀西地区的金沙江、雅砻江、安宁河干热河谷流域分布广泛，并有大量逸为野生。由于番石榴适应性强、生长快、繁殖能力强，可作为绿化荒山和荒坡的先锋树种，恢复自然植被，改善干热河谷流域的环境和气候。

目前由于大量采摘叶片用于制药，导致其生态受到严重破坏。在开发利用野生番石榴的过程中，攀西地区应在制定长江中上游全面停止砍伐森林政策的同时，将番石榴等野生植物资源以法律的形式纳入保护行列，杜绝乱砍滥伐的现象；利用荒山、荒坡大量种植番石榴，做到"谁栽种、谁管理，谁投资、谁受益"的原则，以扩大种植面积；同时加强对野生番石榴的选育工作，变野生为家种，改善品质、提高产量、搞好规划，做到科学合理的开发利用。

（一）繁殖方法

通过嫁接繁殖培育优良嫁接种苗，砧木要以本地番石榴、泰国番石榴等为好。目前，苗木市场上番石榴的种苗较为杂乱，质量参差不齐，为了确保苗质量，建议种植者到信誉较好的科研单位或种苗公司选苗购买。

嫁接口部位在树干高15～20 cm处，砧木接口下方2 cm处，茎粗大于或等于0.7 cm，嫁接口上方3 cm处新梢茎粗大于或等于0.4 cm，嫁接口上下发育均匀。

（二）定植建园

1. 栽植时间

一般在春季（2~4 月份）种植。

2. 栽植模式

株行距为 3 m×（3~4）m，栽培密度为 56~85 株/667 m²。

3. 栽植方法

（1）土壤管理

番石榴的土壤适应性强，在沙土、黏土、溶岩土上均表现良好，尤以在土层深厚、富含有机质、土质疏松、土壤微酸性（pH 值 5.5~6.5）、湿度大且排灌良好的土壤为佳。定植前先挖坑，长、宽各约 100 cm，深约 80 cm，用腐熟有机肥与表土熟泥混匀回坑。种植层用熟土，根不能接触到肥料。不宜深种（与在苗圃时一致），压实泥土、起墩，修整好树盘（高出地面 20~30 cm）。

（2）栽植

选择主干粗直、苗高 40~60 cm、具有 1 级以上分支 2~3 条、枝条分布均匀、生长健壮、叶色浓绿、根系发达、无病虫危害的苗木。按栽植设计要求确定栽植点，然后在栽植点上挖栽植穴，栽植穴能放入苗子即可，然后把苗子放入穴内，稍提一下，使根系充分伸展，用植苗锹插入栽植穴边几厘米，将其挤实，用脚将植苗锹挖出的坑踏实，最后在坑穴表面覆盖一层松土，以保蓄土壤水分。

4. 果园土、肥、水管理

淋足定根水和盖草，特别注意在长出的新芽叶片老熟后才能开始施薄肥。番石榴结果时间长，产量高，所以养分消耗迅速，因此要特别重视有机肥的施用，每年施用 2~3 次，每次的种类最好有所不同，以防缺乏微量元素，影响产量及品质；化肥作为追肥，生长初期以氮肥为主，磷、钾肥为辅；结果后期依树势、挂果量不同而用复合肥酌情补充，以少量多次为原则，方法可采用穴施、撒施或沟施。

番石榴一年四季都可开花结果，因此要保持充足的水分供应，秋冬季节要特别注意灌水，10 d 左右要补充 1 次，直至成熟采收前。雨季则要注意排水，以防积水引起落果，降低品质和风味。

5. 整形修剪

在离地 40~50 cm 处定干，促使侧芽萌发，保留 6~8 条作为将来的主枝，当各主枝长至约 30 cm 时，用绳子或竹条将各主枝引向四面斜伸成 45°，或相近水平，促使下部萌发新梢现蕾、开花结果，当新梢长至约 30 cm 时再配合摘心，如此循环操作。当树体内枝条过密或太高时，应将过高及过密枝剪除，以保持树冠内枝条平均分布，促进萌梢开花。

6. 主要病虫害的防治

①炭疽病用70%甲基托布津800~1000倍液，每隔7 d喷1次，连喷3次。

②枝枯病用多硫悬浮剂600倍液，或氧氯化铜悬浮剂＋百菌清1000倍液进行喷雾，连续喷2~3次，相隔10~11 d喷1次，并剪除受害严重的枝梢焚烧。

③藻斑病用氧氯化铜悬浮剂600倍液进行喷雾。

④介壳虫用蚧杀特2000倍液全园喷洒2~3次，或用蚧杀特2000倍液＋吡虫啉1500倍液进行喷雾。

⑤蚜虫防治在新梢生长期间喷吡虫啉2000倍液2~3次，能有效控制蚜虫危害。

⑥尺蛾、卷叶蛾类用乐斯本乳油800倍液，或高效氯氰菊酯1200倍液进行喷雾。

⑦根结线虫用阿维菌素乳油2000倍液＋辛硫磷乳油1000倍液进行灌根，视植株大小，每株灌药液2~4 kg，连续2~3次。或在定植后7 d内用辛硫磷800倍液和阿维菌素2000倍液混合淋施种植位置，相隔15 d再淋第2次，可有效防止线虫害。

7. 疏果、套袋

在谢花后，果实长至直径为3 cm左右时，宜将不良及过多的果粒摘除，根据树体营养及挂果状况每枝保留1~2个果，再用泡沫网和塑料袋套上，以保持果皮美观、细嫩和防止病虫害。

十三、君迁子 Diospyros lotus Linn.

君迁子属柿树科柿属，当地居民称为"黑枣"，在攀西地区广泛分布。成熟果实甜味十足。由于君迁子适应能力强，易繁殖，普遍作为嫁接柿树的砧木。

（一）繁殖方法

1. 实生繁殖

各种砧木都用播种繁殖，种子需采自成熟的果实，采取后可行秋播。如行春播宜洗净、阴干后沙藏，一般在低温5 ℃左右，经一段时间即能通过春化。播种法有直播和床播两种，直播出苗后，宜用铁铲插入15~18 cm土深中，切断主根，使其分生侧根，以便苗木移栽时易于成活。

2. 嫁接繁殖

可用切接、腹接、劈接、芽接（大方块芽接法）等，枝接时期因地而异，砧木苗开始萌动，接穗的芽已开始露青，就是枝接的最适时期。芽接常在8月下旬至9月上旬之间进行，芽接口忌切口干燥，否则会减低成活率，宜用塑料条捆缚防干，以提高成活率。

（二）定植建园

选择背风向阳、光照充足、交通方便、海拔 400～1000 m 范围内的平地或浅山缓坡及台地地带新建柿园，要求土地土层深厚，土壤 pH 值 6～8.5 为宜。

1. 栽植时间

秋季栽植可在苗木落叶后、土壤封冻前的 10～11 月进行，春季栽植应在土壤解冻后，即 3～4 月上旬进行。

2. 栽植模式

一般沟坡地建园密度可采用 3 m×4 m 左右，平原肥水好的地方可采用 3 m×4 m 或 4 m×6 m；也可采用变化密度，初植密度 2 m×3 m 或 1.5 m×4 m，结几年果后间伐，变为 3 m×4 m 或 4 m×6 m。

3. 栽植方法

（1）土壤管理

每年 8 月中旬到土壤封冻前进行扩盘，即在树盘外距树干 1.5 m 处开挖宽 50 cm、深 60 cm 的环形沟。挖沟时，将表土与底土分开放，埋沟时，结合施肥，将表土掺和杂草、秸秆、厩肥等混匀放在下层，底土放在上面。平缓地柿园可在行间开条沟，远近以不伤及粗根为宜，沟深 60～80 cm，逐年翻通行间。

（2）栽植

采用带状整地，带宽 1.5 m，带内挖穴，穴规格 60 cm×60 cm。苗木应随起随栽，起苗后，分级打捆，根部蘸泥浆保护根系。栽植时，将苗木放入穴内，使根系舒展，然后分层覆土，分层踏实，嫁接苗覆土高度不能高出嫁接位置（一般嫁接口应高出地面 15 cm 左右）。当天栽不完的苗木，假植于背风向阳处，并洒水保湿，以防苗木失水，栽前剪去烂根及过长根，及时中耕除草。

4. 果园土、肥、水管理

基肥一般在 8 月中旬至 9 月份施入，以厩肥、圈肥、人粪尿等有机肥为主，栽植前每穴施农家肥 15～20 g，并注意氮、磷、钾肥的配合。农家肥与表土拌匀，回填于穴的中下部。栽后及时浇水，待水渗下后，树盘覆土或覆膜，防止水分蒸发。每年冬前和开春后对柿园行间深翻，有利消灭越冬害虫，促进土壤熟化，保持土壤水分。合理施肥，在树冠垂直投影外挖环状、放射状、穴状或条状沟施，幼园多用环状沟施，平地成年园可采用条状沟施或全园撒施。

君迁子大量吸收养分从 5 月上旬新梢停止生长开始，追肥以速效氮肥为主，配以适当的磷、钾肥，7 月份以后以钾肥为主，配以适当的氮、磷肥。施肥以少量多次为宜。在 3 月中旬和 8 月中旬时期，用 43％氮、磷、钾（20：8：15）配方肥每株施入约 0.75 kg，盛果树每株 1.25 kg，腐殖酸有机肥在 8 月中旬每株施入 1 kg。还可进行叶面喷肥，常用肥料和浓度为尿素 0.2％～0.5％、磷酸二氢钾 0.3％～0.5％、硫酸钾 0.3％～0.5％。

施肥量一般掌握老树、弱树、病树、结果多的树和瘠薄地应多施，土壤肥沃的适当少施，幼树、生长旺盛的树少施。结合施肥可适量灌水，在冬前灌一次封冻水，提高树体抗寒能力；春季干旱时可在萌芽前和开花前、后各灌 1 次水；7～8 月果实膨大期若雨量少，可再灌 1 次水，灌水后及时松土除草。

5. 整形修剪

（1）三枝一心形

树形丰产园树形以纺锤形或三枝一心形为主。成品苗建园，栽后即 1 m 左右处定干，第二年在中心干上逐步选留培育 6～8 个大中型结果枝组，每年冬剪时疏除过密枝，选留枝一般不截延长头，注意拉枝，时间以每年 4 月初至 5 月底或 7 月底至 8 月初为宜。第一年 1.2 m 左右处定干，当年冬剪或第二年春剪时选留基部三主枝，三主枝尽量不要邻接，层内距 30～40 cm，主枝方位应斜向行间，水平夹角 120°，中心干和主枝均不截延长头，第二年 4 月初至 5 月底拉开主枝，角度 50°～60°，第三年冬剪时在中心干上选留 6～8 个结果枝组，均匀错落排列。

（2）主干疏层形

房前屋后，地头埝边零星栽植的树多以主干疏层形为主。定干高度 1～1.2 m，第一年冬剪时选留第一层主枝，主枝延长头于饱满芽处短截，三主枝层内距 30～40 cm，水平夹角 120°，主枝与中心干夹角 50°～60°，第二年在基部三主枝上各培养 2～3 个侧枝，并选留第二层主枝，第三年选留第三层主枝，主侧枝延长头每年冬剪时均在饱芽处短截，一般三年成形。注意疏除过密枝、病虫枝，结合夏剪拉枝培养牢固的树体骨架。

（3）冬季修剪

幼树修剪注意开张枝条角度，根据整形要求选留枝条，及时拉枝，枝条较粗时拉枝要慎重以防折断；适当疏除过强、过密、过弱枝及病虫枝；缓放中庸枝、促生结果母枝、促进早成形、早结果、早丰产。结果树要注意通风透光，培养、更新结果枝组，防止结果部位外移，缩剪 3 年以上的结果枝组，适当短截部分结果母枝，压低结果母枝部位，对结果枝组实行前结果、后培养，放出去、缩回来的方法更新。对枝梢明显转弱的树，先培育后部徒长枝，通过缩剪用其替换弱枝充实内膛，使树老枝不老。结果母枝过多时，可留基部 3～5 个芽进行短截，作为预备枝，保证次年结果数量，克服隔年结果现象。疏除过密的发育枝、徒长枝。衰老树注意回缩衰老大枝，利用徒长枝更新树冠，恢复树势，延长结果年限。

（4）夏季修剪

幼树及高接树结合整形适当拉枝，缓和树势，扩大树冠，改变枝条方向，可在 4 月初至 5 月底或 7 月底至 8 月初拉枝，及时抹除剪口附近的萌蘖及大枝背上的多余新梢。内膛徒长枝可疏除或摘心补空，及时疏除过密枝条、细弱的无用枝及病虫枝，以利通风透光。

6. 病虫害防治

君迁子树上发生的病虫害有炭疽病、圆斑病、绵蚧、草履蚧、长绵蚧、龟蜡蚧、日本双棘长蠹等。

（1）炭疽病

①优化柿园环境，改善柿园通风透光条件，降低柿园空气湿度，阻止病源菌的传播蔓延。加强土肥水管理，增强树势，提高树体抗病虫能力。生长季节及时剪除病枝、病果，并带出园集中烧毁并深埋；冬季彻底清扫落叶、剪除病枝、柿蒂和僵果，集中烧毁并深埋。

②建园时选无病苗木，栽植前用 1∶3∶80 的波尔多液或 20％石灰乳侵苗 10 min，进行消毒，以防病源菌带入园内。

③发芽前喷 5°Bé 石硫合剂，严重时 11 月再喷一次。

④从 5 月中下旬至 10 月上旬，根据降雨量每 10～15 d 左右喷 1 次 1∶3∶（300～500）倍式波尔多液或 1000 倍溴菌托，0.3～0.5°Bé 石硫合剂（气温高过 32 ℃时禁用），50％退菌特 600～800 倍液、1500～2000 倍溴菌晴等。喷药时间最好在雨前或刚雨过天晴时进行，雨前喷波尔多液等保护剂，雨后喷过氧乙酸类、溴菌晴等杀菌剂。

（2）草履蚧

①若虫上树前（1 月 20 日前）清除树下杂草等，选用稍厚些的新塑料薄膜，裁成 30 cm 左右宽的长条，长度视树干粗细而定，将塑料条围在树干基部，用绳子上、下两道绑紧形成阻隔圈。也可把塑料接口处和上部用订书针钉牢（适于粗皮多的大树），钉时要拉紧塑料，使之平整紧贴树身，不留空隙，再用土培严塑料下部，并把土拍光滑。绑好后，经常观察，发现阻隔带下有小若虫时可扫集到一块杀死或喷药一次杀死若虫。或用缠胶带（适于幼树及根系裸露的君迁子树），在树干 1 m 左右处刮除宽 8～10 cm 粗皮，用宽胶带缠绕 1 周，利用胶带表面光滑不利于若虫爬行阻止若虫上树。

②利用草履蚧雌虫 5 月中、下旬下树，在树下土缝草堆中产卵的习性，5 月上旬，清除树下杂草，在四周挖环状沟，深约 30 cm 即可，内置杂草，诱集雌虫在草中结茧产卵，待产卵结束后取出带有白色茧块的柴草集中烧毁。

③若虫上树危害，喷 40％氧化乐果 1000～1500 倍液＋0.3％～0.5％洗衣粉、800～1000 倍速扑杀或蚧死净等，7～10 d 1 次，连防 2～3 次。

（3）龟蜡蚧

①结合冬剪，剪除越冬虫枝，集中烧毁，也可用刷子刷除虫体。

②落叶后至发芽前，喷 5°Bé 石硫合剂。

③6月中下旬，若虫孵化期，用40％氧化乐果1000～1500倍液＋80％敌敌畏1000～1500倍液＋0.3％～0.5％洗衣粉、40％速扑杀1000～1500倍液或蚧死净800～1000倍等树冠喷雾，7～10 d 1次，连防2～3次。

（4）绵蚧

①发芽前，喷5°Bé石硫合剂，消灭越冬若虫。

②6月上中旬、7月中旬、8月中旬、9月中下旬各代若虫孵化盛期，采取树冠喷药1～2次，药剂同龟蜡蚧。

③天敌发生期（黑缘红瓢虫等）尽量少用药或不用广谱性杀虫剂，保护天敌。

十四、梅 Armeniaca mume Sieb.

梅属蔷薇科杏属，凉山州冕宁县金沙江及木里小金河有野生，目前攀西地区部分县市有少量栽培。其果实香气浓郁，果味酸，可生食，或干制、盐渍食用。本地有人少量加工成酸梅干或酸梅汁食用。

（一）繁殖方法

梅目前常用实生或嫁接育苗，亦可用压条繁殖，有些类型和实生砧可行扦插繁殖。

1. 实生繁殖

梅核种子量一般约600粒/kg，直播播种量约20～25 kg/667m²，床播约200～250 kg/667m²。播种时，核尖侧向，缝合线垂直于地面。梅采种应用中晚熟品种的黄熟果，一般种子沙藏后，秋冬至翌春1月下旬播种。

2. 嫁接繁殖

为提高商品质量，应采用嫁接育苗。梅与木最亲和，丰产而长寿，不易受白蚁危害。与杏亲和，但成年后生育较差，一般常作为花梅，可加深花的红色。管理周到，每年8～10月即可芽接，亦可于10月或次年早春接穗萌芽前行枝接，以秋接成活率高，故春接作为秋接未成活的补接之用。芽接常用丁字形或嵌芽接，枝接常用切接或切腹接。此外，梅亦可用根接，接穗多采用生长枝中段，春季嫁接宜在11～12月采接穗，行冷温沙藏，则可延迟嫁接至砧木萌芽后进行，并可提高成活率。

（二）定植建园

梅在有些地方东南西北坡向均可做经济栽培。梅花期忌干燥，以选南或西南坡向为宜；梅开花时最适宜吹小北风，如遇温暖、南风多雾的天气，则不利于授粉，结果率低，落果多，以东向或东北向坡地为宜。为避免寒风和减少幼果冻害，宜选山地东南向中下坡暖层为宜，避免在冬季风口或迎风面及山谷底部栽植，并要建立防护林。梅不耐水，要避免在低温和排水不良的地块栽植，并要重视设置排水沟。要获得早果丰产优质高效，在山地建园宜深翻土壤，建造梯地。

1. 栽植时间

梅常用一年生苗定植，亦可 3~4 年大苗定植，梅萌动早，宜落叶后行秋植。

2. 栽植模式

株行距一般为（4~5）m×（6~8）m，密度栽 15~30 株/667 m² 左右，为提高早期产量，可行计划密植。

3. 栽植方法

（1）土壤管理

梅根浅，定植时宜强调开定植穴（沟），行深翻熟化，施入有机质 50 kg/667 m³ 以上，以加深根系分布、增强树势。梅产量丰产与上年树体贮藏营养量关系很大，因此，通过施肥灌水和病虫防治，防止早落叶，增加贮藏营养，是丰产优质的关键。挖大穴，施足基肥，早春种植，以后逐年扩穴改土。结果树在采果后 6 月中下旬沟施有机肥，并结合少量速效氮肥。

追肥在花前和落果后施入，前期以氮肥为主，第 2 次施钾肥，同时结合磷肥和氮肥或复合肥。一般停梢后在 6 月下旬至 7 月上旬宜早施基肥，以迟效肥为主，配合速效肥，以满足梅树当时直至翌春的需要，施肥量要占全年的 70% 左右，以氮磷肥为主。基肥最迟在 8 月施下，以利根系吸收（梅根 9 月以后已不再生长）。

强酸性土壤可施石灰，矫正 pH 6.5 左右。除生草、覆草栽培外，基肥中有机肥至少 1000 kg/667 m²，以保证土壤中必要的有机质含量。成年园施肥时，可深沟施和全园施相结合，以充分发挥根系的作用，一般上半年雨季宜全园浅施，下半年干季宜深沟施。幼龄梅园一般采用树盘清根或覆草法，树间行间作或生草种绿肥，成年后采用局部或全园生草种绿肥为宜。梅浅根落叶早，应注意深翻熟化土壤，引根深入土中。5 月中旬，如遇干旱，要灌水促果肥大，夏季高温干旱，要覆草抗旱灌水，一般生长季雨后 5~7 天灌水一次。梅不耐水，春季积水，易落花落果，夏季积水，则易落叶，应注意排水。

（2）栽植

梅常用一年生苗定植，亦可 3~4 年大苗定植。

4. 开花授粉

梅宜选用开花迟的品种，并混栽授粉树。开花期气象条件差的年份，授粉树距主栽树 6 m 以内，结实率高，10 m 以上则极端低下。因此，在行距 5~7 m 时，以每隔二行种一行授粉树为宜，即授粉树占 30%~40%。授粉品种应选与主栽品种亲和性高、开花期一致而长、花粉多的，最好与主栽品种用途相同，以便采收。授粉品种宜安排 2~3 个，特别对早花品种，尤其必要。

5. 整形修剪

梅干性不强，树冠开张，其整形和一般核果类果树相似，多采用自然开心形。梅亦可采用二层形或主干形，其产量较高，但结果稍迟，造型和管理较不便，适用于树势强、干性强、土壤肥沃、栽植距离大的梅树。梅对修剪反应敏感，必需善为掌握。梅以中、短果枝结果为主，故其修剪制度与李相似，采用疏删修剪制度，促其多形成短果枝结果。其骨干枝的间隔要大，一般宜保持0.6~1 m，在骨干枝上以适当间隔保留生长枝或长果枝，作为结果基枝。一般对它不行剪截，或行轻剪即剪去1/4~1/5，则除顶端抽生长枝外，可大量形成中、短果枝。修剪时应多留结果枝、多留花芽，修剪量从轻，早期多形成叶片，以确保产量。

梅冬季修剪在落叶后至花芽萌动前进行，夏季修剪在4~6月间行抹芽、扭梢、挪枝、摘心、拉（撑）枝等。梅成年树在生长期易自骨干枝下部隐芽抽生强枝，如骨干枝健壮，枝组分布均匀，这些强枝应极早删除以减少养分消耗和扰乱树形；如骨干枝衰老或有光秃部分，则可选留适当的强枝进行更新或培养作为枝组，在5月间对它行摘心或扭梢，促使它当年形成短果枝，翌年即可结果。修剪可改善树冠内部光照，促进花芽形成，疏除树冠中央和上部一部分交叉密生大枝，而对其余部分不行细剪，以免修剪过重影响产量。对剪除大枝所形成的伤口，要剔平后用杀菌剂涂抹消毒，再包以黑色塑料膜，以促其愈合，效果较涂保护剂为好。

苗木定干后，主干上保留5~6个枝条，选其中3个为主枝，其余为辅养枝，培养成基枝结果，以加速树冠形成，密生后再逐年疏除。幼树冬剪宜轻，并注意拉枝扩大基角削弱生长势。夏剪应重视疏枝、扭梢、摘心和剪梢工作，促进花芽形成和分枝。梅树有上强下弱特性，冬剪时上部以疏为主，中、下部适当短剪；长放与回缩结合，培养预备枝，形成可持续结果的树体结构。

6. 保花促果

梅开花早，容易落花落果而减产。因此，保花促果提高坐果率是保证梅丰产稳产的关键。

（1）自花不孕

应配置授粉树，如缺少授粉树，应高接授粉品种或花期临时采集授粉品种的花枝进行插罐，亦可在六成开花至盛花期用棉棒在晴天中午进行人工授粉，短果枝授2~3花，中果枝授5~6花。

（2）花期低温、阴雨和花后低温

这是梅产量不稳的主要原因，可选用迟开花的品种，选择小气候良好的地点建园，设立防风林，进行人工授粉。花后遇低温，进行熏烟防霜。花期喷防落素、GA_3、尿素、硼砂等亦可提高坐果率。

（3）花器不完全

加强上年栽培管理，特别在停梢后加强病虫防治和肥水使用，以延迟落叶、加强光合作用，增加贮藏营养。

（4）花量过多

花量过多，易造成大量落花和第 1 次落果，应进行合理修剪，减少花量。

（5）缺乏昆虫传粉

注意农药使用，开花期放养蜜蜂。对第二次和以后落果，应加强上年管理、合理修剪、施肥、排水、疏果、防病虫，协调当年梢果矛盾。

7. 果实采收

梅果要根据用途决定采收适期，宜分 2~3 次采收，既可提高产量品质，又有利于树体恢复，采收宜避雨天、雨后或露水未干时进行。

十五、野胡桃 Juglans cathayensis Dode.

野胡桃属胡桃科胡桃属，攀西地区山区广泛分布，由于其寿命长，适应能力强，目前已经有大量植株被嫁接改良，为当地居民带来显著的经济效益。

（一）繁殖方法

1. 实生繁殖

（1）种子处理

选择核仁饱满、无病虫害的种子，用赤霉素 100~200 mg/kg 溶液浸泡 1 昼夜后，再水浸 10 d 左右，待种仁吸水膨胀，混以 3 倍的湿沙，堆放在避风向阳处用草袋覆盖。常温下 20 d 左右开裂露白即可下种。

（2）育苗地选择

育苗地尽量选择在排水良好、地势平坦、有一定灌溉条件的地方。如果是坡地育苗，其坡度不能大于 5°。土壤以壤土或中壤土为好。重茬地或长期种植玉米、蔬菜、马铃薯等退耕地一般不能作育苗地。

（3）育苗地的耕作与施肥

一是夏末秋初平田整地、中耕除草、蓄水保墒，其深度为 25~30 cm 左右；二是育苗前 1 个月浅耕，打碎土块，捡净杂草、石砾等物；三是浅耕后及时耙地，耙实耙透，力争平、松、匀、碎；四是结合浅耕，每亩施农肥 1000 kg、复合肥 15 kg。

（4）播种时间与方法

春播以晚霜前 15 天左右为好，即农历三月二十日前后。秋播在土壤封冻前进行（秋播不需要种子催芽处理）。一般采用点播法，下种时种壳缝合线与地面垂直，深度 6~8 cm，发芽种子可将胚根尖掐去 0.10 cm，促进侧根生长，播种后用薄膜或农作物秸秆覆盖保墒增温。

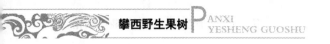

（5）幼苗管理

松土、除草、追肥、虫害防治。

2. 嫁接繁殖

实生繁殖苗木，不但结果迟，且易发生变异，不能保持原有品种的优良性状。今后应推广嫁接育苗。通过嫁接不仅能显著提早结果和保持优良性状，还可利用木的适应性，扩大栽培范围，增强核桃的抗逆力。

（二）定植建园

1. 栽植时间

秋落叶后至春萌芽前定植。

2. 栽植模式

晚实核桃在土质良好、肥力较高的地方，定植株行距可以大些，采用 5 m× 7 m 或 6 m×8 m 的密度；在土层较薄、肥力较低的山坡地，株行距可小些，一般采用 4 m×6 m 或 5 m×7 m 的密度。早实核桃结果早、树体较小，可采用 3 m×5 m 或 4 m×6 m 的密植方式；当树冠郁闭、光照不良时，可有计划地疏间成 6 m×5 m 或 8 m×6 m 的株行距。

3. 栽植方法

（1）整地

核桃是深根性树种，栽植前应精细整地，对土壤进行适当改良。坡度＜10°的缓坡地，可于秋冬季沿等高线挖 100 cm×100 cm×80 cm 的栽植穴；坡度 10°~25°的坡地，可先筑水平梯带，带宽 2~3 m，带内定点挖 80 cm×80 cm× 60 cm 的栽植穴。每穴施腐熟的农家肥 20 kg、磷肥 0.5~1.0 kg，与表土混匀填入栽植穴中下部，回填时表土在上，心土在下。

（2）栽植

定植前应先修剪伤根、烂根和过长的主侧根。如根系失水，可先放入水中浸泡半天或进行泥浆蘸根处理，使根系充分吸水。栽植时按苗木根系大小挖穴，放入苗木，舒展根系，做到苗正根舒。栽植深度一般以超过苗木根茎原土痕处 5 cm 左右为宜。

4. 土肥水管理

（1）土壤管理

一般在每年秋冬季（采果后）结合施基肥进行，沿树冠滴水线向外扩挖深 40 cm、宽 50 cm 的圆形或条状沟，然后将基肥和表土放入沟底并混匀，心土覆盖在上面。

（2）肥料管理

幼树施肥应采取薄施勤施的原则，定植当年至发芽后开始追肥，每月 1 次，到 9 月底施 1 次基肥，第 2~4 年，每年于 3 月、6 月、8 月、10 月共施 4 次肥即可。以腐熟农家肥为主，结合翻耕土壤进行，施肥量占全年施肥量的 40%～45%。核桃树进入结果期后，由于对养分的消耗增大，施肥量也要相应增加，在增施氮肥的同时，应注意增施磷、钾肥。结果树每年施肥 3～4 次，分别在 3 月、6 月、7 月和 11 月，主要以农家肥为主，适当配施磷肥，主要作用是促进幼果发育，减少落果，有利于花芽分化。

（3）水分管理

根据核桃生长发育特点，萌动和发芽抽梢期（3～4 月）、开花后至果实膨大期（6 月前后）、花芽分化至硬核期（7～8 月）不能缺水，应及时进行灌溉。

5. 开花授粉

核桃为异花授粉树种，栽植时一定要配置授粉树。应注意雄先型品种配雌先型品种，一般早实性和晚实性品种要分开，早实核桃雄先型和雌先型之间，晚实核桃雄先型和雌先型之间可相互授粉，一般授粉品种应占栽培总株数的 20%～30%。

6. 整形修剪

（1）整形

目前，核桃生产中采用较多的有 2 种树形，即以疏散分层形为代表的主干型树形和以自然开心形为代表的开心型树形。一般情况下，早实核桃干性弱，多采用开心型；晚实核桃干性强，宜培养成主干型。在实际生产中，可根据品种特点、立地条件、管理水平等因素，选择培养合理的树形。

（2）修剪

①幼树修剪。

未结果的幼树，主要以培育树形为主，在选留主、侧枝的基础上，采用短截、疏除等方法，培养辅养枝，促发新枝，培育结果枝。

②初果树修剪。

继续选留主、侧枝，扩展树冠，在适度结果的同时，疏除过密枝、交叉枝、重叠枝，使枝梢分布均匀，改善通风透光条件，促进枝干旺盛生长。

③盛果树修剪。

因树制宜，疏除、回缩过密枝、细弱枝和下垂枝，保持各级枝条旺盛生长，培养各级结果枝组，增大结果面，促进丰产稳产。

④老树修剪。

重回缩各级骨干枝，刺激隐芽（潜伏芽）萌发新梢，更新树冠和培养新结果枝组。只要加强土肥水管理，一般更新后 3～4 年就可重新形成树冠，恢复较强的结果能力。

⑤放任树改造。

随枝作形，根据枝干结构，参照某一种目标树形，确定主、侧枝的去留。如果枝干过多，可在 2～3 年内分批改造完成，少量疏枝以 1 年疏除效果好。在大枝疏除的同时，还应对选留的主侧枝进行修剪，按照留壮去弱、留稀去密的原则，疏除交叉枝、重叠枝、密挤枝和下垂枝。留下的枝条，给予适当回缩短截，促使萌发新枝，尽快恢复产量。

6. 病虫害防治

核桃的常见病虫害有腐烂病、溃疡病、天牛、尺蠖、介壳虫等。冬季及时剪除病虫枝、干枯枝，集中烧毁，并做好清园工作，减少病虫源；早春至初夏幼虫孵化时喷 600 倍的氧化乐果液，可防治天牛、尺蠖、介壳虫等害虫；秋末用刀刮除感病树皮，并涂抹 100 倍福美砷液，可防治干腐病、溃疡病等病害。清除病枝落叶，刮除树干基部粗皮，涂抹 5～10°Bé 石硫合剂或 50％甲基托布津等，可防治核桃溃疡病，再于 7～8 月喷 2 次 50％退菌特 800 液，可使病株率降低到 1‰以下。

十六、榛子 Corylus heterophylla Fisch. ex Trautv.

榛子属于榛科榛属落叶灌木，为小干果树种，其坚果具有很高的食用价值。随着社会主义新农村建设和生态县建设的需要，榛子已成为山区农民致富的一项好产业。由于具有丰富的营养和良好的保健作用，而且价格逐年上涨，人工栽培也被农民所认识，栽培面积逐年扩大。

（一）繁殖方法

榛树的育苗主要有播种、嫁接、分株、压条和扦插等方式。目前栽培榛树的育苗，主要以压条繁殖为主，压条育苗又分为弓形压条和水平压条。

1. 弓形压条

可分为硬枝压条和绿枝压条。

（1）硬枝压条

硬枝压条必须在早春进行，其方法是沿榛树株丛周围挖一条 15～20 cm 深的沟，把拌好的土粪撒入沟内，大约在 5 cm 左右。从母株上选离地面近的发育良好的 1 年生枝条，将其从准备生根部位的基部，用细铁丝横缢或环剥 1～2 mm；或在生根部位纵割 3～5 条，并涂上 ABT 生根粉 1 号或 2 号，生根效果会更好。然后，将上述枝条弯曲到沟底，并有小枝固定，填土埋好，其深度一般为 10 cm 左右，然后将沟填平，培实。压条先端要露出地面，要摘除叶片待生根。埋土后，必须充分灌水，使枝条与土壤紧密结合，以后要注意使土壤经常保持湿润，无杂草。待秋季落叶时将已生根的榛树小植株与母体剪断分离，即形成压条苗，每丛母株一年可繁殖 20～30 株或更多的压条苗。

（2）绿枝压条

6 月中旬当母株当年生的基生枝条长到 60～80 cm 时即可进行，其方法同硬枝压条，但不必用枝杈固定，而直接用土压住即可。

2. 水平压条

在春秋两季都可进行，但以春季早期进行为宜。具体方法是：将母株近地面生长旺盛的一年生枝条水平拉开，铺在地面上，用小树杈或木钓固定住，不压土，保护好叶芽，使之萌发。在水平面上的芽几乎都能长成新梢，新梢长到 10~15 cm 高时，在每个新梢的基部用细软的铁丝横缢 2~3 圈，促进新根的形成。然后对新梢培土，培土高在新梢 2/3 处为宜，以后随着新梢的生长，再进行培土 1~2 次。所有新梢培土部分，应先将叶子去掉，待秋季落叶后，将整个压条挖出来剪断，即形成多株独立的苗木。

（二）定植建园

榛子是喜光树种，适应性较强，以 pH 6~8 的中性和微碱性土壤为宜，平地、沙土地等排水良好的地段均可栽植，特别是停耕还林地块更适合栽植。土层深厚肥沃、水分条件充足的条件下更适合榛子的生长发育。榛树不耐水湿，洼地、地下水位高、土壤黏重板结的地块不宜栽植。

1. 栽植时间

春季与秋季栽植均可，一般在 4 月中旬土壤化冻后榛苗萌芽前为最佳。

2. 栽植模式

合理的栽植密度是丰产的前提。根据地块面积、地势等规划成小区，其原则就是为了方便作业，不浪费土地资源，攀西地区通常采用单行栽植，株行距为 2 m×3 m 或 2 m×4 m，即栽 110 株/667 m² 左右，或者 80 株/667 m² 左右。栽植坑大小要适宜，要求一次性将水灌足，并覆土保墒，提高成活率。榛树属于雄雌同株植物，但单品种不能自花授粉，在不能确保人工授粉情况下，栽植榛树时必须多品种混栽。

3. 栽植方法

（1）土壤管理

在建园选择品种和组合搭配时，必须充分考虑品种特性，选择适宜当地气候、土壤条件的树种类型，而且还要多种类型混合栽植。

（2）栽植

栽植前先将选好的苗木进行修根，苗木根系保留 10~20 cm 即可。栽植时，先挖好栽植坑，定植坑的规格按 60 cm×60 cm、50 cm×50 cm、60 cm×50 cm 都可以。坑挖好后放底肥，每坑内放入 5~10 kg 腐熟的农家肥。然后进行栽植，先放几锹表土，使苗木根系不接触底肥。再按品种计划将苗木放入定植穴内，使其根系舒展，校正位置后先放表土再放心土。边填土边踏实，使根系与土壤紧密结合。再在苗木周围筑起树盘，以保湿增温，促进苗木根系活动，提高成活率。

4. 树形整修

整形修剪是榛树优质丰产栽培中的一项重要技术，合理进行修剪，能改善通风透光条件，减少病虫危害，调整营养生长与结果关系，提高品质，增加经济效益。

不同品种的榛树，树冠开张程度也不同，通过修剪措施加以调节，一般不结果和结果初期的榛树，应以扩大的树冠为主。对各主侧枝的延长枝进行轻短剪。盛果期的榛树，剪掉其长度的 1/3 或 1/2，促发新枝。对老树要进行更新修剪。对于过密的待长枝、细弱枝要根据情况适当疏除。总之，疏枝量不超过总枝量的 20%。无论是哪种栽培形式，基部萌发蘖都要及时除掉，因为萌发蘖争夺养分，所以每年需除萌蘖枝 2~3 次。

5. 病虫草害防治

榛树病害主要是白粉病和果柄枯萎病，虫害是榛实象鼻虫。

（1）白粉病

发现榛子白粉病株丛，应及时清除病枝叶或者拔除中心病株，减少病源。药剂防治于 5 月上旬至 6 月上旬，喷施 50%多菌灵可湿粉 600~1000 倍液、15%粉锈宁可湿粉剂 1000 倍液。7~8 月份再喷一次。

（2）果柄枯萎病

发生在 6 月上旬，发现受害果实要连果柄一起摘除，带出果园或深埋，同时喷 50%多菌灵可湿粉剂 800 倍液、65%代森锌可湿粉 600 倍防治。

（3）榛实象鼻虫

该虫害发生面广，其生活史长而复杂，世代重叠交替发生，必须采取综合防治的方法。在成虫产卵前补充营养期及产卵初期，即 5 月中旬到 7 月上旬用 40%虫蜱乳油 1000 倍液、20%桃小灵乳油 1000 倍液毒杀成虫。7 月下旬到 8 月中旬，于幼虫脱果前及虫果脱落期，在地面上撒毒虫粉剂毒杀脱果幼虫，用量 2.25~3 kg/667 m²。

6. 防除杂草

防除榛园大草，及时中耕除草，提高产量。

7. 采收

人工采收时，采下带苞果实，堆置发酵 1~2 天，用木棒敲击果苞，即可脱苞，然后晾晒。机械采收，适于大面积榛园采用，在榛子收获前，要做好榛园田间准备工作，清除田间杂物，将土地压平，在榛子自然成熟落地后，便于机械收集。脱苞晒干即可出售。

十七、黄连木 Pistacia chimensis Bunge

黄连木属漆树科黄连木属，在攀西地区零星分布。黄连木对土壤要求不严，耐干旱瘠薄，种子含油量高，是值得攀西地区大力发展的生物质能源树种。

（一）繁殖方法

实生繁殖，一般选择20～40年生、生长健壮、产量高的母树采种。黄连木花期为3～4月，10月果实成熟。当果实成熟时呈铜锈色，熟后10 d左右收获。采收后要及时将果实放入40～50 ℃的草木灰温水中浸泡2～3 d，搓烂果肉，除去蜡质，然后用清水将种子冲洗干净，阴干后贮藏。

挖深、宽各1 m的坑，将种子与湿沙按1∶3的比例混合埋入。在距地面15 cm处，全部填入河沙，上面覆土成馒头状，在坑内竖立几束秸秆，以利于通气。在第二年春季，种子有1/3露白时即可播种。

种子出苗前，要保持土壤湿润，一般20～25 d左右出苗。为提高成活率，要早间苗，第一次间苗在苗高3～4 cm时进行，去弱留强。以后根据幼苗生长发育间苗1～2次，最后一次间苗应在苗高15 cm时进行。根据幼苗的生长情况施肥，幼苗生长期以氮肥、磷肥为主，速生期氮肥、磷肥、钾肥混合，苗木硬化期以钾肥为主，停施氮肥。及时松土除草，多在灌溉后或雨后进行，行内松土深度要浅于覆土厚度，行间松土可适当加深。一般一年生苗高60～80 cm，产苗250株/667 m²。

（二）定植建园

选择地势较高、排水良好的地块。应选择背风向阳的缓坡，退耕还林地栽植，最好成片栽植，有利于授粉和管理。山地造林要提前几个月整地后再栽种，整地方式可根据林地不同立地条件，选用坡度平缓的全面整地，做成梯田或台田；坡度较陡的可采用带状整地、穴状整地或鱼鳞坑整地。

1. 栽植时间

春季播种一般在2月下旬至3月中旬。

2. 栽植模式

栽植密度为100株/667m²，在建园时，配置好授粉树，以5％～10％雄株作授粉树与雌株混合交错栽植，以利于授粉，提高黄连木的结果率。

3. 栽植方法

黄连木造林方法有植苗造林和直播造林两种，通常采用植苗造林。

（1）土壤管理

黄连木喜光，圃地应选排水良好，土壤深厚肥沃的沙壤土。施入4000～5000 kg/667 m²基肥，以及50％的辛硫磷800倍液，毒杀地下害虫；用磨碎的硫酸亚铁50 kg/667 m²施入土中，以防立枯病。

（2）栽植

挖条状沟，沟距30 cm、深3 cm。播前灌足底水，将种子均匀撒入沟内，用种量 10 kg/667 m² 左右，覆土 2~3 cm，轻轻压实，上盖地膜，发芽率达 70% 左右。等高栽植，利于水土保持，便于抚育管理。在改建园地时也可将多余的雄株，采用高接换冠的方法改雄株为雌株，以提高结果率。精细栽植，栽时树要摆放端直，根要舒展，土要踏实。栽后浇透定根水，以提高栽植成活率。

4. 果园土、肥、水管理

重视有机肥的施用，基肥以有机肥为主，在开花期间追施一次复合肥。每年施用 2~3 次，基肥发挥肥效平稳而缓慢，当果树需肥急迫时必须及时补充，才能满足果树生长发育的需要。每次的种类最好有所不同，以防缺乏微量元素，影响产量及品质；追肥既是当年壮树、高产、优质的保证，又给来年生长结果打下基础，是果树生产中不可缺少的施肥环节。化肥作为追肥，生长初期以氮肥为主，磷、钾肥为辅；后期依树势不同而用复合肥，酌情补充，以少量多次为原则，方法可采用穴施、撒施或沟施。

5. 整形修剪

自然状态下，树冠杂乱而不规则，内膛枝条常因光照不足呈纤细状，结实力差，为促进生长和结果，在萌发前对植株进行短截修剪，不要贪多，合理修剪造型。

第四章　野果的加工利用

一、概论

（一）野果罐头的加工

罐藏是野果加工保藏的一种主要方法，是将野果原料经过预处理后装入容器中脱气、密封，再经加热杀菌处理，杀死能引起野果腐败、产毒、致病的微生物，破坏原料中的酶活性，防止微生物再次污染，在维持密封状态条件下，能够在室温下长期保存的方法。

1. 野果罐头工艺流程

野果罐头加工的一般工艺流程包括原料的预处理、装罐、排气、密封、杀菌与冷却等。

```
                        空罐准备
                           ↓
选料→预处理→装罐→注液→排气→密封→杀菌→冷却→保温检查→包装→成品
                           ↑
                        糖水配制
```

2. 操作要点

1）原料的预处理

原料的预处理主要包括挑选、分级、清洗、去皮、切分、去核（心）、修整、烫漂、硬化、抽空等工序。预处理的适当与否直接关系到后续加工工序的顺利进行，而且对制品的品质有重要的影响。

（1）原料的挑选与分级

野果罐头加工对果实种类、品种、成熟度、品质都有一定的要求。一般要求野果在采摘后及时剔除发生霉烂及病虫害的果实，以防止其在贮运过程中霉变和腐烂的加剧。考虑到贮运过程中仍有可能发生霉变与腐烂，因此生产前再次剔除腐烂原料，然后再按大小、成熟度及色泽进行分级。原料的分级有利于提高生产效率，更重要的是可以保证提高产品质量，得到均匀一致的产品。

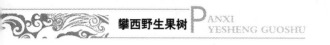

（2）清洗

原料清洗的目的在于洗去其表面附着的灰尘、泥沙、大量的微生物及部分残留的污染物。清洗用水除制果脯类原料可用硬水外，一般加工原料最好使用软水。水温一般是常温，有时为增加洗涤效果可用热水，但不适于柔软多汁、成熟度高的原料。对污染较重的果实可用 0.5%～1.5% 稀盐酸溶液、0.1% 高锰酸钾溶液或 0.05% 漂白粉溶液浸泡数分钟，再用清水漂洗干净。

（3）去皮

个小、皮薄的野果果实，可不去皮，而对于果皮较厚、粗糙的野果，如猕猴桃、刺梨、番石榴等，在制作罐头时均要去皮，否则对加工产品口感均有不良的影响。去皮时，只要求去掉不可食用或影响制品品质的部分，不可过度，否则会增加原料的损耗。去皮的方法有手工、机械、碱液、热力和真空去皮，此外还有研究中的酶法去皮、冷冻去皮。其中以碱液去皮应用较多，碱液处理程度要适度，程度低则去皮不完全，程度高则果蔬表面粗糙。碱液处理条件根据果实的种类、品种、成熟度，通过小试来确定。一般碱液处理浓度、温度及时间为浓度 2%～12%，处理温度 90 ℃ 以上，处理时间 1～2 min。处理方法可采用浸碱法和淋碱法两种。经碱液处理后的原料必须立即在冷水中浸泡、清洗、反复换水。同时搓擦、淘洗，除去果皮渣和黏附的余碱，漂洗至果块表面无滑腻感、口感无碱味为止。为了加速降低 pH 值和清洗，可用 0.1%～0.2% 的盐酸或 0.25%～0.5% 的柠檬酸溶液浸泡，并有防止变色的作用。

（4）切分、去核（心）、修整

体积较大的野果原料，在罐藏时，为了保持适当的形状，需要适当地切分。切分的形状则根据产品的标准和性质而定。核果类加工前需去核，仁果类则需去心。罐藏加工为了保持良好的形状外观，需对果块在装罐前进行修整，例如除去原料碱液未去净的皮，残留于芽眼或梗洼中的皮，除去部分黑色斑点和其他病变组织。

（5）烫漂

原料的漂烫，生产上常称预煮，即将已切分的或经其他预处理的新鲜原料放入沸水或热蒸汽中进行短时间的处理。其主要目的在于钝化活性酶、软化或改进组织结构、稳定或改进色泽、除去部分不良风味和降低原料中的污染物和微生物数量。烫漂常用的方法有热水和蒸汽两种。热水法一般是在不低于 90 ℃ 的温度下热烫 2～5 min，其优点是物料受热均匀，升温速度快，方法简便；但缺点是部分维生素及可溶性固形物损失较多，一般损失 10%～30%，如采用烫漂水重复使用，可减少可溶性物质的流失。蒸汽法是将原料装入蒸锅或蒸汽箱中，用蒸汽喷射数分钟后立即关闭蒸汽并取出冷却，采用蒸汽热烫，可避免营养物质的大量损失，但必须有较好的设备，否则加热不均，热烫质量差。

烫漂的程度，应根据野果的种类、块形、大小、工艺要求等条件而定。一般情况下，特别是罐藏时，从外表上看果实烫至半生不熟，组织较透明，失去新鲜果品的硬度，但又不像煮熟后那样柔软即被认为适度。

烫漂后的野果要及时浸入冷水中冷却，防止过度热处理的余热对产品造成不良影响并保持原料的脆嫩，一般采用流水漂洗冷却或冷风冷却。

（6）抽空处理

野生果实的果肉组织中都含有一定量的空气，如不排除，易引起罐头制品变色、变味，组织形态不良。原料经抽空处理除了能减轻褐变外，还可以增加原料的密度，防止罐内果块上浮，促进糖水渗透，保证罐内固形物质量符合标准，减少原料组织在装罐前含有的空气质量，保证密封后罐内的真空度。因此，野果原料装罐前先行进行抽空处理是很有必要的，特别是那些含有空气较多和易变色的野果。

2）装罐

（1）空罐准备

空罐在使用前要进行清洗和消毒，以清除污物、微生物及油脂等。马口铁空罐可先在热水中冲洗，然后放入清洁的沸水中消毒 30～60 s，倒置沥水备用。清洗消毒后的空罐应及时使用，不宜长期搁置，以免生锈和污染。玻璃罐容器先用消毒水浸泡，再用带毛刷的洗瓶机刷洗，然后用清水或高压水喷洗数次，倒置沥水备用。

（2）罐液配制

野果罐藏中，除了液态食品（如果汁）和浆状食品（如果酱等）外，一般都要向罐内加注液汁，称为罐液或汤汁。果品罐头的罐液一般是糖液，加注罐液能填充罐内空隙、增进风味、排除空气并加强热传递作用，提高杀菌效率。

糖液的浓度根据野果的种类、品种、成熟度、果肉装量及产品质量标准而定。我国目前生产的糖水果品罐头，一般要求开罐糖度为 12%～16%。装罐时罐液的糖浓度计算方法如下：

$$Y = \frac{W_3 Z - W_1 X}{W_2} \times 100\%$$

式中：Y——需配制的糖液浓度，%；

W_1——每罐装入果肉重，g；

W_2——每罐注入糖液重，g；

W_3——每罐净重，g；

X——装罐时果肉可溶性固形物含量，%；

Z——要求开罐时的糖液浓度，%。

（3）装罐注意事项

①经预处理好的野果原料应尽快进行装罐，不应堆积过久，否则微生物生长

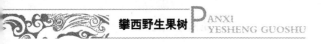

繁殖，影响杀菌效果。

②装罐量应符合要求，力求一致。净重和固形物含量必须达到要求。净重是指罐头总重量减去容器重所得的重量，它包括固形物和汤汁。固形物含量是指固形物在净重中占的百分率，一般要求每罐固形物含量为 60%～65%。各种野果原料在装罐时应考虑其本身的缩减率，通常按装罐要求多装 10%左右。

③保证内容物在罐内的一致性，同一罐内原料的成熟度、色泽、大小、形状应基本一致，搭配合理，排列整齐。有个数要求的产品，应按要求装罐。然后注入罐液，罐液温度应保持在 80 ℃以上，利于提高罐头的初温。

④罐内应保留一定的顶隙。顶隙是指装罐后罐内食品表面（或液面）到罐盖之间所留空隙的距离。一般保持顶隙在 3～5 mm 为宜。

⑤保证产品符合卫生要求。装罐的操作人员应严守工厂有关卫生制度，勿使毛发、纤维、竹丝等外来杂质混入罐中，以免影响产品质量。

装罐的方法可分人工装罐与机械装罐。果品原料由于形态、大小、色泽、成熟的不同，以及排列方式不一样，所以除少数产品采用机械装罐外，多数产品采用人工装罐。各种罐头产品，装入固形物均要保证达到规定重量，因此，装罐时必须每罐过秤。利用机械装罐速度快，装量较均匀，管理方便，生产效率高。装罐机和注液机的设计类型很多，从半自动到全自动，有供特殊原料专用的，也有通用的。

3）排气

（1）排气的目的

排气主要是将罐头顶隙中和原料组织中残留的空气尽量排除掉，使罐头封盖后形成一定程度的真空状态，以防止罐头的败坏和延长贮存期限。除此之外，排气还具有以下几方面的作用：防止或减轻因加热杀菌时内容物的膨胀而使容器变形，影响罐头卷边和缝线的密封性，防止加热时玻璃罐跳盖；减轻罐内食品色香味的不良变化和营养物质的损失；阻止好气性微生物的生长繁殖；减轻马口铁罐内壁的腐蚀；使罐头具有一定的真空度，形成罐头特有的内凹状态，便于成品检查。

（2）排气的方法

排气的方法主要有热力排气法、真空排气法和蒸汽喷射排气法三种。

①热力排气法：利用空气、水蒸气和原料受热膨胀冷却收缩的原理将罐内空气排除，常用的方法有热装罐密封排气法和加热排气法。热装罐密封排气法是将食品加热到一定的温度（75 ℃以上）后立即装罐密封。采用这种方法，一定要趁热装罐、迅速密封，否则罐内的真空度相应下降。此法只适用于高酸性的流质食品和高糖度的食品，如果汁、糖渍水果罐头等。密封后要及时进行杀菌，否则嗜热性细菌容易生长繁殖。加热排气法是将装好原料和注液的罐头，放上罐盖或

不加盖，在蒸汽或热水加热的排气箱内，经过一定时间的热处理，使中心温度达到 75~90 ℃，然后封罐。处理的温度、时间，视原料性质、装罐方式和罐型大小而定，一般以罐心温度达到规定要求为原则。

②真空排气法：装有食品的罐头在真空环境中进行排气密封的方法。常采用真空封罐机进行，因排气时间很短，所以主要是排除顶隙内的空气，而食品组织及汤汁内的空气不易排除。故对野果原料和罐液有事先进行抽气处理的必要。采用真空排气法，罐头的真空度取决于真空封罐机密封室内的真空度和密封时罐头的密封温度，密封室真空度高和密封温度高，则所形成的罐头真空度亦高，反之则低。一般密封室的真空度控制在 31.98~73.33 kPa 之间。

③蒸汽喷射排气法：在罐头密封前的瞬间，向罐内顶隙部位喷射蒸汽，由蒸汽将顶隙内的空气排除，并立即密封，顶隙内蒸汽冷凝后就产生部分真空。为了保证有一定的顶隙，一般需在密封前调整顶隙高度。

4）密封

罐头通过密封（封盖）使罐内食品不再受外界的污染和影响，虽然密封操作时间很短，但它是罐藏工艺中一项关键性操作，直接关系到产品的质量。封罐应在排气后立即进行，以避免罐温下降而影响真空度，一般通过封罐机进行。密封的方法和要求视容器的种类而异。

金属罐的密封是罐身的翻边和罐盖的圆边在封罐机中进行卷封，使罐身和罐盖相互卷合，压紧而形成紧密重叠的卷边。

玻璃罐的密封方法与金属罐不同，罐身是玻璃，而罐盖是金属的，一般为镀锡薄钢板制成，是依靠镀锡薄钢板和密封圈紧压在玻璃罐口而形成密封。

蒸煮袋是用来生产软罐头的，一般采用真空包装机进行热熔密封，是依靠蒸煮袋内层的薄膜在加热时熔合在一起而达到密封的。

5）杀菌

罐头经排气和密封后，并未杀死罐内微生物，仅仅是排除了罐内部分空气和防止微生物的感染，只有通过杀菌才能破坏食品中所含的酶类和罐内能使原料败坏的微生物，从而达到商业无菌状态，得以长期保存。依据原料的性质不同，目前的杀菌方法通常采用常压杀菌和加压杀菌两种。果品罐头多采用常压杀菌。

常压杀菌适用于 pH 4.5 以下的酸性食品，如水果类、果汁类等。常用的杀菌温度是 100 ℃或以下，一般是用开口锅或柜子，锅（柜）中盛水，水量要漫过罐头 10 cm 以上，用蒸汽管从底部加热至杀菌温度，将罐头放入杀菌锅（柜）中（玻璃罐杀菌时，水温控制在略高于罐头初温时放入为宜），继续加热，待达到规定的杀菌温度后开始计算杀菌时间，经过规定的杀菌时间，取出冷却。

加压杀菌是在完全密封的加压杀菌器中进行，靠加压升温来进行杀菌。加压杀菌的温度在 100 ℃以下，此法适用于低酸性食品（pH 值大于 4.5），如蔬菜类及混合罐头。在加压杀菌中，依传热介质不同于高压蒸汽杀菌和高压水杀菌。目前大都采用高压蒸汽杀菌法，这对马口铁罐较理想。而对玻璃罐，则采用高压水杀菌较为适宜，可以减少玻璃罐在加压杀菌时的脱盖和破裂的问题。

6）冷却

杀菌完毕后，应迅速冷却。罐头冷却是生产过程中决定产品质量的最后一个环节，处理不当会造成产品色泽和风味的变劣，组织软烂，甚至失去食用价值。因此，罐头杀菌后冷却越快越好，但对玻璃罐的冷却速度不宜太快，常采用分段冷却的方法，如 80 ℃、60 ℃、40 ℃ 三段，以免爆裂受损。

按冷却的位置，冷却方式可分为锅外冷却和锅内冷却，常压杀菌常采用锅外冷却，加压杀菌常采用锅内冷却。冷却介质有空气冷却和水冷却，以水冷却效果为好。水冷却时为加快冷却速度，一般采用流水浸泡法最为常见。冷却用水必须清洁，符合饮用水标准。

罐头冷却的最终温度一般控制在 40 ℃ 左右，过高会影响罐内的产品质量，过低则不能利用罐头余热将罐外水分蒸发，造成罐外生锈。冷却后应放在冷凉通风处，未经冷凉不宜入库装箱。

7）保温处理及贴标签

将杀菌后的罐头放入保温间进行保温观察，在温度为 25 ℃ 下保温一周，以观察罐头有无败坏现象，正品贴标后装箱入库。

（二）野果果汁的加工

果汁是指未添加任何外来物，直接从新鲜果品中用压榨或其他方法取得的果实汁液，在保留原有的风味和营养，尤其在维生素方面远优于其他果实制品。果汁营养丰富，用途广泛，除了直接饮用外，还是其他多种饮料和食品的原辅料。多数野果多含有丰富的维生素，但常因其酸、涩而不宜直接食用，以制成的果汁为基料，加水、糖、酸或香料调配而成的汁液为果汁饮料，则营养和口感均佳。

1. 果汁的分类

1）原果汁

原果汁又称为天然果汁，是由新鲜果实直接破碎、压榨而制得的汁液，而人工配制果汁是用糖、柠檬酸、食用色素、食用香精和水模拟天然果汁的状态配制而成的制品。原果汁又分为澄清果汁和浑浊果汁两种。

（1）澄清果汁

澄清果汁又称透明果蔬汁。在制作时经过澄清、过滤这一特殊工序，汁液澄清透明，无悬浮物，稳定性高。因果肉颗粒、果胶质等被除去，故其风味、色泽和营养部分损失而变差。

（2）浑浊果汁

制作时经过均质、脱气这一特殊工序，使果肉变为细小的胶粒状态悬浮于汁液中，汁液呈均匀混浊状态。因汁液中保留有果肉的细小颗粒，故其色泽、风味和营养都保存得较好。

2）浓缩果汁

浓缩果汁系由原果汁浓缩而成，一般不加糖或用少量糖调整，使产品符合一定的规格，浓缩倍数有4～6等几种。其中含有较多的糖分和酸分，可溶性固形物含量可达40％～60％。

3）果饴

果饴又称加糖果汁或果汁糖浆，是指在原果汁或部分浓缩果汁中加糖、加酸，或在糖浆中加入一定比例的果汁配制而成的产品，稀释后方可饮用。一般含糖量高达60％以上（以转化糖计），含酸0.9％～2.5％（以柠檬酸计），可溶性固形物含量为45％或60％，原汁含量不低于31％。

4）果汁粉

果汁粉又称果汁型固体饮料，使用浓缩果汁或果汁糖浆通过脱水干燥而成，含水量在1％～3％。

2. 野果果汁加工的工艺流程

制作各种不同类型的果汁，主要在后续工艺上有区别。首要的是进行原果汁的生产，一般原料要经过选择、预处理、压榨取汁或浸提取汁、粗滤，这些为共同工艺。原果汁的粗滤液的澄清、过滤、均质、脱气、浓缩、干燥等工序为后续工艺，是制作某一产品的特定工艺。其工艺流程图如下：

野果→选择→洗涤→预处理→取汁→粗滤→原果汁→

> 澄清、过滤→调配→杀菌→装瓶（澄清果汁）
> 均质、脱气→调配→杀菌→装瓶（混浊果汁）
> 浓缩→调配→装罐→杀菌（浓缩果汁）
> 浓缩→脱水干燥→粉碎（果汁粉）

3. 澄清果汁加工的操作要点

1）原料的选料和清洗

首先剔除霉烂变质的劣果和混入的杂物，然后采用流动水对原料进行充分漂洗，目的在于除去表面泥沙、杂质、残留农药及有害微生物。

2）破碎

破碎的目的是提高出汁（浆）率，便于压榨和打浆操作。对于压榨来说，破碎必须适度，过度细小，使果肉变成糊状，压榨时外层的果汁很快地压出，易形成一层厚渣饼，使内层的汁液不易出来，降低出汁率。破碎的具体程度视种类、品种而有所不同。

3）榨汁或浸提

一般原料破碎后即可用榨汁机压榨。果胶含量少的野生果实较容易榨汁，而果胶含量较高（如猕猴桃等），由于汁液黏度大，榨汁较困难，榨汁前可用添加果胶酶或通过加热进行预处理。对于汁液含量少的野生果实如山楂、酸枣等采用浸提法取汁，以改善果汁的色泽和风味。

4）澄清

加工澄清果汁，必须进行澄清处理，通过物理化学或机械方法除去果汁中含有的或易引起浑浊的各种物质，这些物质来源于压榨取汁时的细胞碎片和其他不溶于水的果实成分。一些较大的固体颗粒可直接通过过滤和离心除去，而对那些非常细小却又能导致果汁产生浑浊的聚合物和固体颗粒，需要用酶法处理和澄清剂处理。

一般在澄清之前先进行粗滤，以除去分散在汁中的粗大颗粒或悬浮颗粒，粗滤可在榨汁过程中进行，也可用筛滤设备单独操作。澄清可以采用酶法澄清、明胶澄清、加热澄清法、冷冻澄清法、超滤澄清法等。

（1）酶法澄清

利用果胶酶、淀粉酶等来水解果汁中的果胶和淀粉等物质，从而达到澄清目的。

（2）高分子化合物絮凝法

将极少量可溶性大分子化合物加入果汁中，可导致水溶性浑浊胶体迅速沉淀，成疏松的棉絮状，常用的高分子化合物絮凝法是明胶单宁法。此外，还有膨润土－明胶－硅溶胶絮凝法、海藻酸钠絮凝法、琼脂絮凝法等。

（3）加热澄清法

将果汁迅速加热至 80～82 ℃，并保持 1～2 min，然后迅速冷却至室温，静置。果汁中的蛋白质和其他胶体物质由于温度剧变发生变性、凝固而析出，使果汁澄清。果汁的加热和冷却可以采用板式或管式换热器。此法工艺简单，可与果汁巴氏杀菌同时进行。

（4）冷冻澄清法

冷冻可以使胶体受到浓缩和脱水的复合影响，将果汁急速冷冻后，胶体溶液完全或部分被破坏，在解冻时形成沉淀，故浑浊的果汁经冷冻后容易澄清，但很难完全澄清。

（5）超滤澄清法

利用膜孔选择性筛分作用，将果汁中的微粒、悬浮物、胶体和高分子等物质与水和小分子溶质分开，从而达到澄清。超滤法的优点是氧化程度低，挥发性成分损失少，可以实现自动化，是一种理想的果汁澄清方法。

5）过滤

果汁澄清后必须进行过滤，以除去细小的悬浮物质，常用的过滤方法有板框压滤机过滤、硅藻土过滤、离心分离、真空过滤、膜分离技术等。

6）调配

除少数 100％原果汁直接饮用外，非 100％果汁为了使果汁制品有一定的规格，改进风味，增加营养、色泽，需要进行调配，包括添加糖、酸、维生素等添加剂，将不同的果汁进行混合，或加水及糖浆将果汁稀释。一般情况下，大多数果汁成品的糖酸比在（13∶1）～（15∶1）左右为宜。通常调整糖酸比的方法有两种：一种是在鲜果汁中加入适量的糖、酸，糖可用白砂糖，酸可用柠檬酸或苹果酸；另一种是采用不同品种的果汁相互混合，取长补短制成混合果汁。

（1）糖度的调整

一般情况下，糖度调整是先将糖溶化并过滤制成比较纯净的糖液，然后加入盛有原果汁的夹层锅内，边加热边搅拌，尽量使其均匀分布于果汁中，最后用折光仪测定其含糖量。如不符合产品规格，可先按下面的公式算出需要补加浓糖液的质量，再进行适当调整。

$$X = \frac{W\ (B - C)}{D - B}$$

式中：X——需补加浓糖液的质量，kg；

　　　　D——浓糖液的含糖量，％；

　　　　W——调整前原果汁质量，kg；

　　　　C——调整前原果汁含糖量，％；

　　　　B——要求果汁调整后含糖度，％。

（2）酸度的调整

糖度调整好后，应先测定其未加酸时的含酸量，然后根据所测出的含酸量，再计算每批果汁调整到要求酸度所应补加的柠檬酸量。需要补加的柠檬酸溶液质量的公式如下：

$$m_2 = \frac{m_1\ (z - x)}{y - z}$$

式中：z——要求调整酸度，％；

　　　　m_1——果汁质量，kg；

　　　　m_2——需补加的柠檬酸液量，kg；

　　　　x——调整前原果汁含酸量量，％；

　　　　y——柠檬酸液含量，％。

（3）色泽的调整

果汁应保留原果实固有的色泽，但为提高果汁的色泽感观，可加适量的天然色素或人工色素加以调整，也可以利用野果间色泽调整。

（4）果汁的混合

不同种类或品种果汁的酸度、糖度、色泽、风味及营养成分各不相同，因此根据风味协调、营养互补以及功能协调等原则，将不同的果汁按适当比例相互混合，可取长补短，进而制成品质优良的混合果汁。

制作混合果汁是因为不同的风味可以相互增强或抑制，所以应尽量使得各原料的不良风味在制成复合果汁时可以相互减弱、被抑制或被掩盖，而优良风味则得以改善或提高。

7）杀菌和灌装

果汁的杀菌包括热杀菌和冷杀菌。为了尽量保持新鲜果汁的风味，部分果汁采用冷杀菌的方法，但为了保证质量安全，大多数果汁还是采用热杀菌法。加热杀菌法根据用途和条件的不同，可分为巴氏杀菌、高温短时杀菌和超高温瞬时杀菌。巴氏杀菌是低温杀菌，通常温度为 75～85 ℃，保持 30 min；高温短时杀菌（HTST），又称作高温瞬时杀菌，通常杀菌温度 91～95 ℃，15～30 s；超高温瞬时杀菌（UHT），温度在 120 ℃以上，保持 3～10 s。对果汁进行杀菌时，常用的方法中，高温短时杀菌和超高温瞬时杀菌比低温长时间杀菌工艺的杀菌效果显著，而且对果汁品质的损害也小。当前，随着无菌包装技术的快速发展，越来越多的企业采用超高温瞬时杀菌。

传统的灌装方法是将果汁先进行高温短时或超高温瞬时杀菌，然后趁热灌入已预先消毒的洁净罐（瓶）内，趁热密封，之后倒瓶处理，冷却。此法常用于高酸性果汁。目前较通用的果汁灌装条件为杀菌温度 135 ℃、保持 3～5 s，85 ℃以上趁热装罐（瓶），倒瓶 10～20 s，冷却到 38 ℃。无菌灌装包括产品的杀菌和无菌填充密封两部分，同时对周围环境也要进行无菌处理。

4. 混浊果汁加工的操作要点

生产混浊果汁与澄清汁的工艺大体相同，只是在粗滤后须经两道特殊工序，即均质与脱气。

1）均质

均质是生产混浊汁的必经工序。为了防止固体与液体分离、降低产品的外观品质，并增进产品感官性状，常进行均质处理。均质处理即将果汁通过一定类型的设备，让细小颗粒进一步细微化，使粒子大小均匀，促进果胶渗出，提高果胶和果汁亲和力，保持果肉与果汁均一混浊状态。果汁一般是先经糖酸调整，再进行均质和脱气，但也可以在调整前均质果浆。

均质操作在均质机中进行，常用的均质机有高压均质机和超声波均质机。高压均质机为最常用的果汁均质设备，其原理是将混匀的物料在柱塞泵的作用下高压低速通过阀座和阀杆之间的空间，同时压力相应降低到物料中水的蒸汽压以下，在颗粒中形成气泡而膨胀，引起气泡炸裂物料颗粒（空穴效应）。由于空穴效应造成强大的剪切力，由此得到极细且分散均匀的固体，重复均质有一定的增强作用。

现代果蔬汁加工常采用胶体磨，先将颗粒磨细，再经均质机均质，其转速很快，当果汁流经胶体磨的狭腔时，因受强大的离心力的作用，所含的颗粒相互冲击、摩擦、分散和混合，从而使细小颗粒悬浮。

2）脱气

野果细胞间隙存在大量的空气，在原料的破碎、取汁、均质和搅拌、运送等工序中要混入大量的空气，所以得到的果汁中含有大量的氧气、二氧化碳、氮气等。脱气是为了减少汁液中所含的空气，果汁本身所含有的气体会提高果肉颗粒与汁液间的密度差，防止果肉微粒附有空气上浮，不能保持均匀的悬浮状态。此外，脱气还可防止果汁中色素、维生素等发生氧化反应，防止在杀菌和灌装过程中产生泡沫。脱气方法有真空脱气法、气体交换法和酶法脱气法。

真空脱气法是利用气体在液体中的溶解度与该气体在液面的分压成正比的原理，随着液面上的压力逐渐降低，溶解在果汁中气体不断溢出。真空脱气是在脱气的设备中进行，真空度为 0.6 MPa，温度 40~50 ℃，采用离心喷雾、压力喷雾或薄膜流方式使果汁分散成薄膜或雾状，来扩大果汁的表面积，以利于脱气。脱气的时间取决于果汁性状、温度和果汁在脱气罐内的状态。气体交换法是采用气体分配阀将氮气、二氧化碳等气体压入果汁中，使果汁中的氧与氮气等发生交换而被排除。酶法脱气是在果汁中加热葡萄糖氧化酶，可使葡萄糖氧化生成葡萄糖酸和过氧化氢，同时消耗氧达到脱气的目的。

5. 浓缩果汁加工的操作要点

浓缩果汁较原果汁有许多优点，其容量小，可溶性固形物达 65%~70%，可节约包装和运输费用，便于贮运；糖分和酸分的含量相对提高，提高了产品的耐藏性能；果汁因原料采收期和品种不同，所制成的产品差异较大，可经浓缩和调整来克服这些差异，使产品符合规格要求。浓缩汁用途广泛，可作为各种食品的基料。因此，浓缩果汁的生产增长速度极快，大部分国家的果汁都以浓缩制品的形式销售。以野果为原料加工制得的浓缩汁，由于其风味独特、营养丰富等特点，在市场中更具竞争力。

1）浓缩

理想的浓缩果汁，稀释复原后，其风味、色泽等应与原汁相似，因此浓缩的工艺就十分重要。目前所采用的浓缩方法有真空浓缩、冷冻浓缩和反渗透浓缩。

（1）真空浓缩

真空浓缩是生产上所采用的主要方法。在减压条件下加热，降低果汁沸点温度，使果汁中的水分迅速蒸发，既可缩短浓缩时间，又能较好地保持果汁质量。真空浓缩设备由蒸发器、真空冷凝器和附属设备组成。蒸发器实质上是一个热交换器，冷凝器使从原果汁中蒸发出来的水蒸气冷凝。

（2）冷冻浓缩

果汁的冷冻浓缩是应用冰晶与水溶液的固－液相平衡原理，当溶液中的溶质浓度低于共溶浓度时，溶液被冷却后，水（溶剂）便部分成冰晶析出，剩余溶液的溶质浓度则大大提高。冷冻浓缩工艺适用于热敏性果汁的浓缩，果汁中水分的排除是靠从溶液到冰晶的相间传递，避免了芳香物质因加热而造成的挥发损失，在冷冻条件下，果汁的各种化学反应受到抑制，不会产生非酶褐变和维生素损失，可获得色泽正、风味好、品质优良的果汁，是目前最好的一种果汁浓缩工艺。

（3）反渗透浓缩

反渗透浓缩是在常温下选择性地从溶液中排除水分的工艺。其关键取决于半透膜的选择性和排除水分的渗透速度。目前主要采用醋酸纤维膜和聚酰胺纤维膜。采用膜浓缩时，果汁浓度不易太高，常在 25 Brix 左右，且一般最终只能浓缩到 2.0～2.5 倍。因此，渗透浓缩法只适用于在较低浓度下使用或是作为果汁的预浓缩工艺。

2）芳香物质的回收

芳香物质回收系统是各种真空浓缩果汁生产线的重要组成部分。在加热浓缩过程中，野果中部分典型的芳香成分随着水分的蒸发而溢出，从而使浓缩产品失去原有的风味。因此，有必要将这些芳香物质进行回收浓缩，再添加到果汁中。回收浓缩芳香物质时，可以在浓缩前将芳香成分分离回收，然后再加到浓缩果汁中，也可将浓缩时对蒸发出来的蒸汽进行分离回收，然后加入到果汁中。芳香物质的回收目的是尽可能多地回收芳香物质，但实际很难完全回收，通常能回收20％左右就很高了。

（三）野果果酒的加工

野果果酒含有丰富的营养，酒精含量低，经常适量饮用，有益身体健康，且不同野果果酒分别体现出色泽艳丽、果香浓郁、口味清爽、醇厚柔和、回味绵长等不同风格，可满足不同消费者的喜好。根据酿造方法和成品特点不同，一般将果酒分为四类，分别为发酵酒、蒸馏酒、配制酒和起泡酒，其中最大宗的为发酵酒。

1. 野果发酵酒的发酵原理

发酵果酒的酿造是利用酵母菌将果汁中可发酵性糖类经酒精发酵作用生成酒精，再在陈酿澄清过程中经酯化、氧化及沉淀等作用，制成酒液清晰、醇和芳香的产品。

2. 影响酒精发酵的主要因素

（1）温度

酵母菌和其他生物一样，只能在一定的温度范围内生长繁殖，温度控制在

10 ℃以下，酵母一般不发芽或发芽速度非常缓慢。从 20～22 ℃开始，发芽速度加快，超过 40 ℃，酵母即停止生长发育。

（2）pH 值

酵母菌在 pH 值 2～7 之间可以正常生长，但以 pH 值 4～6 生长最好，发酵能力最强，但在这个范围内，一些细菌也能生长良好。实际生产中，将 pH 值控制在 3.3～3.5 之间。此时细菌受到抑制，酵母还能正常发酵。

（3）氧气

酵母菌生长需要氧气。氧气充足时，大量繁殖，产生少量乙醇，缺氧时繁殖缓慢，产生大量乙醇。生产中，发酵初期，通风给氧，促进其进行个体的繁殖；发酵期，尽量减少通风，造成一个缺氧环境，促使酵母菌将果汁中糖分解成酒精等。

（4）压力

压力可以抑制 CO_2 的释放从而影响酵母菌的活动，抑制酒精发酵。

（5）糖

酵母菌生长繁殖和酒精发酵都需要糖，糖含量为 2％以上时酵母菌活动旺盛进行，当糖分超过 25％时则会抑制酵母菌活动，如果达到 60％以上时由于糖的高渗透压作用，酒精发酵停止。

3. 发酵酒酿造的工艺流程及加工要点

1）发酵酒酿造的工艺流程

酵母
↓

原料→选别→破碎→成分调整→主发酵→压榨与后发酵→陈酿与澄清→调配→装瓶→密封、杀菌→成品

2）发酵酒酿造的加工要点

（1）破碎

对原料进行破碎并除去果梗，便于压榨取汁，增加酵母与果汁接触的机会，利于色素的浸出，增加氧的融入量，一般会对果浆进行 SO_2 处理，可以杀死有害细菌，保证发酵的正常进行，并对抑制了原料的氧化作用。

（2）成分调整

如果果浆液中糖、酸含量偏低，达不到酿制酒的酒精度时，需要进行成分调整。

①糖分调节：首先测定浆液的含糖量，根据果汁含 17％的糖可生成 10.0％vol 计算，如果果汁含量不足 17％，而且要求原酒酒精度在 10.0％vol 以上，那么，浆液必须补糖。可以按下式计算：

$$不加糖量（kg）=\frac{要求浆液糖度-浆液原有糖度}{（1-要求浆液糖度）\times0.625}$$

②酸分调整：浆液的酸度控制在 pH 值 3.3～3.5 之间。若酸度不够，可用部分未成熟果实和成熟混用，或通过 SO_2 处理来提高浆液的酸度，也可添加适量的有机酸，如酒石酸、柠檬酸、苹果酸等。

（3）主发酵

这一程序是指将发酵醪送入发酵容器到新酒出池（桶）的过程。在此过程中发生的物理和化学变化主要包括以下几个方面：浆液中的糖大部分转变为酒精和二氧化碳及少量的副产物；发酵醪温度迅速升高；果皮中的色素及其他成分溶解在醪液中；由于二氧化碳的排出旺盛，使醪液出现沸腾现象，皮渣浮于液面形成"酒帽"。

酒母即经扩大培养后加入发酵醪的酵母液，酵母菌种生产上需经三次扩大后才可加入，分别称一级培养（试管或三角瓶培养）、二级培养、三级培养，最后用酒母桶培养。酒母制备既费工费时，又易感染杂菌，如有条件，可采用活性干酵母。这种酵母活细胞含量很高，贮藏性好，使用方便。

发酵设备要求能控温、易于洗涤、排污、通风换气良好等。使用前应进行清洗，用 SO_2 或甲醛熏蒸消毒处理。发酵容器一般为发酵与贮酒两用，要求不渗漏、能密闭、不与酒液起化学反应。常用的发酵设备有发酵桶、发酵池和不锈钢、玻璃钢等材料制成的专用发酵罐。

主发酵的管理，主要控制好发酵温度，一般控制在 25～30 ℃。

（4）压榨与后发酵

主发酵结束后，应及时出桶，以免酒脚中的不良物质影响酒的风味。分离时先不加压，将能流出的酒放出，这部分称自流酒。等 CO_2 逸出后，再取出酒渣压出残酒，这部分酒称压榨酒。压榨酒品质较差，最初的压榨酒可与自流酒混合，但最后压出的酒，酒体粗糙，不宜直接混合，可通过下胶、过滤等净化处理后单独陈酿，也可作白兰地或蒸馏酒精。压榨后的残渣，还可供作蒸馏酒或果醋。

由于分离压榨使酒中混入了空气，使休眠的酵母复苏，再进行发酵作用将残糖发酵完，称为后发酵。后发酵比较微弱，宜在 20 ℃左右的温度下进行。开始还有 CO_2 放出，约经 2～3 周，已无 CO_2 放出，糖分降到 0.1％以下，此时即可将发酵栓取下，用同类酒添满密封。待酵母、皮渣全部下沉后，及时换桶，分离沉淀。

（5）陈酿

刚发酵完的酒，含有 CO_2、SO_2 以及酵母的臭味、生酒味和苦涩味，酸味也很重，酒味粗糙不细腻，还含有大量的细小微粒及悬浮物，清晰度低，不稳定。必须经过陈酿澄清，使不良物质较少或消除，增加新的芳香成分，使风味醇和芳香，酒液清晰透明。陈酿与澄清在时间顺序上难于区分，往往同时进行。但二者的目的则不同，陈酿是达到酒味醇和、细腻芳香的措施，而澄清是获得清晰稳定的手段。陈酿过程中的管理措施包括添桶、换桶、下胶澄清和冷热处理。

①添桶。由于酒中 CO_2 的释放、酒液的蒸发损失、温度的降低以及容器的吸收渗透等原因造成贮酒容器中液面下降，形成的空位有利于醭酵母的活动，必须用同批酒添满。

②换桶。为了使贮酒桶内已经澄清的酒体与酒脚分开，应及时换桶，以免酒脚中的酒石酸盐和各种微生物与酒长期接触影响酒的质量。同时新酒可借助换桶的机会放出 CO_2，溶进部分 O_2 加速酒的成熟。换桶的时间及次数因酒质不同而异，品质不好的酒宜早换桶并增加换桶次数。第一次换桶宜在空气中进行，第二次起宜在隔绝空气下进行。

③下胶澄清。果酒经较长时间的贮存与多次换桶，一般均能达到澄清透明，若仍达不到要求，其原因是酒中的悬浮物质（如色素粒、果胶、酵母、有机酸盐及果肉碎屑等）带有同性电荷，互相排斥，不能凝聚，且又受胶体溶液的阻力影响，悬浮物质难于沉淀。为了加速这些悬浮物质除去，常用下胶处理。用于葡萄酒下胶澄清的材料有明胶、单宁、蛋白、鱼胶、皂土等，具体方法参见果汁澄清。

④冷热处理。自然陈酿果酒需要时间较长，为了缩短酒龄，提高稳定性，加速陈酿，可采取冷热处理。冷处理可加速酒中胶体及酒石酸氢盐的沉淀，使酒液澄清透明，苦涩味减少。处理温度以高于酒的冰点 $0.5\ ℃$ 为宜，不得使酒液结冰。热处理可以促进酯化作用，加速蛋白质凝固，提高果酒稳定性，并具杀菌灭酶作用，但可加速氧化反应，对酿造鲜爽、清新型产品不适宜。

（6）调配

为了使同一品种的酒保持固有的特点，提高酒质或改良酒的缺点，常在酒已成熟而未出厂之前，进行成品调配。成品调配主要包括勾兑和调整两个方面。勾兑即原酒的选择与适当比例的混合，调整则是指根据产品质量标准对勾兑酒的某些成分进行调整。

勾兑的目的在于使不同优缺点的酒相互取长补短，最大限度地提高葡萄酒的质量和经济效益。其比例须凭经验和一定方法才能得到。一般选择一种质量接近标准的原酒作基础酒，根据其缺点选一种或几种酒作勾兑酒，按一定比例加入后再进行感官和理化分析，从而确定调整比例。果酒的调配主要是以下指标：

①酒度：原酒的酒精度若低于产品标准，最好用同品种酒度高的调配，也可用同品种的果酒的蒸馏酒或精制酒精调配。

计算公式如下：

$$V_1 = V \times \frac{b-c}{a-b}$$

式中：V_1——加入酒精的升数，mL；

　　　b——欲配酒达到的度数，%vol；

　　　c——原酒的度数，%vol；

　　　a——食用酒精的度数，%vol；

　　　V——原酒的升数，mL。

②糖分：若糖分不足，可添加同品种的浓缩果汁为好，亦可用精制砂糖调配。

③酸分：酸分不足可加柠檬酸，1 g 柠檬酸相当于 0.935 g 酒石酸。酸分过高可用中性酒石酸钾中和。

调配的各种配料应计算准确，把计算好的原料依次输入调配罐，尽快混合均匀。配酒时先加入酒精，再加入原酒，最后加入糖浆和其他配料，并开动搅拌器使之充分混合，取样检验合格后再经半年左右贮存，使酒味恢复协调。

（7）装瓶、密封、杀菌

新酒调配后进行装瓶，装瓶前再进行一次精滤，并测定其装瓶成熟度。根据试验，果酒若具有 80 个以上保藏单位便可直接装瓶，无须杀菌则可长期保存。一般 1% 的糖分为 1 个保藏单位，酒精 1% 为 6 个保藏单位。如果保藏单位在 80 个以下，则在装瓶前或装瓶后须进行杀菌。装瓶氢杀菌是将酒通过快速杀菌器（90 ℃，1 min）杀菌后立即装瓶密封（瓶子先清洗杀菌）。装瓶后杀菌是将果酒冷装入瓶至适当满，密封后 60~70 ℃下杀菌 10~15 min。

（四）野果糖制品的加工

利用野果制成的糖制品，其色、香、味、外观状态都有不同程度的改变，从而丰富了食品的种类。糖制品含有大量糖分，具有良好的保藏性和贮藏性。

糖制品按照加工方法和制品的状态可以分为果脯蜜饯类和果酱类两大类，制品的含糖量大都在 60% 以上。果脯蜜饯类产品能基本保持果实或果块的完整形状，果酱类产品不能保持果实或果块的完整形状。

野果糖制后的保藏性主要依赖于其本身的高浓度糖液具有产生高渗透压、降低糖制品的水分活性、抗氧化作用和加速原料脱水吸糖作用。

1. 野果果脯的生产工艺流程及操作要点

1）工艺流程

原料→前处理→漂洗→预煮→┌ 蜜制→配料→烘干→凉果
　　　　　　　　　　　　├ 糖制→装罐→封罐→杀菌→冷却→湿态蜜饯
　　　　　　　　　　　　└ 糖制→烘干→上糖衣→干态蜜饯

干态蜜饯指糖制后进行晾干或烘干而制成的表面干燥不带糖液的制品，有的在其外表裹上一层透明的糖衣或形成结晶糖粉，增加其美观程度。

湿态蜜饯指糖制后不进行烘干，保存于糖液中或稍加沥干而制成的表面发黏的制品。

凉果指用咸果坯为主原料的甘草制品。果品经盐腌、脱盐、晒干、加配料蜜制，再晒干而成。外观保持原果形，表面干燥，皱缩，有的品种表面有层盐霜，味甘美、酸甜、略咸，有原果风味。

2）操作要点

（1）原料选择

糖制品质量主要取决于外观、风味、质地及营养成分。选择优质原料是制成优质产品的关键之一。原料质量优劣主要在于品种、成熟度和新鲜度等几个方面。

（2）原料前处理

糖制的原料前处理包括分级、清洗、去皮、去核、切分、切缝、刺孔等工序，还应根据原料特性差异、加工制品的不同进行腌制、硬化、硫处理、染色等处理。

①去皮、去核、切分、切缝、刺孔：对果皮较厚或含粗纤维较多的糖制原料应去皮，常用机械去皮或化学去皮等方法。

②盐制：用食盐或加用少量明矾或石灰腌制的盐坯，常作为半成品保存方式来延长加工期限。盐坯腌渍包括盐腌、曝晒、回软、复晒四个过程。盐腌有干腌和盐水腌制两种。干腌法适用于果汁较多或成熟度较高的原料，用盐量依种类和储存期长短而异。盐水腌制法适用于果汁较少或未熟果或酸涩苦味浓的原料。

③保脆和硬化：为提高原料耐煮性和酥脆性，在糖制前对某些原料进硬化处理，即将原料浸泡于石灰（CaO）或氯化钙（$CaCl_2$）、明矾 $[Al_2(SO_4)_3 \cdot K_2SO_4]$、亚硫酸氢钙 $[Ca(HSO_3)_2]$ 等稀溶液中，使钙、镁离子与原料中的果胶物质生成不溶性盐类，细胞间相互黏结在一起，提高硬度和耐煮性。硬化剂的选用、用量及处理时间必须适当，过量会生成过多钙盐或导致部分纤维素钙化，使产品质地粗糙，品质劣化。

④硫处理：为了使糖制品色泽明亮，常在糖煮之前进行硫处理，既可防止制品氧化变色，又能促进原料对糖液的渗透。使用的方法有两种：一种是用按原料重量的 0.1%～0.2% 的硫黄，在密闭的容器或房间内点燃硫黄进行熏蒸处理。另一种是预先配好含有效 SO_2 0.1%～0.15% 浓度的亚硫酸盐溶液，将处理好的原料投入亚硫酸盐溶液中浸泡数分钟后即可。经硫化处理的原料，在煮熟前应充分漂洗，以除去剩余的亚硫酸溶液。

⑤染色：某些作为配色用的蜜饯制品，要求具有鲜明的色泽，因此需要人工

染色。常用的染色剂有人工和天然两类。天然色素如姜黄、胡萝卜素、叶绿素等，是无毒、安全的色素，但染色效果稳定性较差。人工色素有苋菜红、胭脂红、赤藓红、新红、柠檬黄、日落黄、亮蓝、靛蓝等8种。

⑥漂洗和预煮：凡经亚硫酸盐保藏、盐制、染色剂硬化处理的原料，在糖制前均需漂洗或预煮，除去残留的 SO_2、食盐、染色剂、石灰或明矾，避免对制品外观或风味产生不良的影响。

（3）糖制

糖制是蜜饯类加工的主要工艺。糖制的方法有蜜制（冷制）和煮制（热制）两种。

①蜜制。蜜制是指用糖液进行糖渍，使制品达到要求的糖度。此方法适用于含水量高、不耐煮的原料。此法特点在于分次加糖，不用加热，能很好保存产品的色泽、风味、营养价值、形态。

分次加糖法：在蜜制过程中，首先将原料投入到40％的糖液中，剩余的糖分2～3次加入，直到糖制品浓度到60％以上时出锅。

一次加糖多次浓缩法：在蜜制过程中，每次糖渍后，加糖液加热浓缩提高糖浓度，然后，再将原料加入热糖液中继续糖渍。

减压蜜制法：野果在真空锅内抽空，使野果内部蒸汽压降低，然后破坏锅内的真空，因外压大可以促进糖分快速渗入果内。

②煮制。煮制分为常压煮制和减压煮制两种。常压煮制又分为一次煮制、多次煮制和快速煮制三种。

一次煮制法：经预处理好的原料，在加糖后一次性煮制而成。如苹果脯、蜜枣等。此法快速省工，但持续加热时间长，原料易煮烂，色香味差，维生素破坏严重，糖分难以达到内外平衡，易出现干缩现象。

多次煮制法：经预处理好的原料，经多次糖煮和浸渍，逐步提高糖浓度的糖制方法。此法所需时间长，煮制过程不能连续化、费时费工，采用快速煮制法可克服此不足。

快速煮制法：将原料在糖液中交替进行加热糖煮和放冷糖渍，使果蔬内部水气压迅速消除，糖分快速渗入而达到平衡。

减压煮制分为减压煮制和扩散法煮制两种。

减压煮制法又称真空煮制法。原料在真空和较低温度下煮沸，因煮制中不存在大量空气，糖分能迅速渗入达到平衡。

（4）烘干晒与上糖衣

除糖渍蜜饯外，多数制品在糖制后须进行烘晒，除去部分水分，表面不粘手，利于保藏。制糖衣蜜饯时，可在干燥后用过饱和糖液浸泡一下取出冷却，使糖液在制品表面上凝结成一层晶亮的糖衣薄膜。

（5）整理、包装与贮存

干燥后的蜜饯应及时整理或整形，以获得良好的商品外观。干态蜜饯的包装以防潮、防霉为主，常用阻湿隔气性较好的包装材料。湿态蜜饯可参照罐头工艺进行装罐，糖液量为成品总净重的 45%～55%，然后密封。

2. 野果果酱的生产工艺流程及操作要点

1）工艺流程

果酱类制品有果酱、果泥、果冻、果膏、果糕、果丹皮等产品，是以果蔬的汁、肉加糖及其他配料，经加热浓缩制成。

果酱类加工的主要工艺流程如下：

原料处理 ⟶ 加热软化 ⟶ 配料 ⟶ 浓缩 ⟶ 装罐 ⟶ 封罐 ⟶ 杀菌 ⟶ 果酱类
　　　　　　　　　　　　　　　└⟶ 制盘 ⟶ 冷却成型 ⟶ 果丹皮、果糕类
　　　└⟶ 取汁过滤 ⟶ 配料 ⟶ 浓缩 ⟶ 冷却成型 ⟶ 果冻

2）操作要点

（1）原料选择及前处理

生产果酱类制品的原料要求含果胶及酸量较多，芳香味浓，成熟度适宜。对于含果胶及酸量较少的果蔬，制酱时需外加果胶及酸，或与富含该种成分的其他果蔬混制。生产时，首先剔除霉烂变质、病虫害严重的不合格果，经过清洗、去皮（或不去皮）、切分、去核（心）等处理。去皮、切分后的原料若需护色，应进行护色处理，并尽快加热软化。

（2）加热软化

加热软化的目的主要是破坏酶的活性，防止变色和果胶水解；软化果肉组织，便于打浆或糖液渗透；促使果肉组织中果胶的溶出，有利于凝胶的形成；蒸发一部分水分，缩短浓缩时间；排除原料组织中的气体，以得到无气泡的酱体。

软化过程正确与否，直接影响果酱的胶凝程度。如块状酱软化不足，果肉内溶出的果胶较少，制品胶凝不良，仍有不透明的硬块，影响风味和外观。制作泥状酱，果块软化后要及时打浆。

（3）取汁过滤

生产果冻等半透明或透明糖制品时，野果原料加热软化后，用压榨机压榨取汁。对于汁液丰富的浆果类果实压榨前不用加水，直接取汁，而对肉质较坚硬的质密的果实，如山楂等软化时，应加适量的水，以便压榨取汁。

大多数果冻类产品取汁后不用澄清、精滤，而一些要求完全透明的产品则须用澄清的果汁。常用的澄清方法有自然澄清、酶法澄清、热凝聚澄清等方法。

（4）配料

按原料的种类和产品要求而异，一般要求果肉占总配料量的 40%～55%，

砂糖占45％～60％。这样，果肉与加糖量的比例为1∶1～1∶1.2。为使果胶、糖、酸形成适当的比例，有利于凝胶的形成，可根据原料所含果胶及酸的多少，必要时添加适量柠檬酸、果胶或琼脂。果肉加热软化后，在浓缩时分次加入浓糖液，临近终点时，或依次加入果胶液或琼脂液、柠檬酸或糖浆，充分搅拌均匀。

（5）浓缩

加热浓缩的方法主要有常压和真空浓缩两种方法。

常压浓缩：浓缩过程中，糖液应分次加入，糖液加入后应该不断搅拌。须添加柠檬酸、果胶或淀粉糖浆的制品，当浓缩到可溶性固形物为60％以上时再加入。浓缩时间要掌握恰当。过长直接影响果酱的色香味，造成转化糖含量高，以致发生焦糖化和美拉德反应；过短转化糖生成量不足，在贮藏期易产生蔗糖的结晶现象，且酱体凝胶不良。

真空浓缩：由于是低温蒸发水分，既能提高其浓度，又能保持产品原有的色、香、味等成分。

果酱类熬制终点的测定可采用下述方法：

折光仪测定：当可溶性固形物达66％～69％时即可出锅。

温度计测定：当温度达到103 ℃～105 ℃时熬煮结束。

挂片法：生产上常用，用搅拌的木片从锅中挑取浆液少许，横置，若浆液成片状脱落即为终点。

（6）装罐密封

果酱、果泥等糖制品含酸量高，多以玻璃罐或抗酸涂料铁罐为容器。果糕、果丹皮等糖制品浓缩后，将黏稠液趁热倒入钢化玻璃、搪瓷盘等容器中。

（7）杀菌冷却

加热浓缩过程中，酱体中的微生物绝大部分被杀死，而且由于果酱是高糖高酸制品，一般装罐密封后残留的微生物是不易繁殖的。杀菌方法，可采用沸水或蒸汽杀菌。杀菌温度及时间依品种及罐型的不同，一般以100 ℃温度下杀菌5～10 min为宜。杀菌后冷却至38～40 ℃，擦干罐身的水分，贴标装箱。

（五）野果干制品的加工

野果果干干制是采用自然条件或人工控制条件下促使野果中水分蒸发的工艺过程。干制品具有良好的保藏性，能较好地保持野果原有风味。

1. 果蔬干制的原理

鲜野果是由干物质和水分组成的有机体，含水量高达70％～90％。野果中的水分以游离水、胶体结合水和化合水三种状态存在。在干制过程中，主要蒸发的是游离水和部分胶体结合水。

果实中水分的蒸发主要是靠水分的扩散作用（包括内扩散和外扩散）。水分从果实（或果块）内部向外扩散的动力取决于果实内外的温度差和湿度差。即果实内外温、湿差越大，水分蒸发越快。

2. 影响野果干燥速度的因素

干燥速度的快慢对于成品品质起决定性的作用。一般来说，干燥越快，制品的质量愈好。干燥的速度常受许多因素的影响，这些因素归纳起来有两方面：一是干燥的环境条件，二是原料本身的性质和状态。

1）干燥的环境条件

作为干燥介质的空气，对干燥有两个功能：一是传递野果原料干燥所需要的热能，促使野果水分蒸发，其次是将蒸发出的水分带走，使干燥作用继续不断地进行。因此，空气的温度、相对湿度、流动速度等都与干燥速度有密切的联系。

（1）空气温度

若干燥空气的绝对湿度不变，当空气温度升高时，空气的饱和差随之增加（详情见表4-1）。

表4-1中说明温度每提高10 ℃，空气的饱和差约增加1倍。也就是说，空气中水蒸气饱和差随温度的变化而改变；相反，温度越低，干燥速度也越慢。

表4-1 在80%相对湿度下，不同温度的湿度饱和差

温度/℃	饱和差/Pa	与温度10 ℃时空气饱和差相比的%
10	246	100
15	341	139
20	468	190
25	633	258
30	849	345

干燥过程中，所采用的高温是有一定限制的，温度过高会加快野果中糖分和其他营养成分的损失或导致焦化，影响制品的外观和风味。此外，干燥前期高温还易使野果组织内汁液迅速膨胀，细胞壁破裂，内容物流失。如果开始干燥时，采用高温低湿条件，则容易造成硬壳现象；相反，干燥温度过低，使干燥时间延长，产品容易变色甚至霉变。因此，干燥时应选择适合的干燥温度。不同种类和品种的野果，其适宜的干燥温度不同，一般在40~90 ℃的范围内。

（2）空气湿度

空气的相对湿度越高，制品的干燥速度越慢；反之，相对湿度越低，干燥速度越快。因为相对湿度与空气饱和差有关。在温度不变的情况下，相对湿度越低，空气的饱和差越大。所以降低空气的相对湿度能加快干燥时间。升高温度同时又降低相对湿度，使原料与外界水蒸气分压差增大，水分蒸发容易，干燥速度加快，成品含水量相对降低，这种现象在干制后期表现得更为明显。

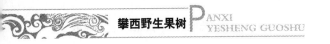

（3）空气流动速度

空气流动速度越大，干制速度越快。原因在于野果附近的饱和水汽不断地被带走，而补充未饱和的新空气，从而加速蒸发过程。因此，有风晾晒比无风干燥得快。同样，鼓风干制机比一般干燥设备干燥速度快得多。因此，在选用干燥设备及建造烤房时，应注意通风设备的配备。

2）原料性质和状态

原料因素包括原料种类、原料预处理和原料装载量，对干燥速度影响也很明显。

（1）野果种类

不同野果料，由于所含各种化学成分的保水力不同，组织和细胞结构性的差异，在同样干燥条件下，干燥速度各不相同。一般来说，可溶性固形物含量高、组织紧密的产品，干燥速度慢；反之，干燥速度快。野果表皮有保护作用，能阻止水分蒸发，特别是果皮致密而厚，且表面包被有蜡质，因此，干制前必须进行适当切分、去皮和除蜡质等处理，以加速干燥过程，否则干燥时间过长，有损品质。

（2）野果干制前预备处理

野果干制前预处理包括去皮、切分、热烫、浸碱、熏硫等，对干制过程均有促进作用。去皮使野果原料失去表皮保护，有利于水分蒸发。原料切分后，表面积增大，水分蒸发速度也增大，切分愈细愈薄，则需时愈短。热烫和熏硫均能改变细胞壁的透性，降低细胞持水力，使水分容易移动和蒸发。

（3）原料装载量

单位烤盘面积上装载原料的数量，对干燥速度影响极大。装载量越多，厚度越大，不利于空气流动，使水分蒸发困难，干燥速度减慢。干制过程可以灵活掌握原料装载量。如干燥初期产品要放薄一些，后期可稍厚些；自然气流干燥的宜薄，用鼓风干燥的可厚些。

3. 野果干制的方法

1）自然干制

自然干制是在太阳辐射热、干燥空气达到果实的干燥，因而又可分晒干和风干两种方法。自然干制可以充分利用自然条件，节约能源、方法简易、处理量大、设备简单、成本低；缺点是受气候限制。目前广大农村和山区还是普遍采用自然干制的方法。

2）人工干制

人工干制是在人工控制的条件下利用各种能源向物料提供热能，并造成气流流动环境，促使物料水分蒸发。其优点是不受气候限制，干燥速度快，产品质量高；缺点是设备投资大，消耗能源，成本高。生产上有时采用自然和人工干制相结合进行干燥。

（1）干制机干燥

干制机干燥即利用燃料加热，以达到干燥的目的，是我国使用最多的一种干燥方法。普通干燥所用的设备，比较简单的有烘灶和烘房，规模较大的用干制机。干制机的种类较多，生产上常用的为隧道式干制机、带式干制机等。

（2）冷冻干燥

冷冻干燥又称升华干燥或真空冷冻升华干燥。即将原料先冻结，然后在较高真空度下将冰转化为蒸汽而除去，物料即被干燥。冷冻干燥能保持食品原有风味，热变性少，但成本高。只适用于质量要求特别高的产品（高档食品、药品等）。

（3）微波干燥

微波干燥利用微波频率为 300～3000 MHz、波长为 1 m 至 1 mm 的高频电磁波。微波干燥具有干燥速度快、干燥时间短、加热均匀、热效率高等优点。

（4）远红外干燥

波长在 2.5～1000 μm 区域的电磁波称为远红外线。远红外线被加热物体所吸收，直接转变为热能而达到加热干燥。干燥时，物体中每一层都受到均匀的热作用。具有干燥速度快、生产效率高、节约能源、设备规模小、建设费用低、干燥质量好等优点。

（5）减压干燥

水的沸点随压力的降低而降低，在真空条件下，采用较低的温度就能脱除原料的水分。特别适用于热敏性的原料干燥。

除干燥设备外，野果干制还需要清洗设备如清洗机、去皮设备、切分设备、热烫设备如连续螺旋式或刮板式连续预煮机、沥水设备如离心机、包装设备如薄膜封口机、抽真空或充气封口机等其他设备。

4. 野果干制的生产工艺流程及操作要点

1）工艺流程

原料选择→清洗→整理→护色处理→干燥→后处理→包装→成品

2）操作要点

（1）原料选择

野果干制对原料的要求是干物质含量高、粗纤维和废弃物少、可食率高、成熟度适宜、新鲜、风味好、无腐烂和严重损伤等。

（2）清洗

用人工清洗或机械清洗，清除附着的泥沙、杂质、农药和微生物，使原料基本达到脱水加工的要求，保证产品的卫生。

（3）整理

除去皮、核、壳等不可食部分和不合格部分，并适当切分。去除原料的外皮或蜡质，可提高产品的食用品质，又有利于脱水干燥。去皮的方法有手工去皮、机械去皮、热力去皮和化学去皮等多种。切分采用机械或人工作业，将原料切分成一定大小和形状，以便水分蒸发。

（4）护色处理

多采用硫处理护色，处理方法有熏硫和浸硫两种方法。熏硫法是在密封室中燃烧硫黄，每吨原料用硫黄粉 2~3 kg，时间约为 30 min；浸硫法是用 1.5%~2.5%亚硫酸盐溶液浸泡，时间约为 15 min，溶液可以连续使用几次。

（5）干燥

对原料可以采用多种方式进行干燥，当含水量到 15%~20%时，干燥结束。

（6）后处理

野果原料完成干燥后，有些可以在冷却后直接包装，有些则需要经过回软、挑选和压块等处理才能包装。

①回软：也称均湿或平衡水分，由于干燥过程热风分布不均匀或原料切分、铺料不均匀，往往使产品的含水量略有差异。所以待产品稍稍冷却之后，应立即装入有盖密闭的马口铁桶或套有塑料袋的箱中，保存 1~3 d，使干制品的水分平衡，质地柔软，方便包装和贮运。

②挑选：在回软后或回软前剔除产品中的碎粒、杂质等。挑选操作要迅速，以防产品吸潮和水分回升。挑选后的成品还需进行品质和水分检验，不合格者需进行复烘。

（7）包装、贮藏

一般采用瓦楞纸箱包装，箱内套衬防潮铝箔袋和塑料袋密封，对于易氧化褐变的产品，需用复合塑料袋加铝箔袋盛装，再用纸箱外包装。产品包装好后最好保存在 10 ℃左右的冷库中。贮藏库必须干燥、凉爽、无异味、无虫害。贮藏期间要定期检查成品含水量及虫害情况。

二、野果的加工利用实例

（一）余甘子

余甘子果实球形，直径在 17~23 mm 之间，肉质，秋天成熟，黄绿色。初食时味酸涩，食用后回味甘甜爽口，故名余甘子。其果实鲜食、加工、药用均可，用途广泛，经济价值高。全世界约有 17 个国家的传统药物体系中使用了余甘子，我国约有 16 个民族使用该药，被载入多版《中华人民共和国药典》并于 1998 年被卫生部公布列入"既是食品又是药品"的名单。基于余甘子果实中丰富的营养成分和多方面的保健功能，联合国卫生组织指定其为在世界范围内推广种植的三种保健植物之一。余甘子强烈的抗氧化活性是其生理功能的基础，分离提取余甘子果实中的抗氧化活性成分，将其用于抗衰老保健食品及天然食品抗氧化剂的研制具有巨大的潜力。此外，还可利用其含有的多种营养成分开发各类营养补充剂和强化剂。比如，利用余甘子维生素 C 含量很高并且稳定性好，含有多种氨基酸，含有丰富的微量元素，尤其是硒（Se）的含量高，开发微量元素营养补充剂和保健食品大有可为。随着人们保健意识的不断增强，余甘子及其制品的市场潜力必将更为突显。

1.　糖水余甘子罐头

（1）工艺流程

原料选择→清洗→去皮→漂洗、修整→浸酸、硬化→装罐→排气、密封→杀菌、冷却→成品

（2）操作要点

①原料选择：选用新鲜饱满、成熟适度、果实横径在 2 cm 以上的余甘子，剔除严重畸形、干瘪、严重机械伤及病虫害果实。

②清洗：将合格果用清水洗涤干净，沥干水分。

③去皮：原料果在 2.5%～4.0% 的 NaOH 溶液中处理 20～40 s，处理温度 70～80 ℃，待果皮变成黑褐色后立即捞出，用大量流水冲去腐蚀掉的果皮屑，再用清水漂洗 20～40 min，漂洗液中可放入 0.3%～0.5% 的 $NaHSO_3$ 及适量 NaCl 护色及脱苦。

④漂洗、修整：将用碱液去皮适度的余甘子放入流动水中，漂洗净果面余碱。然后用不锈钢小刀挖去果顶和果蒂的小果点，并刮去果面残留的果皮和轻微机械伤疤，再用清水漂洗干净，沥干水分。

⑤浸酸、硬化：将修整漂洗干净的果实投入浓度为 0.1% 的盐酸溶液中浸泡片刻，然后捞出后用清水漂洗 3～5 次。将漂洗后的余甘子投入浓度为 3% 氯化钙溶液中浸泡 10min，然后用流动水漂洗果实，以除去残留的硬化剂。

⑥装罐：四旋玻璃瓶装净重 400 g，其中装果肉 240 g，糖水 160 g。糖水浓度为 35% 左右，并加 0.1% 柠檬酸，糖液温度为 90 ℃。

⑦排气、密封：热力排气至罐中心温度 75 ℃以上排气 10 min，立即密封。

⑧杀菌、冷却：采用分阶段（70 ℃热水 5～7 min、50 ℃热水 5～7 min、常温）杀菌后分三段冷却至 38 ℃左右。

（3）产品质量要求

产品外观良好，糖水清晰透明，无沉淀，果实乳黄色，甜酸适度，无异味，具有糖水余甘子罐头应有之味。每罐果肉量不低于净重的 45%，开罐糖度为 16%～18%。

2. 余甘子果酱

（1）工艺流程

原料→分选→清洗→软化→打浆→浓缩→装罐→密封→杀菌→冷却→入库存放

（2）操作要点

①选果：用新鲜饱满、成熟适度的余甘子果实，剔除病虫害果。

②清洗：用清洁自来水冲刷漂洗，除去表皮上的尘埃、泥沙、污物及微生物，沥干水分。

③软化：将果实投入浓度为 10% 的糖水中，加热软化 10~20 min。

④打浆：软化后的果实用孔径 0.7~1.0 mm 的打浆机打成果泥浆。

⑤浓缩：将果泥置于不锈钢浓缩锅内，按果泥：白砂糖=1：（0.8~1.0）的比例，加入白砂糖加热浓缩，浓缩到酱体可溶性固形物达 60% 以上。

⑥装罐、密封：浓缩结束后迅速装瓶，装瓶时酱体温度应保持在 85 ℃以上，最好在 20 min 内完成，装瓶后立即密封倒置。瓶体和瓶盖预先清洗和消毒处理。

⑦杀菌和冷却：密封后立即杀菌，可采用常压沸水杀菌，100 ℃温度下杀菌 5~10 min 为宜。杀菌后冷却至 38~40 ℃，擦干罐身的水分，贴标装箱。

（3）产品质量要求

酱体呈黄色至浅棕黄色，胶黏状，徐徐流散，无糖晶析，无杂质。具有余甘子果酱应有之风味，无异味。总糖量不低于 55%，可溶性固形物不低于 60%。

3. 余甘子果脯

（1）工艺流程

原料选择→清洗→去皮→漂洗→盐渍→漂洗→预煮→沥干→一次糖渍→一次烘干→二次糖渍→烫漂→烘干→冷却→包装→成品

（2）操作要点

①去皮：同糖水余甘子罐头方法。

②盐渍：去皮后的余甘子按果重加入等量精盐，混匀后表面撒上一次盐，盐渍 72 h。

③预煮：漂洗脱盐后的果坯，以 1.5 kg 蒸汽压预煮 5~8 min，以破坏坚密的果肉组织。

④一次糖渍：在 45% 的糖液温度达到 80 ℃时投入余甘子至溶液煮沸停止加热，糖渍 24 h，注意经常翻搅糖渍液。

⑤二次糖渍：在前次糖液中补加砂糖至糖液浓度 70%，同时加入香料，糖渍 48 h。

⑥烫漂：糖渍好的果坯沥干后用沸水漂洗 2 次，以除去果坯表面糖液。

⑦烘干：在 60 ℃下烘至果表不黏手，成品含水量<15% 为止。

（3）产品质量要求

产品黄色带果绿色，表面干燥，柔韧不黏，呈半透明状，酸甜适口，具有余甘子特有风味。总糖含量为 60%～70%，水分含量低于 15%。

4. 余甘子果汁饮料

（1）工艺流程

原料→选果→清洗→热烫→脱核→打浆→酶解、浸提→榨汁→粗滤→澄清→原果汁→调配→精滤→灌装→灭菌→余甘子果汁饮料

（2）操作要点

①选果，清洗：选择无病虫害、无霉变、无腐烂，色泽翠绿，表面光滑的新鲜果实，大小不限，除去枝叶等其他杂质，用清水彻底清洗鲜果干净。

②热烫，脱核：用 0.5% $NaHCO_3$ 溶液 100 ℃热烫鲜果 3～5 min，去除表皮蜡质层，使果肉组织软化以利于脱核。热烫后果实迅速冷却至 50 ℃以下。

③打浆：冷却后的热烫果实去核，按 1∶1（质量比）加入软化水，打浆至 3～4 mm 粒度。

④酶解、浸提：每 100 g 果浆中加果胶酶和纤维素酶各 0.02%，在 45 ℃酶解 3h。

⑤榨汁，粗滤：压榨取汁，汁液用 400 目滤布粗滤。

⑥澄清：向粗滤液中加入 5% 的硅藻土，反复过滤得澄清余甘子原果汁。

⑦调配、精滤、灌装、灭菌：根据原果汁的添加量，向其加入一定比例糖、酸和稳定剂等调配，调配后果汁经 150～200 kg/cm² 均质压力均质、0.45 μm 膜精密过滤后，用 250 mL 透明玻璃瓶灌装，90 ℃杀菌 3 min，迅速用水冷却到室温。

（3）产品质量要求

产品淡褐色，外观均匀一致，澄清透明，无沉淀（或少量沉淀），无杂质，口感酸甜爽口，有余甘子特有果香味，柔和持久，微涩。可溶性固形不低于 10%，总酸（以柠檬酸计）0.50%～1.0%。

5. 余甘子果酒

（1）工艺流程

余甘子鲜果→选别→清洗→热烫→去核→破碎→打浆→果胶酶及 SO_2 处理→静置→粗滤→余甘子原汁→糖酸调整→主发酵→分离→后发酵→陈酿→调配→澄清、过滤→装瓶→杀菌→成品

（2）操作要点

①选别、清洗：挑选出原料中的腐烂果和杂质，清水洗净后沥干备用。

②热烫、去核：用 100 ℃蒸汽处理 1.5～2 min，立即用冷水喷淋，在果坯表面用小刀纵剖一裂痕即可剔出果核。

③破碎、打浆：原料用破碎机破碎成 3~5 mm 的果块后，按果块重加入 4~5 倍的清水进行打浆。

④果胶酶及 SO_2 处理：用蒸馏水配制 5％的果胶酶液及 2.5％的 $NaHSO_3$，再按浆体重的 0.1％添加果胶酶液，$NaHSO_3$ 液的用量按 120~150 mg SO_2/L（浆体）进行添加，搅拌均匀，密闭静置 3~6 h 后进行粗滤。

⑤糖酸调整：采用一次加糖法将浆液糖度调至 20％~25％并使之完全溶解，pH 值控制在 3.5~4.0。

⑥主发酵：先将活性干酵母配成 12％~15％浓度的酵母液，在酵母液中加入 2％~5％的蔗糖，搅拌混匀后，按浆体重以 100 mg/kg 酵母的比例加入调整好糖酸比的余甘汁液中，充分混合均匀，在发酵罐中进行密闭发酵，发酵液温度控制在 15~20 ℃，发酵时间 8~12 d。

⑦分离及后发酵：主发酵结束后，用离心泵将上层澄清的酒体泵入另一发酵罐中，按新酒重以 50~80 mg/kg 的比例添加 $NaHSO_3$，充分混合均匀，后发酵温度控制在 20~25 ℃之间，时间 3~4 d。后发酵期间应尽量减少酒体与空气的接触面，以避免杂菌的侵入。

⑧陈酿、调配：发酵好的酒液，在室温 10~15 ℃的贮藏条件下陈酿 2~3 个月。陈酿时注意应满缸，每隔一个月翻缸一次，以减少酒体与空气的接触。陈酿结束后按工艺要求用适量蔗糖、酒精和柠檬酸调整酒体的酒度、糖度与酸度。

⑨澄清过滤、杀菌：采用明胶澄清法，将明胶加热溶解配制成 5 g/L 的明胶母液备用。按比例将明胶澄清液加入果酒中，搅拌均匀，静置 2~3 d 待酒液完全澄清，用硅藻土过滤机进行过滤后，立即装瓶封口，并在 65~70 ℃、杀菌时间 15 min 的条件下进行巴氏杀菌。

（3）产品质量要求

产品清澈透明，有光泽，呈浅绿色，略带黄色，酸酸爽口，醇和浓郁，口味柔和纯正，无异味，具有余甘果特有的果香和酒香，无沉淀、杂质及明显的悬浮物。酒度 10％vol~18％vol，总糖不高于 4％，总酸不高于 0.8％。

（二）刺梨

刺梨成熟后为黄色或橙黄色，营养成分含量丰富，种类齐全，素有"维生素 C 大王"之称。刺梨在我国早有研究，明代李时珍著《本草纲目》记载：刺梨食之可解闷消积滞，具有帮助人体消化的性能。随着近年来对刺梨清除自由基抗氧化作用，增强免疫、抗肿瘤、延缓衰老、健胃作用，降低机体内重金属负荷，抗动脉粥样硬化，对冠心病的治疗效果以及其他医学功能的研究，其功能作用日益受到人们关注。因此，刺梨果实是一种加工保健食品的理想原料。

1. 刺梨果脯

（1）工艺流程

刺梨→清洗→脱刺→切半、去籽→护色硬化→漂洗→烫漂→糖制→烘烤→成品

（2）操作要点

①原料选择：选择果大核小、肉质肥厚、成熟度适宜、纤维少的野生刺梨作为加工原料，剔除不合格的伤果、腐烂果和病虫害果。

②清洗：用流动的水洗净刺梨表面的泥沙、尘埃及部分的微生物。

③脱刺：野生刺梨遍体都是芒刺，为了便于加工，可用竹片将其刮去。

④切半、去籽：刺梨种子多而硬，纤维多而粗，不宜加工成制品，应切分后除去，但刺梨本身体积较小，不宜过度切分，可用不锈钢刀切半后除去。

⑤护色硬化：切半、去籽后将其放入 0.5％的食盐与 1.0％氯化钙混合液中处理 1.5～3 h 进行护色和硬化。

⑥漂洗：用清水将对果片漂洗 0.5～1 h，其间换水 3～5 次，洗去果片表面残留的护色硬化剂。

⑦糖制：将处理好的果片放入网袋中，在预先配制好并用柠檬酸调 pH 值至 4.0～4.3 的 30％糖液中加热煮沸 2～3 min 后取出，投入到 30％的冷糖液中浸渍 12 h，再依次在 40％、50％、60％、65％的糖液中冷热交替进行糖制处理，处理时间同上。待果片呈半透明状、含糖量达到 60％以上时取出，沥去残余的糖液。

⑧烘烤：将果脯摊在果盘中，在 55～65 ℃的温度烘烤 8～12 h，待果脯变为金黄色、含水量达 16％～18％时取出。

（3）产品质量要求

产品完整，规则，表面洁净，无杂质，饱满，半透明，鲜艳的金黄色，透明发亮有光泽，甜酸可口，软硬适度，细嫩，具有刺梨特有风味。总糖含量在 60％～65％，水分含量 16％～18％。

2. 刺梨果酱

（1）工艺流程

选果→清洗→切半、去籽→软化→打浆→配料→浓缩→装罐→杀菌→冷却→入库存放

（2）操作要点

①选果：选无虫害、无霉烂、单宁含量低、粗纤维少、维生素 C 含量高、芳香味浓的成熟鲜刺梨果为原料，若用无子刺梨更好。

②清洗：用自来水冲刷漂洗，除去皮和果刺上的尘埃、泥沙、污物及微生物，沥干水分。

③切半、去籽：可用不锈钢刀切半后除去。

④软化：将果块浸没在 10％糖水中，加热软化 10～20 min。

⑤打浆：果肉软化后用孔径 0.7～1.5 mm 的打浆机打成果泥浆，再用筛网滤去除去粗长纤维。

⑥浓缩：将果泥置于不锈钢浓缩锅内，按果泥∶白砂糖＝1∶（0.8～1.0）的比例，加入白砂糖加热浓缩，浓缩到酱体可溶性固形物达 60％以上。

⑦装罐、密封：浓缩结束后迅速装瓶，装瓶时酱体温度应保持在 85 ℃以上，最好在 20 min 内完成，装瓶后立即密封倒置。瓶体和瓶盖预先清洗和消毒处理。

⑧杀菌和冷却：密封后立即杀菌，可在 100 ℃下杀菌 5～10 min。杀菌后冷却至 38～40 ℃，擦干罐身的水分，贴标装箱。

（3）产品质量要求

酱体为淡黄色（普通刺梨果酱）或黄棕色（无子刺梨果酱），有光泽，均匀一致，具有刺梨特有的香味，酸甜适宜，无异味，黏稠状，倾斜时可以流动，但不流散，无晶析。可溶性固形物含量不低于 65％。

3. 刺梨原果汁

（1）工艺流程

鲜刺梨→选果→冲洗→沥干→破碎→压榨→粗滤→热处理→冷却→灌装→冷藏→原果汁

（2）操作要点

①选果：选用青黄色、八九成熟的刺梨。

②洗果：将选好的果送入洗果机，用清洁水冲洗，洗好后沥干。

③破碎：刺梨果全身具刺，果实种子多而硬，纤维素多而粗，一般宜采用锤式破碎机，把整个果实破碎成果肉和果汁相混成的疏松榨料。破碎不能过度或不够，以免影响出汁率。

④压榨：刺梨果被破碎后，直接输入压榨机中，装料适中，即可压榨。当果汁流出时暂停压榨，待流速稍缓，再加压压榨，如此反复压榨，直到加压无果汁流出为止。出汁率一般为 55％～70％。

⑤粗滤：用不锈钢离心机或布袋，将果汁粗渣、悬浮物除去，以免热处理时果汁产生异味。

⑥热处理：将果汁通过超高温瞬时杀菌器，用 140 ℃或 135 ℃的温度，加热 2～3 s，在 20 s 内冷却至室温。

⑦灌装：将已杀菌的果汁，装入经过清洗和严格消毒的桶或罐中，加满后封盖。

⑧冷藏：将果汁放入 1～2 ℃的冷库中或阴凉通风、无阳光直射的仓库中，沉淀澄清 7 d 以上，再用虹吸或其他方法除去沉淀物。

4. 刺梨果酒

（1）工艺流程

刺梨鲜果→分选→清洗→破碎→浸渍→压榨→原汁→离心分离→脱气→调整成分→低温发酵→分离陈酿→澄清→低温过滤→灌装→杀菌→成品

（2）操作要点

①分选：须挑选八九成熟的青黄色完整无破损的刺梨鲜果。

②清洗：用清洁流水冲洗刺梨鲜果上的大量微生物和灰尘泥沙。

③破碎：刺梨属仁果，应采用较大破碎压力和适当的破碎程度，达到果肉和果汁相混合的疏松状态。

④浸渍：加适量 0.1％的食盐水，30％食用酒精及 S－腺苷蛋氨酸，搅拌后用 CO_2 气体于不锈钢浸渍罐密闭浸渍。

⑤压榨：加入 0.3％的果胶酶处理。

⑥脱气：使用真空脱气机，20～25 ℃，真空度 0.091～0.093 MPa。

⑦调整成分：加蔗糖调整糖度至 25 g/100 mL，加柠檬酸调整总酸至 0.6 g/100mL，添加适量食用酒精。

⑧低温发酵：接入 4％～5％酵母，18～22 ℃，密封发酵至残糖小于 2％、挥发酸在 0.6 g/L（以醋酸计）为止。

⑨分离陈酿：经两次换桶，每次均须加入一定量的 SO_2。

⑩澄清：加明胶 750 mg/L，皂土 300 mg/L，琼脂 120 mg/L。

⑪低温过滤：15～20 ℃，经硅藻土过滤机过滤。

⑫灌装：灌装前用 N_2 汽喷射，排除瓶内空气。

（3）产品质量要求

酒色浅黄，清亮透明，肉眼可见无沉淀及悬浮物，具有浓郁的刺梨果香和酒香，酸甜爽口，酒体丰满，具刺梨果酒独特风格。酒度 10％vol～18％vol，总糖不高于 4％，总酸不高于 0.8％。

（三）猕猴桃

猕猴桃原产于我国，属浆果类水果，不仅具有浓郁的特殊果香味，而且营养极其丰富，含有糖、蛋白质、氨基酸、黄酮、多酚、多种微量元素、有机酸及维生素。成熟猕猴桃果实含糖 80～170 g/kg，总酸 14～20 g/kg，维生素 C 含量高居各种水果之首，高达 700～120 mg/kg。野生猕猴桃主要分布在山区，资源丰富。在我国大多数省份均有分布。保护性利用野生猕猴桃资源是增长山区经济的有效途径，对提高当地居民保护野生猕猴桃资源、保护现有生态环境的积极性具有重要意义。

1. 低糖猕猴桃果脯

（1）工艺流程

原料选择→去皮→切片→护色→硬化→糖制→干燥→包装

（2）操作要点

①原料选择：选择新鲜饱满、大小整齐、无病虫害、无霉烂的鲜果，用水清洗表面的灰尘和杂质。

②去皮：将原料投入质量分数为 10% 的 NaOH 溶液中，在 85~95 ℃ 温度下热烫 5~10 min，即可将皮软化，并可有效破坏过氧化酶的活性，人工去皮。

③切片：将去皮后的猕猴桃用流动水清洗，除去附着在果实上的碱液后，切成 1~10 mm 的薄片。

④护色：用质量分数为 1%~2% 的氯化钠溶液或 0.5%~1.0% 柠檬酸和 0.3% 亚硫酸氢钠溶液护色，把果片放入护色液中浸泡 15~20 min 后待用。

⑤硬化：采用 0.1% 氯化钙、0.1%~0.3% 明矾溶液硬化处理 10~12 h。

⑥漂洗：用清水漂洗硬化后的猕猴桃片，以除去多余的硬化液。

⑦糖渍：糖液配方为白糖 40%~45%、柠檬酸 0.25%、苯甲酸钠 0.025%~0.05%、亚硫酸钠 0.03%~0.3%。将糖液加热煮沸，放入猕猴桃片，煮制 8~10 min，煮制后让糖液冷却至 60~70 ℃，进行真空渗糖，保持真空度为 0.06~0.08 MPa，时间为 30 min。解除真空后，继续在糖液中浸渍 14~16 h。

⑧干燥：将浸好的猕猴桃片捞出，沥干糖液，用热水清洗掉表面糖液后，均匀摊在烘盘上，在 65~70 ℃ 的烘箱中烘 10~12 h。烘制应遵循升温→高温→低温的原则，还要及时排湿，使成品水分含量降至 15%~20% 为止。成品含糖为 35%~40%，总酸不大于 0.45%。

⑨成品包装：将烘干后的猕猴桃果脯冷却至常温，采用食品用复合塑料袋包装密封或采用真空包装。

（3）产品质量要求

产品呈淡绿色或深绿色，色泽较一致，有光泽。横切圆片完整，厚薄较一致，质地软硬适度，不流糖，不返砂。具有猕猴桃果脯应有之风味，无异味，允许有猕猴桃种子的香涩味。含水量低于 20%，总糖 60% 以上。

2. 猕猴桃脆片

（1）工艺流程

原料选择→清洗→切片→选片→浸渍→脱水→真空低温油炸→脱油→包装

（2）操作要点

①原料选择、清洗：选择果形完整、成熟度一致、未经后熟、果肉组织尚未变软的果实，力求果形大小、色泽、成熟度一致。剔除腐烂、病虫害、畸形、严重损伤果实及杂质等，在清洗机中充分洗净。

②切片、选片：用切片机切片，以横向切片，片厚2～3 mm。切片后用清水漂洗，除去碎屑，进行选片。剔除未成熟果片、纵切片以及两端不合格片等。

③浸渍、脱水：将果片浸渍于1％～2％食盐、0.1％柠檬酸、18°Bè果糖液中，进行护色和着味，然后用脱水离心机沥干水分。

④真空低温、油炸、脱油：用真空油炸脱油机进行油炸、脱油。果片在油温80～120 ℃下进行油炸，时间10～40 min或从观察孔处观察无水泡从油面溢出，真空度0.07～0.092 MPa。在相同温度、真空度下脱油2～5 min，转速500～600 r/min。

⑤包装：脆片宜采用充氮包装。

3. 猕猴桃干

（1）工艺流程

选料→清洗→去皮→切片→熏硫→烘干→回软→分级包装→成品

（2）操作要点

①选料：挑选完整果实，成熟度8～9成，果径在25 mm以上，无病虫、无破损的猕猴桃为原料。

②清洗：用清水将其冲洗干净。

③去皮：用25％氢氧化钠溶液，在浸碱机、擦皮机组内将碱液煮沸，放入猕猴桃果实，浸碱1～2 min，以果皮变黑并用手轻擦果皮极易除去为准。此后，迅速捞出果实，放入1％盐酸中和30 s，放在流动清水中漂洗10 min后沥干。

④切片：用切片机切片，以横向切片，片厚3～5 mm。

⑤熏硫：每1000 kg原料，用硫黄4 kg，熏硫4～5 h。

⑥烘干：烘干温度控制在65～75 ℃，约经20～24 h，成品含水量达到20％以下，即好。

⑦回软：将果干堆积在密闭容器中或贮藏库中密闭2～3 d，使果干水分平衡。

⑧分级包装：果片按色泽大小分级，剔除不合格品，正品果干再烘干0.5～1 h，随机用塑料袋密封包装。

（3）产品质量要求

呈淡黄色或淡绿黄色，具有猕猴桃应用的风味，无异味，含水量20％以下。

4. 猕猴桃果酱加工

（1）工艺流程

选果→清洗→切半、去籽→软化→打浆→配料→浓缩→装罐→杀菌→冷却→入库存放

（2）操作要点

①选果：选用新鲜饱满、果心小、充分成熟发软的果实，剔除生青果和病

虫果。

②清洗：用清水将其冲洗干净。

③去皮：配制 2%NaOH 溶液加热到 80 ℃，在不锈钢锅内加入果实，不断搅拌，保温 1~2 min 后立即从碱液中取出，用大量清水冲洗并加入稀盐酸中和其剩余碱液，在用清水冲洗、搓揉过程中果实果皮就会脱落，最后证实皮没有残余碱液就可沥干进入下一工序。

④打浆：果实入打浆机打成浆状，无须去籽。

⑤加热浓缩：按果肉：白砂糖＝1：1 的比例配料，常压浓缩，不断搅拌，浓缩至浆体可溶性固形物含量在 65%时，停止加热，立即出锅装罐。整个浓缩时间控制在 30~40 min 内为宜。

⑥装罐及密封：装罐果酱温度不低于 85 ℃，操作要迅速，从出锅到密封的时间控制在 20 min 以内。装罐后立即密封。

⑦杀菌：100 ℃杀菌 15~20 min。

⑧冷却：在温水中分级冷却至 37 ℃，擦罐入库。

（3）产品质量要求

酱体浅黄色或淡褐色，胶黏状，有部分果块，无糖结晶，不得分泌汁液，具有猕猴桃果酱应用的风味，无异味，可溶性固形物含量不低于 65%。

5．猕猴桃果汁

1）猕猴桃混浊果汁

（1）工艺流程

原料→挑选→清洗→压榨及粗滤→调配→过滤→均质→装罐→灭菌

（2）操作要点

①原料清洗：拣选成熟度高的软果实，剔除发酵变质的，用清水冲洗，去尽果皮上的泥沙及杂质。

②压榨及粗滤：将洗干净的果实沥干水分，倒入压榨机内压榨，果汁经过滤机粗滤，滤去果皮、果籽及部分粗纤维。

③调配：将果汁送入带有加热器和搅拌器的容器内。首先加水稀释果汁，使果汁浓度为 4%，再按 90 kg 果汁加 10 kg 白砂糖的比例，加入预先制好的糖浆，并不断搅拌，使之均匀，此时果汁浓度为 14%（按折光度计）。

④过滤：调配好的果汁，经过内衬绒布的离心过滤机过滤、分离，除去残余的果皮、果籽及部分粗纤维、碎果肉等杂质。

⑤均质：过滤清的果汁，经均质机均质，使细小果肉进一步破碎，保持果汁均匀的混浊状态。均质机压力为 10~12 MPa。

⑥装罐与灭菌：均质后的果汁泵入片式加热器预热，加热温度掌握在 85 ℃左右。装罐果汁温度保持在 80 ℃以上，装罐后立即封口，尽快灭菌（半小时

内），杀菌公式为 5~10 min/100 ℃，快速冷却至 40 ℃左右。然后擦干罐身，入库。

（3）产品质量要求

呈黄绿色或淡黄色，具有猕猴桃罐头应有的风味，酸甜适中，无异味，汁液均匀混浊，静置后允许有沉淀，但摇动后仍呈均匀混浊状态，不允许有杂质，可溶性固形物含量 14%~16%（按折光度计），总酸度为 0.6%~1.2%（以柠檬酸计），原果汁含量不低于 30%。

2）猕猴桃清果汁

（1）工艺流程

原料→挑选→清洗→破碎和酶处理→压榨取汁→澄清→调配→装罐→灭菌

（2）操作要点

①原料选择：拣选成熟度高的软果实，剔除病和腐烂果实，任何形状和大小的果实都可以。加工前将果实洗净。

②清洗：用清水冲洗，去尽果皮上的泥沙及杂质。

③破碎和酶处理：整个果实用锤式破碎机。不宜破碎得太细，否则得到的果浆非常黏稠，榨汁十分困难。为了增加果汁得率，用果胶酶处理果浆，以分解部分可溶性的果胶。果胶酶的用量和反应时间，根据加工所使用果实的贮存期有所增减。酶解反应结束，加入 1%~2% 的纤维素粉作为压榨助剂，1 h 后榨汁，以保证获得较高的果汁得率。

④压榨取汁：用框架式和带布层的压榨机，填充的布层厚 6~8 mm，当最高压力为 0.483 MPa 时，经 20~30 min，果汁得率达到 75%~82%。

⑤澄清：将压榨出来的果汁，以 15~25 ℃温度静置过夜。在初步澄清的果汁中，加入澄清剂如膨润土（750 mg/kg）或硅溶胶（250 mg/kg），或将果汁加热到 85 ℃保持 3 s，然后在板式热交换器中迅速冷却到室温，再将果汁静止 1~2 h，去除蛋白质防止器凝聚而产生沉淀。

将上部澄清的果汁抽出，用硅藻土过滤机过滤，硅藻土用量为 2%。罐底的蛋白质沉淀中，混有部分果汁，用离心机分离除去蛋白质后，再用硅藻土过滤。

⑥调配：猕猴桃果汁太酸，平均酸度为 1.5%（以柠檬酸计），一般不为人们所接受，需用水、糖调配，或与酸度低的果汁掺和，达到降酸的目的。降酸之后，调整可溶性固形物为波美 11.5 度。

⑦杀菌与包装：澄清、调配达到产品标准的猕猴桃果汁饮料，用板式热交换器加热到 85 ℃，装入预先杀过菌的合适容器中，密封后倒置 1 min，再冷却到室温。

（3）产品质量要求

淡黄色或绿黄色，酸甜适中，芳香浓郁，具有猕猴桃独特的风味，混浊度均匀一致，无沉淀分层现象，久置有极微量果肉沉淀，无肉眼可见的外来杂质，可溶性固形不低于10%，总酸（以柠檬酸计）0.50%～1.0%。

3）猕猴桃浓缩汁

①香味物质的回收：猕猴桃中的香味物质，可以在沉淀蛋白质的热处理阶段收集，也可以在浓缩前收集，在收集这些香味物质时，果汁必须加热到105℃的高温。然后泵入旋风分离器，获得5%～7%的分离物，再用酯类回收蒸馏柱浓缩到在原果汁中最初浓度的200倍。

②浓缩：脱去香味物质的果汁，在热交换机中冷却到30℃，静置1～2 h。蛋白质沉淀后，用硅藻土过滤机过滤，送入真空浓缩锅，浓缩到波美75度。

③调香：将回收的猕猴桃香味物质，加入猕猴桃的浓缩汁中，调配到原果汁风味，即是具有浓郁风味的猕猴桃浓缩汁。

产品质量要求：黄棕色或单黄褐色，久贮后色稍深；具有猕猴桃浓缩汁应有的香气盒滋味，无异味，无杂质。清汁型形态澄清透明，无沉淀悬浮物，混浊型形态混浊状，久置允许存少量果肉沉淀。可溶性固形物≥40%。

6. 猕猴桃果酒

（1）工艺流程

鲜果→分选→清洗→破碎榨汁→过滤→果汁→澄清→调整→接种→前发酵→新酒分离→后发酵→陈酿→调配→过滤→成品

（2）操作要点

①原料预处理：选八成熟、发软的果实，清洗干净，加偏重亚硫酸钾，使SO_2含量为60 mg/kg，打浆，然后加入20 mg/kg的果胶酶，在45℃水浴中酶解4 h，降低果胶含量。过滤，放置过夜。取上清液进行62～65℃、20～25 min巴氏灭菌。

②果汁浓度的调整：猕猴桃原果汁如含糖分不足，需添加白砂糖来弥补，才能正常发酵达到需要的酒度，按所需酒精度换算出所要添加的白砂糖量，以1.7 g/L糖生成1%vol酒精计算，加入白砂糖50 g/L。

③主发酵：将果浆输入发酵容器中，按照果浆5%（体积比）的酵母接种量、pH为3.5、温度为23℃的条件下发酵，等糖度降到10 g/L时，分离新酒，转入后发酵，发酵时约需要5～6 d。

④新酒分离：主发酵结束后，立即将果渣盒酒液分离，现取出自流酒，再将果渣等放入压榨机中榨出酒液。

⑤后发酵：在16℃下进行后发酵，等糖度降到4 g/L时，停止发酵。后发酵要求密闭，发酵强度很弱，2～3周后几乎无二氧化碳放出。

⑥陈酿：经调配的猕猴桃酒需要经过一定时间的贮存，1～2年，甚至更久，以使酒体丰满，风味纯正，口感圆润。陈酿时必须注意添桶、换桶，防止生花、

长膜。

⑦调配酒液：经澄清后的猕猴桃原酒酸度高，无法直接饮用，应按质量要求调整好糖度、酒度和酸度，并封口贮藏一段时间后再灌装。

⑧过滤：利用板框式压滤机过滤。

（3）产品质量要求

呈淡黄色至金黄色，澄清透明，无杂质和沉淀，具有猕猴桃酒应用的果香和醇香，醇和爽口，酸甜适度，酒体完整，具有猕猴桃酒的典型风味。酒度 10～18％vol，总糖不高于 4％，总酸不高于 0.8％。

（四）番石榴

番石榴是一种高产、早熟、适应性很强的热带水果，原产美洲热带，16～17 世纪传播至世界热带亚热带地区。它的果实呈球形、卵形或梨形，果皮光滑，果面未成熟时为绿色，成熟时颜色各异，果肉洁白或乳白色，质较清脆，汁多味清甜，芳香沁人，富含 Vc 和丰富的糖和乳酸、柠檬酸、苹果酸等有机酸，大量的芳香族化合物和少量的易挥发的香味物质，风味奇特，具有较好的医疗保健作用，在抗菌止泻、治疗痤疮、抗过敏、防癌抗癌、降血糖、降血压以及促进伤口愈合等方面都有一定的效果。

1. 番石榴果冻

（1）工艺流程

卡拉胶、琼脂及木糖醇→加水调配→充分搅拌

番石榴→预处理→榨汁→混合→煮沸→灌装→封口→杀菌→冷却成型→成品

添加柠檬酸、氯化钾

（2）操作要点

①预处理：挑选成熟果实，剔除烂、损、病、虫果。用清水将番石榴清洗干净，将皮和果肉破碎，切成 1 cm³ 的小块，加入 0.12％柠檬酸和 0.1％氯化钾，混合均匀，备用。

②果汁的制备：将上述番石榴果肉榨汁后 100 目过滤，备用。

③多糖胶体的制备：将 0.7％卡拉胶和 0.3％琼脂及 14％木糖醇按比例混合，在搅拌条件下，将上述混合物慢慢撒入一定量的冷水中，使之分散，待充分润湿后，边搅拌边加热至沸腾，使之充分吸水溶胀，以利于凝胶性能的发挥，直至胶体完全溶解。趁热用 100 目过滤除去不能溶解的杂质，得到透明、黏稠的糖胶体。

④果冻胶体的复配：将上述多糖胶液冷却到 75 ℃，迅速加入 25％番石榴汁。

⑤灌装灭菌：将调配好的果冻胶体灌装到经消毒的果冻杯中，封口，放入80~85 ℃水浴中杀菌15~20 min，然后用冷水迅速冷却至35 ℃以下，以便能最大限度地保持食品的色泽和风味。

（3）产品质量要求

呈淡黄色，均匀一致，酸甜适口，光滑、细腻、适口，具有番石榴果冻应有的滋味和风味，透明、柔软适中、有弹性，无气泡，凝胶状态佳，无杂质。

2. 番石榴果糕

（1）工艺流程

新鲜番石榴→挑选→清洗→破碎/护色→打浆→热处理→粗滤→调配（加入配料）→化胶/熬糖→匀质→熬煮→装盘→冷却→烘制→切块→冷却→包装→消毒→成品

（2）操作要点

①原料的预处理：挑选成熟、无病虫害、无腐烂的鲜果，先用清水将果实表面清洗干净，然后浸泡于质量浓度 1 g/L 漂白粉的水中 10~15 min 进行消毒，再用清水冲洗干净，手工剥去果皮，切成小块，投入装有护色液（0.8 g/L 异抗坏血酸）的容器中护色 3 min。

②打浆：将经过护色的番石榴块，按番石榴与 H_2O 的质量比为 1:0.5 加入清水拌匀后，用筛孔 $D=0.8$ mm 的打浆机打浆，所得浆渣再加适量 0.5 倍清水，拌匀后在打浆机中复打，2 道打浆所得果浆混合得到番石榴原浆。

③热处理：将番石榴原浆加热至 80~85 ℃ 进行灭酶，立即冷却至室温。

④粗滤：对番石榴原浆进行粗过滤，除去番石榴种子及大颗粒物质。

⑤化胶：将胶凝剂称量后混匀，然后用温开水使其溶胀化开。

⑥熬糖：蔗糖加入一定量的水边搅拌边升温至 85~90 ℃ 左右，熬糖约 20 min。

⑦配料：将已用少量水溶解完全的复合酸（柠檬酸:苹果酸=1:1，因为番石榴中主要含苹果酸和柠檬酸，而且两者几乎等量存在）液加入过滤的果浆中，并将化开的胶凝剂与熬糖液混匀加入果浆中。为增加色泽，试验在果浆中加入适量（约 0.2 g/kg）的天然色素红曲红。

⑧均质：调配后将果浆打入均质机进行均质处理，均质压力为 20 MPa，均质后果肉细腻、配料分布均匀。

⑨熬煮：时间不宜过长，以防止转化糖含量过高，与氨基酸发生反应产生深色物质而使产品发生褐变。

⑩烘烤：装盘厚度 1.2 cm，烘烤温度 60 ℃，翻面时间间隔 6 h，烘烤总时间为 24 h。

⑪冷却：冷却好的果块包糯米纸，用臭氧发生器消毒，加外包装即为成品，

由于臭氧杀菌效果并不强，所以在包装车间必须保持洁净环境。

（3）产品质量要求

颜色浅红色，半透明，厚薄适中，弹性、韧性好，软硬度好，酸甜度适中，风味突出，不粘牙，无杂质。

3. 番石榴果汁饮料

（1）工艺流程

原料挑选→清洗→破碎护色→打浆→热处理→粗滤→调配→离心过滤→均质→灭菌→灌装→封口→冷却→成品

（2）操作要点

①原料选择：选择果实大、外层果壳厚、种子腔小、颜色风味好、成熟度高、香味浓、无病虫害、无机械伤的新鲜果。

②清洗：先用清水将果实的表面清洗干净，然后浸泡于含质量浓度 1 g/L 漂白粉的水中 10~15 min，除去残留在果皮上的农药，再用清水冲洗干净备用。

③破碎护色：将清洗干净的水果切成小块，投入装有护色液（维生素 C）的容器中护色。维生素 C 质量浓度为 0.8 g/L，护色时间为 3 min。

④打浆：将经过护色的番石榴块，按番石榴与 H_2O 的质量比为 1∶1.5 加入清水拌匀后，用筛孔 $D=0.8$ mm 的打浆机打浆，所得浆渣再按番石榴与 H_2O 的质量比为 1∶1，加清水拌匀后用 $D=0.5$ mm 的打浆机复打，两道打浆所得果浆混合得到番石榴原浆，测得番石榴原浆的可溶性固形物质量浓度约为 20~25 g/L。

⑤热处理：将番石榴原浆加热至 80~85 ℃，立即冷却至室温。

⑥粗滤：对番石榴原浆进行粗过滤，除去热凝固物。

⑦调配：成品要求糖的质量浓度为 100~110 g/L，酸度约为 pH=3.5~4.0，按要求准备所需原料，糖酸直接加入，搅拌加热至 90 ℃，使之溶解并与果汁混合均匀，在调配中加入适量的蜂蜜以调节风味。

⑧离心过滤：将调配好的果汁，用离心机（内垫 120 目尼龙布）进行离心过滤。

⑨均质：用 16~18 MPa 的压力对番石榴果汁进行均质处理。

⑩杀菌：90 ℃下杀菌 1 min。

⑪灌装封口：灌装容器先用清水洗干净，然后用 90 ℃以上的热水消毒后沥干水分，把杀菌好的果汁趁热装瓶封口。

⑫冷却：成品杀菌灌装后迅速冷却至室温，得到成品。

（3）产品质量要求

乳白色或淡黄色，酸甜适中，芳香浓郁，具有番石榴独特的风味，混浊度均匀一致，无沉淀分层现象，久置有极微量果肉沉淀，无肉眼可见的外来杂质，可溶性固形不低于 10%，总酸（以柠檬酸计）0.50%～1.0%。

4. 番石榴果酒

（1）工艺流程

新鲜番石榴→分选→清洗、去果端→破碎、打浆→加水→加入果胶酶→过滤果渣→调整成分（SO₂、蔗糖）→接种酵母→主发酵→倒罐→后发酵→倒罐→密封陈酿→过滤→调配→灌装→杀菌→成品

（2）操作要点

①原料选择：挑选八九成熟的新鲜番石榴，无腐烂或虫蛀，果实饱满不干瘪。

②切碎打浆：洗净去除果端的番石榴，切成碎块，然后加入打浆机内进行打浆操作，果肉应充分打成糊状。

③加水：番石榴果实含有 0.8%～1.5% 的果胶，打浆后果浆黏糊，流动性差，需加水稀释，按果浆：水为 1∶0.5 的比例加入清水，适量的加水有利于下一步酶解的进行。

④加入果胶酶：添加 600 mg/kg 果胶酶水解，酶解温度 50 ℃，酶解时间 2 h。

⑤成分调整：番石榴果实含糖量约为 10%，加水操作后，实际糖含量更低至约 7%，若不外加糖类，则发酵酒的酒度低，因此，应适当添加蔗糖提高发酵酒度。理论上一般是按照 1.7% 的蔗糖溶液经酵母发酵产生 1%vol 的酒精度来计算蔗糖添加量，而果酒的酒精度一般为 7%vol～18%vol。加入 15 g/100 kg 焦亚硫酸钾的果汁要放置 1 d 左右，以使 SO₂ 能充分释放出来，能使前期酵母发酵正常旺盛，同时发酵后期酒液澄清，无染菌现象。

⑥接种：向调整好成分的果汁中加入已活化的葡萄酒酵母，混合均匀，葡萄酒酵母的接种量一般为 5%～10%。

⑦发酵：发酵过程中应保持温度的稳定，葡萄酒酵母适宜的生长温度是 22～30 ℃，将发酵温度控制为 25 ℃左右，发酵时间为 9 d 左右。待主发酵完成酒渣下沉后，即可将上层的较澄清的酒液取出转到另一干净的发酵罐中，进行后发酵。

⑧陈酿：经过 2 次倒灌后，酒液中的不溶物基本除去，酒液澄清，透明光亮，此时就可以进入酒的陈酿，陈酿过程中应注意定期检查管理，防止氧气进入和微生物的污染。

⑨过滤：陈酿结束后要进行过滤，除去酒中沉淀和杂质，保证果酒成品的稳定性。可用硅藻土过滤机过滤。

⑩调配：对澄清后的酒液进行调配，加入适量的食品级酒精、蔗糖、酒石酸，使果酒酒精度约为 10%vol，含糖约为 4%，总酸 0.2% 左右。

⑪杀菌：果酒在最后灌装前，应加热灭菌，杀灭酒中的微生物，确保果酒成品的品质稳定，加热的条件一般为升温至 70±1℃，并保持 30 min，然后分段迅速冷却至室温即可。

（3）产品质量要求

番石榴果酒外观呈金黄色透明液体，均匀澄清，无悬浮物、无沉淀，具有清甜的番石榴果香和发酵酒香，酒味和果香协调，酒体丰满，酸甜适口。酒度 10～18％vol，总糖不高于 4％，总酸不高于 0.8％。

（五）火棘

火棘果为梨果，似扁圆球，果皮呈鲜红色，少数品种呈金黄色，平均单果鲜重 0.08～0.23 g。火棘味甜，稍酸涩，可生食，含糖量 10.60％～12.20％，总酸 0.08％，单宁 0.42％，纤维素 11.96 毫克/100 克，硫胺素 2.03 毫克/100 克，蛋白质 1.03％。此外。还含有 17 种氨基酸及钙、磷、钾、铁等矿物质。其果实、叶和根都可入药，果实具有健脾消积，活血止血等功能。据报道，火棘果总提物具有清除氧自由基、降血脂、增强免疫力、增强体力和促进消化等作用。

1. 火棘果酱

（1）工艺流程

原料→预处理→打浆、去籽→配料→煮浆、浓缩→装罐→密封→杀菌→冷却→成品

（2）操作要点

①预处理：对采摘的火棘果原料，剔除劣质果和杂质，选择新鲜、成熟的火棘果，用清水洗净、滤干表面水分。

②打浆与去籽：两级破碎打浆。先用浆渣自动分离磨浆机将果实加水打碎（火棘果∶水＝1∶1，g∶mL），再将浆渣混合并用多功能植物粉碎机进一步破碎，最后研磨过不锈钢筛（孔径 1.5 mm）以除去火棘果中的籽。保存果浆，备用。

③配料：将蔗糖、柠檬酸、琼脂等分别溶化、过滤，配成适当浓度的溶液，备用。蔗糖用量 60％，添加 0.7％柠檬酸和 0.9％琼脂。

④煮浆、浓缩：对去籽的果浆煮制、浓缩，分次加入糖液，待浓缩至固型物达到 60％时，依次加入柠檬酸、琼脂，搅拌均匀，继续浓缩至酱体可顺匀不连续掉下为终点。

⑤装罐、密封：待酱体冷却至 85 ℃左右时，迅速装入已灭菌好的空罐玻璃瓶内，留顶隙 1～2 cm，趁热封盖。

⑥杀菌、冷却：封盖后立即投入沸水中杀菌 10 min，然后分段冷却至罐温 35～40 ℃。

（3）产品质量要求

酱体整体呈现暗红色，色泽均匀，黏稠度适当，具一定的流动性，无果块，不分泌汁液，产品放置半月未出现分层现象，无糖的结晶，口感细腻爽滑。酸甜可口，风味独特，具有火棘原果的香气和味道，无外来杂质，火棘籽少量，可溶性固形物含量不低于 65%。

2. 火棘果汁

1）火棘原果汁

（1）工艺流程

采果→挑选→清洗→软化打浆→酶解→分离、澄清→过滤→杀菌→冷却→原汁保存

（2）操作要点

①采果、挑选、清洗：采摘色泽鲜艳、充分成熟的果实，除去夹杂在果实中的细小枝叶以及干缩果和腐烂果，挑选后的果实清洗干净。

②软化打浆：火棘果实含水量低，果肉粉质，用压榨法难以榨出汁。采用浸提法能有效提取其营养成分，得到优质的果汁。具体方法是每 1 kg 火棘果用水 2 kg，先把水烧开，加入火棘果软化 3~5 min，然后打浆使火棘果破碎，进行浸提。

③加酶分解：在浸提过程中大量果胶物质进入原果汁，使制得的果汁饮料在存放过程中出现沉淀，故需进行酶解处理。在果浆温度降到 43 ℃时加入 0.2% 的果胶酶制剂搅拌均匀，使果胶物质分解，大约经过 6 h 左右，果胶全部分解，再进行过滤取汁。

④分离、澄清、过滤：酶解后的果浆先用 100 目的纱布进行粗滤，除去较大的果渣杂质，得到的汁液再经碟式离心分离机除去沉淀物质。在粗滤液中加入一定量的明胶，使其充分络合沉淀后用硅藻土过滤机过滤，即得到火棘原果汁。

⑤灭菌、冷却：将得到的原果汁经超高温瞬时灭菌机在 115±2 ℃下保持 3~5 s，灭菌后装入洗净消毒的贮桶内密封，存放于冷凉处保存备用。

2）火棘果汁饮料

（1）工艺流程

辅料、原果汁　　　　　水

净化水→溶糖→调配→过滤→死菌→灌装、封口→冷却

（2）操作要点

①配方：原汁 350 mL，白糖 100 g，蛋白糖 0.8 g，柠檬酸 2.0 g，苹果酸 0.2 g，NaCl 2 g，β-CD 0.2 g，山梨酸钾 0.4 g，加水至 1000 mL。

②原辅料的调配：配料时先把一定量的净化水烧开，加入白砂糖和蛋白糖搅

拌，待完全溶解后加入柠檬酸、苹果酸及其他辅料，最后加入原果汁及山梨酸钾，加水到定量，搅拌均匀。

③过滤、灭菌：配好的果汁饮料经过饮料过滤机过滤，过滤后送入超高温瞬时灭菌机在 120±2 ℃下灭菌 3~5 s 后，迅速降温到 80 ℃以下。

④灌装、封口：经灭菌的饮料送入灌装机，在 70~80 ℃进行热灌装，包装容器用 240 mL 玻璃瓶或 230 mL 马口铁 5133 易拉罐，装好后立即封口，贴标后送入库房。

（3）产品质量要求

色泽橙红或橙黄，澄清透明，具有火棘饮料特有的香气，无外来气味，酸甜适口，久置允许有少量沉淀，原汁含量＞35%，可溶性固形物含量（糖度）＞8%，总酸＜0.3%。

3. 火棘发酵果酒

（1）工艺流程

鲜果清理→打浆→过滤除渣→果汁调整→发酵→澄清→陈酿→冷处理→微滤→灌装杀菌→冷却→成品

（2）操作要点

①原料选择：选择八九成熟、色泽鲜红、无霉烂、无病虫害的果实。

②打浆：打浆处理前，采用水果清洗机进行清洗操作。用刮板式打浆机对火棘进行打浆加工，处理条件为原料与水的质量比例为 1∶0.8，打浆处理两次或采用双道打浆机，筛网孔径 0.6 mm，打浆温度 5~10 ℃。

③过滤：打浆后应立即对果浆进行压榨过滤，使浆渣分离，同时应避免与铁制容器或设备接触。

④果汁调整：具体包括糖度调整和二氧化硫处理，加糖（使还原糖的含量在 20% 以上），加亚硫酸（SO_2 在发酵基质的浓度 50 mg/L）。

⑤前发酵：接入安琪酵母活化液 5%~15%，控制发酵温度 25 ℃左右，发酵时间 7 d 左右，待汁液糖度降至 2% 以下时即可停止前发酵，分离出酒液转入后发酵。

⑥后发酵：调整酒液的酒度至 13% vol 以上，控制发酵温度在 20 ℃左右，发酵时间 25~30 d，当酒液的残糖降至 0.1% 以下时，结束后发酵，分离出上层清酒，转入陈酿期。

⑦陈酿：陈酿期 1 年以上，期间可进行换池 2~3 次，陈酿结束后，对酒液进行下胶澄清处理，然后过滤。

⑧调配、精滤：火棘干酒具有原果的色香味，为了改善果酒风味及延长贮存时间需进行酒的调配，要加入纯正酒精或米酒和蔗糖，使果酒含酒精度 9%~10%，含糖 10%，总酸 0.2%。调配后进行精滤，即可进行灌装、封口。

⑨杀菌、冷却：采用 85 ℃杀菌 25~30 min 即可，然后尽快冷却至室温，对成品酒进行灯检，合格者即可贴标、装箱。

（3）产品质量要求

浅橙红色，澄清透明，香气纯正，优雅，果香酒香协调，具有火棘怡人香气和甘甜醇厚的口味，酒体丰满，柔顺，回味悠长。酒度 10~18%vol，总糖不高于 4%，总酸不高于 0.8%。

（六）桑葚

桑葚，俗称桑果、桑枣，系桑科植物桑树的果实，多为肉浆果，是一种聚合果，成熟的桑葚紫黑色，饱含浆液，甘甜多汁，风味独特，且有较高的营养与药用价值。桑葚是一种营养成分丰富的浆果，含有多种人体所需的氨基酸和维生素。此外，还含有人体缺少的锌、铁、钙、锰等矿物质和微量元素。我国历代的中医都公认，桑葚有补肝益肾、滋阴养血、黑发明目、祛病延年的功效。现代医学表明，桑葚能提高动物体内酶的活性，抑制有害物质的生成，增强抗寒、耐热能力，延缓细胞衰老，防止血管硬化，以及提高肌体免疫功能等。

1. 低糖桑葚果脯

（1）工艺流程

桑葚→清洗→护色硬化→漂洗→漂烫→糖制→烘干→成品

（2）操作要点

①清洗：挑选个体完整饱满的原料桑葚果作为原料，用清水清洗 2~3 遍，沥干。

②护色硬化：可采用 2%氯化钠＋1%抗坏血酸＋2%氯化钙混合溶液对桑葚护色硬化处理 4 h。

③蒸煮：将桑葚蒸 10 min，蒸后桑葚个体饱满，有光泽，没有表皮塌陷的情况出现，可避免桑葚中的固形物损失，并且同时也达到了杀菌灭酶的目的。

④糖制：采用真空渗糖法，50%糖液中添加 0.7%柠檬酸和 0.5%CMC，控制真空度 0.06 MPa 和糖液温度 70 ℃条件下渗糖 80 min，产品的最终总糖含量为 60%。

⑤烘干：50~55 ℃，热风干燥至水分含量为 16%~18%。

（3）产品质量要求

产品具有桑葚的天然色泽，颗粒饱满、糖分渗透均匀，有光泽，无返砂现象，具有桑葚天然的滋味与气味，酸甜适口，无异味，无肉眼可见外来杂质。总糖 45%~55%，水分≤22%。

2. 桑葚果冻

（1）工艺流程

魔芋精粉、卡拉胶、柠檬酸钾→预混→煮沸溶解

桑葚→预处理→护色→打浆→调配→均质→煮沸→灌装→冷却→成品

蔗糖、柠檬酸

（2）操作要点

①原料选择：选择八九成熟、无腐烂、无病虫害、粒大、果肉呈紫红色的新鲜桑葚作为原料。

②预处理：用流水清洗桑葚，除去泥沙等杂物。沸水漂烫灭酶以钝化多酚氧化酶的活性，保证产品的稳定性。最后用流水冲洗桑葚至洗液无色为止。

③护色：将处理过的桑葚果放入事先配制好的 0.1％柠檬酸溶液中护色20 min。

④打浆：将桑葚鲜果倒入打浆机中打浆，打浆前加入 0.05％抗坏血酸溶液，防止桑葚色素进一步氧化。打浆后经 100 目筛网过滤，除去鲜果汁中悬浮物及胶粒，包括果梗及破碎的核等，滤液备用。

⑤辅料处理：将魔芋精粉、卡拉胶、柠檬酸钾干粉混匀，冷水溶解，静置5 min使其充分溶胀，加热搅拌，直至成透明均一的胶体溶液。除去胶体溶液表面泡沫，保持85～95 ℃经 100 目筛网过滤，除去原料中不溶杂质，滤液备用。魔芋胶与卡拉胶之比为 2∶1 的复合胶和柠檬酸钾用量分别为 0.8％和 0.1％。

⑥调配、均质：在胶体溶液中倒入桑葚浆液，果浆与糖的比例为 1∶(0.6～0.8)，加入柠檬酸和蔗糖，调整糖酸比为 40∶1，加热至沸腾。再将混合液趁热均质，压力 20MPa，保持温度 80～85 ℃使溶胶混合均匀。待可溶性固形物含量为 60％左右时，便可停止浓缩。

⑦灌装：将调配好的溶胶趁热装入包装容器中，并封口。

⑧冷却：自然冷却或喷淋冷却到 25 ℃，使之凝冻即得成品。

（3）产品质量要求

产品外观呈浅紫红色，凝冻状好，无絮状物，无气泡，光滑无裂痕；具有桑葚天然的滋味与气味，光滑细腻、酸甜可口。可溶性固型物 25％～30％。

3. 桑葚果汁饮料

（1）工艺流程

原料采收→选择→清洗→打浆→酶处理→榨汁→粗滤→酶处理→澄清、过滤→调整→脱气→杀菌→灌装→贮存

（2）操作要点

①原料选择：选择八九成熟、无腐烂、无病虫害、粒大、果肉呈紫红色的新鲜桑葚作为原料。

②清洗：采用粗洗和精洗两道工序。原料置于大水池中清洗，以除去泥沙、败叶等杂物，并换水冲洗。随即将清洗果置于浓度为 0.05％～0.10％的高锰酸钾水溶液中浸泡、洗涤 8～10 min 后，再转入清水池中冲洗 2～3 次，直至清洗液不呈淡粉红色为止。粗洗后，再进行人工检查，捡除烂果、病虫果及未成熟果等不合格果实，最后用清洁的流动水漂洗 1 次。

③打浆：为了最大限度地保持桑葚果风味及营养成分，可以直接采用筛孔直径为 0.4～0.5 mm 的打浆机进行冷打浆。注意不要打碎种子，以免影响果汁风味。打浆同时，连续添加适量的浓度为 0.1％ V_C 和 0.1％柠檬酸混合溶液进行护色。

④酶处理：打成桑葚浆后加入果胶酶，此时应加热浆料，温度保持在 40～42 ℃，酶作用时间为 2～4 h，果胶酶的用量为果浆重的 0.05％。

⑤榨汁：把经酶处理后的桑葚果果浆装入布袋内压汁。在压汁时加入已消毒过的棉籽壳作助滤剂，用量占浆液的 3％～10％，可有效提高出汁率。压汁时不要损伤种子（打浆时已去除部分桑籽），因种子含油脂及单宁，损伤后会影响成品质量。压汁后的果渣用适量温水浸泡、搅拌后再压汁，并与原果汁合并。

⑥粗滤：采用滤孔直径为 0.5 mm 左右的筛滤机，滤去种子、悬浮物及大的果肉颗粒。如采用气囊式榨汁机，则在榨汁的同时进行粗滤，无须再用筛滤机。

⑦酶处理：粗滤后的桑葚果原汁在加热器中加热到 35～37 ℃时，加入黑曲霉或米曲霉生产的果胶酶制剂，用量为每吨果汁加入干酶制剂 2～4 kg。

⑧澄清、过滤：利用搅拌器把经酶处理后的原汁搅拌均匀并静置 3～5 h，除去沉淀物，然后把上层液泵入板框压滤。

⑨调整：将桑葚果原汁及白砂糖、稳定剂、柠檬酸等添加剂按顺序溶解并过滤后投入到调配罐内，充分搅拌。最佳的糖酸比为 14：1。参考配料比例为：原果汁 17％，糖 8％，食盐 0.15％，琼脂 0.2％，苯甲酸钠 0.1％，并加饮用水至 100％，再用柠檬酸调整汁液 pH 值至 3.4～3.6。

⑩均质、脱气：在压力为 18～20 MPa 下均质后，在真空度为 0.075 MPa 下脱气，温度 40～50 ℃。

⑪UHT 灭菌：将脱气后的果汁饮料泵入超高温瞬时灭菌机中，采用超高温瞬时加热，加热温度 130 ℃，时间 4～6 s。

⑫冷却：在超高温瞬时灭菌机对果汁饮料进行杀菌的同时，双套盘管的内外管之间的高温料液与内管中灭菌前的料液进行热量交换，使灭菌后的高温料液冷却至 65 ℃以下，以便更好地保存果汁中的营养成分。

⑬灌装：利用利乐包装机在无菌条件下，将果汁饮料灌装于纸制容器中，然后进行装箱、入库工序。如包装容器采用玻璃瓶，则灭菌后不要进行冷却，最好是趁热灌装。当然，玻璃瓶在灌装前要进行相应的灭菌，瓶盖采用75％的酒精杀菌机进行过滤。

（3）产品质量要求

成品呈浅紫红色，色泽鲜艳，有光泽，具有新鲜桑葚特有的香气和风味，甜酸适口，无异常气味，成品汁液均匀一致，无沉淀出现。可溶性固形物≥10％。

4. 桑葚果酒

（1）工艺流程

果胶酶、$K_2S_2O_5$　　蜂蜜、磷酸氢二铵　　活性干酵母

桑葚原汁→澄清→成分调整→低温酒精发酵→分离转罐→陈酿→澄清→过滤→装瓶→杀菌→冷却→成品

（2）操作要点

①选择和前处理：选择充分成熟的、无病虫害及无伤残的新鲜桑葚果实，清洗干净后用机械破碎的方法破碎，加入适量的果胶酶再压榨取汁。

②果汁成分调整：桑葚果实的含糖量为10％左右，为保证成品酒中含有一定的糖度和酒度，用白砂糖或蜂蜜调整糖度为18％，再加入0.05 g/L的磷酸氢二铵，同时加入0.1 g/L的偏重亚硫酸钾，静止24 h，最后加入0.30 g/L用复水活化好的活性干酵母进行发酵。

③酒精发酵：为了保证发酵的顺利进行，将发酵温度控制在18~20 ℃之间，发酵12 d左右。

④倒罐：桑葚果汁经低温发酵至酒度为7％~8％时，立即对酒液进行巴氏杀菌，可有效地抑制桑葚汁的继续发酵，保留桑葚汁中的部分天然成分，后将酒液转入另一发酵罐中进行后发酵。

⑤酒液的澄清：后发酵一段时间后，利用明胶－单宁法下胶澄清，每1 L桑葚发酵酒中添加1 g单宁和7 g明胶。

⑥陈酿：将酒液在低温下陈酿2~3个月，以改善酒的风味。

⑦调配、精滤：为了改善果酒风味及延长贮存时间需进行酒的调配，要加入纯正酒精或米酒和蔗糖。调配后进行精滤，即可进行灌装、封口。

⑧杀菌、冷却：采用85 ℃杀菌25~30 min即可，然后尽快冷却至室温。

（3）产品质量要求

深紫色，澄清透明，有光泽，无杂质，具有桑葚酒固有的优雅香味，果香和酒香和谐，具有桑葚酒应有的特征。酒度10％vol~18％vol，总糖不高于4％，总酸不高于0.8％。

（七）罗望子（酸角）

罗望子又称酸角，俗称酸梅、酸饺、通血香，为苏木科酸豆属，原产非洲。其种子富含罗望子多糖，是提取食品增稠剂和稳定剂的良好原料。酸角富含葡萄糖、果糖、蔗糖等糖类，富含柠檬酸、酒石酸、苹果酸和甲酸等多种有机酸，还含有丝氨酸、丙氨酸、脯氨酸、苯丙氨酸、亮氨酸等多种氨基酸，维生素、蛋白质、矿质元素等含量也较丰富。可见，其营养全面，具有较高的食用价值。其性甘、辛、酸、凉，有祛热解暑、消积化食、清脑提神的功效，能治缓泻、妊娠呕吐、便秘、小儿疳积、高血压等多种病。果实能鲜食，还可作高级饮料、保健食品良好原料或优质配料。加工品具有营养丰富、风味独特、酸甜可口、生津止渴、开胃健脾等特点和功效。酸角集营养、保健、绿化等多种用途于一身的重要经济树种备受到人们关注。

1. 罗望子软糖

（1）工艺流程

魔芋胶、卡拉胶、琼脂→溶胶→熬制←溶糖←白砂糖

罗望子干果→浸泡→去核→磨浆→过滤→罗望子原汁→混合→静止脱气→倒盘→切分→烘烤→包装→成品

（2）操作要点

①罗望子汁浸提：将去皮罗望子干果和等量的热水混合，90 ℃水浴 30 min 后去除种子，再用磨浆机磨浆，经 40 目滤网过滤得罗望子原汁。水浴过程中应强力搅拌以加速罗望子果肉的溶解，提高原料利用率。

②溶胶：将称量好的魔芋胶、卡拉胶加等量白砂糖粉混合均匀，用沸水一次性冲溶，用水量大约为胶总重的 50 倍，搅拌均匀后于水浴锅中 90 ℃恒温水浴 30 min。同时，将琼脂加入 30 倍量热水浸泡溶解。将 2 种溶胶混合均匀，在 90 ℃恒温水浴条件下保存，备用。

③溶糖浆：取一定量的白砂糖用热水溶解，过滤，配制成 30％糖液。

④熬煮浓缩：将糖液与凝胶混合继续熬煮，温度控制在 105 ℃左右，当可溶性固形物含量在 60％左右为一次浓缩终点。将糖液冷却至 75 ℃左右，加入酸角胶体液、酸味剂溶液，进行二次熬煮浓缩 10 min。参考配方为：12％罗望子原汁、30％糖液、0.05％柠檬酸和 2.5％增稠剂。

⑤消泡：将糖浆混合物放在恒温水浴锅（80 ℃）中加热 8 min，以除去混合物在搅拌过程中产生的气泡。该过程中应严格控制静置时间与温度，否则会引起胶体过量水解，影响产品质量。

⑥成型与干燥：待糖体冷却至 75 ℃，出锅后用塑料立体模盘浇模，静置至室温后凝胶成型。成型后脱模干燥，干燥温度控制在 45 ℃左右，干燥时间 24～

26 h，把水分控制在 15% 以下。

（3）产品质量要求

产品香味纯正，有酸角的特殊香气，呈琥珀色，无混浊，块形端正，边缘整齐，表面光滑，花纹清晰，表面光滑细腻，无皱纹，富有弹性，入口绵软，无肉眼可见杂质。含水量 18%～20%，总还原糖≥20%。

2. 罗望子饮料

（1）工艺流程

原料→去荚→浸泡→打浆→果肉浆浸提→压榨过滤→取汁→澄清→调配→精滤→脱气→灌装→封口→杀菌→检验→成品

（2）操作要点

①原料处理：选取果大、饱满、无病虫害和霉烂变质的成熟果实，分离果肉，除去荚壳，加入 10 倍的净水浸泡 5～6 h，用打浆机打浆 5 min，打浆 2 次，用 180 目滤布过滤取罗望子果肉。

②果肉取汁：采用温水浸提果肉浆，浸提条件为温度 85 ℃、时间 90 min、料水比 1∶6。

③压榨过滤：因在浸提液中含有大量的颗粒状悬浮物、果胶质及纤维素类物质，用 180 目滤布压滤取汁，取得浸提果汁。

④调配：取浸提果汁与等量的水混合，加入 3%～5% 白砂糖、0.2% 柠檬酸和 1%～2% 蜂蜜。配料过程中可适量加温使其充分溶解，但温度应低于 40 ℃。

⑤精滤：采用板框压滤机进行过滤，以硅藻土为助滤剂。硅藻土中不得含有铁等金属离子，硅藻土用量为果汁饮料的 0.5%～1%。

⑥脱气：采用真空脱气机，在温度 40～50 ℃、真空度 7.8～9.5 kPa 下脱气。

⑦封口杀菌：将经过脱气处理的罗望子饮料立即泵入瞬间杀菌机，使汁液经 130 ℃、3～4 s 超高温瞬间杀菌后，冷却至 60 ℃，趁热灌装（无菌条件下），真空封口。

（3）产品质量要求

产品清亮透明的淡黄色，不分层，久置允许有微量的蛋白质白色沉淀，甜酸适，清凉爽口，酸角香味协调，无异味，风味独特。可溶性固形不低于 10%，总酸（以柠檬酸计）0.50%～1.0%。

（八）胡颓子

胡颓子为胡颓子科胡颓子属常绿灌木，其果实呈椭圆形，长 12～14 mm，幼时披褐色鳞片，成熟时变为红色。胡颓子果实酸甜爽口，有止咳生津、消食化积、健脾开胃的作用，具有较高的营养价值，是老少皆宜的营养保健食品，因而博得了产地群众的青睐。胡颓子果实、根、叶药用，收敛止泻、镇咳解毒。胡颓

子的野生资源非常丰富，耐干旱瘠薄，适应性很强，对土壤要求不严，常生于山坡疏林下或林缘灌丛的阴湿环境，也发现于向阳山坡或路旁。繁殖非常容易，结果早，加之营养价值高，特别是氨基酸、维生素和矿质元素含量丰富，开发利用的前景非常广阔。目前，胡颓子果实主要用于特色果汁的制备。下面简介胡颓子果汁的加工。

（1）工艺流程

糖、酸、稳定剂
↓

胡颓子果→挑选→清洗→榨汁→过滤→调配→均质→脱气→超高温灭菌→灌装→杀菌→冷却→成品

（2）操作要点

①原料选择：挑选新鲜、无霉烂、无虫蛀、八九成熟的果实。

②榨汁过滤：将洗净的鲜果用螺旋榨汁机取汁，榨出的果汁立即在 60 ℃条件下灭酶，再经 100 目过滤。

③调配：以 5％白砂糖、2％蜂蜜、0.10％CMC-Na、0.15％黄原胶、0.10％柠檬酸和 20％胡颓子原果汁依次加入配料缸，充分混合、定容。

④均质：经调配后料液进入均质机进行 2 次均质。

⑤脱气：采用真空脱气机，在温度 40～50 ℃、真空度 7.8～9.5 kPa 下脱气。

⑥超高温灭菌：灭菌参数为 125～130 ℃、3 s。

⑦灌装、封盖：料液灌装于 250 mL 玻璃瓶，真空封盖。

⑧杀菌：100 ℃、5～8 min 杀菌。

（3）产品质量要求

呈浅红色，具鲜果应有的香气，无异气，酸甜适口，具鲜果独特的滋味；无异味，汁液均匀，静置存放允许有少量沉淀，摇匀后沉淀消失，无肉眼可见的外来杂质。可溶性固形物≥10％。

参考文献

[1] 蔡金腾，吴翔. 刺梨、金樱子、火棘果实的特性及营养成分的研究 [J]. 中国食品学报，1998，2 (1)：47—50.

[2] 蔡金腾，朱庆刚. 鲜刺梨果汁饮料的加工 [J]. 中外技术情报，1996 (11)：47—48.

[3] 曹亚玲，何永华，李朝銮. 蔷薇属 38 个野生种果实的维生素含量及其与分组的关系 [J]. 植物学报，1996，38 (10)：822—827.

[4] 陈迪新. 胡颓子的应用价值及其关键栽培技术 [J]. 黑龙江农业科学，2008 (4)：93—94.

[5] 陈凤芝. 乔木状沙拐枣育苗造林技术要点 [J]. 新疆林业，2007 (5)：31—32.

[6] 陈建白. 余甘子的食品功能性及产品开发 [J]. 云南热带科技，2000，23 (3)：20—22.

[7] 陈晓兰，董秀. 余甘子在食品和保健品中的应用 [J]. 贵阳中医学院学报，2007 (6)：51—53.

[8] 陈新. 川渝地区胡颓子属药用植物资源研究 [J]. 成都中医药大学学报，2001，24 (2)：40—42.

[9] 陈瑛，鲁周民，李志西. 火棘果汁饮料生产工艺及生产过程中 HACCP 质量控制研究 [J]. 食品科学，2007，28 (8)：598—601.

[10] 陈智毅，刘学铭，吴继军，等. 余甘子加工利用研究进展 [J]. 中国南方果树，2004 (2)：59—61.

[11] 谌晓芳. 冕宁县野生桑种质资源现状调查研究 [J]. 安徽农业科学，2008，36 (32)：14170—14171.

[12] 代娟，李玉峰，唐洁，等. 营养型猕猴桃果醋及果醋饮料的开发 [J]. 食品研究与开发，2006，27 (5)：100—102.

[13] 戴宝合. 野生植物资源学 [M]. 北京：中国农业出版社，2003.

[14] 杜经颖. 沙棘的繁育技术及在园林工程中的运用 [J]. 特种经济动植物，2009 (8)：32—33.

[15] 杜琨，王宪伟. 火棘果酒的研制 [J]. 食品工业，2005 (4)：23—24.

[16] 端木炘. 中国悬钩子属资源综合利用 [J]. 林产化工通讯，1994 (6)：50—52.

[17] 段拥军. 优质猕猴桃栽培和保鲜技术 [M]. 成都：四川科技出版社，2006.

[18] 付立新，袁芳，赵晓南，等. 沙棘果汁深加工研究及应用 [J]. 北方园艺，2001 (1)：31—32.

[19] 高学玲，汪维云. 胡颓子果汁饮料加工工艺研究 [J]. 中国野生植物资源，2001，20 (5)：40—42.

[20] 顾姻. 悬钩子属植物资源及其利用 [J]. 植物资源与环境，1992，1 (2)：50—60.

[21] 郭守军，杨永利，章斌，等. 番石榴保健果冻的研制 [J]. 食品科技，2002，37 (5)：82—86.

[22] 郭卫芸，马兆瑞，杨公明，等. 桑葚发酵酒的工艺研究 [J]. 酿酒，2005，32 (1)：80—82.

[23] 韩维栋，高秀梅. 四照花鲜果营养成分测定报告 [J]. 福建林学院学报，1993，13 (3)：311—313.

[24] 郝利平. 园艺产品储藏加工学 [M]. 北京：中国农业出版社，2008.

[25] 何飞，刘兴良，王金锡，等. 四川野生果树资源种类、地理分布及其开发利用研究 [J]. 四川林业科技，2004 (1)：61—66.

[26] 何金兰，肖开恩，康丽茹，等. 番石榴果汁饮料加工技术 [J]. 热带作物学报，2004，25 (2)：20—23.

[27] 何伟平，朱晓韵. 刺梨的生物活性成分及食品开发研究进展 [J]. 广西轻工业，2011 (11)：1—3.

[28] 何永华，曹亚玲，李朝鉴. 我国22种野生蔷薇果实主要经济性状及重要维生素含量 [J]. 园艺学报，1994，21 (2)：158—164.

[29] 河北农业大学. 果树栽培学 [M]. 北京：中国农业出版社，1993.

[30] 胡丰林. 中国胡颓子属植物利用价值的初步分析 [J]. 生物学杂志，1996 (4)：30—32.

[31] 华南农业大学. 果树栽培学各论 [M]. 北京：中国农业出版社，1995.

[32] 黄青林. 余甘子种子育苗技术 [J]. 河北农业科技，2006 (5)：64—65.

[33] 黄山市，邵可满. 枳椇人工栽培与开发利用 [J]. 安徽林业，2003 (2)：15.

[34] 贾敏如，李星炜. 中国民族药志要 [M]. 北京：中国医药科技出版社，2005.

[35] 冷华昌，端木炘. 中国蔷薇属果实的主要营养成分及其综合利用 [J]. 林产化工通讯，1994 (1)：52—53.

[36] 李枫，刘友贤，高林. 火棘栽培技术及开发利用 [J]. 陕西农业科学，2007 (1)：170—171.

[37] 李家军. 浅析火棘的价值 [J]. 云南农业，2005 (12)：10.

[38] 李洁维，毛世忠，梁木源，等. 猕猴桃属植物果实营养成分的研究 [J]. 广西植物，1995，15 (4)：377—382.

[39] 李维林，贺善安，顾姻. 中国悬钩子属植物的利用价值概述 [J]. 武汉植物学研究，2000，18 (3)：237—243.

[40] 李向前，陆亚娟，孙瑶，等. 榛子的栽培技术 [J]. 吉林农业，2010 (9)：110.

[41] 李中岳. 刺梨的栽培与加工技术 [J]. 实用技术，1992 (6)：8—10.

[42] 梁守义，臧艳芬，张小苹. 山楂芽外植体培养及试管苗栽培的研究 [J]. 华北农学报，1988，3 (2)：94—99.

[43] 刘炳山. 浅谈山楂的栽培与管理 [J]. 中国园艺文摘，2010 (9)：171—172.

[44] 刘春梅，代亨燕，苏晓光，等，刺梨果醋饮料的研制 [J]. 中国酿造，1999，(10)：155—157.

[45] 刘冬. 余甘子清汁饮料加工工艺研究 [J]. 食品与机械，2007 (4)：136—139.

[46] 刘建林，罗强，赵丽华，等. 四川攀西种子植物：第2卷 [M]. 北京：清华大学出版社，2010.

[47] 刘建林，刘鸣岗. 四川芭蕉属一新种 [J]. 云南植物研究，1987，(9) 2：163—165.

[48] 刘建林，孟秀祥，冯金朝，等. 四川攀西种子植物 [M]. 北京：清华大学出版社，2007.

[49] 刘建林，夏明忠，罗强，等. 中国四川芭蕉属（芭蕉科）一新变种——雷波野芭蕉 [J]. 果树学报，2012，29 (2)：223—224.

[50] 刘君，贾巍，王智勇. 酸角饮料的开发研制初探 [J]. 试验报告与理论研究，2007 (3)：29—32.

[51] 刘孟军. 中国野生果树 [M]. 北京：中国农业出版社，1998.

[52] 刘勇，刘贤旺，范崔生. 野木瓜属药用植物资源及开发价值 [J]. 江西中医学院学报，2006 (5)：41—42.

[53] 鲁国民，王照利，江海清. 火棘饮综合加工技术 [J]. 中国林副特产，1995 (2)：29—30.

[54] 吕长鑫. 桑葚营养保健酸奶加工技术研究 [J]. 粮油加工与食品机械，

2002 (11)：49—50.

[55] 吕荣欣. 余甘子果实的加工工艺及其应用研究 [J]. 中国野生植物，1990 (2)：50—52.

[56] 罗强，刘建林，蔡光泽，等. 金沙江中游地区山茶组 4 居群植物形态及花粉特征观察及其分类讨论 [J]. 广西植物，2012 (3)：285—293.

[57] 罗强，刘建林，蔡光泽. 中国猕桃属一新种——长爪猕桃 [J]. 植物研究，2011 (4)：389—391.

[58] 罗强，刘建林. 雷波县猕猴桃属植物资源及开发利用 [J]. 资源开发与市场，2009 (9)：829—830.

[59] 罗强，刘建林. 攀西地区猕猴桃属植物资源 [J]. 江苏农业科学，2009 (4)：373—375.

[60] 罗强，刘建林. 攀西地区野生水果资源研究 [J]. 西昌学院学报，2009 (3)：6—12.

[61] 罗强，姚昕，涂勇，等. 攀西地区蔷薇属植物资源及其开发利用价值 [J]. 西昌学院学报，2012 (3)：1—4.

[62] 罗强. 猕猴桃属一新变种——凉山猕猴桃 [J]. 西昌学院学报，2010 (2)：1—2.

[63] 罗强. 攀西地区悬钩子属植物资源调查及开发利用研究 [J]. 安徽农业科学，2011 (3)：1659—1661.

[64] 罗祖友，李永刚. 猕猴桃果脯工艺的探讨 [J]. 食品研究与开发（增刊），2001，22：28—30.

[65] 莫礼平，吴尉. 番石榴高产栽培技术 [J]. 农技服务，2008，25 (10)：116.

[66] 潘天春，李佩华，梁剑，等. 攀西地区荚蒾属植物资源 [J]. 南方农业，2013，7 (3)：1—5.

[67] 潘天春，李佩华，梁剑，等. 攀西地区野生果树资源调查 [J]. 黑龙江农业科学，2013 (3)：65—70.

[68] 潘天春，罗强，罗献清. 四川苹果属一新变种——大花丽江山荆子 [J]. 西昌学院学报，2013，27 (2)：5—6.

[69] 潘天春，罗强. 三种猕猴桃属植物形态特征补充 [J]. 西昌学院学报，2013，27 (1)：5—6.

[70] 潘天春. 攀西地区野生苹果属植物资源 [J]. 南方农业，2013，7 (6)：7—10.

[71] 潘天春. 攀西地区野生樱属植物资源 [J]. 技术与市场，2013，20 (6)：227—228.

[72] 潘天春. 四川攀西地区小檗属植物资源及利用价值 [J]. 技术与市场, 2013, 20 (5): 314—315.

[73] 秦文, 吴卫国, 姚昕. 农产品贮藏与加工学 [M]. 北京: 中国计量出版社, 2007.

[74] 任秋萍, 邢柱东, 张演义. 水果珍品——刺梨 [J]. 特种经济动植物, 2003 (10): 31.

[75] 任迎虹. 桑树快速丰产栽培技术 [M]. 成都: 四川科技出版社, 2006.

[76] 邵金良, 黎其万, 刘宏程, 等. 酸角保健软糖的加工工艺技术研究 [J]. 中国食品添加剂, 2009 (2), 201—205.

[77] 宋永民, 刘代成. 刺梨果酒制作工艺的优化研究 [J]. 山东农业科学, 2008, (3): 109—112.

[78] 孙长清, 邵小明. 悬钩子属植物的开发利用概述 [J]. 广西植物, 2004, 24 (6): 578 —582.

[79] 孙翠焕, 王淑华, 王洪奇, 等. 沙棘果酒发酵工艺研究 [J]. 沙棘, 2000, 13 (3): 30—34.

[80] 孙冬伟, 常颖. 杂交榛子繁育栽培技术 [J]. 林业实用技术, 2002 (9): 21—22.

[81] 唐卿雁, 林奇, 李永平. 野生番石榴果醋 [J]. 食品工业科技, 2012, 33 (7): 211—216.

[82] 唐宇, 刘建林, 吉牛拉惹. 罗晃子及其栽培技术 [J]. 四川农业科技, 2002 (12): 7—8.

[83] 田成, 易汪雪, 罗祖友. 火棘果酱的研制 [J]. 食品研究与开发, 2009, 30 (9): 11—113.

[84] 田建保, 戴桂林. 山西野生果树 [M]. 北京: 中国农业出版社, 2008.

[85] 涂国云, 刘利花. 刺梨的营养成分及保健药用 [J]. 中国林副特产, 2006 (1): 68—70.

[86] 涂国云, 刘利花. 刺梨的营养成分及保健药用 [J]. 中国林副特产, 2006 (1): 69—70.

[87] 王岚. 核桃丰产栽培技术 [J]. 农业科技与信息, 2008 (6): 18—19.

[88] 王莉嫦. 番石榴饮料的研制 [J]. 食品工业科技, 2008 (3): 160—161.

[89] 王文光, 孔楠, 袁唯. 余甘子的功能成分及其综合利用 [J]. 中国食物与营养, 2007 (12): 20—22.

[90] 王文祥. 黄连木高产栽培技术 [J]. 陕西林业科技, 2011 (3): 97—98.

[91] 王莹. 功能型桑葚清汁饮料的研制 [J]. 北方园艺, 2008 (10): 187—188.

[92] 王永华. 食品分析 [M]. 第 2 版. 北京：中国轻工业出版社，2011.

[93] 韦霄，韦记青，蒋运生，等. 广西野生果树资源调查研究 [J]. 广西植物，2005，25 (4)：314－320.

[94] 温靖，徐玉娟，肖更生，等. 番石榴果实的营养价值和药理作用及其加工利用 [J]. 农产品加工，2009 (6)：11－13.

[95] 吴志敏，李镇魁，冯志坚，等. 广东野生水果植物资源 [J]. 广西植物，1996，16 (4)：308－316.

[96] 谢红江，陈栋，李靖，等. 凉山州木里县野生果树资源调查及开发利用 [J]. 西南农业学报，2010 (4)：1230－1233.

[97] 谢开明，孙芝和，肖千文. 凉山州经济树木图志 [M]. 成都：成都科技大学出版社，1998.

[98] 徐坤，肖诗明，花旭斌. 野生刺梨果脯的研制 [J]. 四川轻化工学院学报，2002，15 (2)：70－72.

[99] 徐清萍，朱广存. 野生猕猴桃酒发酵工艺研究 [J]. 酿酒科技，2010 (10)：79－81.

[100] 许天全. 华中地区野生果树资源研究 [D]. 武汉：华中农业大学，2003，4：161.

[101] 许文江，林清洪，林杰. 番石榴原浆及饮料生产工艺研究 [J]. 亚热带植物科学，2006，35 (4)：62.

[102] 严俊华，罗敬萍. 金沙江干热河谷雨养栽培余甘子的栽培技术 [J]. 云南热作科技，2000 (23)：4－23.

[103] 杨胜远，陈楷，叶丹红，等. 番石榴果酒的酿制工艺 [J]. 食品科技，2011，36 (10)：62－66.

[104] 姚德生. 悬钩子属植物亟待开发利用 [J]. 中国水土保持，1987 (12)：34－35.

[105] 姚茂君，李加兴，张永康，等. 猕猴桃果汁饮料生产相关工艺研究 [J]. 吉首大学学报：自然科学版，1999，20 (1)：82－84.

[106] 姚昕，涂勇. 不同热处理方式对青枣贮藏保鲜效果的影响研究 [J]. 食品与机械，2007 (3)：109－111.

[107] 姚昕，涂勇. 低温对青枣果实贮藏及采后生理特性的影响 [J]. 北方园艺，2008 (4)：262－264.

[108] 姚昕，涂勇. 壳聚糖涂膜对人参果贮藏保鲜效果的影响 [J]. 农产品加工：学刊，2012，(12)：56－58.

[109] 姚昕，涂勇. 热处理对青枣货架期品质的影响 [J]. 农产品加工：学刊，2007 (1)：10－11.

[110] 姚昕，涂勇. 优化雪莲果烫漂护色条件的研究 [J]. 农产品加工：学刊，2010 (11)：24－25.

[111] 姚昕，涂勇. 正交试验优化雪莲果打浆护色条件研究 [J]. 西昌学院学报，2010 (3)：34－35.

[112] 姚昕. 果品加工技术 [M]. 成都：四川科技出版社，2009.

[113] 姚昕. 魔芋葡甘聚糖在青枣贮藏保鲜中的应用研究 [J]. 食品研究与开发，2011 (5)：150－153.

[114] 姚昕. 雪莲果软糖的研制 [J]. 江苏农业科学，2011，39 (5)：376－378.

[115] 叶萌，蒲彪，张建，等. 四川悬钩子属植物资源调查分析 [J]. 林业科技开发，2005，19 (5).

[116] 于辉，陈嘉静. 混浊型番石榴果汁饮料的生产工艺 [J]. 食品研究与开发，2012，33 (6)：98－102.

[117] 于辉，钟显昌. 番石榴果酒的研制 [J]. 中国酿造，2008，(13)：98－100.

[118] 张福平，张秋. 野果胡颓子的开发利用 [J]. 食品研究与开发，2005，26 (6)：181－183.

[119] 张海洋，徐秀芳，张菊芬. 龙葵的营养成分及其开发利用 [J]. 中国野生植物资源，2004 (1)：44－46.

[120] 张利，李芃，曾里，等. 低糖桑葚果脯加工工艺研究 [J]. 食品科技，2009，34 (1)：42－45.

[121] 张敏，王天生，朱继信，等. 不同加工工艺对余甘果脯品质的影响 [J]. 贵州农业科学，2000，28 (2)：41－43.

[122] 张敏. 余甘果酒酿制工艺的研究 [J]. 食品科学，2002，23 (10)：65－68.

[123] 张爽，马波，李娜，等. 山地猕猴桃建园及栽植 [J]. 特种经济动植物，2008 (6)：47－48.

[124] 张晓芹. 火棘的应用与繁殖栽培技术 [J]. 北方园艺，2007 (11)：148.

[125] 张瑜瑶，许长照. 野蔷薇含服液治疗中老年口腔黏膜病 73 例 [J]. 南京中医药大学学报，2001，17 (2)：126－127.

[126] 张志强，杨清香，孙来华. 桑葚的开发及利用现状 [J]. 中国食品添加剂，2009 (2)：65－69.

[127] 章继华. 我国银杏科研进展及其资源开发展望 [J]. 农牧情报研究，1992 (6)：36.

[128] 章银柯，江燕，朱炜. 我国蔷薇属植物资源及其园林应用前景 [J]. 种子，2009，28 (8)：68－70.

[129] 赵贤龙. 山楂栽培与管理技术 [J]. 林业科技，2010 (4)：31－32.

[130] 郑仕宏，周文化. 刺梨果汁榨汁工艺中护色的研究 [J]. 经济林研究，

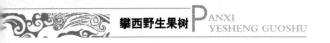

2005, 23 (2)：30—32.

[131] 郑毅, 伍斌, 邓建梅, 等. 番石榴风味果糕的加工研究 [J]. 中国农学通报, 2011, 27 (11)：88—92.

[132] 郑元福, 郑荣章, 郭彩华. 余甘果汁饮料生产工艺研究 [J]. 厦门水产学院学报, 1996, 18 (1)：71—76.

[133] 中国药材公司. 中国中药资源志要 [M]. 北京：科学出版社, 1994.

[134] 钟思强, 黄树长. 番石榴的营养价值及其高效栽培技术 [J]. 中国南方果树, 2008 (1)：41—43.

[135] 仲山民, 田荆祥. 悬钩子果实的营养成分分析 [J]. 浙江林学院学报, 1993, 10 (4)：485—489.

[136] 周建华, 魏玉伟. 桑葚儿童保健果冻的研制 [J]. 食品研究与开发, 2012, 33 (5)：83—85.

[137] 周文斌, 王崇均. 火棘果酒生产工艺研究 [J]. 食品科学, 2009, 30 (4)：81—84.

[138] 朱新鹏, 沈大刚. 猕猴桃脆片生产工艺 [J]. 林业科技开发, 2004, 8 (3)：68.

[139] 朱新鹏. 火棘的加工利用 [J]. 中国林副特产, 2000 (4)：25—26.